城市代谢

理论、方法及应用

张 妍 著

科学出版社

北京

内 容 简 介

　　随着城市化进程的加快和人民生活水平的提高，资源消耗和污染排放不断加剧，而由于社会经济发展水平的认识限制，还未构建起完备的资源减量、废弃物循环的技术体系，引发严重的城市生态环境问题，引起了学术界、政府部门和城市管理者的广泛关注。本书作为城市代谢领域的专著，在反映国内外相关领域研究进展和学术思想的基础上，深入探索和创新，突出城市代谢理念、理论与方法的先进性，强调其在城市规划、设计与管理方面的实用性，并突出城市研究的系统性和应用性。全书共 11 章，分别论述了城市代谢内涵、研究进展、研究框架、核算评价、模型模拟、优化调控、多要素应用案例等内容。

　　本书可供高等院校和科研院所城市生态、城市规划和环境生态等领域的教学和研究人员阅读，可作为环境、地理、生态、城市规划、城市管理等相关专业研究生和本科生的教学参考书，也可为城市规划者、管理者、生态保护者提供参考。

图书在版编目（CIP）数据

城市代谢：理论、方法及应用/张妍著. —北京：科学出版社，2022.2
ISBN 978-7-03-067098-4

Ⅰ. ①城⋯　Ⅱ. ①张⋯　Ⅲ. ①城市管理　Ⅳ. ①C912.81

中国版本图书馆 CIP 数据核字（2020）第 242583 号

责任编辑：孟莹莹　韩海童 / 责任校对：樊雅琼
责任印制：师艳茹 / 封面设计：无极书装

科 学 出 版 社 出版
北京东黄城根北街 16 号
邮政编码：100717
http://www.sciencep.com

北京九天鸿程印刷有限责任公司印刷
科学出版社发行　各地新华书店经销

*

2022 年 2 月第 一 版　开本：720×1000 1/16
2022 年 2 月第一次印刷　印张：21 1/2
字数：433 000

定价：179.00 元

（如有印装质量问题，我社负责调换）

前　言

　　城市化已然成为一股不可抗拒的浪潮，席卷着全球。*World Urbanization Prospects* 一书指出 1950 年全球城市化率仅为 30%，2014 年增长为 1950 年的 1.8 倍，达到 54%，到 2050 年城市人口占比将翻一番，达到 66%。快速城市化过程导致生态环境问题日益突出，*Cities and Climate Change* 一书指出城市能源消耗占到全球能源消耗的 67%，排放的温室气体占比为 70%，而自然资源消耗占比高达 75%。《全球大城市监测报告》指出中国城市化进程前所未有，已处于全球增长前沿。中国作为城市研究的重要阵地和实验场，其城市规模、拓展范围的持续演变必将深刻影响全球社会、经济、生态和环境等关键因素。为了预防与遏制城市快速发展的不利影响，指明未来城市发展方向，城市代谢作为一种新的研究方式、研究视角成为国内外城市研究的热点。

　　城市代谢的研究方式是将城市类比为一个巨型有机体、生命体，分析其新陈代谢过程。类比人体摄取营养物质、排泄各种废弃物的过程，城市运行也需要输入物质和能量，排放各种形态的废弃物；人体经新陈代谢后会不断长大（骨骼和肌肉），城市也会不断生长（基础设施和建筑物）。但人体过瘦或过胖均会产生相应的代谢病，导致活力丧失，人体过瘦相当于城市物质和能量供给不足，或消耗量大但转化动力不足（效率低），就会营养不良，城市瘦骨嶙峋（基础设施不完备、贫穷等）；人体过胖相当于大量城市物质和能量消耗累积为在用存量，进而引起更大的物质、能量消耗，产生严重的生态环境问题，就会营养过剩，城市臃肿不堪（资源耗竭、污染严重、交通拥挤等）。城市代谢研究可为城市可持续发展目标的实现提供重要的测度指标、规划设计方案，这一重要工具和手段的有效性已在学术界、管理部门达成共识。自 1965 年 Wolman 的开创性研究以来，城市代谢领域在技术方法、模型构建、实践应用等方面取得了一定的进展，也为中国 2019 年开展的"无废城市"建设工作提供了重要的理论支持。

　　本书全面论述了城市代谢理念、技术框架、研究内容、研究方法及实践应用等方面的内容，是作者 15 年城市代谢研究工作及成果的总结。全书由张妍撰写和统稿，参与书稿整理工作的学生有李盛盛、夏琳琳、郑宏媚、李娟、李耀光、傅晨玲、张晓林、章晋赟、吴琼、李彦显、王心静、徐东晓、刘凝音等。本书内容也包括了国家重点研发计划项目"京津冀城市群生态安全保障技术研究"（项目编号：2016YFC0503005）、国家自然科学基金创新研究群体项目"流域水环境、水生态与综合管理"（项目编号：51721093）的研究成果。本书由国家重点研发计划项目"京津冀城市群生态安全保障技术研究"（项目编号：2016YFC0503005）和中央高校基本科研业务费专项资金共同资助出版，十分感谢！

由于城市代谢是一个全新的课题，国内外并没有成熟的理论与方法体系可供借鉴。加上城市生态问题错综复杂、城市类型多样、特点差异明显、城市生命体健康内涵和标准不统一，进一步增加了研究的难度。研究过程中，我们对城市代谢理念和思路、理论基础与技术框架、研究方法与实践应用等方面进行了初步探索，仍有许多问题有待进一步研究。

由于作者经验和水平有限，书中疏漏之处在所难免，敬请广大读者批评指正。希望本书能推动城市代谢的深入研究，也能引起社会各界对城市生态问题、城市研究方式的关注。

作　者

2021 年 6 月

目　　录

前言

理　论　篇

第1章　城市代谢内涵 ·· 3

　1.1　城市代谢概念 ··· 3

　　1.1.1　城市生命体 ··· 3

　　1.1.2　概念演化 ··· 7

　　1.1.3　概念隐喻 ··· 8

　1.2　城市代谢过程 ··· 9

　　1.2.1　城市代谢过程解析 ··· 9

　　1.2.2　城市代谢主体划分 ·· 12

　1.3　城市代谢特征 ·· 16

　　1.3.1　生长发育和遗传变异 ·· 16

　　1.3.2　开放性和依赖性 ·· 18

　　1.3.3　稳定性和稳健性 ·· 18

　参考文献 ··· 19

第2章　城市代谢研究进展 ·· 21

　2.1　城市代谢的研究意义 ·· 21

　　2.1.1　可行性 ·· 21

　　2.1.2　必要性 ·· 22

　　2.1.3　紧迫性 ·· 23

　2.2　CiteSpace 知识图谱分析 ·· 24

　　2.2.1　基本情况分析 ·· 24

　　2.2.2　研究前沿分析 ·· 29

　　2.2.3　研究基础分析 ·· 36

　2.3　城市代谢研究的发展历程 ·· 40

　　2.3.1　起步期（1965～1980 年） ·· 40

　　2.3.2　衰落期（1981～2000 年） ·· 41

2.3.3 兴起期（2001 年至今） ……………………………………43
2.4 城市代谢研究的尺度与边界 …………………………………47
2.4.1 多维尺度 …………………………………………………47
2.4.2 多重边界 …………………………………………………49
参考文献 ………………………………………………………………50

第 3 章 城市代谢研究框架 ……………………………………………58
3.1 复合生态系统理论 ……………………………………………58
3.1.1 子系统构成 ………………………………………………58
3.1.2 结构与功能 ………………………………………………60
3.2 生态热力学理论 ………………………………………………62
3.2.1 活力代谢 …………………………………………………62
3.2.2 熵变演化 …………………………………………………63
3.3 系统生态学理论 ………………………………………………64
3.3.1 整体论与还原论融合 ……………………………………64
3.3.2 基于系统生态学的城市代谢研究 ………………………65
3.4 研究范式与技术框架 …………………………………………67
3.4.1 研究范式 …………………………………………………67
3.4.2 技术框架 …………………………………………………70
参考文献 ………………………………………………………………71

方 法 篇

第 4 章 城市代谢的核算评价 …………………………………………75
4.1 核算方法 ………………………………………………………75
4.1.1 物质流分析 ………………………………………………75
4.1.2 元素流分析 ………………………………………………81
4.1.3 能值分析 …………………………………………………85
4.2 评价方法 ………………………………………………………87
4.2.1 演化测度 …………………………………………………87
4.2.2 互动测度 …………………………………………………91
4.2.3 能值评价 …………………………………………………94
参考文献 ………………………………………………………………96

第 5 章　城市代谢模型模拟 ·· 98

　　5.1　基于物质能量代谢的网络模型 ··· 98

　　　　5.1.1　要素代谢网络模型 ··· 98

　　　　5.1.2　物质代谢网络模型 ··· 106

　　　　5.1.3　代谢空间网络模型 ··· 110

　　5.2　基于投入产出表的网络模型 ··· 115

　　　　5.2.1　实物型投入产出表编制 ··· 115

　　　　5.2.2　物质代谢网络模型 ··· 117

　　　　5.2.3　能量代谢网络模型 ··· 119

　　5.3　网络特征模拟 ··· 121

　　　　5.3.1　网络结构模拟 ··· 121

　　　　5.3.2　网络功能模拟 ··· 123

　　　　5.3.3　网络路径模拟 ··· 128

　　参考文献 ··· 131

第 6 章　城市代谢优化调控 ··· 133

　　6.1　因素分解分析 ··· 133

　　　　6.1.1　碳代谢因素分解 ··· 133

　　　　6.1.2　氮代谢因素分解 ··· 137

　　　　6.1.3　物质代谢因素分解 ··· 138

　　6.2　相关性分析 ··· 139

　　　　6.2.1　脱钩分析 ··· 139

　　　　6.2.2　重心分析 ··· 142

　　6.3　系统动力学仿真分析 ··· 143

　　　　6.3.1　产业结构优化 ··· 143

　　　　6.3.2　人地承载力优化 ··· 146

　　参考文献 ··· 147

应　用　篇

第 7 章　物质代谢过程分析 ··· 151

　　7.1　流量视角下北京城市重量分析 ··· 151

　　　　7.1.1　城市重量及其结构分析 ··· 152

　　　　7.1.2　代谢主体贡献的解析 ··· 156

　　　7.1.3　城市重量影响因素识别 ······························· 158
　　　7.1.4　讨论与结论 ·· 160
　　7.2　存量视角下北京城市重量分析 ······························· 162
　　　7.2.1　城市重量及其结构分析 ································ 163
　　　7.2.2　子类结构与项目分析 ··································· 165
　　　7.2.3　存量影响因素分析 ····································· 170
　　　7.2.4　讨论与结论 ·· 173
　　7.3　北京物质代谢关键主体识别 ································· 176
　　　7.3.1　关联性分析 ·· 177
　　　7.3.2　优劣势分析 ·· 180
　　　7.3.3　讨论与结论 ·· 181
　　参考文献 ·· 182

第8章　能量代谢过程分析 ··· 185
　　8.1　能源代谢过程分析 ··· 185
　　　8.1.1　不同精度城市能源代谢网络的特征分析 ··············· 186
　　　8.1.2　中国能源供需重心转移及空间格局分析 ··············· 195
　　　8.1.3　讨论与结论 ·· 200
　　8.2　城市能值代谢网络特征分析 ································· 203
　　　8.2.1　代谢核算评价 ·· 204
　　　8.2.2　代谢路径 ·· 207
　　　8.2.3　代谢关系 ·· 209
　　　8.2.4　讨论与结论 ·· 211
　　8.3　京津冀隐含能代谢网络分析 ································· 212
　　　8.3.1　流量分析 ·· 213
　　　8.3.2　关系分析 ·· 218
　　　8.3.3　讨论与结论 ·· 221
　　参考文献 ·· 223

第9章　碳代谢过程分析 ··· 225
　　9.1　北京碳代谢主体识别 ··· 225
　　　9.1.1　北京碳代谢总量及其结构变化 ······················· 226
　　　9.1.2　碳失衡指数贡献主体识别 ··························· 227
　　　9.1.3　外部依赖性贡献主体识别 ··························· 229
　　　9.1.4　讨论与结论 ·· 230

9.2　京津冀碳代谢空间梯度分析 ································· 233
　　9.2.1　碳代谢吞吐量核算及其空间分布 ················· 234
　　9.2.2　土地利用/覆盖变化对梯度分布的影响 ··········· 239
　　9.2.3　讨论与结论 ··································· 242
9.3　北京碳代谢空间网络分析 ····························· 244
　　9.3.1　综合流量及其空间格局 ························· 245
　　9.3.2　生态关系及其空间格局 ························· 249
　　9.3.3　讨论与结论 ··································· 251
9.4　中美贸易碳代谢路径分析 ····························· 252
　　9.4.1　中美贸易碳转移量及其结构分布 ················· 253
　　9.4.2　中美初级产品进口产业关联分析 ················· 256
　　9.4.3　中美初级产品出口产业关联分析 ················· 258
　　9.4.4　基于贸易的碳减排指标调整建议 ················· 260
　　9.4.5　讨论与结论 ··································· 262
参考文献 ··· 264

第 10 章　城市氮代谢过程分析 ····························· 267
10.1　北京氮代谢过程核算及影响因素识别 ·················· 267
　　10.1.1　活化氮输入总量及其结构特征 ················· 267
　　10.1.2　人为活化氮消耗的影响因素分析 ··············· 272
　　10.1.3　讨论与结论 ································· 278
10.2　北京氮代谢网络分析 ······························· 282
　　10.2.1　氮代谢网络流量分析 ························· 284
　　10.2.2　氮代谢生态关系分析 ························· 292
　　10.2.3　流量-效用层阶结构 ························· 296
　　10.2.4　讨论与结论 ································· 300
参考文献 ··· 304

第 11 章　园区代谢过程分析 ····························· 307
11.1　园区共生代谢过程分析 ····························· 307
　　11.1.1　共生代谢网络的形态分析 ····················· 308
　　11.1.2　核心-边缘结构分析 ························· 311
　　11.1.3　连通性分析 ······························· 313
　　11.1.4　讨论与结论 ································· 316

11.2 园区硫代谢过程分析 ·· 317
　　11.2.1 硫代谢网络模型构建 ·· 318
　　11.2.2 结构特征分析 ·· 321
　　11.2.3 功能特征分析 ·· 324
　　11.2.4 讨论与结论 ·· 329
参考文献 ·· 331

理 论 篇

　　本篇围绕城市代谢内涵、研究进展、基本理论及技术框架展开，试图解析城市代谢内涵、过程和特征，借助 CiteSpace 文献分析工具，挖掘城市代谢的知识结构、脉络图景及演变过程，全景梳理城市代谢研究的学科背景、关联领域和研究基础。在此基础上，阐明城市代谢研究的重要性，并从复合生态系统、生态热力学、系统生态学等基本理论出发，搭建城市代谢的技术框架和研究范式。

第1章　城市代谢内涵

1.1　城市代谢概念

1.1.1　城市生命体

城市是否是一个生命体？是否有跳动的心脏、完善的脏器、强劲的骨肌、敏锐的神经？是否有新陈代谢演化过程？本章将带着这些问题，追溯城市形成与发展的过程，并在此基础上，探究城市与生命体在结构和功能上的相似性特征。

1. 城与市

城市是"城"与"市"的组合词，"城"是用墙围起来的具有防御功能的地域，即城池；而"市"是指一定区域范围内物质、能量、信息、资金、人口的集散地，是交易活动的场所，即集市。三次社会分工与私有制的出现促进了"城"与"市"的形成。原始社会后期，人类征服自然的能力不断增强，促使畜牧业与农业分离，劳动生产率得到提高，形成了一些小的聚落，这是"市"的萌发胚胎，同时，聚落间产品交换也为私有制的产生创造了物质条件。到了原始社会末期，金属工具的使用和改良促使手工业与农业分离，商品生产得到迅速发展，贫富差距越发明显，开始出现以手工业为主的聚落、部落中心，"市"不断生长发育。到了奴隶社会初期，专门经营商品买卖的商人出现，促使脑力劳动与体力劳动分离，商业资本不断积累，导致"市"（集）不断成熟。在这一过程中，私有制的产生形成了对抗阶级，为巩固和扩大私有制，聚落、部落会不断挑起对内压迫和对外掠夺的战争，争斗防卫形成了"城"（镇）。"城"与"市"的结合体现了城市发展的两种基本形态——因"城"而"市"、因"市"而"城"。因"城"而"市"就是由城发展形成市，这种类型的城市多见于战略要地和边疆城市，如天津起源于天津卫、威海由威海卫不断形成；而因"市"而"城"则是由市发展形成城，这类城市比较多。"城"与"市"的融合形成了行政管理边界"城"和人类活动集中边界"市"，也就是现在"城市"的行政边界和建成区边界（人类活动集中区与城市腹地间界线），因此城市是一类特殊的人类住区。

城市依托于适宜的自然条件（冲积平原为主），同时借助社会经济技术水平，冲破自然束缚，不断向外扩张、向内拓展，已成为人类聚居生活的高级形式和全球人口的主要家园。城市的快速发展，导致物质流、能量流、人口流、信息流高度密集、周转迅速。同时，城市作为一个不完善的开放系统，内部无法完成物质循环和能量转换，许多输入物质经加工、利用后又从城市输出，物质呈现出线性而不是环状的流动轨迹变化。物质能量的大量输入及废弃物的排出加大了对城市自身腹地及外部区域的压力，产生了资源能源过度消耗、污染事故频发、环境质量恶化等一系列问题。有数据表明，城市每年以2%~3%的面积，创造了全球75%以上的GDP，消耗了全球75%左右的自然资源和将近67%的化石燃料，贡献了全球70%以上的温室气体排放，土地、淡水、食物、能源、基础设施等已难以承载城市这一庞大的身躯，全球城市化进程产生的生态环境问题集中爆发，深刻影响着城市生态系统健康和区域、全球的可持续发展（Acuto et al., 2018）。

在这一背景下，人类面对困境提出如下问题：城市作为一个人工系统，可否模仿自然生态系统来塑造与改造，以缓解生态环境问题？如果这一命题可行，那从何处着手来模仿自然生态系统呢？在没有有效办法控制生态环境问题的情况下，人们将目光转向产生这一问题的始作俑者——城市本身，萌生用生态学原理与方法来重新剖析城市系统运行演变规律的想法。试图将城市看作是一个巨型的有机体或鲜活的生命体，近似模仿自然生态系统完备的循环机制，分析城市"代谢病"（生态环境问题）背后的新陈代谢机理（Zhang, 2019; Kennedy et al., 2007; Newman, 1999）。

剖析城市新陈代谢机理的首要前提是城市与生物、人体和生态系统有诸多相似之处。将生命体理念引入城市研究框架中，分析城市在结构和功能方面与人体的相似特征，是开展城市代谢研究的重要思维方式。在研究城市时，不能将其简单割裂为城+市，因为两者是相辅相成的，共同组成了一个鲜活的生命体，在此框架下，城市道路、高楼、厂房等人工产物不再是冰冷的钢筋水泥，而是有生命的血肉，城市物质、能量流动过程不再是线性的机械运动，而是发挥某种功能的内在联系。因此，城市生命体可定义为在人类社会发展过程中一定区域内形成的、以非农业人口为主体，人口、经济、政治、文化高度聚集，能通过与生物体相类似的自养或异养的新陈代谢方式进行物质循环、能量转换和废弃物排泄，具有在时空维度上生长、消亡及自我更新的自然演化过程，并能进行自我调控和自我繁殖的复杂巨系统（黄国和等，2006）。

2. 相似性特征

城市虽属人工系统，大部分由非生物要素组成，但其与生命体有许多相似之处，是具有生物属性的人工生命体。下面以人体为参照物，阐述城市在结构层次、功能机理层次与生命体的相似性特征。

（1）结构层次相似。

图1-1梳理了城市与人体在细胞-组织-器官-系统等不同结构层次上的诸多相

似性。城市生命体的"细胞"——人，像人体的每个细胞一样具有个体独特性，是城市的重要参与者和基本单元。城市生命体的"组织"是由形态相似、功能相同的一群"细胞"按不同方式组织在一起构成的家庭、企业，是城市社会经济组织的基本成分。城市生命体的"器官"是有机整合同一属性的"组织"，以发挥某种特定功能的基本单位，如社区、产业。城市生命体的"系统"由不同"器官"有机组合，并在城市生命体中发挥着不同的功能，如发挥着生产功能和经济系统、消费功能的社会系统。当然，城市环境作为自然生态系统，也可以拆解为细胞-组织-器官等结构层次。"细胞""组织""器官""系统"按照一定的有序结构和运行机制就会形成有机整体——城市，不同结构层次的代谢主体状态良好且职责明确，就会保障城市生命体正常有序运转，否则就有可能产生病变——"城市病"。

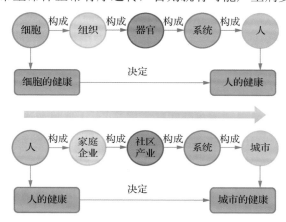

图 1-1　城市生命体与人体的结构层次比拟

（2）功能机理层次相似。

在剖析结构层次的基础上，按照特定的功能机理，均可以在城市生命体中搜寻到由不同"器官"构成的"运动系统""控制系统""消化系统""吸收系统""排泄系统""循环系统"。城市生命体运行往往需要多个"器官"共同参与，而某个"器官"也会具有多重功效，物流能流及不同"器官"的有机组合就形成了城市运行的不同系统。人体"骨肌"构成运动系统，决定着人体的形态和运动能力，而城市"骨肌"则包括交通干线（公路、铁路、桥梁和管道设施）和建筑，就像人的骨骼（骨架）和肌肉，形成了城市集中式、组团式、条带式和放射式等外部轮廓，也决定着城市的运输能力。人体中"脑"是控制中心，收集各类信息，指挥着人体的各种思想和行为，而城市政府管理部门同样发挥着控制功能，作为"脑"协调、规范各类社会经济活动，指挥调配着物质、能量及信息流的传输，并加强应对外界不利因素影响的各类防御系统建设，为城市弹性、持续健康的维系提供安全保障。对城市生命体功能的改造、更新，不能像西医那样，动辄手术、截肢，而应借鉴中医疏通经络、调和阴阳的理念，"望"其气色，"闻"其声息，"问"其症状，"切"其脉象，优化城市流量、存量与增量，为城市生命体把脉问诊。

人体"胃肠"将食物分解成容易吸收的养分供给人体组分，而城市"胃肠"——物能转化部门构成消化系统，它们将来自环境的金属与非金属矿物、矿物燃料等转化为城市所需的物质与能量。人体"肝脾"主要完成营养物质吸收、合成等代谢功能，城市制造部门也发挥着"肝脾"功能，利用物质与能量组织生产，提供重要的商品与服务，构成吸收系统。城市"肝肾"——物质净化部门构成排泄系统，主要发挥解毒、排泄代谢产物的功能，承担着废水、废气、废渣的净化与处理任务。人体"心肺"通过驱动血液输送和气体更新，为人体各部位提供氧气和各种养料，而城市"心肺"——交通部门也负责养分输送，火车站、客运站和机场作为交通中心调配着交通运输系统，有效促进物质、能量流的交换与输送，城市交通干线（动脉和静脉血管）和网状街道（毛细血管）彼此衔接，作为基盘承载着各种交通工具，稳定快速地输送城市人流、物流，循环系统有效保障了城市生命体的活力（图 1-2）。

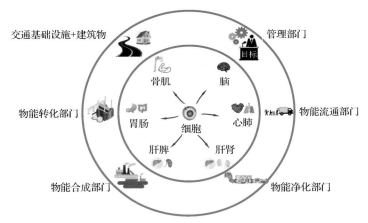

图 1-2　城市生命体与人体的功能机理比拟

城市森林、草地、水域、湿地等自然组分构成了城市腹地，不仅为城市提供物质、能量，也消纳了部分废弃物，从这一意义来说，腹地也发挥了城市"肝肾"、"肺脏"等器官的功能。城市人工肝肾（物质净化部门）与自然肾（湿地）保证城市生命体自身的洁净，产生的废弃物经无害化处理、回用之后进入其他部门或排入自然；城市人工肺脏（物能流通部门）与自然肺脏（森林）保持着城市生命体的活力。可见，无论是自然属性组分，还是社会经济属性的组分，均是城市生命体不可或缺的重要代谢主体，积极参与城市更新、新陈代谢的成长过程。

　　结合北京城市发展及空间拓展，我们试图解读城市交通基础设施、建筑物（骨肌）对塑造城市形态的重要作用。北京城市增长的起点只有二环大小，但它却像一个增长极推动着城市生命体不断生长发育，在近 40 年时间里，随着交通基础设施（骨架）的修建，城市建成区边界由二环拓展到三环，再由三环拓展到五六环，不断形成交通网络。同时，城市网络中，建筑耸立，城市生命体肌肉越来越发达。再辅以细胞分裂（人口增长）、新组织形成（新的企业和家庭出现），城市生命体思想、观念、行为和活动愈发复杂。但是，城市"骨架"增大，会面临肌肉损伤（基建步伐跟不上）、活力丧失等问题；建筑物构建（增肌）也应避免同质化、孤立无关联等现实问题。如何将钢筋水泥铸造的灰色地域，变成富有弹性、自由生长的"活着的"城市是我们需要思考的重大问题（Jacobs, 2011）。

1.1.2　概念演化

　　城市代谢（urban metabolism）概念源于城市与自然生态系统的类比。1965 年美国水处理专家 Wolman 将代谢引入社会经济系统，提出了"城市代谢"概念，试图理解城市发展对环境的影响，以及洞悉资源供给能力与环境污染问题对城市发展的限制，从而寻求量化健康标准、优化发展模式的有效途径。Wolman 将城市当作一个有着新陈代谢过程的生命体/生态系统，认为城市代谢就是物质、能量供给以及产品、废弃物输出的过程，并以假想的美国百万人口城市为例，发现城市规模增大会导致水资源供给短缺、污水处理滞后和空气污染 3 个严重的城市代谢问题（Wolman, 1965）。他指出通过测定城市居民生活、工作或娱乐所需要的各项物质（粮食、衣物、燃料、电及各种建材等），可以分析物质流与城市生态环境问题之间的内在联系，并从工程技术角度提出解决方案，辅助公共决策。

　　Wolman 的此项研究作为里程碑式事件，开辟了新的研究领域。继此之后，许多学者将城市代谢内涵在过程、机理、影响与措施方面进行了延伸与拓展，主要侧重于集合过程（Kennedy et al., 2007; Decker et al., 2000）、交互关系（Zucaro et al., 2014）、负荷评价（Warren-Rhode and Koenig, 2001）、改进机会与措施（Newman, 1999）等方面。城市代谢是将原材料、燃料与水转变为建筑环境、人类生物量与废弃物的过程（Decker et al., 2000），是导致城市发展、能量生产和废弃物排放的所有技术、社会经济过程的集合（Kennedy et al., 2007），它提供了一个检测人-自然交互作用、分析城市与周边环境输入输出关系的隐喻框架（Barles, 2007; Kennedy et al., 2007; McDonald and Patterson, 2007; Odum, 1996）。这样，城市就不再作为建筑空间来规划与管理，而应作为具有可控代谢过程的生命体，所有代谢主体通过动态的转化流、循环流交织在一起，共同滋养着城市生命体。上述城市代谢概念界定，更多强调社会经济活动的技术代谢过程，而把自然作为滋养这一技术过程的燃料与附属，并没有把自然或生物代谢真正融入城市代谢过程中，即将自然看作外部条件，而非研究对象，未将自然组分看作代谢主体。城市代谢应是技术代谢与自然代谢的所有过程的集合，因为城市代谢过程所涉及的部分物质本来就具有自然代谢属性，只是由于人类社会经济活动的融入，可能扭曲或改变了原有的自然代谢过程，并助推技术代谢过程为主导，但自然代谢过程仍是城市不可或缺的重要组成。

Wolman 之后的诸多学者虽从不同角度拓展和深化了城市代谢概念，但依旧延续了其关注资源输入和废弃物输出的基本特征。而这种描述方式决定了其研究内容、研究模式、研究方法囿于黑箱分析，不涉及城市内部物质传递、转化过程，已经无法满足城市代谢过程与机理解析、动态演变特征与规律模拟的需求。因此，有必要明确阐述和解释"城市物质传递与转化过程"，从而开启城市代谢"黑箱白化"研究的新模式，为其网络特征分析提供概念上的支持。综上所述，*Encyclopedia of Ecology* 指出，城市代谢是将城市作为一个巨型生命体，通过类比新陈代谢过程、模拟人与自然交互关系的隐喻方式，剖析物质和能量输入、转化、输出、循环的所有的自然代谢和技术代谢过程，以帮助人们深刻理解城市社会经济活动的负荷与影响，并寻求改进机会与措施（Zhang，2019）。

1.1.3   概念隐喻

城市代谢一词的提出是否存在隐喻、以何种方式隐喻一直存有争议（Pincetl et al.，2014；Bettencourt，2013）。Bohle（1994）作为早期研究者之一，指出需谨慎开展以自然规律理解社会结构与过程的城市代谢隐喻研究，而 Fischer-Kowalski（1998）也指出代谢概念不是隐喻，而是强调社会经济体系中物质与能量流动过程。然而，Warren-Rhode 和 Koenig（2001）指出生命体与城市虽然不能完全类比，但它们之间有许多相似性特征，随后有学者指出将城市类比成人体、生物体似乎并不合适（Golubiewski，2012），因为城市是多个有机体（人类、动物与植物）共同的家园，它们相互交织在一起，更像一个生态系统（Pincetl et al.，2014；Golubiewski，2012）。我们相信松散地类比生物体代谢，是为了媲美人体输入（食物）、输出（废弃物）以及循环系统（Kennedy et al.，2012）；类比生态系统代谢，采用仿生方式设计城市生产者、消费者与还原者，模拟物质循环、能量流动，是为了充分发挥基础设施的还原者功能（Zhang et al.，2006）。两种隐喻方式均力求从每个环节出发减少资源供给与污染排放压力，通过规划设计城市结构、功能和格局，努力创建可持续性城市（Kennedy et al.，2012）。

虽然城市以非生物部分为主，但城市代谢研究希望能够在更多方面甄别出城市的生物特质，以减少对生态环境的压力。城市代谢是一个非常重要的概念，而城市代谢隐喻更像是一种研究方式、研究视角，通过借鉴生态系统代谢理念，追踪过程、源汇，将污染物产生与资源利用相关联，根据代谢吞吐量、代谢效率等指标发现环境污染背后的资源利用问题，以采取有效措施尽量修正城市社会经济行为，实现城市可持续发展。

1.2　城市代谢过程

1.2.1　城市代谢过程解析

1. 代谢阶段

生物体与环境间的物质和能量交换，以及生物体内部物质和能量自我更新过程可称为新陈代谢，一般包括合成代谢（同化作用）、分解代谢（异化作用）和调节代谢。从生物体代谢概念中，可以解读出体外、体内代谢，合成、分解与调节代谢等关键词，据此，城市生命体的新陈代谢可以被解析为不同的代谢阶段（图 1-3）。

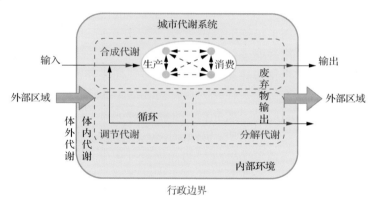

图 1-3　城市代谢过程的阶段解析

（1）体外、体内代谢。

城市代谢系统的内部环境与外部区域（以行政边界为分隔线）可以类比人体的内环境和外环境，因此，借鉴人或生物的体内代谢（组织器官与细胞外液之间）与体外代谢（人体与外部环境之间），划定城市体内代谢（与腹地互动）与体外代谢（与行政区外互动）过程（Zhang et al., 2006）。城市代谢主体与内部环境之间的物质、能量交换构成了城市体内代谢，而代谢主体与外部区域之间的物质、能量交换又构成了体外代谢，这两者并存组成城市代谢过程。

与人体（生物体）代谢不同的是，城市生命体的代谢废弃物是可以循环再生的资源，这是解决代谢废弃物处置、减少"食物"消耗、保障城市生命体健康发展的重要前提。同时，人体主要接收外部环境提供的食物，代谢废弃物消纳也得益于外部环境，而城市内外环境皆为供应者和消纳者。城市内部环境（腹地）提供蔬菜、水果等农副产品以及各种矿物资源，是城市生命体物质、能量的主要供应者，同时城市腹地与外部区域也是代谢废弃物的接纳所。可见，相对于人体，城市体内、体外代谢的类别、形态有很大的相似性。

来自外部区域和内部环境的城市营养物一般包括能源、土地、水、矿产和生物等资源，它们是城市生命体赖以生存、保持健康的"食物"，"食物"的种类与摄入方式、吸收和消化程度，以及排泄顺畅与否均会影响城市生命体的活力。城市体内、体外代谢的吞吐量、速率、营养物和代谢废弃物的规模与性质，均是指示城市生命体是否健康的重要指标。

（2）合成、分解与调节代谢。

人体（生物体）通过同化、异化作用，将从环境中获取的营养物质转变成自身的组成成分，并且储存能量，这一变化过程称为合成代谢；同时人体（生物体）能够把自身原有的一部分组成加以分解，释放出其中的能量，并且把分解的终产物排出体外，这一变化过程称为分解代谢。当人体的内外环境不断变化，影响新陈代谢过程，有机体会利用精细的调节机制，调节代谢强度、方向和速度，以适应环境变化，这一过程称为调节代谢。

如图 1-3 所示，城市生命体将从环境（相对代谢主体而言，包括内部环境和外部区域）获取的营养物传递、转化为自身需要的中间产品、最终产品，这是合成代谢；同时会分解出副产品、废弃物，并把分解的终产物排入环境，这是分解代谢。合成与分解代谢是顺应物质、能量的输入、输出方向的两个代谢阶段，而调节代谢则是逆向回路，通过循环机制加强物质再利用、再循环，实现对输入、输出的调节和控制。合成、分解与调节代谢相互联系、相互制约，分解与调节代谢可以保证合成代谢的正常进行，而合成代谢反过来也为分解代谢、调节代谢（具有循环机制）创造良好的条件，三者共同促进城市生命体的生长与健康。

2. 代谢环节

城市代谢过程的解析经历了从线性（输入、输出）到准循环（输出到输入），再到网络（转化、循环）的模式转变（图 1-4）。以链式追踪方式，可将城市代谢过程归纳为输入、转化、输出、循环等基本环节。

假设城市生命体有动脉产业、居民生活和静脉产业 3 个代谢主体。动脉产业是指原生资源转化为产品，供应给其他产业或城市家庭进行消费的部门，如农业、采掘业、加工制造业等；静脉产业是将废弃物转化为资源，供应给动脉产业进行再利用的部门，如循环加工部门。输入、输出环节来自动脉产业和居民生活与内部环境、外部区域间的互动（图 1-5）。内部环境和外部区域提供生物物质、矿物燃料、金属矿物及其（中间）产品、非金属矿物及其（中间）产品、建筑材料等物质、能量，作为城市代谢主体运行的营养物；城市代谢主体输出（中间）产品和废弃物，包括原材料、半成品和制成品，以及动脉产业和居民生活产生的废水、废气和废渣。两者共同构成城市代谢过程的输入、输出环节。

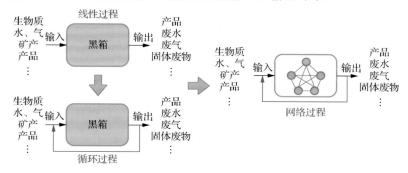

图 1-4　城市代谢过程解析的模式转变

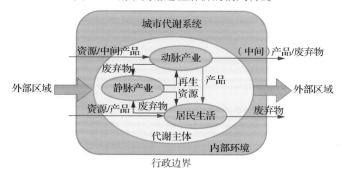

图 1-5　城市代谢链条解析

动脉产业内部及动脉产业与居民生活之间的交换构成了转化环节（图 1-5 中橙黄色线）。动脉产业利用来自环境的各种物质、能源，经开采、提炼、加工制造，转化为人类需要的产品。资源开采产业从环境中开发各种自然资源，然后经资源提炼部门将原生资源转化为生产用的原材料，原材料经初级加工变成初级产品（半成品或加工材料），再经过高级加工制造成供人类消费使用的产品。废弃物的资源循环使用和无害化处理构成循环环节（图 1-5 中深绿色线）。动脉产业和居民生活产生的废弃物经过一定的处理，可以变为再生资源，进入下次生产过程。

3. 代谢链条

城市代谢主链始于从环境中输入资源和部分（中间）产品，经过代谢主体传递、转化，输出产品与废弃物；副链是逆向过程，将一部分废弃物还原为能被重新利用或直接消费的产品，主链与副链叠加构成完整的城市代谢过程。根据主链、副链代谢物质的不同，可以将整个代谢过程分解为资源代谢和废弃物代谢。资源代谢和废弃物代谢是两个同时存在的过程，表面上看两者均有相对独立的传递、转化链条，但链条间有着本质的联系，因为废弃物产生的背后是资源利用问题，因此，资源代谢和废弃物代谢通过代谢组分的不同功能实现衔接，将城市代谢过程统一为有机整体（图 1-6）。

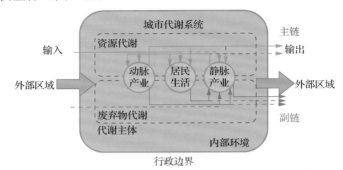

图 1-6　基于不同代谢对象的城市代谢过程解析

橙色和绿色代谢流分别表示资源代谢和废弃物代谢；虚线表示理论上存在的传递、转化途径，
但由于城市循环机制的不完善，并未形成代谢路径

动脉产业和居民生活在衔接资源代谢和废弃物代谢的作用方面较为相近，而静脉产业则在其中承担着更为关键的作用，其将废弃物还原为再生资源的能力将显著影响整个系统的代谢特征，这与静脉产业在分解代谢阶段的作用是一致的。将代谢过程解析为资源代谢和废弃物代谢，将有助于深入解析各组分的代谢特征。资源代谢连接的是资源利用及其有效产出，倾向于反映组分的资源利用效率及其经济贡献等特征；而废弃物代谢连接的是废弃物产生及其再利用和最终排放，更倾向于反映组分的环境影响特征（图 1-6）。

城市代谢过程划分为合成代谢（消耗资源生产产品）、分解代谢（废弃物分解）和调节代谢（废弃物循环）（Costa, 2008），以及资源代谢与废弃物代谢，充分体现了不同组分的生态角色，以及组分间不同类型代谢流的交换。

1.2.2　城市代谢主体划分

1. 代谢主体划分方式

所谓代谢主体是指参与代谢过程具有"吞吐"物质能力的基本单位（陶在朴，2003），因此，城市代谢主体不仅包括家庭、产业、畜禽和人造基础设施等，还包括大气、水体、土壤等自然介质。在代谢主体划分方式上，可以按生产（产业）和生活等活动类型划分，也可以按城市不同功能团划分，进而明确各代谢主体的作用和地位。

　　代谢主体是按一定的规则进行归类、分解的代谢单元，单元内组成属性应当具有一定的共性，如代谢物质的种类、代谢方式等。以产业划分为例，目前常见的分类体系中，无论是联合国 1971 年《全部经济活动国际标准行业分类索引》所采用的 10 大类分类法，还是中国、日本等多国普遍采用的三次产业分类法、资源密集产业分类法和产业发展状态分类法，都倾向于产业的经济性质，并未考虑产业的代谢特征。在这种分类体系下，"废弃资源和废旧材料回收加工业"被归并到制造业门类，但其与其他制造业的物质利用特征明显不同。

　　从"资源"这一代谢物质来看，产业的物质利用特征存在着明显差异。"资源"一部分是来自自然界的"原生资源"，一部分则是经过人工转化的"二次资源"；而"二次资源"又包括经过合成代谢的"次生资源"，以及经过调节代谢（由静脉产业还原）的"再生资源"，有些物质甚至可能经过了数次再生循环。代谢主体输入、输出物质类型的分化，反映了其物质利用特征的差异。

　　图 1-7 显示了基于物质利用特征的产业解析过程。产业 I 引入了来自内部环境和外部区域的原生资源，产业 II 利用原生资源的同时，也消耗了来自其他产业提供的次生资源（中间产品），而产业 III 则主要开展次生资源的深加工，此外还存在产业 IV（静脉产业），主要利用其他产业的废弃物，将其转化为再生资源提供给其他产业利用。可根据物质利用的相似性和差异性，划定代谢主体类别。

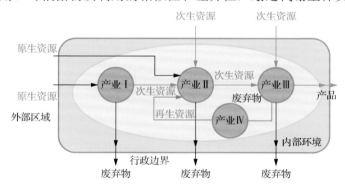

图 1-7　基于物质利用特征差异的产业解析

2. 代谢主体属性特征

　　基于物质利用特征差异，可将城市生命体粗略划分的 3 个代谢主体（动脉产业、静脉产业和居民生活）具体划分为农业、采掘业、加工制造业、物能转换业、建筑业、循环加工业以及居民生活（图 1-8）。城市动脉产业可以划分为将原生资源引入代谢系统的采掘业和农业、主要利用原生资源的初级加工业和物能转换业、主要利用次生资源的加工制造业和主要将次生资源转化为城市存量的建筑业；循环加工业是将废弃物进行无害化处理，并加工转化为再生资源的产业，包括污水处理部门、废弃资源回收及废旧材料加工等产业。除了产业拆解外，也可以结合统计年鉴、投入产出表的产业门类，细致划分城市代谢主体，以清晰界定城市代谢过程。以动脉产业为例，表 1-1 说明了其细分的代谢主体。

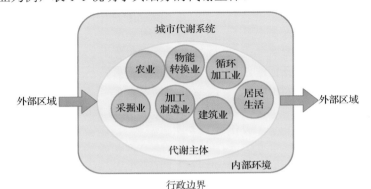

图 1-8　城市代谢主体划分

表 1-1　动脉产业的细分及其物质利用特征

产业类型	典型产业	物质利用特征
采掘业	煤炭开采和洗选业 石油和天然气开采业 金属矿采选业 非金属矿采选业 水的生产和供应业	引入不可再生资源的原生资源
农业	农业 渔业 林业 牧业	引入可再生资源的原生资源
初级加工业	农副产品加工业 木材加工及木、竹、藤、棕、草制品业 化学原料及化学制品制造业 水泥制造业 金属冶炼及压延加工业	主要利用原生资源生产产品
物能转换业	电力、热力的生产和供应业	主要利用原生资源生产能量
加工制造业	食品制造业 纺织服装、鞋、帽制造业 家具制造业 印刷业和记录媒介的复制 医药制造业 塑料制品业 设备制造业	主要利用来自初级加工产业的次生资源
建筑业	房屋和土木工程建筑业	主要利用次生资源，主要将资源转化为存量

（1）采掘业。

采掘业是将原生的非生物资源引入城市代谢系统的主体，主要指各种矿产开采业，承担代谢主体与环境间的衔接作用。对资源型城市，采掘业的规模、种类等数据相对全面，但在数据处理时需考虑采掘业引申出的"储存中转库"，如能源开采加工型城市会涉及多种不同能源物质的输入、输出，以及一次能源向二次能源的转化加工，因此需要借助虚拟的能源储存和中转库处理和汇总数据；对于非资源型的城市，采掘业所占的比重较小，资源大多以运输方式直接引入加工制造类的代谢主体。

需要说明的是，水生产和供应业的物质利用特征与采掘业相似。虽然水通常意义上被视为可再生资源，但其实际再生过程与动植物依靠自然条件生长的可再生有所不同，水必须依靠净化和循环才能得以再利用，在性质上更接近于不可再生资源。因此，理论上用水直接由环境获得，将水生产和供应业归入采掘业一类，而水的净化与处理则归入静脉产业。

（2）农业。

农业是指农林牧渔等农副生产行业。代谢主体划分中，对农业的处理有两种不合适的方式：一种将农业归入内部环境，不作为代谢主体；另一种是将农业与采掘业合并。第一种方式产业和居民消费的农产品作为环境输入，虽简化了数据处理和计算工作，但是这种处理方法会导致农产品加工业沿着物质利用链条降级到与采掘业并列，进而对代谢系统整体构架的理解出现偏差。第二种方式认为农业与采掘业的物质利用特征相近，均承担着将原生资源引入代谢系统的功能，但农业引入的资源主要是可再生资源，而采掘业则绝大多数是不可再生的矿产资源。

（3）加工制造业。

国民经济行业分类中制造业门类涵盖了多达 31 个大类。其中，废弃资源和废旧材料回收加工业、再生资源加工制造业应属于静脉产业，因此不再包括在制造业之中。再生资源加工制造业运行主要依赖静脉产业，实现对废弃物的还原利用，这部分产业单独列出，被称为"特殊加工产业"，如再生纸的生产制造等。其余的制造行业按其物质利用特点可以分为两大类：一是以利用原生资源为主的"初级加工业"；二是以利用次生资源为主的"加工制造业"，初级加工业输出中间产品，作为加工制造产业的原料。

（4）物能转换业。

物能转换业承担将一次能源转换为二次能源的功能，在物质利用特征上与初级加工业十分类似，均以原生资源利用为主，但两者的输出又截然不同，初级加工业生产物质形态的产品，而物能转换业则生产能量形态的产品。同时，与采掘业承担矿物中转库的功能类似，物能转换业也是各类二次能源（焦炭、煤气、石油制品）的中转库。

（5）建筑业。

建筑业承担着市政基础设施（房屋、道路等）、水利设施等的开发建设活动，以及已有建筑物的维护与拆除，涉及大量物质输入和废弃物产出。建筑业物质利用特征在输入端与加工制造产业相近，均主要利用初级加工产业生产的次生资源；但其输出端则与制造业有较大差距，其建筑产物多转化为城市存量，不以产品形式输出，相当一部分废弃物无法由静脉产业分解还原。

1.3　城市代谢特征

城市生命体作为一个复杂巨系统，其新陈代谢过程表现出生长发育与遗传变异（从无到有，又会从有到无）、开放性与依赖性、稳定性与稳健性（自适应、应激性、自我调控性）等典型生命特征（图1-9）。

图1-9　城市生命体的代谢特征

1.3.1　生长发育和遗传变异

城市生命体的生长发育经历了由无序到有序、由量变到质变的过程，逐渐形成完整的组织结构和功能布局。城市发展初期需要开拓与拓展生态位空间，增长速度较慢，继而调整生态位，改造与适应环境，城市生命体生长呈指数式上升，然而生命体规模增长必然会受到生存空间和发展条件等的制约与限制，迫使生命体增长速度放慢，逐渐接近某个临界水平，城市生命体生长发育过程整体呈 S 形增长趋势。但城市生命体总能扩展瓶颈，不断调整生态空间、改变发展条件，城市生命体又会出现新的 S 形增长，并再次出现新的限制因子或瓶颈，再次突破限制。城市生命体正是在这种不断逼近和扩展瓶颈的过程中螺旋式增长，实现持续健康发展（图1-10）。

城市生命体在螺旋式增长过程中不断自我升级、自我更新，但不可避免的是局部组织、器官会出现明显的年龄分布特征。如北京通州属于身体发育期的新区，相对年轻（18～30 岁），其空间拓展与功能设计有一定的潜力与空间；而二环基本步入老年（55～60 岁），硬件升级、自我更新会面临很大的阻力。综合考虑城

市生命体组分的年龄分布格局，维持老区现有功能，完善新区带动功能，将会使
生命体持续保持旺盛的生命力进而不断生长发育。

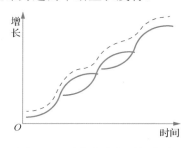

图 1-10　城市生命体增长曲线

　　城市生命体生长发育不仅表现在边界拓展上，而且更多地体现在结构与功能
的完善。以城市生命体的社区组织为例，假定其基本的消化功能构成有住房、交
通、医疗和菜市场，当功能区规模不断扩张时，住房与菜市场的距离可能会越来
越远，超过最适距离就会导致新的菜市场出现，再次形成一个新的消化功能区（遗
传）。形成的新功能区在保留原有功能的前提下，也会有所不同，导致城市生命体
多样社区的形成（变异）。

　　城市生命体螺旋式增长也体现了遗传和变异的交替作用，遗传不断拓展边界
和规模，变异不断寻求创新（产业升级、功能调整）。在面对市场环境、资源环境
条件变化的情况下，城市生命体的生态位需要不断延伸、固守、退变，形成新的
生态位空间，体现了不断发展和发展中的挣扎。假设有一个生命体当前属于资源
型城市，以本地矿产、森林等自然资源开采、加工为主导产业，随着生命体规模
的扩大，资源枯竭成为生长发育的瓶颈，城市生命体转型势在必行。是从要素驱
动、投资驱动转向创新驱动，追求管理与技术创新，提高全要素生产率来延伸生
态位（创新型城市），还是固守资源依赖型发展路径，寻求替代资源（资源型城市），
又或是退变为服务型城市满足由于人口外流形成的老龄化社会需求，到底选择哪
种生长发育轨迹，是每个城市生命体发展过程中必须面对的抉择（图 1-11）。

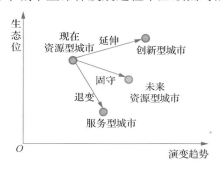

图 1-11　城市生命体生态位拓展趋势

1.3.2　开放性和依赖性

城市生命体代谢吞吐量大、损耗大，导致其生长需要不断的环境供应，但供应地不能仅仅依靠腹地，很大部分营养物依赖于外部区域的输送，同时周边区域也接收城市代谢废弃物，导致城市开放性特征显著。城市线性代谢过程也导致城市生命体的消费者（人）需要的食物量大大超过了腹地绿色植物所能提供的数量，生产者（生产、建设、交通、运输等经济活动）也需要物质和能量的供应；而城市生产和生活所产生的大量废弃物，由于分解、循环利用技术的落后，大部分只能排放到环境中消化和分解，对环境造成了极大的压力和干扰。这些问题主要是由于城市生命体循环机制并不完善，异养与寄生特征明显，而自然生态系统依靠生产者、消费者、分解者进行物质循环往复过程，自养与自生特征明显。

当然，城市生命体的开放性和依赖性特征有利有弊，风险和机会并存。城市生命体应利用开放性和依赖性特征形成城市组团，充分发挥城市生命体在区域发展中的不同生态角色和各自优势，变害为利，同时抓住适宜机会，避开风险、减缓危机。但城市生命体的这两个特征也会使其正常运行每时每刻均依靠与环境之间大量的物质交换（负熵流输入），一旦交换停止，城市生命体将趋于崩溃，最有效的途径是加强城市"矿山"开发，使功能意义上的"废弃物"转变为对城市生命体代谢过程有用的"原料"，完善其循环再生机制。

1.3.3　稳定性和稳健性

城市化和工业化进程的不断加快，人为加大、加速了城市生命体的代谢过程，城市大规模社会经济活动所形成的物流、能流强度是自然生态系统无法比拟的，导致其代谢水平很难稳定在相对平衡的状态。城市生命体较大的代谢强度表现为物质高投入、高积累、低有效产出，除代谢废弃物不断增多外，城市存量累积（人口增加、资本扩张，以及楼房、马路、高速公路等人工建筑增多）在提供更多服务功能的同时，也会带来大量的物质消耗。城市生命体不断生长发育，存量供需矛盾会日益加剧。如城市生命体生长停滞期，城市存量的不断供给会远远超过生命体的需求，而城市生命体过快增长也会导致存量供给无法满足社会经济活动的需求，两种供需缺口的存在均会对城市生命体稳定带来非常大的影响。

城市生命体稳健性体现应对变化的响应能力，主要是应激性和自适应表现。应激性是指城市生命体在感知环境条件变化时，快速做出反应，通过搭建城市应急响应、灾害防御、风险应急等系统，应对自然灾害、城市公共安全危害事件、社会经济与政治环境突发事件对城市生命体的冲击。而自适应体现了城市生命体通过自组织过程，调整自然禀赋、社会经济属性，以适应环境与自身生长的需求，提升其生存发展能力。

城市生命体稳定性和稳健性主要取决于对社会经济活动调控、对自然生态环境保育与恢复的能力和水平。但在注重经济建设与发展的城市化过程中，往往忽视了对自然生态环境造成的影响，使得城市生命体自组织水平、所处的环境均处于盲目发展和混乱无序状况，这就使得城市生命体失去或减弱了应有的调控性和恢复性，出现了代谢过程紊乱的现象。

<h1 style="text-align:center">参 考 文 献</h1>

黄国和, 陈冰, 秦肖生, 2006. 现代城市"病"诊断、防治与生态调控的初步构想. 厦门理工学院学报, 14(3): 1-10.

陶在朴, 2003. 生态包袱与生态足迹. 北京: 经济科学出版社.

Acuto M, Parnell S, Allen A E, et al., 2018. Science and the future of cities: Report on the global state of the urban science-polity interface. Nature Sustainability. (2018-12-1) [2019-1-1]. https://www.researchgate.net/publication/329717388_Science_and_the_Future_of_Cities.

Barles S, 2007. Urban metabolism and river systems: An historical perspective-Paris and the Seine, 1790-1970. Hydrology and Earth System Sciences, 11(6): 1757-1769.

Bettencourt L M A, 2013. The origins of scaling in cities. Science, 340(6139): 1438-1441.

Bohle H G, 1994. Metropolitan food systems in developing countries: The perspective of urban metabolism. GeoJournal, 34(3): 245-251.

Costa A, 2008. General aspects of sustainable urban development (SUD)//Clini C, Musu I, Gullino M L. Sustainable Development and Environmental Management. Dordrecht, Netherlands: Springer: 365-380.

Decker E H, Elliott S, Smith F A, et al., 2000. Energy and material flow through the urban ecosystem. Annual Review of Energy and the Environment, 25(1): 685-740.

Fischer-Kowalski M, 1998. Society's metabolism: The intellectual history of materials flow analysis, Part I 1860-1970. Journal of Industrial Ecology, 2(1): 61-78.

Golubiewski N, 2012. Is there a metabolism of an urban ecosystem? An ecological critique. Ambio, 41(7): 751-764.

Jacobs J, 2011. The Death and Life of Great American Cities. New York: Random House.

Kennedy C, Cuddihy J, Engel-Yan J, 2007. The changing metabolism of cities. Journal of Industrial Ecology, 11(2): 43-59.

Kennedy C, Pincetl S, Bunje P, 2012. Reply to "comment on 'the study of urban metabolism and its applications to urban planning and design' by Kennedy et al. (2011)". Environmental Pollution, 167(1): 184-185.

McDonald G W, Patterson M G, 2007. Bridging the divide in urban sustainability: From human exemptionalism to the new ecological paradigm. Urban Ecosystems, 10(2): 169-192.

Newman P W G, 1999. Sustainability and cities: Extending the metabolism model. Landscape and Urban Planning, 44(4): 219-226.

Odum H T, 1996. Environmental Accounting: Energy and Environmental Decision Making. New York: Wiley.

Pincetl S, Chester M, Circella G, et al., 2014. Enabling future sustainability transitions: An urban metabolism approach to Los Angeles. Journal of Industrial Ecology, 18(6): 871-882.

Warren-Rhodes K, Koenig A, 2001. Escalating trends in the urban metabolism of Hong Kong: 1971-1997. Ambio, 30(7): 429-438.

Wolman A, 1965. The metabolism of cities. Scientific American, 213(3): 178-190.

Zhang Y, 2019. Urban Metabolism//Fath B D. Encyclopedia of Ecology. Second Edition. Oxford: Elsevier: 441-451.

Zhang Y, Yang Z F, Li W, 2006. Analyses of urban ecosystem based on information entropy. Ecological Modelling, 197(1): 1-12.

Zucaro A, Ripa M, Mellino S, et al., 2014. Urban resource use and environmental performance indicators: An application of decomposition analysis. Ecological Indicators, 47(4): 16-25.

第 2 章　城市代谢研究进展

2.1　城市代谢的研究意义

2.1.1　可行性

城市的生命体代谢特征决定了城市代谢的研究方式是可行的。类比自然生命体，剖析城市生命周期变化过程，探求其生长发育规律，识别影响城市衰老、再生的关键因素，可为城市保持旺盛的生命力提供关键技术方法与实施途径；分析城市开放性和依赖性特征，模仿自然界完备的循环机制，转变城市的寄生属性，维持其稳定性和稳健性，可为其健康持续发展提供行动路径。

城市代谢理念从过程出发，将资源、主体和排放相关联，作为一种新的研究视角是可行的。城市代谢研究既考虑建筑环境（高楼林立的城区、分散与集聚的农村居民点）的原材料、能源输入，也关注代谢主体参与的产品合成、废弃物形成的过程，并从末端代谢废弃物产生入手逆向追踪过程的源头消耗。此视角强调将资源消耗与环境污染相关联，明晰物质和能量的来源、去向及流转路径，量化链网物质和能量流动、存储的规模与结构；将自然、生产和消费相关联，解析主体间驱动与响应机制，识别"城市病"背后的资源消耗和污染排放问题，以追踪正向与逆向互动关系的方式寻求产业、消费乃至城市生态转型的途径和措施，为城市健康运行提供整体耦合图景（图 2-1）。

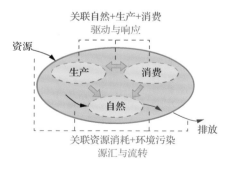

图 2-1　城市代谢研究的过程视角

2.1.2　必要性

　　攻破科学难题与解决现实问题需要多个学科的交叉与集成、多个研究对象的整合与耦合，而城市代谢研究正体现了多个学科理论的集成、多个研究对象的耦合，其必要性不言而喻。城市代谢研究围绕城市与环境之间关系（运行机制、机理）的主题，以复合生态系统为理论基石，以自组织演化过程（生态热力学理论）为切入点，用非线性方式（系统生态学理论）解读城市代谢过程及其资源环境效应，体现了多学科交叉的特征。基于复合生态系统理论，城市代谢研究自然、社会和经济之间时空维度下的流量与存量的耦合规律，模拟代谢过程所呈现的结构分布、功能关系和空间格局特征，以辨识时-空-量-构-序方面的代谢能力（王如松和欧阳志云，2012）。基于生态热力学理论，全方位诊断、分析与模拟城市系统过程-结构-功能-格局属性，从过程出发把握城市生态系统的自组织运行规律，以探求保障和谐有序的动力学和控制论机制。基于系统生态学理论，城市代谢研究解析与整合研究对象，从而完整、系统地剖析城市代谢过程，以全方位诊断由主体、流动所带来的"城市病"问题。

　　城市代谢研究充分考虑了参与过程的多个代谢主体（家庭、企业、社区、园区）、多种介质（水、土、气）和多种要素（碳氮磷、食物、能源、矿物）（图2-2）。水、土、气等介质作为源汇，为多个代谢主体提供碳氮磷、食物、能源、矿物等营养物，同时接收城市的代谢废弃物。代谢主体的行为变化会通过营养物利用与代谢废弃物排放显著影响介质的质量，进而影响营养物的供给品质。因此，城市代谢研究可以通过诊断介质质量，调控要素利用规模，设置正/负反馈回路，修正代谢主体行为（规模、结构、布局等），为城市的生态管理提供决策依据。

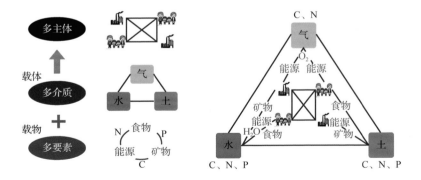

图 2-2　多维复杂性的城市代谢研究

2.1.3　紧迫性

中国多样的城市形成了不同的代谢类型，为城市代谢研究提供了天然的实验室，同时快速城市化背景下生态环境问题突显，迫切需要城市代谢实用成果的产出，以支持城市生态建设。另外，推动城市代谢学科的发展，也需要城市代谢的基本理论、技术方法和实践案例等研究成果的支持。中国有 600 多个城市，不同等级城市的数量呈金字塔形分布，塔尖是特大城市，虽数量少但代谢规模大，塔底小城市数量较多但代谢规模小。面对中国数量众多的城市，急需开展特大城市的问题诊断和解决方案研究，其典型的经验与教训可为中小城市发展提供有益借鉴。除代谢规模外，城市间也存在着代谢物质结构、代谢效率与影响效应的差异。例如，相对于年轻城市，年老城市的代谢速率低，而成熟城市的代谢速率则相对稳定；相对于强壮城市，瘦弱城市的吸收能力差（累积的存量少），而肥胖城市则吸收能力强（累积的存量多）；在城市生命体体量相同的情况下，环境（资源禀赋、环境容量）的差异会导致其膳食结构（素食、肉食）有所不同，食物谱系中的生态位分布明显不同，形成资源型城市、服务型城市、工业城市等不同类型；健康城市由于体量的差异，也会导致摄入营养物的规模、种类有所不同，但代谢功效相同。当前中国的城市代谢研究处于国际领跑、并跑并行的阶段，理论探讨、方法学等相关成果可为城市代谢研究提供足够的科学储备。在此基础上，迫切需要搭建科学与社会实践的桥梁，以"问题"为导向开展科学研究，构建城市代谢学科体系，并不断提升其地位和作用。

城市代谢研究是以解决城市生态环境问题为出发点，以复合生态系统、生态热力学、系统生态学等理论为基础，围绕城市与环境的关系，探究城市发展规律及内在作用机理、机制，服务于城市生态建设、可持续发展的一门理论与应用性学科。城市代谢学科体系为满足上述要求，需在研究尺度、对象、方式、内容与方法等方面不断深化。研究尺度不仅集中于城市，而且拓展到城市所镶嵌区域和其所包含的功能团，如全球、国家及城市群，以及社区/园区、家庭/企业等。研究对象从自然与社会经济的割裂研究，发展到自然-社会-经济复合生态系统研究，并从现象描述深化到历史回溯，再到未来预测。研究方式也由还原论、整体论并行研究，发展到还原论与整体论整合研究，自上而下与自下而上研究方式并用。自上而下与自下而上策略的关键区别在于：前者是分解方式而后者为合成方式，前者从一般性问题出发，将问题分解、拆解为不同的可控单元；而后者则从可控单元出发，合成、整合描述整体特征或构造通用方案。研究内容的深化强调基于过程解析，剖析其结构、功能和格局特征，模拟预测其动态演化规律，探究城市代谢机理及胁迫与响应机制，并利用规律与机理、机制诊断城市生命体健康状况、调控代谢主体行为。方法的深化体现在从定性描述到定量模拟，同时注重经济学、社会学、政治学和生态学等多学科方法的综合运用与整合（图 2-3）。

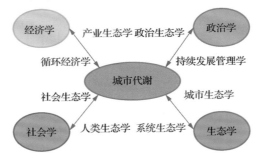

图 2-3　城市代谢的多学科交叉视角

　　产业生态学、循环经济学等经济学的应用学科可为城市代谢研究提供城市生命体经济运行行为和规律方面的支持；人类生态学、社会生态学等社会学的分支学科可为城市代谢研究提供社会观念、文化、体制对物质和能量流动过程影响机制方面的支持；持续发展管理学、政治生态学作为政治学的分支学科，从城市生命体发展目标出发，可为提升城市代谢学科的实用价值和指明其发展道路提供直接帮助；生态学的分支系统生态学、城市生态学等学科可为城市代谢研究思想和技术手段的形成提供支持。

2.2　CiteSpace 知识图谱分析

　　纵观城市代谢近 60 年的发展，城市代谢研究在生物隐喻的忧虑与质疑中，研究尺度、技术方法不断丰富与发展，在为可持续发展提供量度指标方面被不断认可与赞誉。一些学者试图从技术方法（Goldstein et al., 2013; Zhang, 2013; Pincetl et al., 2012; Weisz and Steinberger, 2010）、发展阶段（Zhang et al., 2015; Kennedy et al., 2011）、对持续发展贡献（Barles, 2010）等角度综述城市代谢研究，但缺乏对其整体图景的整理与分析，因此，急需借助 CiteSpace 文献分析工具（陈悦等, 2015），系统梳理城市代谢的学科知识体系，从城市代谢研究的合作网、学科、主题词、高引作者、高引文献等方面分析其前沿和基础，挖掘其知识结构、脉络图景及演变过程。

2.2.1　基本情况分析

1. 发文量分析

　　截至 2019 年 4 月 29 日，在 Web of Science 核心合集中以"urban metabolism"语句检索可获得 1972 篇（1970～2019 年）初始文献，剔除医学、动植物学、微生物学等不相关成果，最终筛选得到 1069 篇文献（图 2-4）。

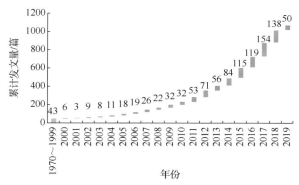

图 2-4　1970～2019 年城市代谢研究领域的发文量变化
圆柱高度代表当年的发文量

根据城市代谢研究领域的发文量，以 2000 年为分界点可将近 60 年的发展历程划分为两个明显阶段。21 世纪前，城市代谢研究发展相对缓慢，自 1970 年首次出现城市代谢研究文献开始，30 年间发文量仅占发文总量的 4%（43 篇），且时段主要集中在 20 世纪 90 年代；21 世纪开始，该领域研究迅速崛起，发文数量逐年递增，特别是 2015 年后发展迅猛，年均发文量超过百篇，2015～2018 年 4 年的发文量占比接近一半，城市代谢研究已然成为一个热点领域。由于 2019 年的相关文献尚未整理完成，并未在此部分讨论。

2. 合作网分析

合作网分析主要研究网络中国家、机构和作者的重要性和关联性，以体现不同节点的研究力量布局、合作领域分布和强度。自 1981 年美国开展了一定规模的城市代谢研究后，该领域研究遍布 30 余个国家（图 2-5）。其中，美国（频次 Freq=279）和中国（Freq=263）是研究规模较大的两个国家，且机构分布特征差异显著。美国城市代谢研究机构数量较多，如亚利桑那州立大学（Arizona State Univ.）、陶森大学（Towson Univ.）、昆士兰大学（Univ. Queensland）、马里兰大学（Univ. Maryland）等，频次均小于 15。而中国集中在几个主要的研究机构［北京师范大学（Beijing Normal Univ.）、中国科学院（Chinese Acad. Sci.）、清华大学（Tsinghua Univ.）等］，但发文量普遍高于美国的研究机构，其中北京师范大学尤为突出，频次高达 100，甚至高于排名第三的国家（England，Freq=81）。此外，美国（中心度 Centr=0.6）和中国（Centr=0.27）关联程度也非常高，主要与英国、意大利、西班牙、加拿大、澳大利亚、荷兰、奥地利、德国、法国、日本、葡萄牙等国家紧密合作。

图 2-5　国家/地区和机构（频次≥10）

全球有 200 多位研究城市代谢的学者（频次≥2），其中加拿大 C. A. Kennedy 自 2003 年起就开展了较早的城市代谢研究，而中国北京师范大学 Y. Zhang 与 Z. F. Yang 也于 2006 年开始城市代谢研究，成为中国最早的研究学者（图 2-6）。频次位列前 10 位的学者中有 7 位来自中国北京师范大学，其中 Y. Zhang 频次最高（Freq=45），B. Chen（Freq=34）和 Z. F. Yang（Freq=27）紧随其后，并形成了以学者 Y. Zhang 为核心的最大的中-美-法合作研究团体。团体中，北京师范大学学者与中国上海交通大学 Y. Geng、清华大学 T. Z. Zhang，以及 B. D. Fath、S. Ulgiati、S. Barles 等欧美学者合作十分紧密。从合作强度来看，这一团体中 Y. Zhang 与 Z. F. Yang，S. Q. Chen 与 B. Chen，M. R. Su 分别与 S. Liang、G. Y. Liu 的两两合作最为紧密，强度均为 1.0。加拿大多伦多大学 C. A. Kennedy 发文量为 20，位列第 4，其与 S. Barles，S. Pincetl 等学者合作形成网络中的第二大研究团体。此外，通过 C. A. Kennedy 与 B. Chen 的合作，促成了两大研究团体的连结，因此 C. A. Kennedy 和 B. Chen 也成为网络关联程度最高的节点（Centr=0.06）。

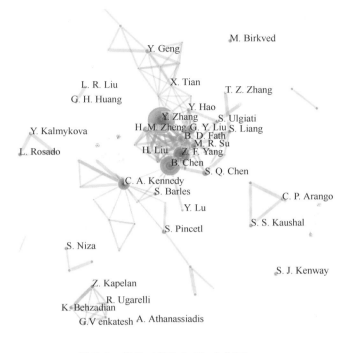

图 2-6　作者（频次≥5）合作网

3. 学科共现分析

学科共现分析主要是通过搭建学科关联网络，揭示研究领域主流学科的演变规律，以及多学科交叉特征及内在联系。城市代谢的学科发展经历了由最初的科学与技术学科到环境生态学，再到地质地理学、工程学，继而到管理学的演变（图 2-7）。城市代谢研究最早出现在科学与技术学科领域（Science & Technology，Freq=224, Centr=0.17），1970 年 *Science* 期刊发表了有关人类住区学的文章，指出应从多学科交叉视角分析人类住区规模和质量，研究人类活动对自然代谢的干扰，为城市代谢研究奠定了良好的基础。之后，人类活动规模不断扩大，打破了原有的物质代谢平衡，导致了严重的生态环境污染，加之 20 世纪 60 年代生态学的成熟发展，1977 年开始环境生态学领域对城市代谢问题的关注逐渐增多，包括环境科学与生态学（Environmental Science & Ecology）、环境研究（Environmental Studies）、环境科学（Environmental Sciences）、生态学（Ecology）、城市研究（Urban Studies）、水资源学（Water Resources）等学科分支。1987 年地质地理学多从生物地球化学循环的角度关注城市代谢的关键要素，同时以多学科视角解读了城市代谢过程的自然属性和空间特征。到了 1990 年，城市代谢研究转向了工程应用领域，工程学（Engineering）、环境工程学（Environmental Engineering）、能源与燃料（Energy & Fuels）等学科相继出现。而 1996 年后更强调城市代谢研究的目标与价值，区域与城市规划（Regional & Urban Planning）、公共管理（Public Administration）、绿色可持续发展科学与技术（Green & Sustainable Science & Technology）的相关研究大量涌现，突显了城市代谢研究的重要意义和应用前景。当然在这一时期，城市代谢实践应用的工程学（城市）研究以及城市规划设计的地理学（geography）（地学、多学科、地质和地理学）研究依然是主流。

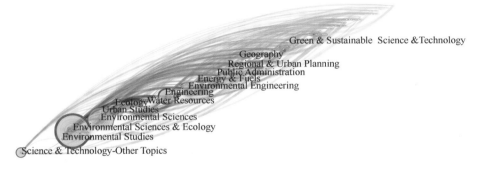

图 2-7 城市代谢领域学科的时空演变

城市代谢研究发文量最大的领域为环境生态学，其中环境科学与生态学的频次与网络中心度均最大（Freq=671, Centr=0.56），这一领域中的环境科学发文量和中心度也较大（Freq=513, Centr=0.22），表明环境生态学是城市代谢研究领域的主流学科（图 2-7）。工程学（Engineering, Freq=317, Centr=0.20）发文量约为环境科学与生态学的一半，但中心度与环境科学相近，而科学与技术学科作为最早出现的学科，出现频次和中心度（Freq=224, Centr=0.17）指标也相对突出。还有一些学科的发文量与科学与技术学科相近，但中心度却相差 1 个数量级以上，如环境工程学（Freq=259, Centr=0.08）、绿色与可持续发展科学（Freq=207, Centr=0.04），表明这些学科发展兴盛且相对独立，与其他学科的关联性不强。相对应，生态学（Freq=117, Centr=0.23）和城市研究（Freq=81, Centr=0.16）的发文量不高，但中心度却较高，表明这些学科的研究成果虽不多，但注重多学科交叉融合。特征指标（频次和中心度）突显的学科决定了城市代谢研究领域的发展基调，但多学科交叉融合特点一直贯穿着城市代谢研究的始终。

学科关联网络中，同类学科间的关联强度较高，如环境生态学领域的环境科学-环境科学与生态学、环境科学-环境工程学，工程领域的工程学-环境工程学等，关联强度均为 1.0。此外，水资源学-环境工程学、生态学-城市研究、地理学-生态学、自然地理学（Geology）-城市研究等学科间的关联强度也为 1.0，体现某些学科领域中城市代谢研究的细化，以及其多学科交叉研究的特点（图 2-8）。

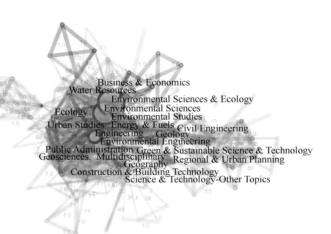

图 2-8　城市代谢领域学科的强度图谱

Business & Economics 为商业与经济学；Civil Engineering 为土木工程；Public Administration 为公共管理学；
Geosciences, Multidisciplinary 为地质学与多学科；Construction & Building Technology 为结构与建筑技术

2.2.2　研究前沿分析

1. 时间脉络分析

文献共现分析可以梳理学科的发展脉络，反映某段时期的研究前沿与热点。由图 2-9 所示，频次≥3 的城市代谢的研究主题共 179 个，涵盖研究对象、研究内容、研究方法、影响剖析（影响因素及效应分析）和管理目标 5 个方面，并呈现明显的阶段性变化特征。1981～2009 年发文量较少，且偏重于研究内容探讨；2010～2013 年加大了对模型方法的研究，管理目标研究最为丰富；2014～2015 年过程解析、资源流与废物流等研究内容不断丰富，并拓展到不同尺度的应用研究；2016～2018 年发文量接近一半，研究内容的深入与拓展更为鲜明。

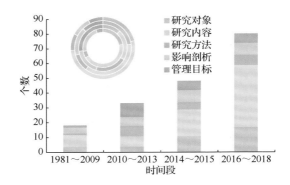

图 2-9　城市代谢领域主题词研究阶段特征分异

　　1981～2009 年的主题词最少，研究内容主题词占据一半，研究对象、影响剖析则在该阶段分别占 20%左右（图 2-10）。研究内容中城市代谢（urban metabolism）频次（Freq=218，2002 年）和中心度（Centr=0.28）均较高，是网络的最重要节点，另外不同物质和要素消耗与占用的研究也相对突出，如物质流（material flows）、建筑材料、有机物、有机碳、初级生产等。两个研究对象的主题词城市地区（urban area，Freq=107，2008 年）、城市系统（urban system，Freq=74，

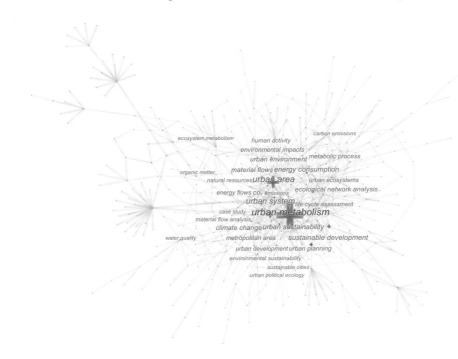

图 2-10　城市代谢领域主题词的发展脉络图

2007 年）的出现频次也较高，其中城市地区的中心度最高（Centr=0.31），此外，还出现了城市生态系统（urban ecosystems）、城市尺度（urban scale）等主题词。此时期城市是城市代谢研究的重点。此时，一些学者已经开始关注城市代谢的影响因素剖析，从最早较为宏观的环境影响（environmental impacts，Freq=29，2005年）扩展到具体的人类活动（human activity，Freq=19，2009 年）和生态系统功能（ecosystem function，Freq=3，2009 年）。但针对管理目标和研究方法的主题词很少，2006 年出现了以持续发展（sustainable development，Freq=44）为目标的城市代谢研究，这是研究期内最受关注的管理目标，也为后续管理目标的细化与深入打下基础，而方法的主题词仅有针对单要素的元素流分析（substance flow analysis，Freq=3，2009 年）。

2010～2013 年主题词数量增长了近 1 倍，出现了大量模型方法的主题词，生态网络分析（ecological network analysis，Freq=36，Centr=0.24，2010 年）频次与中心度最高，成为此时期的主流方法，该方法通过构建生态网络模型（ecological network model，Freq=3，2010 年），计算网络效用矩阵（network utility matrix，Freq=3，2010 年）探究网络功能关系，体现了城市代谢从线性、循环到网络的研究模式转变。此后生命周期评价（life cycle assessment，Freq=18，Centr=0.06，2012年）、能值分析（emergy analysis，Freq=3，2009 年）、方法框架（methodological framework，Freq=3，2013 年）等研究相继出现。此外，本时期管理目标的研究最为丰富，从 2010 年城市代谢研究目的城市规划（urban planning）出发，到 2011年可持续发展衍生的目标［如城市持续性（urban sustainability）、环境持续性、城市持续发展等］，再到 2013 年出现的环境绩效（environmental performance）和能源效率（energy efficiency）等更为具体的效率性管理目标。同时，影响剖析的研究也有所扩展，包括经济发展（economic development）、人口增长（population growth）等社会经济影响，气候变化（climate change）、生态系统服务（ecosystem service）等生态环境影响，以及能源消耗（energy consumption）、资源消耗（resource consumption）等消费行为影响。这一时期，研究内容、对象的数量与上一阶段基本持平，但随着研究方法、影响剖析研究的深入，研究内容与对象有所延续和转变。研究对象从城市区域（如城市生态系统、代谢系统）转向了环境和周边地区［如城市环境（urban environment）、周边地区），研究尺度不断拓展与细化。研究对象除了仍关注的物质消耗研究外（如能量流（energy flows）、代谢流、自然资源（natural resources）］，也开始关注代谢废弃物（温室气体），同时此时期已涉及城市代谢的细化过程（如人类代谢、人口密度），并分析生态关系（ecological relationship）状况（图 2-10）。

2014～2015 年出现的 48 个主题词中研究内容最多，占比接近 40%，侧重于过程解析［如代谢过程、城市代谢过程、生态系统代谢（ecosystem metabolism）、社会代谢、能源代谢]、资源利用和污染排放 [如资源流、总本地生产、物质资源、水质（water quality）、温室气体排放、碳排放（carbon emissions）、CO_2 排放（CO_2 emissions）、废弃物产生] 方面。研究内容中，代谢过程（metabolic process，Freq=26，Centr=0.09，2014 年）和案例研究（case study，Freq=14，2015 年）的相关成果表现突出，同时近几十年（recent decades）、文献综述（literature review）等研究成果也相继出现，并开始关注城市韧性（urban resilience，2015 年）问题。此时，研究对象也在不同尺度上展开，占比达到 23%，充分体现了城市代谢实践研究的丰富与发展。除继续深入城市代谢系统（urban metabolic system）、城市空间（urban space）、城市环境（urban context）、中国北京和 Oslo Norway 等目标尺度，研究尺度还扩大至大都市区（metropolitan area，Freq=23，2014 年）等背景尺度，其频次和中心度均较高，同时也细化到郊区（rural area）和与"水"相关的对象，如城市水系统（urban water system）、城市河流（urban stream）、城市水域（urban watersheds）、城市水务（urban water utilities）等。影响剖析研究仍延续上一阶段的社会经济影响，如快速城市化（rapid urbanization）、经济增长（economic growth）、经济活动（economic activity）、城市增长（urban growth）、最终消费（final demand）等主题词相继出现，同时水利用问题（如水消耗、水供应）也成为研究热点。此时期仍以物质流分析（material flow analysis，Freq=18，2015 年）这一传统分析方法为主导，并成为产业生态学（industrial ecology）的主流方向，同时模型开发（model development）和概化模型归纳（conceptual model）成为热点。管理目标成果相对上一阶段有所聚焦，在延续可持续发展理念的同时（如持续性城市代谢、持续性挑战、城市可持续指标），更强调城市政治生态学（urban political ecology）、政治生态学（political ecology）等思想对其的支持与影响（图 2-10）。

2016～2018 年各类研究主题蓬勃发展，出现了非常丰富的研究内容（占比达 53%），过程解析、资源利用与污染排放等深入研究成果占到近 50%，与"水""能"相关的主题（如水资源、水流、化石燃料、河流代谢和城市能源代谢）受到广泛关注，其中水资源（water resources，Freq=12，Cent=0.05，2016 年）和化石燃料（fossil fuels，Freq=9，Cent=0.05，2016 年）的频次和中心度均较高，并扩展到能-水关系研究，如能-水关联（energy-water nexus）、能水（energy water）等主题词出现，同时也注重关系类型的分析（如共生关系、竞争关系、承载力）。这一时期，基于生态足迹的评价研究较多（如水足迹、碳足迹、生态足迹），同时关注代谢特征分析（如代谢性能、代谢率）。物质存量（material stocks）、国际贸易（international trade）等新的城市代谢研究方向也相继出现。这一时期，研究内容不仅关注长期（long term）的对比分析，也开展不同情景（different scenario）的未来研究（future study）。此外，空间分布（spatial distribution）、空间模式（spatial pattern）、城市形态（urban form）和空间分析（spatial analysis）等空间化研究议题，以及分析框架（anlytical framework）、概念框架（conceptual framework）等研究也受到关注。此时期研究更强调将研究对象看作复合系统（complex system），细节-目标-背景尺度均有所延伸，如背景尺度的城市群（urban agglomeration）、津冀区域（tianjin-hebei region），细节尺度包括腹地（如自然环境、城乡交错区）、居民生活（如城市居民、城市人口）和经济部门（如建筑业、建筑部门、城市基础设施、不同部门、城市能源系统），以及目标尺度的城市水平（urban level）、城市网络（urban network）及国内外典型城市。此时期明确提出了自下而上方法（bottom-up approach）的研究思路，并引入了其他学科的方法，如投入产出分析（input-output analysis）、系统动力学（system dynamics），在持续性评估（sustainability assessment）深入研究的基础上，强调综合集成方法（综合方法、多尺度综合分析）的运用，以及随着研究不确性的增加，敏感性分析（sensitivity analysis）成为热点。管理目标在继续强调决策目标（如环境收益、主要目标）的基础上，将研究重点落实到实施主体（policy makers）、模式转型和城市规划（如干预战略、循环经济、城市设计）等实践层面。影响剖析研究仍集中于社会经济影响（如经济收益、最终消费、社会经济发展）、自然条件改变（如环境影响、全球变暖、环境挑战）以及人-自然交互界面变化（土地利用变化）等方面（图 2-10）。

2. 聚类与突现分析

（1）聚类分析。

将主题词进行聚类可得到 10 大类别，按大小依次为城市韧性、代谢系统、能源利用、城市水系统、物质流、能源量化、城市形态、城市河流、碳排放和持续资源管理（图 2-11）。城市韧性（urban resilience）是其中最大的、时间跨度最长（2002～2018 年，17 年）的聚类，并以"管理目标"作为类别名称。此类别由早期聚焦研究对象（如城市系统、城市生态系统、城市地区、城市尺度、城乡交错区）延展到管理目标、方法框架，研究目的是通过合理准备，缓冲和应对不确定性扰动，以实现城市公共安全、社会秩序和经济建设等正常运行的能力。此聚类发展表明了代谢过程解析（如城市代谢、城市代谢分析、城市能源代谢）是城市韧性研究的重要视角，通过关注建筑材料（construction materials）、物质流（material flows）、能量流（energy flows）、水质（water quality）等代谢流和代谢主体的变化，深层次挖掘城市韧性背后的重要社会经济发展（socioeconomic development），为城市规划（urban planning）、持续城市（sustainable cities）管制网络构建提供重要依据。持续资源管理（sustainable resource management）作为最小的聚类团，时间跨度也有 3 年，此类别同样以"管理目标"命名，强调在产业生态学（industrial ecology）理念指导下，加强原材料（raw materials）和废弃物管理（waste management），以城市网络（urban network）为组织形式，搭建综合框架（integrated framework），实现循环经济（circular economy）的发展模式。

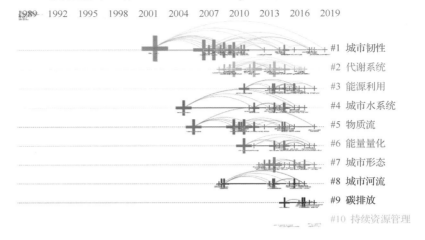

图 2-11　城市代谢领域主题词的类别划分及其时间线分布

代谢系统（metabolic system）是跨度 10 年（2009~2018 年）的第 2 聚类团，以"研究对象"作为类别名称，由前半段侧重于研究方法、影响剖析拓展到不同尺度的案例区研究。表明元素流分析（substance flow analysis）、生态网络分析（ecological network analysis）等方法推动了代谢过程（metabolic process）解析，并在代谢系统（metabolic system）、中国北京、城市群（urban agglomeration）、津冀（Tianjin-Hebei）等不同尺度进行模型开发（model development）、生态关系（ecological relationship）和空间分布特征（空间类型、空间分布）的研究。空间分析研究也体现在第 7 聚类团城市形态（urban form）中，此类别跨度为 5 年，且以"研究内容"命名，主要围绕城市实体所表现出来的具体空间物质形态开展研究（主要包括城市用地的外部几何形态，城市内功能地域分异格局，以及城市建筑空间组织和面貌），集中于影响因素剖析和概念模型提炼。此类别以城市形态的驱动因素（如驱动力、城市增长）及生态效应（如资源消耗、水消耗、环境表现、水资源、二氧化碳、碳足迹）为切入点，强调城市形态的概化模型（conceptual model）及城市设计（urban design）的服务目标。

同样以"研究内容"命名的物质流（material flow）聚类团位于第 5，时间跨度为 13 年（2006~2018 年），包括丰富的管理目标和不同类型的研究对象，充分体现了管理目标导向（如城市可持续发展、城市发展、经济收益、主要目标、能源效率）的城市居民、城市自然环境和城市能源系统等对象的分析。与水、能研究内容相关的聚类团共有 5 个。与水相关的类别包括城市水系统（urban water system，第 4 聚类团，时间跨度为 2005~2017 年）和城市河流（urban stream，第 8 聚类团，时间跨度为 2009~2017 年），分别侧重于水资源利用和流域自然生态系统，两者中 1/3 左右为研究对象（如城市水系统、城市水务、城市空间、农村地区、中国城市），集中分析代谢过程（如社会代谢、生态系统代谢、河流代谢），多采用多尺度综合分析（multi-scale integrated analysis）、自下而上方法（bottom-up approach）关注承载力（carrying capacity）、生态系统呼吸（ecosystem respiration）等问题，借助于社会科学（social sciences）、城市政治生态学（urban political ecology）等学科支持，服务于未来研究（future study），以及不同情景（different scenario）设置和干预措施（intervention strategy）制定。与能源相关的类别包括能源利用（energy use，第 3 聚类团，时间跨度为 2011～2018 年）、能量量化（energy quantification，第 6 聚类团，时间跨度为 2011～2018 年）和碳排放（carbon emission，第 9 聚类团，时间跨度为 2015～2018 年），3 个类别中较少强调管理目标（仅有环境持续性、城市持续性和社会经济发展），大多采用物质流分析（material flow analysis）、生态足迹（ecological footprint）、代谢率（metabolic rate）、综合方法（integrated approach）等手段关注资源流（如化石燃料、非金属矿物、外部资源）及废物流（如温室气体排放、食物废弃物、碳排放）的变化及其产生的影响（环境影响、全球变暖）。

（2）主题突现分析。

突现度表明研究主题短时间内的大规模爆发程度，图 2-12 显示出 4 个突现词的突现度与突现区间，按大小依次为城市地区（urban area，突现度 Burst=9.63）、城市代谢（urban metabolism，Burst=9.44）、城市规划（urban planning，Burst=5.88）和城市发展（urban development，Burst=4.04），前三个从属于城市韧性（urban resilience）聚类，城市发展（urban development）从属于物质流（material flow）聚类，说明在特定的时间范围内，城市尺度、城市代谢、城市发展、城市规划是研究热点与前沿。从突现时间来看，主题词分布的差异性显著，城市代谢（urban metabolism）较早地大规模出现在 1982～2008 年，在将近 30 年时间里城市代谢一直是研究热点，随后城市案例研究集中出现，城市地区（urban area）一词在 2008～2013 年突现，同时这一时期城市代谢研究的应用对象和目标城市规划（urban planning）、城市发展（urban development）也成了研究前沿，受到广泛关注，其中城市发展研究由于可持续理念的引入与深化，研究热度一直持续到 2016 年（图 2-12）。

被引突现度最大的4个主题词

主题词	年份	实现度	起止年份	1970～2019
城市代谢	1970	9.4365	1982～2008	
城市规划	1970	9.6349	2008～2013	
城市地区	1970	5.8823	2010～2013	
城市发展	1970	4.0423	2011～2016	

图 2-12　城市代谢领域主题词的突现度及区间

2.2.3 研究基础分析

1. 共被引文献聚类分析

共被引分析可以充分反映城市代谢研究的知识基础，1069 篇城市代谢成果被引用，分布于 1956～2018 年的 40226 篇文献。通过关键词聚类，可获得 9 个聚类团（图 2-13），主要包括研究方法、管理目标、学科基础和研究对象 4 个方面。

4 个聚类团以研究方法命名，分别为能值（emergy）、生态网络分析（ecological network analysis）、生态足迹（ecological footprint）和综合指标（composite indicator），其中能值和生态网络分析是两个最大的聚类团且时间跨度较长（分别为 1965～2018 年和 1973～2017 年），生态足迹（1996～2013 年）和综合指标（2011～2016 年）则是较小的两个聚类团，且以初始文献（1069 篇）为主。能值和生态网络分析聚类团中分别有 43%和 30%的新增文献，除初始文献涉及的能值指标（emergy indicators）、生命周期（life cycle）、能值分析（emergy analysis）、关系分析（relationship annlysis）、效用分析（utility analysis）等关键词外，还出现了与能值基本参数、生态网络方法原理相关的成果（转化率、能值分析、网络环境分析、上升性、信息指数等）。

以管理目标命名的聚类团有水效率（water efficiency）、养分利用（nutrient retention）和城市矿山（urban mining），其中养分利用聚类团大多来自初始文献，强调影响因素识别及管理干预，如土地利用改变（land use change）、城市化（urbanization）、全球变化（global change）、干扰（disturbance）、渠道修正（channel modification）等关键词。水效率作为第三大聚类团，时间跨度为 1965～2016 年，其中 55%为新增文献，聚类团中关键词与初始文献基本吻合，包括产业生态学（industrail ecology）、物质流分析（material flow analysis，MFA）、元素流分析（substance flow analysis，SFA）、城市发展（urban development）、持续性（sustainability）等，新增了城市生态学（urban ecology）、区域生态学（territorial ecology）、城市规划（urban planning）、资源管理（resource management）、城市设计（urban design）等应用生态学学科、技术手段、资源管理与规划设计的关键词。城市矿山（urban mining）聚类团同样大多为初始文献，时间跨度为 2010～2016 年，除建筑存量（building stock）、城市结构（urban fabric）、基础设施（infrastructure）、物质流分析（material flow analysis）、物质存量分析（material stock analysis）、生命周期评价（life cycle assessment，LCA）、动力学模拟（dynamic modelling）外，增加了建筑循环（construction recycling）、废弃物动态流量存量模拟（waste dynamic stock and flow modelling）等反映管理导向及基础模型方面的关键词。

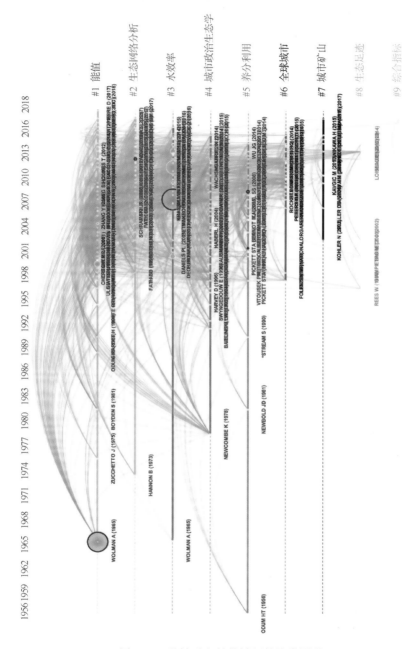

图 2-13　共被引文献关键词的聚类图谱

以学科命名的聚类团是城市政治生态学（urban political ecology），时间跨度为 1978～2015 年，13%为新增文献，除初始文献中涉及的产业生态学（industrial ecology）、城市政治生态学（urban political ecology）以及衍生出的产业共生（industrial symbiosis）、城市理论（urban theory）、社会学科模式（modes of social discipline）外，增加了城市生态学理论及模型（如城市生态理论、城市生态模型）方面的知识基础。全球城市（global cities）聚类团以研究对象命名，时间跨度为 1998～2015 年，20%为新增文献，均集中于城市（如 urban system、city、urban systems、cities），在关注温室气体排放（greenhouse gas emissions）、碳足迹（carbon footprint）和城市能源利用（urban energy uses）的基础上，新增了碳循环（carbon cycle）和复杂性（complexity），而在使用投入产出分析（input-output analysis）、生命周期评价（life cycle assessment，LCA）方法的基础上，新增了热力学（thermodynamics）的学科方法。

此外，对比共现聚类与共被引聚类的图谱可以发现，后者涉及的研究时间更广、聚类团更多，二者虽未出现完全相同的聚类团名称，但聚类内容有一定程度的重叠。此外，共现聚类团侧重于与水、能相关的代谢物质（如能源利用、物质流、能量量化、城市河流、碳排放）和研究对象（如代谢系统、城市水系统）两个方面，而共被引聚类团更侧重于研究方法（如能值、生态网络分析、生态足迹、综合指标）。另外，两者的管理目标聚类团规模相当，但共现聚类团侧重于宏观管理目标（如持续资源管理、城市韧性），而共被引聚类团则关注管理理念的创新（如水效率、养分利用、城市矿山），充分反映了不同学科对城市代谢领域的方法支撑以及城市代谢研究的多学科交叉特征。

2. 高频共被引文献分析

被引频次排在前 30 的共被引文献（引用频次≥30）充分展现了学科发展、案例库积累、模型方法创新和管理创新等方面的知识基础，其中近八成为研究前沿分析中涉及的文献，此外社会代谢思想、物质流分析和能值分析的研究成果也为城市代谢领域的发展提供了重要基础（图 2-14）。

30 篇被引文献中 37%为综述和观点文章，分别从城市代谢内涵、多学科交叉特征、技术框架、普适性规律等方面全面支撑城市代谢学科体系的发展。如 Kennedy 等（2007）在 *Journal of Industrial Ecology* 发表的综述文章，频次最高（Freq=261），而中心度（Centr=0.12）处于中等水平，此研究基于五大洲八大都市区的数据，探求城市代谢规律演变；而 Wolman（1965）发表在 *Scientific American* 的观点文章频次也较高（Freq=261），但中心度（Centr=0.04）相对不高，此研究首次界定了城市代谢内涵，并强调了以城市代谢视角看待城市生态环境问题的重要性；同样，Grimm 等（2008）发表在 *Science* 的观点文章中心度最高（Centr=0.39），文中指出全球变化、城市生态学成果可为城市代谢研究提供前沿发现和学科支持；而 Brunner（2007）发表在期刊 *Journal of Industrial Ecology* 的观点文章，指出了普适性方法和规律对城市代谢重塑的重要作用。而 Kennedy 等（2011）、Zhang（2013）、Pincetl 等（2012）、Barles（2010）、Broto 等（2012）和 Fischer-Kowalski（1998）则系统综述了城市代谢的演化阶段、物质流分析和多学科交叉等方面的进展，其中 Zhang（2013）提出了城市代谢研究的技术框架，使其中心度位居第三（Centr=0.14）。

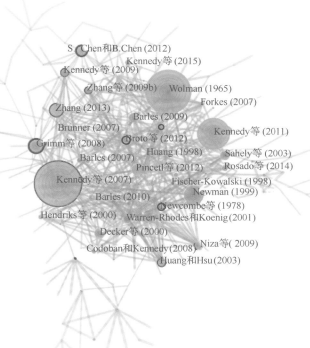

图 2-14　城市代谢领域的共被引文献图谱

案例研究成果占到 30%，Barles（2009, 2007）除了学科发展方面的贡献，也开展了巴黎代谢的案例研究，验证了物质流分析方法的适用性，并指出研究结果可有效辅助技术研发。另外，Sahely 等（2003）指出多伦多地区的代谢研究可为城市能源效率、物质循环、废弃物管理和基础设施建设提供重要信息，为加拿大城市战略制定和实施提供了重要基础。而 Newcombe 等（1978）和 Warren-Rhodes 和 Koenig（2001）均深入研究了香港案例，后者更新了前者的开创性研究成果，并指出结果对辅助城市管理目标及行动方案制定的重要作用。Huang 和 Hsu（2003）、Kennedy 等（2015, 2010）、S. Chen 和 B. Chen（2012）也分别开展了台北、10 个和 27 个全球城市、奥地利的案例分析，研究特别强调了导致城市代谢现状的动因分析，其中 Kennedy 等（2010）结合全球变化热点，开展了城市温室气体排放特征差异及其原因分析，使其中心度位居首位（Centr=0.21）。

模型方法成果同样也占 30%，其中 Zhang 等（2010a, 2010b, 2009b）和 Huang（1998）将能值方法、生态网络分析引入城市代谢研究中，首次构建城市能值流图、生态网络模型，分析了北京、台北等典型城市代谢过程的演变。另外，Newman（1999）提出了面向宜居性的活力代谢模型，并在 Sydney 案例中对模型加以检验，引用频次高达 131。Niza 等（2009）和 Rosado 等（2014）强调了物质流分析的重要性，并应用在 Lisbon 案例中，其中 Rosado 等（2014）在物质流分析基础上构建了城市流量-存量模型。同样，Hendriks 等（2000）、Codoban 和 Kennedy（2008）分别在维也纳和瑞士低地地区、典型社区的研究中，充分强调了物质流分析方法对环境决策和持续城市设计的重要支持作用。

管理方面成果仅有 1 篇，Forkes（2007）从氮代谢视角，采用氮平衡方法快速评估城市废弃物管理政策及计划对输入氮循环的影响，识别废弃物氮循环的机会和城市废弃物管理战略调整提供支持。

2.3   城市代谢研究的发展历程

城市代谢研究从最初理论与案例研究的兴起（1965～1980 年），发展到中期方法学不统一引发的衰退（1981～2000 年），再到 21 世纪方法模型与应用实践的再次繁荣（2001 年至今），经历了跌宕起伏的过程。

2.3.1   起步期（1965～1980 年）

城市代谢的定量研究始于 1965 年，Wolman 在构建输入-输出（input-output，I-O）黑箱模型基础上，开展了虚构的美国百万人口城市的案例研究。此阶段的真实案例研究始于 20 世纪 70 年代早期，如迈阿密（Zucchetto, 1975）、东京（Hanya and Ambe, 1977）、布鲁塞尔（Duvigneaud and Denaeyer-De Smet, 1977）、香港（Newcombe et al., 1978）等。其中东京、布鲁塞尔、香港的研究除了量化人为技术代谢外，对自然代谢（如自然能量平衡、植物生物量储存与转化过程等）内容也非常关注。因为，城市代谢不仅强调社会经济活动改变的城市自然（城市的生态），以及将社会经济活动作为城市生态系统的组成，更强调城市自然、社会经济属性组间的协调与共生（为了城市的生态），因此，后续研究中过度强调技术代谢而忽略自然代谢的做法，即未把技术代谢与自然代谢放在同等重要的地位，受到了较多争议。

这一时期城市代谢研究多采用物质与能量流分析方法，水、材料、养分等以物质量表示，而能量多以焦耳作为单位（Baccini and Brunner, 1991）。E.P. Odum 提出了生态系统理论（Odum, 1953）和城市异养特征（Odum, 1975），为城市代谢研究提供了理论基石。系统生态学家 H. T. Odum 以能量观点研究人类与环境的关系，指出用能量表征生态系统代谢过程（有机物质生产的光合作用与消费的呼吸作用）非常重要（Odum, 1971），并在此基础上于 1973 年正式提出了"能值"（后来界定的术语）内涵（Odum, 1973），试图用能值把不同种类、不可比较的物质、能量、货币转换成统一单位，强调人类经济系统与外围环境的整体性，这为迈阿密采用能值分析代谢过程提供了方法基础（Zucchetto, 1975）。虽然能值方法能够核算多种物质要素，并集成物质、能量和信息流，解决物质流分析已有的争议（物质品质存在差异，相加会带来误差），但该方法也面临着一些质疑，如重复计算、能值转化率误用等，这些问题导致该方法未成为后续研究的主流。但一些学者正寻求能值方法的不断完善与改进，如采用能值代数方法区分产品、伴生品和共生品能值，以避免重复计算等问题（Kennedy et al., 2011）。

2.3.2　衰落期（1981～2000 年）

这一阶段城市代谢研究相对迟缓，20 年间方法学不统一及难以标准化的问题突显（Daniels and Moore, 2001）。这一时期，城市寄生（Odum, 1989）与层阶分布（Odum H T and Odum E C, 1981）等特征辨析不断深化，理论基础得到完善，同时 Odum 采用能值方法开展了 19 世纪 50 年代的最古老城市（巴黎）的代谢研究［Odum, 1983；数据由 Stanhill（1977）提供］。不同于 Odum 的能量计量，MFA 以物质量表征资源存量与流量，如 *Metabolism of the Anthroposphere*（Baccini and Brunner, 1991）和 *Regionaler Stoffhaushalt*（Baccini and Bader, 1996）中强调营养盐、材料，以及城市水文循环等物质核算。实践上，20 世纪 70 年代早期联合国教科文组织（UNESCO）的人与生物圈计划（MAB 计划）就开展了罗马、巴塞罗那和香港的城市代谢研究（Celecia, 2000; Boyden et al., 1981）。研究中将城市作为一个生态系统，以城市代谢视角将其看作资源消费者与消化者、废弃物产生者，检测自然与人类的复杂关系与物质流动（能量、水、营养物、废物流）（Douglas, 1983, 1981）。该计划的目的是促进多学科的综合研究（Bonnes et al., 2004），而不是孤立研究资源可持续利用、生物多样性保护及污染物排放等具体问题。1993 年首次国际城市代谢讨论会在日本神户召开，但其相关成果产出并不多，目前只检索到 1 篇以城市代谢视角研究发展中国家城市食物系统的文章（Bohle, 1994），所以并未在城市代谢研究领域引起足够的反响。之后，环境学家 Girardet（1996）在 Wolman

开创研究的基础上，以及 1992 年里约高峰会议（the Rio Summit）影响下，开始关注城市代谢与持续城市之间的联系（Kennedy et al., 2007），为产业生态学方法研究城市代谢奠定了基础。

　　这一阶段城市代谢模型有了一定的发展，如考虑风险与健康的黑箱与子系统模型（Akiyama, 1994）、面向持续城市的循环代谢模型（Girardet, 1996）、考虑社会目标的活力代谢模型（Newman, 1999）。Akiyama（1994）指出研究城市代谢过程有两种方式：一是黑箱模型，通过分析城市物质输入、输出，提炼宏观指标表示城市活动强度、规模，类似于人体健康的相关指标（如体重、体温与血压）；二是子系统模型，基于详细的统计数据，剖析子系统之间流动及控制这些流动的驱动因素（类似于人体的催化剂或酶），可根据不同的研究目的选择合适的研究方式。黑箱模型可以基于少量统计数据，开展不同城市效率、持续性方面的比较分析，而子系统模型则有助于城市诊断，服务于后续治疗与处理，可回答如何获得更好的能量或物质效率，如何提高生活质量，如何实现持续性等一系列问题。Girardet（1996）提出了面向持续城市的循环代谢模型，强调线性、开环方式是不持续的，城市线性代谢的加速过程会随着城市增长而产生全球危机（Kennedy et al., 2011），如果去除城市消费者，代之以转换者，线性代谢就会转变为循环代谢（Girardet, 2008），可见循环物质流、将废弃物变成资源是非常必要的。Newman（1999）也提出了面向城市持续目标的活力代谢模型（考虑社会目标的活力模型），指出城市持续性不仅是代谢流的减少（资源输入与废弃物输出），也必须考虑人类活力的增加（生活服务设施、健康和福利的需求），实现了社会经济因素与环境的融合。依据活力模型开展的悉尼代谢研究已成为了澳大利亚环境状况报告（State of Environment，SoE）的重要组成部分（Newman, 1999）。

　　这一时期案例研究大多集中于 20 世纪末，如欧盟组织开展的布拉格、瑞典耶夫勒、瑞士低地城市、维也纳的物质流分析（Hendriks et al., 2000; Baccini, 1997），以及台北（Huang, 1998）、悉尼（Newman, 1999; Newman and Kenworthy, 1999）、布里斯班（Mullins et al., 1999）、全球 25 个城市（Decker et al., 2000）、5 个沿海城市（Timmerman and White, 1997; 建立了城市-海岸模型框架）等的分析。但案例研究所涉及的物质、能源与污染物有很大不同，仍运用概念性方法（Goldstein et al., 2013），无法实现不同城市代谢状况的对比分析与评价，也不利于研究结果的整合和可靠性评估（Rosado et al., 2014），这在一定程度上限制了此领域的研究。因此，迫切需要通过实践、科学研究尽快编制统一的物质、能量流核算方法学，明确基础数据要求，同时加强地方政府监测、报告的能力建设。

2.3.3　兴起期（2001 年至今）

2001 年以后，期刊、会议、项目、报告、实践研究不断涌现，城市代谢研究再次兴起（Kennedy et al., 2011）。如 2007 年产业生态学杂志出版了城市代谢专刊（Bai, 2007），2008 年 ConAccount 会议强调了城市代谢是度量生态城市的重要工具（Havranek, 2009），2011 年美国地球物理学联盟召开了有关城市代谢特征化、模拟与扩展的会议。开展的主要项目有欧盟 2008 年启动的欧洲可持续城市新陈代谢（sustainable urban metabolism for Europe，SUME）（Schremmer and Stead, 2009）和基于城市新陈代谢分析的可持续城市规划决策支持系统（sustainable urban planning decision support accounting for urban metabolism，BRIDGE）（Chrysoulakis, 2008）两个项目、葡萄牙的里斯本大都市区代谢演化项目（evolution of the Lisbon metropolitan area metabolism，MEMO）、印度的孟买城市代谢项目（bangalore urban metabolism project，BUMP）（Reddy, 2013）、加州能源署的公益能源研究项目（public interest energy research，PIER）等，形成了《古卡拉尔城的代谢分析》（Fernández, 2010）、《特大城市代谢调查》（Kennedy et al., 2014）等研究报告，为不同城市的特征识别与规划设计，以及管理工具与标准制定提供了直接帮助，同时促进了利益相关者与科研工作者的目标融合，充分体现了城市代谢研究的重要应用价值（表 2-1）。

表 2-1　城市代谢的研究项目

项目名称	资助方	时间	研究目的	研究内容	研究目标	参考出处
SUME	欧盟	2008～2011	基于最小环境损害目标设计城市系统	以建筑环境为切入点，分析不同城市形态对资源利用的影响	评估城市建筑空间结构调整的潜力，实现资源与能量消耗的显著减少	Schremmer and Stead, 2009
BRIDGE	欧盟	2008～2011	融合生物物理科学体系，为欧洲城市规划与设计提供创新性规划战略	核算能量、水、碳与污染物流量，实现规划、政策各个阶段对环境、社会影响的考虑，包括从问题识别与政策设计，到实施与后评估等过程	发展一个服务于持续城市管理的决策支持系统	Chrysoulakis, 2008
MEMO	葡萄牙创新、技术与政策研究中心	2013～2015	分析不同历史时期 Lisbon 都市区的城市形态变化及代谢行为特征演变	采用物质流、元素流分析方法评估城市形态的演化状况	识别代谢过程转变的驱动力，模拟其影响与响应机制，为构建更为持续的城市环境提供保障	http://www.umsc.pt/?page_id=1080

续表

项目名称	资助方	时间	研究目的	研究内容	研究目标	参考出处
PIER	加州能源署	—	创建一个全面的加州社区能源使用协议和能源基线	融合生命周期评价方法，计量直接、间接与供应链的能源消耗，确定社区发展的基线，评估决策渗入与外溢的影响，并结合土地利用信息分析能源利用的空间分异特征	能源基线将为加州社区能源类型调整提供数据，并支撑能源保护计划、能源与土地利用规划的有效制定	http://sustainablecommunities.environment.ucla.edu/1474-2/
古 Caral 城市代谢	Holcim 种子基金	—	通过回顾古代城市的发展历程，寻找非化石燃料城市向化石燃料城市转变的答案	利用资源强度指数，对比分析古代城市与现代城市（秘鲁）的资源消耗规模与强度特征	推荐高效城市系统发展情景	Fernández, 2010
BUMP	Indira Gandhi 发展研究所	—	理解城市的关键过程，服务于有效的资源政策制定	分析资源流入、传递与转化过程，测度资源利用效率状况	提供有效的城市存量与流量核算分析框架	Reddy, 2013
特大城市代谢调查	Enel 基金会	—	识别大城市生物物理特征的差异	收集 10～15 个大城市能源、水、物质与废物流数据，评估公共设施建设对城市代谢过程的影响	归纳、总结持续城市的发展路径	Kennedy et al., 2014

1. 核算评价方法

城市代谢的核算研究大多采用欧盟推荐的物质流分析（material flow analysis，MFA）方法（Eurostat，2009），并广泛应用于里斯本（Rosado et al., 2014; Niza et al., 2009）、新加坡（Schulz，2007）、约克（Barrett et al., 2002）、汉堡、维也纳和莱比锡（Hammer and Giljum, 2006）、欧洲城市（Schremmer and Stead, 2009）、8 个大都市区（Kennedy et al., 2007）研究中。在产业生态学领域，大部分学者会采用元素流分析（substance flow analysis，SFA）研究金属代谢，如斯德哥尔摩重金属（Lestel，2012; Hedbrant，2001）、欧洲维也纳与亚洲台北城市的铜（Kral et al., 2014）、城市氮（Billen et al., 2009; Barles, 2007）、维也纳碳（Chen S and Chen B, 2012）等。在产业生态学视角下发展的 MFA 与 SFA 是两个不同的方法体系，它们借鉴流体力学的欧拉法与拉格朗日法，分别观察限定空间（全球、国家或城市）和跟踪特定量的质点（特定元素）（陆钟武和岳强，2006）。因此，SFA 相对 MFA 来说，更易打开黑箱，追踪特定量元素的生命历程，清晰展现再利用、循环等路径，可有效地评估其发展潜力（Bringezu et al., 2009）。而 MFA 涉及多种类型的生物资源、非生物资源及其多种转化形态，需要大量的数据，但此方法可以估算城市代谢吞吐量的全貌，综合反映城市活动的总体强度和规模，利于开展城市间的比较研究。

在核算基础上，为了获得城市行为的清楚图景，并比较不同城市的资源流状况，以及确定城市是否持续、环境影响是否最小，需要一个有效的指标来表征与量度，这时效率指标的重要性不断突显（Girardet, 2014; Golubiewski, 2012）。代谢效率可以反映持续发展过程中面临的资源环境恶化问题与社会经济增长的脱钩关系，是评估持续性的重要方法。同时，在采用物质与能量流分析方法（material and energy flow analysis，MEFA）开展社会代谢研究时，研究者提出了净初级生产力人类占用指标（human appropriation of net primary productivity，HANPP）（Haberl et al., 2007; Krausmann and Haberl, 2002; Haberl, 2001; Vitousek et al., 1986），并被应用到 29 个波罗的海流域大城市生态系统占用（Folke et al., 1997）、巴黎食物印迹（Billen et al., 2009）、瑞典林雪平食物消费空间印迹（Neset and Lohm, 2005）、奥地利维也纳城市腹地占用（Krausmann, 2005）等研究中。另外，一些学者依据消费-土地利用矩阵用生态足迹指标来表征城市代谢的水平（Sovacool and Brown, 2010; Kenny and Gray, 2009），如利物浦（Barrett and Scott, 2001）、伦敦（BFF, 2002）、开普敦（Gasson, 2002）、加的夫（Collins et al., 2005）、巴黎（Chatzimpiros and Barles, 2009）、美国 121 个城市（Jenerette et al., 2006）等。

2. 模型模拟

这一阶段的模型开发更为深入，体现在循环代谢模型（Beck et al., 2013; Shillington, 2013; Beatley, 2012; Gandy, 2004）、活力代谢模型（McDonald and Patterson, 2007; Zhang et al., 2006b）的应用，以及网络模型的构建与开发。依据城市代谢主体间物质、能量流转过程，将参与代谢的主体抽象成节点，将主体间流转过程抽象成路径，进而可以把现实世界抽象为网络。网络模型打破了黑箱代谢的研究模式，可以深入城市代谢系统内部，分析其结构分布和功能关系，包括城市异速增加交通网络模型（Samaniego and Moses, 2008），以及城市水代谢（Zhang et al., 2010a）、能量代谢（Zhang et al., 2010b, 2009a）、物质代谢（Yang et al., 2014）网络模型等。在静态模型的基础上，一些学者也开发了多伦多大都市区子过程动态模拟预测模型（Kennedy, 2012）、建筑环境动态 MFA 模型（Brattebø et al., 2009）及城市水服务动态代谢模型（Venkatesh et al., 2014; Zeng et al., 2014）。兴起期的模型虽然门类多，但缺乏网络模型的空间映射研究（Zhang et al., 2014a），这限制了模型在规划管理中的实际应用，因此需采取"自下而上"与"自上而下"相结合的方式开展精细化城市模型开发，结合大数据，促进模型与规划实践的结合（上结合政策目标设置参数，下结合具体方案给出模拟结果）。

在强调城市直接消耗或占用的基础上，一些学者更强调内含于上游过程的资源消耗模拟（Kennedy et al., 2011），这为投入产出分析引入城市代谢研究，模拟计量直接、间接消耗提供了可能，应用区域有苏州（Liang and Zhang, 2012）、里斯本（Rosado and Ferrão, 2009）、北京（Zhang et al., 2014b）等。这种方法的难点在于如何将货币型输入输出转成实物型，区分调入、进口来源地与技术水平差异，也就是单位货币所隐含物质量的确定问题。生态网络分析（ecological network anlysis，ENA）也是模拟直接和间接效应、结构与功能特征的重要方法（Fath and Killian, 2007）、目前更多集中在与能值分析、MFA 方法的结合，如水（Zhang et al., 2010a）、能源（Zhang et al., 2010b）、碳（Chen and Chen, 2012）、多种物质（Zhang et al., 2009b; Li et al., 2012）等代谢过程。

理解代谢网络的动力学特征，还必须了解其背后的驱动因素。但城市代谢研究成果在解释不同城市差别或变化原因时能力有限（Barles, 2009; Sahely et al., 2003; Gasson, 2002），如 Warren-Rhodes 和 Koenig（2001）在开展香港代谢研究时，并没有考虑城市人口数量、收入与其他社会经济因素的变化，以确定导致香港由制造业向消费中心转型的原因（Pincetl et al., 2012）。许多学者也尝试将代谢流入、流出与驱动因素相关联，如工业化、城市化、生活方式、技术水平等社会经济因素对城市变化的驱动（Li et al., 2019; Inostroza, 2014; Barles, 2009; Weisz et al., 2006; Liu et al., 2005; Douglas et al., 2002; Schandl and Schulz, 2002），以及城市形态与密度、基础设施景观、土地利用等结构方面对代谢流量与存量的影响（Broto et al., 2012; Minx et al., 2011; Deilmann, 2009; Krausmann et al., 2003），同时关注于城市自然因素对代谢的影响，如城市热岛（urban heat island, UHI）热环境（Kennedy et al., 2007）、屋顶反照率（Susca, 2012）、城市森林（Manning, 2008）等因素。因此，必须充分考虑影响城市代谢过程的社会、经济、技术、生态等多方面因素，将方法与政策目标、行动手段、设计方案相结合，突出城市代谢在城市规划、管理决策与利益相关者考量中的实用性与重要性。

3. 应用研究

城市代谢研究不仅阐释人-自然的交互关系，而且要能够为公共政策与行动提供支持（Barles, 2009; Baker et al., 2007; Hashimoto and Moriguchi, 2004）。但现有的城市代谢研究较少服务于城市设计、规划工作，虽提供了量化城市可持续发展进程的指标，但还没有可操作的行动方案与路线。苏黎世联邦理工学院（ETH Zurich）、麻省理工学院（Massachusetts Institute of Technology, MIT）、多伦多大学（University of Toronto）、意大利都灵理工大学（Polytechni of Turin）开展了较有意义的研究工作（Kennedy et al., 2011; Quinn, 2007; Oswald et al., 2003）。苏黎世联邦理工学院的 Oswald 等（2003）针对核心-边缘模型的缺陷，结合形态学与生理学手段，首次提出网络城市设计理念。而多伦多大学城市工程专业学生利用绿色建筑设计、能源替代等实践经验，设计了多伦多港口社区的循环封闭基础设施（Codoban and Kennedy, 2008; Engel-Yan et al., 2005）。还有，意大利都灵理工大学的 Montrucchio（2012）将单体建筑隐喻为一个泵，分析水、能量、养分与材料的流动，服务于瑞典建筑设计。特别值得一提的是，麻省理工学院建筑学院的 Fernández 及其研究团队开展了新奥尔良重建的研究（Ferrão and Fernández, 2013; Quinn, 2007）。研究团队在卡特里娜飓风（hurricane Katrina）后一年多时间里，结合人口和就业、住房需求和增长优先权的数据，利用物质流分析测量物质和能量输入和输出、住宅耐久性、建筑类型成本、能源使用率及废弃物产生率等数据，开发了一个软件工具，提出了重建城市、将城市变绿的目标，平衡了不同利益相关者的需求，真正将研究成果应用到城市设计中。

尽管以往的城市代谢研究很少应用于城市决策（Huang and Hsu, 2003; Timmerman and White, 1997; Wolman, 1965），但对城市决策者来说，理解城市代谢过程、关注决策对代谢过程的影响非常重要，包括了解城市水、能量、材料与营养物的利用量及是否有效率，考虑周边资源是否或多大程度上接近枯竭，何时采取及采取什么措施来减缓开发活动（Kennedy, 2007）。通过结合战略环评（strategic environmental assessment，SEA）与城市代谢，检测战略、规划与计划实施后对能量、水、碳与污染物流动、交换与转变有何影响及影响程度（González et al., 2013; Chrysoulakis et al., 2009），将有利于及时调整政策（González et al., 2013）。可喜的是，Pincetl 等（2012）已尝试将洛杉矶具体能量与废物流归属到人、地与各种活动上，与土地利用、社会和人口变化相匹配，力求理解"谁在使用什么类型能量，在哪做什么"，服务于细致的决策制定。

2.4　城市代谢研究的尺度与边界

2.4.1　多维尺度

城市的开放性和差异性特征，决定了城市代谢研究会拓展到多维空间尺度，包括低分辨率的全球、国家、城市，以及高分辨率的社区和家庭、园区和产业（Agudelo-Vera et al., 2012; Kennedy and Hoornweg, 2012; Pincetl et al., 2012）。城市代谢研究必须检测城市物质与能量利用的功能与作用及其镶嵌层阶（区域、国家、全球）的未来可持续性（Pincetl et al., 2012）。从 19 世纪中叶的世界代谢（Goldschmidt, 1958），到 1991 年的人类圈代谢（Baccini and Brunner, 1991），再到国家尺度的社会代谢（Kim and Barles, 2012; Haberl et al., 2004），均为城市代谢研究提供了不同尺度的背景场（图 2-15）。多尺度城市代谢过程研究越发重要，识别全球持续发展网络中城市的角色要求在大尺度上理解城市的格局与过程，而小尺度的园区、产业、社区和家庭数据的调查也十分必要，这类研究可以理解谁正使用什么流（包括废物流）在哪做什么（Pincetl et al., 2012），以支持不同功能群代谢研究（社区和家庭、园区和产业代谢）的开展，服务于城市生态空间管控。小尺度的精细研究可为大尺度高精度研究提供基础数据，但大多数城市代谢研究多使用粗糙的、高聚合的数据（Guo et al., 2014; Kennedy et al., 2011），均质化处理城市，不考虑城市内部的差异性（如中心区居住和服务功能、郊区居住和产业功能）（Kim and Barles, 2012），很难将物质、能量流与具体地点、活动或人类相关联（Pincetl et al., 2012），导致工业、商业的水、能量利用数据无法映射到土地利用上，这给大尺度研究结果的落地、分解落实带来很大困难（Rosado et al., 2014）。城市代谢研究成果并未广泛应用于规划与设计的原因之一是城市或区域尺度的聚合数据无法显示城市的多样功能和空间格局（Sahely et al., 2003）。

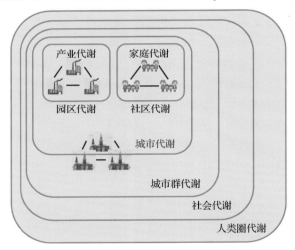

图 2-15   城市代谢研究拓展的多维尺度

城市的开放性特征决定了观察城市很难获得城市代谢特征的全貌，应从区域尺度上检测其物质、能量流动过程。这是由于城市问题的产生可能来自城市之外，如跨境区域污染转移、上下游资源利用导致的生态占用，因此，在城市范围内看似解决了资源利用与废弃物处理问题，但往往是无效的，有必要在更高层阶的代谢系统中统筹考虑资源供应与废弃物接纳问题。另外，很多城市代谢问题在城市自身范围内比较突出，但向上扩展到区域范围可能就变得并不明显。以京津冀城市群为例，北京是消费者，河北是生产者，北京利用河北产生的营养物质组织生产，会产生外部依赖性大、生态占用多等问题，并且这些问题在北京范围内无力解决，但如果将其放到城市群尺度去看，可能就不明显了。因为，北京利用河北资源、产品组织生产，河北可以像北京一样消耗这种资源效率高的产品，同时北京通过资金、技术投入反哺河北，以增强其生态服务功能，这对城市群发展来说是有益的，既保障高的资源利用效率，也增强了自然的生态服务功能。因此，为了实现区域可持续发展，要求每个城市均做到经济-社会-生态高效协同是不现实的，而需要从区域全局角度出发，充分考虑社会、经济、技术、资源因素，识别每个城市在区域乃至全球可持续发展中的不同角色与地位，合理诊断其代谢问题（Satterthwaite, 1997）。

2.4.2　多重边界

由于城市人与自然交织错落，厘清城市代谢研究边界是比较困难的（Pincetl et al., 2012）。仅考虑建成区边界，会面临城市实际功能已超出这个限制的问题（Tello and Ostos, 2012），而考虑行政边界有利于采取持续性的决策（Tello, 2005）。据此，有学者指出"城市"应综合考虑行政边界和建成区边界（人类活动集中区与城市腹地形成）（Billen et al., 2012a; Billen et al., 2012b; Zhang et al., 2006a; Girardet, 2004）。腹地作为围绕城市的类自然区域，可为城市供应食物、燃料、水与其他材料，是区别于社会经济活动区域的重要所在，考虑腹地变化将有利于分析城市与周边环境之间的互动关系。而 Zhang 等（2010b, 2009a）在研究中国案例城市时，更将腹地作为一个代谢主体，分析其与社会经济活动的关系。

正如上述所说，城市代谢过程涉及多重边界，包括建成区边界和行政边界。这源于城市的不同理解：一方面城市可以定义为以非农业产业和非农业人口集聚形成的人口密集的较大居民点（建成区边界）；另一方面又可以定义为行政区划体系下的市域范围（行政边界）。前者非人为划定，是在城市拓展过程中自然形成的，而后者是人为界定的，服务于分区管理的需要，边界的多重性体现了城市代谢研究成果的不同意义和价值。

基于建成区边界开展的城市代谢研究，可以突显代谢规模大、强度高、外界依赖严重等特征；而基于行政边界的研究优势在于数据获取符合统计口径，研究规律和结论易于落地实施，由于行政边界范围由决策单元构成，研究成果对于城市管理和调控更具可操作性。建成区边界和行政边界的差别在于非城镇化区域，包括农村生产和消费活动以及生态环境，将其视为外部对城市代谢过程的支持还是参与过程的主体，取决于不同的研究问题和研究目的。一般来说，一个城市的城镇化水平越高，其建成的区边界和行政边界就越相近。图 2-16 显示了不同边界间的空间关系。

图 2-16 城市代谢过程的多重边界

参 考 文 献

陈悦, 陈超美, 胡志刚, 等, 2015. 引文空间分析原理与应用. 北京: 科学出版社.

陆钟武, 岳强, 2006. 物质流分析的两种方法及应用. 有色金属再生与利用, 3(2): 27-28.

王如松, 欧阳志云, 2012. 社会-经济-自然复合生态系统与可持续发展. 中国科学院院刊, 27(3): 337-345.

Agudelo-Vera C M, Mels A, Keesman K, et al., 2012. The urban harvest approach as an aid for sustainable urban resource planning. Journal of Industrial Ecology, 16(6): 839-850.

Akiyama T, 1994. Urban metabolism and sustainability, AUICK Newsletter 17. (1994) [2005-8-1]. http://www.auick.org/database/apc/apc017/apc01701.html.

Baccini P, 1997. A city's metabolism: Towards the sustainable development of urban systems. Journal of Urban Technology, 4(2): 27-39.

Baccini P, Bader H P, 1996. Regionaler Stoffhaushalt: Erfassung, Bewertung und Steuerung [Regional Materials Management: Analysis, Evaluation, Control]. Heidelberg: Spektrum Akademischer Verlag.

Baccini P, Brunner P H, 1991. Metabolism of the Anthroposphere. Berlin: Springer Verlag.

Bai X, 2007. Industrial ecology and the global impact of cities. Journal of Industrial Ecology, 11(2): 1-6.

Baker L, Hartzheim P, Hobbie S, et al., 2007. Effect of consumption choices on fluxes of carbon, nitrogen and phosphorus through households. Urban Ecosystems, 10(2): 97-117.

Barles S, 2007. Feeding the city: Food consumption and flow of nitrogen, Paris, 1801-1914. Science of the Total Environment, 375(1-3): 48-58.

Barles S, 2009. Urban metabolism of Paris and its region. Journal of Industrial Ecology, 13(6): 898-913.

Barles S, 2010. Society, energy and materials: The contribution of urban metabolism studies to sustainable urban development issues. Journal of Environmental Planning and Management, 53(4): 439-455.

Barrett J, Scott A, 2001. An ecological footprint of liverpool: A detailed examination of ecological sustainability. (2001-2-1) [2015-7-1]. http://www.gdrc.org/uem/footprints/LiverpoolEFReport.PDF.

Barrett J, Vallack H, Jones A, et al., 2002. A material flow analysis and ecological footprint of York. (2002-1-1) [2016-4-12]. https://www.researchgate.net/profile/Gary_Haq/publication/257494298_A_Material_Flow_Analysis_and_Ecological_Footprint_of_York/links/02e7e525555fbc95ab000000/A-Material-Flow-Analysis-and-Ecological-Footprint-of-York.pdf?origin=publication_detail.

Beatley T, 2012. Introduction: Why study European cities?//Beatley T. Green Cities of Europe: Global Lessons on Green

Urbanism. London: Island Press: 1-28.

Beck M B, Walker R V, Thompson M, 2013. Smarter urban metabolism: Earth systems re-engineering. ICE Proceedings: Engineering Sustainability, 166(5): 229-241.

BFF-(Best Foot Forward), 2002. City limits: A resource flow and ecological footprint analysis of Greater London. (2002-12-1) [2016-10-2]. http://www.citylimitslondon.com/downloads/Complete report.pdf.

Billen G, Barles S, Chatzimpiros P, et al., 2012a. Grain, meat and vegetables to feed Paris: Where did and do they come from? Localising Paris food supply areas from the eighteenth to the twentyfirst century. Regional Environmental Change, 12(2): 325-335.

Billen G, Barles S, Garnier J, et al., 2009. The food-print of Paris: Long-term reconstruction of the nitrogen flows imported into the city from its rural hinterland. Regional Environmental Change, 9(1): 13-24.

Billen G, Garnier J, Barles S, 2012b. History of the urban environmental imprint: Introduction to a multidisciplinary approach to the long-term relationships between western cities and their hinterland. Regional Environmental Change, 12(2): 249-253.

Bohle H G, 1994. Metropolitan food systems in developing countries: The perspective of urban metabolism. GeoJournal, 34(3): 245-251.

Bonnes M, Carrus G, Bonaiuto M, et al., 2004. Inhabitants' environmental perceptions in the city of Rome within the framework for urban biosphere reserves of the UNESCO programme on man and biosphere. Annals of the New York Academy of Sciences, 1023(1): 175-186.

Boyden S, Millar S, Newcombe K, et al., 1981. The Ecology of a City and Its People: the Case of Hong Kong. Canberra, Australia: Australian National University Press.

Brattebø H, Bergsdal H, Sandberg N H, et al., 2009. Exploring built environment stock metabolism and sustainability using systems analysis approaches. Building Research and Information, 37(5-6): 569-582.

Bringezu S, van de Sand I, Schütz H, et al., 2009. Analysing global resource use of national and regional economies across various levels//Stefan B, Raimund B. Sustainable Resource Management: Global Trends, Visions and Policies. Sheffield: Greenleaf Publishing: 10-51.

Broto V C, Allen A, Rapoport E, 2012. Interdisciplinary perspectives on urban metabolism. Journal of Industrial Ecology, 16(6): 851-861.

Brunner P H, 2007. Reshaping urban metabolism. Journal of Industrial Ecology, 11(2): 11-13.

Celecia J, 2000. UNESCO's Man and the Biopshere (MAB) programme and urban ecosystem research: A brief overview of the evolution and challenges of three-decade international experience. Paris: First meeting of the ad hoc working group to explore applications of the biosphere reserve concept to urban areas and their hinterlands.

Chatzimpiros P, Barles S, 2009. Quantitative water footprint of meat consumption in historical perspective: First results for Paris (France), 1817 and 1906//Havránek M. ConAccount 2008: Urban Metabolism, Measuring the Ecological City. Prague, Czech Republic: Charles University Environment Center: 215-239.

Chen S, Chen B, 2012. Network environ perspective for urban metabolism and carbon emissions: A case study of Vienna, Austria. Environmental Science & Technology, 46(8): 4498-4506.

Chrysoulakis N, 2008. Urban metabolism and resource optimisation in the urban fabric: The BRIDGE methodology. Aachen, Germany: the Proceedings of EnviroInfo2008: Environmental Informatics and Industrial Ecology.

Chrysoulakis N, Vogt R, Young D, et al., 2009. ICT for urban metabolism: The case of BRIDGE//Wohlgemuth K, Page B,

Voigt K. Proceedings of EnviroInfo 2009: Environmental Informatics and Industrial Environmental Protection: Concepts, Methods and Tools. Berlin: Hochschulefür Technik und Wirtschaft: 175-185.

Codoban N, Kennedy C A, 2008. Metabolism of neighborhoods. Journal of Urban Planning and Development, 134(1): 21-31.

Collins A, Flynn A, Netherwood A, 2005. Reducing Cardiff's Ecological Footprint: A Resource Accounting Tool for Sustainable Consumption. Cardiff, U.K.: Cardiff University.

Daniels P L, Moore S, 2001. Approaches for quantifying the metabolism of physical economies: Part I: Methodological overview. Journal of Industrial Ecology, 5(4): 69-93.

Decker E H, Elliott S, Smith F A, et al., 2000. Energy and material flow through the urban ecosystem. Annual Review of Energy and the Environment, 25(1): 685-740.

Deilmann C, 2009. Urban metabolism and the surface of the city//Deilmann C. Guiding Principles for Spatial Development in Germany. Berlin Heidelberg: Springer: 1-16.

Douglas I, 1981. The city as ecosystem. Progress in Physical Geography, 5(3): 315-367.

Douglas I, 1983. The Urban Environment. London: Edward Arnold.

Douglas I, Hodgson R, Lawson N, 2002. Industry, environment and health through 200 years in Manchester. Ecologcial Economics, 41(2): 235-255.

Duvigneaud P, Denaeyer-De Smet S, 1977. L'ecosysteme Urbain Bruxellois [The Brussels Urban Ecosystem]. Brussels, Paris: Productivitéen Belgique Edition Duculot.

Engel-Yan J, Kennedy C, Saiz S, et al., 2005. Toward sustainable neighbourhoods: The need to consider infrastructure interactions. Canadian Journal of Civil Engineering, 32(1): 45-57.

Eurostat, 2009. Economy wide material flow accounts: Compilation guidelines for reporting to the 2009 Eurostat questionnaire. (2009-6-1) [2015-3-12]. https://unstats.un.org/unsd/envaccounting/ceea/archive/Framework/Eurostat%20MFA%20compilation%20guide_2009.pdf.

Fath B D, Killian M C, 2007. The relevance of ecological pyramids in community assemblages. Ecological Modelling, 208(2): 286-294.

Fernández J E, 2010. Urban metabolism of ancient Caral, Peru. (2010)[2015-10-12]. http://src.lafargeholcim-foundation.org/dnl/466e9f92-de70-4ed9-ac48-f72095668c53/F10_GreenWorkshop_Paper_FernandezJohn.pdf.

Ferrão P, Fernández J E, 2013. Sustainable Urban Metabolism. Boston, MA: MIT Press.

Fischer-Kowalski M, 1998. Society's metabolism: The intellectual history of materials flow analysis, Part I 1860-1970. Journal of Industrial Ecology, 2(1): 61-78.

Folke C, Jansson A, Larsson J, et al., 1997. Ecosystem appropriation by cities. Ambio, 26(3): 167-172.

Forkes J, 2007. Nitrogen balance for the urban food metabolism of Toronto, Canada. Resources, Conservation and Recycling, 52(1): 74-94.

Gandy M, 2004. Rethinking urban metabolism: Water, space and the modern city. City, 8(3): 363-379.

Gasson B, 2002. The ecological footprint of Cape Town: Unsustainable resource use and planning implications. Durban, South Africa: The National Conference of the South African Planning Institution.

Girardet H, 1996. The Gaia Atlas of Cities: New Directions for Sustainable Urban Living. London: Gaia Books Limited.

Girardet H, 2004. The Metabolism of Cities: The Sustainable Urban Development Reader. London: Routledge: 125-132.

Girardet H, 2008. Cities People Planet: Urban Development and Climate Change. Chichester: Wiley.

Girardet H, 2014. Creating Regenerative Cities. New York: Routledge.

Goldschmidt V M, 1958. Geochemistry. London: Oxford University Press.

Goldstein B, Birkved M, Quitzau M, et al., 2013. Quantification of urban metabolism through coupling with the life cycle assessment framework: Concept development and case study. Environmental Research Letters, 8(3): 1-14.

Golubiewski N, 2012. Is there a metabolism of an urban ecosystem? An ecological critique. Ambio, 41(7): 751-764.

González A, Donnelly A, Jones M, et al., 2013. Decision-support system for sustainable urban metabolism in Europe. Environmental Impact Assessment Review, 38(1): 109-119.

Grimm N B, Faeth S H, Golubiewski N E, et al., 2008. Global change and the ecology of cities. Science, 319(5864): 756-760.

Guo Z, Hu D, Zhang F H, et al., 2014. An integrated material metabolism model for stocks of urban road system in Beijing, China. Science of the Total Environment, 470-471(1): 883-894.

Haberl H, 2001. The energetic metabolism of societies, Part I: Accounting concepts. Journal of Industrial Ecology, 5(1): 11-33.

Haberl H, Erb K H, Krausmann F, et al., 2007. Quantifying and mapping the human appropriation of net primary production in Earth's terrestrial ecosystems. Proceedings of the National Academy of Sciences of the United States of America, 104(31): 12942-12947.

Haberl H, Fischer-Kowalski M, Krausmann F, et al., 2004. Progress towards sustainability? What the conceptual framework of material and energy flow accounting (MEFA) can offer. Land Use Policy, 21(3): 199-213.

Hammer M, Giljum S, 2006. Materialflussanalysen der Regionen Hamburg, Wien und Leipzig [Material flow analysis of the regions of Hamburg, Vienna and Leipzig]. (2009)[2016-3-12]. http://seri.at/wp-content/uploads/2009/09/Materialflussanalysen-der-Regionen-Hamburg-Wien-und-Leipzig.pdf.

Hanya T, Ambe Y, 1977. A study on the metabolism of cities//Science for a Better Environment. Tokyo: Science Council of Japan: 228-233.

Hashimoto S, Moriguchi Y, 2004. Proposal of six indicators of material cycles for describing society's metabolism: From the viewpoint of material flow analysis. Urban Ecosystems, 40(3): 185-200.

Havranek M, 2009. ConAccount 2008: Urban Metabolism, Measuring the Ecological City. Prague: Charles University Environment Centre.

Hedbrant J, 2001. Stockhome: A spreadsheet model of urban heavy metal metabolism. Water, Air, & Soil Pollution: Focus, 1(3-4): 55-66.

Hendriks C, Obernosterer R, Müller D, et al., 2000. Material flow analysis: A tool to support environmental policy decision making: Case studies on the city of Vienna and the Swiss lowlands. Local Environment, 5(3): 311-328.

Huang S L, 1998. Urban ecosystems, energetic hierarchies, and ecological economics of Taipei metropolis. Journal of Environmental Management, 52(1): 39-51.

Huang S L, Hsu W L, 2003. Materials flow analysis and energy evaluation of Taipei's urban construction. Landscape and Urban Planning, 63(2): 61-74.

Inostroza L, 2014. Measuring urban ecosystem functions through "Technomass": A novel indicator to assess urban metabolism. Ecological Indicators, 42(3): 10-19.

Jenerette G D, Marussich W A, Newell J P, 2006. Linking ecological footprints with ecosystem valuation in the provisioning of urban freshwater. Ecological Economics, 59(1): 38-47.

Kennedy C, 2007. Applying Industrial Ecology to Design a Sustainable Built Environment: The Toronto Port Lands Challenge. Pittsburgh, USA: Engineering Sustainability Conference.

Kennedy C, 2012. A mathematical description of urban metabolism//Sustainability Science: The Emerging Paradigm and the Urban Environment. New York: Springer: 275-291.

Kennedy C, Hoornweg D, 2012. Mainstreaming urban metabolism. Journal of Industrial Ecology, 16(6): 780-782.

Kennedy C, Cuddihy J, Engel-Yan J, 2007. The changing metabolism of cities. Journal of Industrial Ecology, 11(2): 43-59.

Kennedy C A, Stewart I, Facchini A, 2015. Energy and material flows of megacities. Proceedings of the National Academy of Sciences of the United States of America, 112(19):5985-5990.

Kennedy C A, Steinberger J, Gasson B, et al., 2009. Greenhouse gas emissions from global cities. Environmental Science & Technology, 43(19): 7297-7302.

Kennedy C, Ibrahim N, Stewart I, et al., 2014. An urban metabolism survey design for Megacities. (2014-10-15)[2015-12-8]. http://www.enel.com/en-GB/doc/enel_ foundation/library/papers/ef_wp_2.2014_en_web.pdf.

Kennedy C, Pincetl S, Bunje P, 2011. The study of urban metabolism and its applications to urban planning and design. Environmental Pollution, 159(8-9): 1965-1973.

Kennedy C, Steinberger J, Gasson B, et al., 2010. Methodology for inventorying greenhouse gas emissions from global cities. Energy Policy, 38(9): 4828-4837.

Kenny T, Gray N F, 2009. Comparative performance of six carbon footprint models for use in Ireland. Environmental Impact Assessment Review, 29(1): 1-6.

Kim E, Barles S, 2012. The energy consumption of Paris and its supply areas from the eighteenth century to the present. Regional Environmental Change, 12(2): 295-310.

Kral U, Lin C Y, Kellner K, et al., 2014. The copper balance of cities: Exploratory insights into a European and an Asian city. Journal of Industrial Ecology, 18(3): 432-444.

Krausmann F, 2005. A City and Its Hinterland: The Social Metabolism of Vienna 1800-2000. Florence, Italy: Conference of the European Society for Environmental History.

Krausmann F, Haberl H, 2002. The process of industrialization from the perspective of energetic metabolism: Socioeconomic energy flows in Austria 1830-1995. Ecological Economics, 41(2): 177-201.

Krausmann F, Haberl H, Schulz N, et al., 2003. Land-Use change and socioeconomic metabolism in Austria, Part I: Driving forces of land-use change 1950-1995. Land Use Policy, 20(1): 1-20.

Lestel L, 2012. Non-ferrous metals (Pb, Cu, Zn) needs and city development: The Paris example (1815-2009). Regional Environmental Change, 12(2): 311-323.

Li S S, Zhang Y, Yang Z F, et al., 2012. Ecological relationship analysis of the urban metabolic system of Beijing, China. Environmental Pollution, 170(11): 169-176.

Li Y X, Zhang Y, Yu X Y, 2019. Urban weight and its driving forces: A case study of Beijing. Science of the Total Environment, 658(6): 590-601.

Liang S, Zhang T Z, 2012. Comparing urban solid waste recycling from the viewpoint of urban metabolism based on physical input-output model: A case of Suzhou in China. Waste Management, 32(1): 220-225.

Liu J R, Wang R S, Yang J X, 2005. Metabolism and driving forces in Chinese urban household consumption. Population and Environment, 26(4): 325-341.

Manning W J, 2008. Plants in urban ecosystems: Essential role of urban forests in urban metabolism and succession toward sustainability. International Journal of Sustainable Development & World Ecology, 15(4): 362-370.

McDonald G W, Patterson M G, 2007. Bridging the divide in urban sustainability: From human exemptionalism to the new ecological paradigm. Urban Ecosystems, 10(2): 169-192.

Minx J, Creutzig F, Medinger V, et al., 2011. Developing a pragmatic approach to assess urban metabolism in Europe: A report to the European Environment Agency. (2011-4-18) [2016-12-3]. http://ideas.climatecon.tu-berlin.de/documents/wpaper/CLIMATECON-2011-01.pdf.

Montrucchio V, 2012. Systemic design approach applied to buildings: Definition of a co-operative process. International Journal of Engineering Science, 10(3): 323-327.

Mullins P, Natalier K, Smith P, et al., 1999. Cities and consumption spaces. Urban Affairs Review, 35(1): 44-71.

Neset T S S, Lohm U, 2005. Spatial imprint of food consumption: A historical analysis for Sweden, 1870-2000. Human Ecology, 33(4): 565-580.

Newcombe K, Kalma J, Aston A, 1978. The metabolism of a city: The case of Hong Kong. Ambio, 7(1): 3-15.

Newman P W G, 1999. Sustainability and cities: Extending the metabolism model. Landscape and Urban Planning, 44(4): 219-226.

Newman P, Kenworthy J, 1999. Sustainability and Cities: Overcoming Automobile Dependence. Washington, D. C.: Island Press.

Niza S, Rosado L, Ferrão P, 2009. Urban metabolism: Methodological advances in urban material flow accounting based on the Lisbon case study. Journal of Industrial Ecology, 13(3): 384-405.

Odum E P, 1953. Fundamentals of Ecology. Philadelphia, PA: Saunders.

Odum E P, 1975. Ecology: The Link Between the Natural and Social Sciences. NewYork: Holt, Rinehart and Winston.

Odum E P, 1989. Ecology and Our Endangered Life-Support Systems. Sunderland: Sinauer.

Odum H T, 1971. Environment, Power, and Society. New York: Wiley Interscience.

Odum H T, 1973. Energy, ecology and economics. Ambio, 2(6): 220-227.

Odum H T, 1983. Systems Ecology: An Introduction. New York: Wiley Interscience.

Odum H T, Odum E C, 1981. Energy Basis for Man and Nature. New York: McGraw-Hill.

Oswald F, Baccini P, Michaeli M, 2003. Netzstadt: Designing the Urban. Basel: Birkhäuser Basel.

Pincetl S, Bunje P, Holmes T, 2012. An expanded urban metabolism method: Towards a systems approach for assessing the urban energy processes and causes. Landscape and Urban Planning, 107(3): 193-202.

Quinn D, 2007. Urban Metabolism: Ecologically Sensitive Construction for a Sustainable New Orleans. Cambridge: Massachusetts Institute of Technology.

Reddy B S, 2013. Metabolism of Mumbai: Expectations, impasse and the need for a new beginning. (2013)[2015-12-1]. http://www.igidr.ac.in/pdf/publication/WP-2013-002.pdf.

Rosado L, Ferrão P, 2009. Measuring the embodied energy in household goods: Application to the Lisbon City//ConAccount 2008: Urban Metabolism, Measuring the Ecological City. Prague: Charles University Environment Center: 159-181.

Rosado L, Niza S, Ferrão P, 2014. A material flow accounting case study of the Lisbon metropolitan area using the Urban Metabolism Analyst model. Journal of Industrial Ecology, 18(1): 84-101.

Sahely H R, Dudding S, Kennedy C A, 2003. Estimating the urban metabolism of Canadian cities: Greater Toronto Area case study. Canadian Journal of Civil Engineering, 30(2): 468-483.

Samaniego H, Moses M E, 2008. Cities as organisms: Allometric scaling of urban road networks. Journal of Transport and Land Use, 1(1): 21-39.

Satterthwaite D, 1997. Sustainable cities or cities that contribute to sustainable development. Urban Study, 34(10): 1667-1691.

Schandl H, Schulz N B, 2002. Changes in United Kingdom's natural relations in terms of society's metabolism and land use from 1850 to the present day. Ecological Economics, 41(2): 203-221.

Schremmer C, Stead D, 2009. Sustainable urban metabolism for Europe (SUME). Marseille, France: Proceedings of the World Bank's Fifth Urban Research Symposium.

Schulz N B, 2007. The direct material inputs into Singapore's development. Journal of Industrial Ecology, 11(2): 117-131.

Shillington L J, 2013. Right to food, right to household urban agriculture, and socionatural metabolism in Managua, Nicaragua. Geoforum, 44(1): 103-111.

Sovacool B K, Brown M A, 2010. Twelve metropolitan carbon footprints: A preliminary comparative global assessment. Energy Policy, 38(9): 4856-4869.

Stanhill G, 1977. An urban agro-ecosystem: The example of nineteenth-century Paris. Agro-Ecosystems, 3(3): 269-284.

Susca T, 2012. Multiscale approach to life cycle assessment evaluation of the effect of an increase in New York city's rooftop albedo on human health. Journal of Industrial Ecology, 16(6): 951-962.

Tello E, 2005. Changing course? Principles and tools for local sustainability//Transforming Barcelona. London: Routledge: 225-250.

Tello E, Ostos J R, 2012. Water consumption in Barcelona and its regional environmental imprint: A long-term history (1717-2008). Regional Environmental Change, 12(2): 347-361.

Timmerman P R, White R, 1997. Megahydropolis: Coastal cities in the context of global environmental change. Global Environmental Change, 7(3): 205-234.

Venkatesh G, Sægrov S, Brattebø H, 2014. Dynamic metabolism modelling of urban water services: Demonstrating effectiveness as a decision-support tool for Oslo, Norway. Water Research, 61(17): 19-33.

Vitousek P M, Ehrlich P R, Ehrlich A H, et al., 1986. Human appropriation of the products of photosynthesis. BioScience, 36(6): 368-373.

Warren-Rhodes K, Koenig A, 2001. Escalating trends in the urban metabolism of Hong Kong: 1971-1997. Ambio, 30(7): 429-438.

Weisz H, Krausmann F, Amann C, et al., 2006. The physical economy of the European Union: Cross-country comparison and determinants of material consumption. Ecological Economics, 58(4): 676-698.

Weisz H, Steinberger J K, 2010. Reducing energy and material flows in cities. Current Opinion in Environmental Sustainability, 2(3): 185-192.

Wolman A, 1965. The metabolism of cities. Scientific American, 213(3): 178-190.

Yang Z F, Zhang Y, Li S S, et al., 2014. Characterizing urban metabolic systems with an ecological hierarchy method, Beijing, China. Landscape and Urban Planning, 121(1): 19-23.

Zeng W H, Wu B, Chai Y, 2014. Dynamic simulation of urban water metabolism under water environmental carrying capacity restrictions. Frontiers of Environmental Science & Engineering, 10(1): 114-128.

Zhang Y, 2013. Urban metabolism: A review of research methodologies. Environmental Pollution, 178(7): 463-473.

Zhang Y, Xia L L, Xiang W N, 2014a. Analyzing spatial patterns of urban carbon metabolism: A case study in Beijing, China. Landscape and Urban Planning, 130(5): 184-200.

Zhang Y, Yang Z F, Fath B D, 2010a. Ecological network analysis of an urban water metabolic system: Model development, and a case study for Beijing. Science of the Total Environment, 408(20): 4702-4711.

Zhang Y, Yang Z F, Fath B D, et al., 2010b. Ecological network analysis of an urban energy metabolic system: Model development, and a case study of four Chinese cities. Ecological Modelling, 221(16): 1865-1879.

Zhang Y, Yang Z F, Li W, 2006a. Analyses of urban ecosystem based on information entropy. Ecological Modelling, 197(1): 1-12.

Zhang Y, Yang Z F, Yu X Y, 2006b. Measurement and evaluation of interactions in complex urban ecosystem. Ecological Modelling, 196(1): 77-89.

Zhang Y, Yang Z F, Yu X Y, 2009a. Ecological network and emergy analysis of urban metabolic systems: Model development, and a case study of four Chinese cities. Ecological Modelling, 220(11): 1431-1442.

Zhang Y, Yang Z F, Yu X Y, 2015. Urban metabolism: A review of current knowledge and directions for future study. Environmental Science & Technology, 49(19): 11247-11263.

Zhang Y, Yang Z, Yu X, 2009b. Evaluation of urban metabolism based on energy synthesis: A case study for Beijing (China). Ecological Modelling, 220(13): 1690-1696.

Zhang Y, Zheng H M, Fath B D, et al., 2014b. Ecological network analysis of an urban metabolic system based on input-output tables: Model development and case study for Beijing. Science of the Total Environment, 468-469(1): 642-653.

Zucchetto J, 1975. Energy-economic theory and mathematical models for combining the systems of man and nature, case study: The urban region of Miami, Florida. Ecological Modelling, 1(4): 241-268.

第 3 章　城市代谢研究框架

3.1　复合生态系统理论

城市复合生态系统理论指出，城市是一类以人的行为为主导、自然环境为依托、资源流动为命脉、社会文化为经络的自然-社会-经济复合生态系统（王如松，2000；马世骏和王如松，1984）。复合生态系统由自然子系统、经济子系统和社会子系统构成，其中自然子系统由生态元素及其相互作用形成，经济子系统由生产、流通、消费等人为活动构成，而观念、体制、文化则构成社会子系统。这三个子系统相生相克、相辅相成，在时间（代内、代际）、空间（区域、流域）、数量（物质、能量规模）、结构（产业结构、资源结构）、秩序（熵变、协调共生）方面呈现出不同的耦合形态，进而决定复合生态系统的演替方向与路径（王如松和欧阳志云，2012）。

3.1.1　子系统构成

1. 自然子系统

自然子系统是城市赖以生存与繁衍的环境，可用金、木、水、火、土（五行）及其相互关系来描述。金、木、水、火、土对应矿物资源、生物资源、水资源、能量（矿物燃料）、土地资源 5 种要素，五行相生相克的关系也体现了自然界万物的形成过程。

以"木"为起点，沿顺时针方向解释五行相生关系（图 3-1）。"木"为自然界生物资源的统称，可泛指植物、动物和微生物，其中大部分具有可燃特征，因此火藏于木中，即"木"生"火"；"火"为自然界能量或矿物燃料，除太阳能、地热能、潮汐能等自然能量，也包括煤、石油和天然气等矿物燃料，高温焚烧后万物基本变为灰烬，渐成土，通常理解为"火"生"土"；大部分金属矿物（泛指除矿物燃料外的其他矿物）大多埋藏于土里，可以理解为"土"生"金"；金属矿均在河流附近，有金的地方必伴有水，同时金属制品作为取水工具可以挖井取水，另外金属高温熔化后也成为液态，故有"金"生"水"；"水"是一切生物体的主要成分，水的内涵可以理解为自然界中的水生境、水资源及水环境，有水滋润的地方会有助于生物生长，可理解为"水"生"木"。同时，五行也存在着相克关系。土壤中金属含量过高会影响植物生长，即"金"克"木"；过多的植物生长，也会造成土壤地力衰竭，即"木"克"土"；土壤中矿物质含量高，水质硬度增大，即为"土"克"水"；水能灭火，即"水"克"火"；金属矿物遇火会融化，即"火"克"金"。

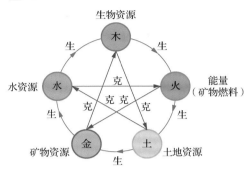

图 3-1　基于金木水火土的自然子系统解读

社会经济活动与自然界的交互界面是"土"。土可以泛指土壤、土地以及其中蕴藏的各类矿物（建筑材料、金属和非金属矿物等），也包括呈现出的地形、地质、地貌、地景和区位特征。人类依靠它们可以获得食物、纤维，支持社会经济活动的开展，土是人类生存之本。

2. 社会经济子系统

城市社会经济子系统的核心是人，社会经济子系统通过不同人的行为组合，开展生产与消费活动，生产活动以服务"顶级消费者"——人为目标。城市是以人为纽带形成的一个有机整体，人的意识与行为、人群活动的规模、性质、密度与格局在很大程度上决定了城市的生态特征及演变规律。社会子系统强调人的知识、文化、观念和体制的融合，借助长期发展过程中搭建的知识体系（包括哲学、科学与技术等）和凝结的文化内涵（诠释和传承伦理、信仰和文脉等），形成延续城市记忆、转变城市发展的观念与模式，构建囊括组织、法规和政策的社会体制，以塑造城市的精神与灵魂（图 3-2）。

依据物能（物质与能量）利用过程，经济子系统一般由物能转化、流通、合成、净化及控制部门组成。物能转化部门将自然界的物质和能量转化为城市生命体所需要的营养，位于经济链的始端；物能合成部门经过物能流通部门传输，接收到营养物进行中间产品和产品的生产，位于经济链的中游；产品经过人消费后产生代谢废弃物，流入物能净化部门，代谢废弃物或被净化还原到自然界，或重新进入物质转化、合成部门再利用。物能流动过程的最终目的是服务于人的消费，人为顶级消费者，同时物能控制部门承担着调控物能流动过程的功能，通过构建组织机构、形成组织机制，出台规划、政策与规范，全面调控生产与消费行为。

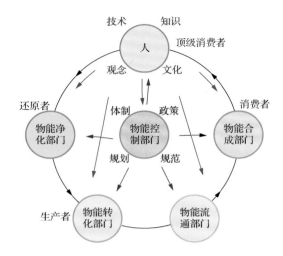

图 3-2   基于物能流动过程的社会经济子系统解读

3.1.2   结构与功能

城市犹如一个复杂的有机体，生产者、消费者和还原者之间不断进行着新陈代谢过程（Haughton and Hunter, 1994; Tjallingii, 1993），实现着系统的优化、循环和再生（Newman, 1999; Huang et al., 1998）。

1. 结构特征

城市自然-社会-经济复合生态系统具有等级性、异质性和多样性特征，具有与自然生态系统相似的结构，可依据城市组成结构所承担的角色，将城市生态系统划分为生产者、消费者和还原者。

广义来说，城市复合生态系统中的自然子系统与社会经济子系统分别承担着生产者和消费者的角色。细化社会经济子系统，则可识别发挥生产者、消费者和还原者角色的多个代谢主体。其中，采掘业、农业等物能转化部门可为城市提供农（林牧渔）产品、矿物（工业原料和化石能源），可称为生产者；城市物能流通、合成部门均是城市的消费者，虽然其生产各类产品，但其消耗来自物能转化部门的产品，像居民生活一样均是资源需求方。

自然子系统具有调节气候、净化污染、涵养水源、空间隔离屏障等服务功能，也承担了还原功能。城市产生的大部分废弃物需要借助人工处理才能分解与还原，涉及废弃物处理、废弃物资源化（废弃物还原转化为资源）的各个环节的企业实体或环保基础设施，也应归入物能净化部门，发挥还原者功能（Zhang et al., 2006a）。同样，社会经济子系统反哺到自然子系统的生态恢复与建设活动（造绿、活水、净气）维系着服务功能的发挥，也应归入还原者行列（图 3-3）。

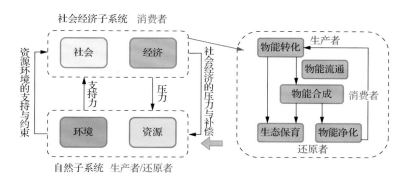

图 3-3　城市复合生态系统结构

2. 可逆方程

城市复合生态系统结构的划分，充分体现了社会经济子系统与自然子系统之间的互动关系，体现了压力与支持力的集成。城市社会经济活动通过资源利用和污染排放产生压力，而自然资源禀赋、环境容量对社会经济活动起到支持作用（Zhang et al., 2006a）。社会经济子系统内部的互动关系为氧化分解作用与还原再生作用的集成，氧化分解产生污染物，而还原再生的产物是广阔的生态空间（生态用地增加）和无害的废弃物（三废治理能力提高）（Patten and Costanza, 1997）。

经济的快速增长，必然造成大量消费资源、排放污染，给自然子系统带来巨大压力，进而加快社会经济发展压力的速度 K_1；自然子系统支持能力的增强，必然为社会经济子系统提供所需的自然资源和环境容量，提高自然子系统为社会经济活动储备发展要素的速度 K_2。城市可逆方程一般很难达到动态平衡，或侧重社会经济发展（$K_1 > K_2$），或注重生态保育（$K_1 < K_2$），两者均不利于城市持续健康发展。如果调控两者达到和谐平衡的状态，需以技术创新为作用条件，逐渐减少氧化分解产生的污染物，增强城市还原再生能力，提升社会经济发展的质量，促进其生态转型，从而使社会经济发展的压力和生态环境的支持力发生动态变化，在新的一点达到 K_1 和 K_2 的动态平衡（图 3-4）。

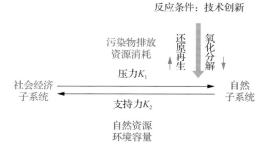

图 3-4　经济发展与环境保护的可逆方程

3.2　生态热力学理论

3.2.1　活力代谢

　　热力学第一定律指出物质不灭能量守恒，可知物质的生产过程是原子的重新排列，是形态和结构的变化。依据这一定律，城市消耗资源的过程中，也会产生相应比例的代谢废弃物。缓解城市社会经济发展的压力，减少资源消耗和废弃物产生的有效途径是循环。因为消费者从资源使用到废弃产品，虽发生了一系列的物理与化学变化，但物质并没有消失，只是结构和形态发生改变，应该将产生的废弃物归为另一种资源进行循环利用。循环力度的提升可以减少废弃物产生，再生资源的使用也会减少原生资源的消耗（Girardet, 2004; Jordan and Vaas, 2000）。因此，在综合考虑社会经济可持续性与生态环境影响的基础上，构建"循环"为导向的城市活力代谢模型，不仅追求代谢流的减少，而且强调城市生命体活力这一目标（图 3-5）。

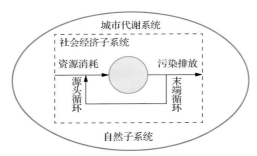

图 3-5　城市活力代谢模型

　　城市生命体的活力是指城市代谢过程的组织结构、功能关系以及与环境间的互动均处于良好、有序的状况，包括社会经济发展新实力、资源环境支撑新助力和生态保育建设新动力。城市生命体活力体现在将滋养城市的养分输送到城市末梢、基本单元，使其焕发活力，整个城市生命体自我更新完善、自我升级，韧性和协调持续能力不断提升。城市生命体的活力激发体现在内涵式、外延式两个方面，内涵式的活力增长注重生命体的内在优化，而外延式的活力增强注重规模、体量的扩大，两者均离不开社会经济实力的推动，以及资源、环境和生态方面的助力与动力。当内在活动更新出现问题，外在扩张遇到瓶颈（如触及生态保护红线、环境质量底线、资源利用上线），城市生命体就会步入老年。时空维度的社会发展也可以说明城市生命体活力的动态变化，古老城市（如楼兰古城）的消亡、新兴城市的出现，体现了城市生命体活力的演变；而空间维度上一些城市（如底特律）的衰落，大多是由于社会经济问题不断出现，并呈不可逆转的恶化趋势，导致城市活力大为衰减。在此情况下，城市生命体如何重新焕发活力呢？这需要从城市代谢过程出发，诊断其所遭受的重要代谢疾病，打破原有城市格局，促进其重新自我更新，生命长度再次延展。

城市活力代谢模型分析废弃物排放背后的资源消耗问题，探寻城市代谢系统的循环利用潜力，为其优化调控提供过程诊断技术。模型关注的特征性指标为代谢流（资源消耗流和废弃物排放流）和活力（循环），量化指数为循环指数（Zhang et al., 2006b）。循环指数可分为源头循环指数和末端循环指数两类，分别体现城市代谢、废弃物净化的两种潜在途径。源头循环指数表征通过废弃物资源化提高城市生命体活力的过程，体现了城市社会经济子系统自身的循环再生；而末端循环指数则表征通过无害化处理方式优化城市代谢流的过程，体现了城市社会经济子系统与自然子系统间的循环再生。

3.2.2　熵变演化

依据热力学第二定律，城市资源利用、废弃物排放的代谢过程符合熵增加原理，城市生命体是自组织的耗散系统。城市生命体作为耗散系统，必须从外界获取物质和能量，不断输出产品和废弃物，才能保持稳定有序的状态（黄辞海，2002；Boyden et al., 1981）。城市作为开放系统，借助外界力量运行就产生了熵流的概念，如果熵流 dS_e 大于熵产生 dS_i，系统内熵减少，即 $dS=dS_e+dS_i<0$，dS 称为熵变（相对熵减），表征系统演变方向（Haken, 1988；Weber et al., 1988）。自然子系统负熵产生和传递可看作是社会经济子系统正熵产生的抵消，从而维持城市复合生态系统的熵平衡，但如果自然子系统负熵供给不足，就需要依靠外部区域来供给。

基于城市复合生态系统的结构和功能剖析，确定城市生命体的熵产生和熵流，并计算熵变，可探寻城市代谢功能增强与调控的机会与措施（Weber et al., 1988）。社会经济子系统与自然子系统间的互动，如压力、支持力，体现在输入与输出过程，是城市生命体的熵流 dS_e；熵产生来自于社会经济子系统内部，如废弃物排放、环境质量恶化是增熵的过程（正的熵产生），而城市还原功能增加（市政基础设施建设、生态恢复与建设投入）与废弃物排放过程相逆，是一个恢复"秩序"的过程，是熵减过程（负的熵产生），以抵消与克服正的熵产生（废弃物排放），形成城市生命体的熵产生 dS_i（Svirezhev, 2000, 1990）。在熵产生 dS_i 和熵流 dS_e 的基础上，可计算出城市生命体的熵变 dS。

熵流 dS_e 为城市社会经济子系统与自然子系统之间的物质与能量交换，可表征社会经济子系统与自然子系统的协调状况。熵产生 dS_i 来自城市社会经济子系统的环境质量恶化与生态恢复建设的博弈，可表征城市生命体的活力。熵产生 dS_i 和熵流 dS_e 均可为正、负和零。熵变 dS 是熵流 dS_e 与熵产生 dS_i 的代数和，表征城市代谢过程的演变方向。熵产生 $\mathrm{d}S_\mathrm{i}$ 为正值表明城市还原代谢功能的增强（生态恢复与建设），城市生命体呈现出违背热力学第二定律的有序化发展态势。

城市复合生态系统中，自然子系统对社会经济子系统的支持力产生的熵流为支持型输入熵 $\mathrm{d}S_\mathrm{e}^1$，而社会经济子系统发展对自然子系统的压力产生的熵流为压力型输出熵 $\mathrm{d}S_\mathrm{e}^2$；城市生命体代谢吸收的物质和能量，部分转化为环保基础设施、生态恢复工程，形成还原型代谢熵 $\mathrm{d}S_\mathrm{i}^1$（负的熵产生）；污染物通过人工处理处置设施排放到大气、水和土等介质中，形成氧化型代谢熵 $\mathrm{d}S_\mathrm{i}^2$（正的熵产生），体现了社会经济子系统中氧化分解作用与再生还原作用的集成（图 3-6）。

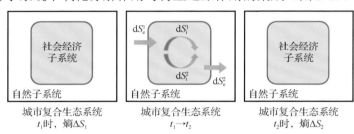

图 3-6　城市生命体熵转化关系示意图

$\Delta S_2 - \Delta S_1$ 为 $t_1 - t_2$ 时刻城市生命体的熵变，$\mathrm{d}S_\mathrm{e}^1$ 是自然子系统的支持熵流（支持型输入熵），$\mathrm{d}S_\mathrm{e}^2$ 是社会经济子系统的压力熵流（压力型输出熵），$\mathrm{d}S_\mathrm{i}^1$ 是生态恢复与建设、环保基础设施建设形成的熵产生（还原型代谢熵），$\mathrm{d}S_\mathrm{i}^2$ 是环境污染形成的熵产生（氧化型代谢熵）

如果 $\Delta S_2 = \Delta S_1 + \mathrm{d}S_\mathrm{e}^2 + (-\mathrm{d}S_\mathrm{e}^1) + (-\mathrm{d}S_\mathrm{i}^1) + \mathrm{d}S_\mathrm{i}^2 < 0$ 且 $\Delta S_2 < \Delta S_1$，城市生命体处于动态发展状态；如果 $\Delta S_2 = \Delta S_1 + \mathrm{d}S_\mathrm{e}^2 + (-\mathrm{d}S_\mathrm{e}^1) + (-\mathrm{d}S_\mathrm{i}^1) + \mathrm{d}S_\mathrm{i}^2 < 0$ 且 $\Delta S_2 > \Delta S_1$，城市生命体处于退化状态；如果 $\Delta S_2 = \Delta S_1 + \mathrm{d}S_\mathrm{e}^2 + (-\mathrm{d}S_\mathrm{e}^1) + (-\mathrm{d}S_\mathrm{i}^1) + \mathrm{d}S_\mathrm{i}^2 > 0$，城市生命体则处于恶化状态。

3.3　系统生态学理论

3.3.1　整体论与还原论融合

认识森林的两种视角，揭示了我们认识大千世界的两种思维方式：整体论和还原论。一种是围绕其周边观察，另一种是走入森林，观察其依托的山水地形，以及树种发育与分布、奇花异草、飞禽走兽、枯枝败叶等组成部分。但不管俯视森林，还是深入森林，都不足以正确认识它，因为"只见森林，不见树木"（整体论）不行，"只见树木，不见森林"（还原论）同样不行，两者需要结合才能正确认识森林（苗东升, 2005）。还原论的思维方式具有自上而下细致分解的优势，但同时又存在自下而上综合诊断问题的劣势。还原论还强调将事物整体精细分解，这会破坏或丧失原有的关联和功能，同时释放出"部分"的独有特性，整体图像反而更为模糊。之后，以线性因果关系补救与重建原来"部分"所丧失的关联，将"部分"累加所获得的整体面貌定会出现偏差。而整体论强调从整体把握系统的功能和属性，试图探寻普适的一般规律，但缺乏必要的精细手段分析"部分"，难以形成严密的逻辑体系，相对直观、笼统。

系统论在克服了片面的还原论和笼统的整体论的基础上，强调两种思维方式的有机整合，取长补短。在考虑"整体与部分"之间的相互关系中，系统论仍坚信还原论是科学研究不可忽视的研究方式，只是需要在整体论指导下综合概括，以形成对事物整体层次、结构和功能特征的认识。由于"整体与部分"的性质、结构、功能、规律可能并不一致，"整体"的功效行为就可能与"部分"同向加强，也可能与"部分"相逆，因此需要引入非线性模型与技术辅助综合概括。系统论研究策略既重视"整体"，也重视"部分"，强调"整体"中发挥机能的各"部分"不能离开整体而孤立存在，"整体"中的"部分"不同于从整体中分离的部分，应在"整体与部分"之间循环往复思考，实现"1+1>2"（整体大于局部之和）的涌现性。

系统生态学是系统论与生态学在技术背景下的结合，该理论强调以系统思维分析生态学的研究对象，将其看作一个系统，通过大规模提取生态信息，深入分析系统中各个子系统间的相互作用关系，阐明生态系统运行机理机制，从而引领生态学进入新的发展阶段。系统生态学的思维过程，体现了从感性具体到抽象，再到思维具体的转变。以一个人乘坐飞机初到一座城市为例，当飞机降落到机场时，人头脑中反映出城市是一个整体的表象，并不深刻。为深入分析城市的属性与本质（运行规则），人需要走进城市街区、厂矿，了解城市构成及其交互关系，但此阶段人头脑中形成的大多是城市的某些侧面和联系。等到人坐飞机离开这座城市，会把城市作为整体在思维中综合重现，将各种运行规则集成，进而探求其复杂联系，建立逻辑系统，从而形成对城市全面、具体的认识。

3.3.2　基于系统生态学的城市代谢研究

我们诊断城市代谢疾病需要中医和西医的结合，两者均有高明之处，不要偏颇，体现了整体论与还原论的结合。西医治疗体系把人看作机械，利用科学仪器诊断，头痛医头，脚痛医脚，多用量化的、机械化的思路将问题还原到某个组织、器官，依据统计学数据采取治疗措施；中医治疗体系讲究系统、联系，根据藏象表里学说，采取望闻问切的方式对人的形态、体征、症状、脉络等信息进行收集、观察，诊断病症、对症下药（王永炎，2007）。

城市代谢研究需要基于系统生态学理论，深入生命体内部去理解，也需要跳出外部去观察，用精确分析方法界定组织、器官的病变，用系统综合方式诊断阴阳失调、气脉不通等致使生命体和谐丧失的机理、病理（图3-7）。城市生命体是由细胞（人）、组织（家庭、企业）、器官（社区、产业）之间物质、能量、信息非线性相互作用涌现的结果，呈现的动力学行为特征（生命特征）并非物质、能量、信息等元素本身所固有，每个器官、组织和细胞为实现城市健康均扮演着独有的角色，但每个有机部分的优良状况并非城市健康的必要条件，还在于这些有机部分间互动作用是否协调与平衡，即"城市病"既可能是由于城市生命体某个器官（产业部门）功能紊乱或病变，也可能是由于器官间的平衡和谐被打破（石磊和陈伟强，2016）。

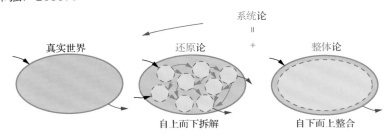

图 3-7   基于系统生态学思想的城市代谢研究

　　城市代谢研究强调生命体的有机组成部分，更强调部分间的互动关系。因此，城市代谢模型构建需要考虑要素提取和靶位的厘定（整合、整理、治理）（王永炎等，2006）。城市代谢研究从收集原始数据、资料做起，开展非线性代谢模型建模，求得城市健康最优解，而后优化城市生态管理指标体系，从而识别城市病的问题所在。首先，通过还原论思想或方法将城市生命体还原成各个组成部分（主体、要素），积累海量信息和数据，观察静态表象的特征，包括初始条件、计算参数、响应变量等反映代谢过程的有效指标，但应避免以简单的、线性的因果关系推导城市生命体活动、机理病理和治疗手段。因此，关注城市能源、水等重要物质，以及产业部门间、生产与消费间的互动关联，分析变化对初始条件微小变动的敏感性特征，解释始动因素间关联及其变化规律，并上升到整体层面揭示城市生命体的层次结构、"涌现"性质和运行机制。因此，基于系统生态学开展的城市代谢研究，以主体还原、非线性关系模拟为研究方式，面对海量数据试图精准还原代谢主体，处理与厘清主体间关联关系，构建系统生态网络模型，模拟不同因素对不同层次代谢过程的影响及响应关系，从而指导城市规划与设计实践。

　　城市代谢研究中，会涉及城市代谢和代谢城市两个基本概念，这两个概念语义上有明显差别。城市代谢强调研究方式，关注整体论与还原论的融合；而代谢城市的含义则强调城市的生命特征与属性，是对城市建设目标的描述。

3.4　研究范式与技术框架

城市代谢研究在理论基础、研究框架、技术方法方面积累了丰富独特的成果，有力推动了"城市代谢"这一学科领域的发展。城市代谢研究以类比、隐喻的研究方式，试图将城市比拟成生命体、生态系统，应用生态学的代谢原理与方法规划设计城市，以缓解其生态环境问题。当前，城市代谢还是一门处于萌芽状态的新兴学科，起源于生物学，发展于多学科，汇聚于生态领域，体现了研究范式的转变与扩张。这些范式是"城市中的自然代谢"（natural metabolism in city）"城市的社会经济代谢"（socioeconomic metabolism of city）和"为了城市的自然-社会-经济复合代谢"（natural-social-economic complex metabolism for city）。不同范式的相互作用与补充促进了城市代谢学科的演变。

3.4.1　研究范式

"城市中的自然代谢""城市的社会经济代谢"和"为了城市的自然-社会-经济复合代谢"三个范式在成熟时段、建模方法和时空复杂性等方面均存在差异。三个范式的融合与集成得益于"城市作为生物圈不可或缺的组成部分"这一理论，以及多学科的交叉与支撑。

在1965年城市代谢研究就有了重要的范例，经过近60年的发展，技术方法、应用案例不断丰富与完善，但是直到21世纪20年代，城市代谢研究才真正形成"自然代谢、社会经济代谢、自然-社会-经济复合代谢"三位一体的研究体系（图3-8）。

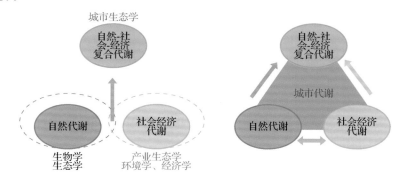

图3-8　城市代谢的研究范式及研究体系

1. 自然代谢

20世纪30年代，随着生物学、生态学的不断发展，产生了城市自然代谢的研究范式。来自生物学、生态学领域的研究者聚焦于城市、郊区、村庄基质中镶嵌的不同类型的自然生态系统，分析城市生态空间（绿地植被、水域）、动植物的演替规律，因为这与他们传统的研究对象极为相似，如栖息地、森林、湿地等。不同的是，城市范围内驱动因素、干扰因素更为强烈，研究者多将其视为外部的作用条件，分析城市的干扰和压力对物种多样性、生物群落的影响，以及自然生态系统结构-过程-功能等特征对城市干扰和压力的响应与适应，干扰变量包括建成环境（不透水地表、道路基础设施、建筑物）、人口密度、经济活动规模等。

自然代谢研究范式通过比较城市环境与自然环境的差异，表征城市人为活动的干扰程度，常用城乡梯度分析方法，强调城乡的二元异质特征（城市基质-自然斑块），多关注城市园林绿化、公园设计与管理、生物保护等多项活动，寻求优化城市生态规划、设计的可能途径。如：自然代谢研究可以通过分析生物规模与人类活动的相关性，为生物保护、人类活动管理提供有用信息；可以通过模拟城市森林规模、分布与城市拓展的关系，为林地可持续规划及城市绿色基础设施配置提供依据（Pickett et al., 2016）。可见，自然代谢研究范式通过聚焦城市生态空间（绿色和蓝色空间），构建绿色基础设施（绿道、公园、水域、绿色屋顶、绿墙），修正人为干扰、完善城市骨肌、改善生态环境、发挥生态功能，以达到城市居民亲近自然、服务管理需求的目的。

2. 社会经济代谢

随着 20 世纪 80～90 年代产业生态学的发展，城市社会经济代谢的研究范式不断形成。研究者大多来自于环境学、经济学等背景，他们从自身学科背景出发，在节省经济成本、减缓环境污染问题上，溯源到共同的主体——社会经济活动，试图从生态学视角解释或修正社会经济行为。随着自然代谢到社会经济代谢研究范式的转变，研究对象也从城市的自然组分转向了城市的非自然组分。首先，基于环境为社会经济发展提供了助燃剂的观点，明确了城市建成区与环境间的物理边界（建成区边界），确定生态保护红线、环境质量底线、资源利用上限，以此明晰社会经济活动的外部约束条件；其次，社会经济活动已不再被界定为驱动因素、外部条件（自然代谢研究范式），而被看作是代谢主体，通过详细分析其规模、结构和格局特征，探究其过程、互动关系和动态演变规律，以深入剖析社会经济活动的复杂机理和机制。

与自然代谢研究正好相反，社会经济代谢研究范式将自然环境作为外部条件，聚焦于人类社会经济活动的物质、能量流动过程，以及人类健康和福祉的提升，强调将城市社会经济子系统作为研究对象来思考问题所在，多通过物质流分析方法研究城市与环境间的关系。社会经济代谢研究范式通过细化城市灰色组成（工商区、居民区、道路和基础设施等），强调社会经济活动的规模、结构及异质性特征，涉及多种经济行为、多样社会体制、多类产业活动及多元人类文化，而这在自然代谢研究范式中，一律被看作城市基质和外部驱动因素（Mcphearson et al., 2016）。在全球城市化背景下，社会经济代谢研究范式由于充分纳入、整合了城市的人为属性特征，将有助于开展城市间的对比分析。尽管自然代谢、社会经济代谢两个研究范式并行发展，但两种研究范式在扩张中不断渗透与交叉，自然代谢研究范式虽把社会经济活动作为驱动因素，但也寻求对驱动因素状态、发展规律的解析，而社会经济代谢研究范式虽把环境作为约束条件，但也寻求对生态环境组成、支撑能力、结构与功能恢复能力的解析（Pickett et al., 2016）。两种范式在发展过程中不断突破与融合，逐渐形成了自然-社会-经济复合代谢的研究范式，为城市规划设计者、决策管理者及公众提供新的见解与信息（图 3-8）。

3. 自然-社会-经济复合代谢

除了上述两种范式的融合与演变，20 世纪 80~90 年代城市生态学的发展逐渐形成了城市自然-社会-经济复合代谢的研究范式。研究者将城市看作是一个自然-社会-经济复合生态系统，认为生态环境与社会经济活动同等重要，两者共同组成有机整体，并关注人类福祉、城市宜居性和生物丰度等更为综合的问题。此研究范式将生态学与城市进程相联系，可为城市生态系统的修复、管理和可持续发展提供重要支撑（Pickett et al., 2016）。

自然-社会-经济复合代谢的研究范式不仅关注城市公园、绿地、水体等生态空间，而且对城市社会经济活动及城市肌理（建筑、道路、绿化等元素通过不同质地、密度、纹理的组合而呈现的城市形态，是记录城市发展的 DNA 遗传密码）进行全面考察，宽泛分析树木、灌丛、草地、庄稼、裸露地、硬质地、水体及建筑等组分在城市生命体中的规模、占比及相互作用等动态特征，充分展现了自然斑块与城市基质的异质性特征，为解答城市社会经济结构与自然生态互动关系这一核心问题提供了有力的手段。

自然-社会-经济复合代谢的研究范式不是取代自然代谢、技术代谢两种研究范式，而是保留两种范式的特质，依赖两者的产出信息，促进其交叉与融合。此研究范式通过整合自然代谢、技术代谢范式，以目标为导向，综合系统地剖析城市代谢过程，以实现城市生命体问题鉴别、病因诊断、病理治疗的全过程控制与管理。自然-社会-经济复合代谢研究范式的出现体现了城市代谢研究领域的成熟，三种范式的对比也可以有效梳理该学科领域的知识信息，从单学科研究视角转向多学科整合，共同合作、创新支撑城市代谢学科的发展，并有效衔接环境完整性、社会公平性及经济高效性等目标，提出综合解决方案，为城市科学研究者、规划设计者、决策管理者和公众的行动路径提供科学参考。

3.4.2 技术框架

以城市代谢为主线，以保障城市生命体健康为目标，遵循"理论-方法-应用"的研究思路，从提出问题、分析问题和解决问题入手，以摸清病理、诊断病症、探求病因、明确治疗方案为切入点，搭建"过程解析-核算评价-模型模拟-优化调控"四位一体的城市代谢技术框架，为保障城市生态安全提供了关键支撑（Zhang，2013）。过程解析是理论基石，是城市代谢研究的出发点，为城市代谢后续研究提供基础，而核算评价、模型模拟则是发现问题与分析问题的重要技术方法，为实践应用提供决策方案，优化调控是解决问题的重要环节，是城市代谢研究的落脚点（图 3-9）。

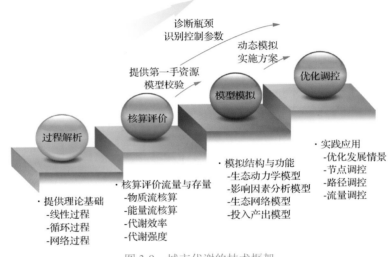

图 3-9　城市代谢的技术框架

过程解析是连接现实世界与科学研究的桥梁，可以将现实世界解读成利于我们研究的内容，为后续研究提供理论支持。当前过程解析经历了由线性模式到循环模式，再到网络模式的转变，从关注城市代谢过程的输入输出，发展到输出到输入的逆向代谢过程，再到表征代谢主体间关联关系的网络代谢过程。

核算评价是摸清家底、量化代谢过程、识别代谢瓶颈的重要技术手段，可以为模型模拟提供第一手数据，为模型校验提供历史参考，也可为优化调控提供政策控制参数。当前代谢核算除传统的物质流核算方法（元素流分析、批量流分析）外，能量核算（㶲、能值）方法也不断出现。各类方法均存在着优势，同时也均有不足。物质流核算方法以物质守恒原理为基础，将城市代谢过程物质能量的消耗、转化与排放以重量单位来计量，可以形象反映城市生命体的重量，但无法区别物质、能量在提供社会功效方面的品质差异，这也是能量流核算方法的优势所在；能量流核算方法充分考虑了各种物质、能量和信息的效能及品质，通过引入能量转换率将各种物质流、能量流和信息流折算为太阳能值或㶲，但也面临着转换率系数难以准确核定的困境。在核算基础上，进一步构建涵盖"规模-效率-强度-影响"的评价指标体系，可以诊断城市生命体的健康状况。

模型模拟是寻求规律、设置情景的重要步骤，关键是基于过程解析构建代谢模型，并开展动态仿真、机理病理的模拟。模型模拟应分为外在表征和内在过程两部分：一是城市生命体未来 20～50 年健康状况的预测，假设当前生命体健康状况良好，那么未来长时间变化过程中是否能保持持续健康的状态；二是生命体器官、组织等组成部分是否协调，结构功能是否和谐。假设未来长时间生命体的外在表征是健康的，但不能保证其内在组织、器官不会发生病变，组分间处于关联和谐、动态平衡的状态。因此，此部分大多采用生态动力学方法模拟城市生命体长时间动态演变趋势，采用因素分解、生态网络分析、投入产出分析、地理信息系统（geographic information system，GIS）等技术方法开展结构-过程-功能-格局的模拟，以探求城市生命体动态演变规律及作用机理机制。模型模拟可为优化调控提供实施方案，进而从网络视角调控代谢主体、路径、流量，以实现城市生命体的动态监控与管理。优化调控可为政府决策提供优化方案，并修正城市运行故障。

因此，过程解析、核算评价、模型模拟和优化调控这 4 个环节是有机结合、相互关联的，共同组成了城市代谢技术框架，通过系统剖析城市生命体，诊断病症、分析病理、治愈疾病，可为科学实施代谢调控、有效开展城市生态管理，以及推动城市代谢学科发展提供重要基础。

参 考 文 献

黄辞海, 2002. 城市生态系统的结构和功能是自然生态系统的翻版吗?. 中国人口·资源与环境, 12(3): 134-136.

马世骏, 王如松, 1984. 社会-经济-自然复合生态系统. 生态学报, 14(1): 1-9.

苗东升, 2005. 论系统思维(三): 整体思维与分析思维相结合. 系统辩证学学报, 13(1): 1-5.

石磊, 陈伟强, 2016. 中国产业生态学发展的回顾与展望. 生态学报, 36(22): 7158-7167.

王如松, 欧阳志云, 2012. 社会-经济自然复合生态系统与可持续发展. 中国科学院院刊, 27(3): 337-345.

王如松, 2000. 转型期城市生态学前沿研究进展. 生态学报, 20(5): 830-840.

王翔, 2008. 企业管理思想的拐点: 从系统论到还原论. IT 经理世界, 475(Z1): 58-60.

王永炎, 2007. 中医药研究中系统论与还原论的关联关系. 世界科学技术, 9(1): 70-73.

王永炎, 张启明, 张志斌, 2006. 证候要素及其靶位的提取. 山东中医药大学学报, 30(1): 6-7.

Boyden S, Millar S, Newcombe K, et al., 1981. The Ecology of a City and Its People: The Case of Hong Kong. Canberra, Australia: Australian National University Press.

Girardet H, 2004. Cities People Planet: Livable Cities for a Sustainable World. Chichester: John Wiley & Sons Ltd.

Haken H, 1988. Information and Self-organization. New York: Springer.

Haughton G, Hunter C, 1994. Sustainable Cities, Regional Policy and Development. London: Jessica Kingsley.

Huang S, Wong J, Chen T, 1998. A framework of indicator system formeasuring Taipei's urban sustainability. Landscape and Urban Planning, 42(1): 15-27.

Jordan S J, Vaas P A, 2000. An index of ecosystem integrity for Northern Chesapeake Bay. Environmental Science & Policy, 3(S1): 559-588.

Mcphearson T, Pickett S T A, Grimm N B, et al., 2016. Advancing urban ecology toward a science of cities. BioScience, 66(3): 198-212.

Newman P W G, 1999. Sustainability and cities: Extending the metabolism model. Landscape and Urban Planning, 44(4): 219-226.

Patten B C, Costanza R, 1997. Logical interrelations between four sustainability parameters: Stability, continuation, longevity, and health. Ecosystem Health, 3(3): 136-142.

Pickett S T A, Cadenasso M L, Childers D L, et al., 2016. Evolution and future of urban ecological science: Ecology in, of, and for the city. Ecosystem Health and Sustainability, 2(7): e01229.

Svirezhev Y M, 1990. Entropy as a Measure of Environmental Degradation. Karlsruhe, Germany: Proceedings of the International Conference on Contaminated Soils.

Svirezhev Y M, 2000. Thermodynamics and ecology. Ecological Modelling, 132(1-2): 11-22.

Tjallingii S P, 1993. Ecopolis: Strategies for Ecologically Sound Urban Development. Leiden: Backhuys Publishers.

Weber B H, Depew D J, Smith J D, 1988. Entropy, Information and Evolution: New Perspectives on Physical and Biological Evolution. Cambridge, MA: MIT Press.

Zhang Y, 2013. Urban metabolism: A review of research methodologies. Environmental Pollution, 178(7): 463-473.

Zhang Y, Yang Z F, Li W, 2006a. Analyses of urban ecosystem based on information entropy. Ecological Modelling, 197(1): 1-12.

Zhang Y, Yang Z F, Yu X Y, 2006b. Measurement and evaluation of interactions in complex urban ecosystem. Ecological Modelling, 196(1): 77-89.

方　法　篇

　　本篇基于城市代谢的技术框架，试图从核算评价、模型模拟和优化调控三个方面介绍城市代谢研究的方法体系。物质流（元素流）核算、能量流（能值）核算等方法可为城市代谢研究提供城市系统能源效率、物质循环、废弃物管理和基础设施等方面的有效信息，并在此基础上，构建综合指标体系，全面评估城市生命体的演化过程、互动关系和代谢能力。基于物质、能量核算方法，构建代谢网络模型，并借助投入产出技术细化网络节点，提出一套模拟城市生命体内在结构、功能特征的技术方法。从内部特征模拟延伸到外部驱动因子识别，构建影响因素分解模型，识别驱动城市代谢过程的关键影响因素，分析其相关性特征及空间分布差异，并模拟代谢主体的动态演变过程，以提出优化情景与调控方案。

第4章 城市代谢的核算评价

4.1 核 算 方 法

4.1.1 物质流分析

早期的城市代谢研究多采用物质流核算方法，以追踪物质与能量输入、存储、转化和输出等流动过程，至今已运用于多个城市设计与管理中（Hendriks et al., 2000）。城市发展消耗和累积了大量资源和能源，形成了城市发展的流量、存量，流量、存量是物质流分析的两个重要变量，以多种物质和单一元素作为核算对象。流量是物质与能量流动规模及变化的统计变量，表征城市代谢吞吐量、代谢规模；存量是物质处于某种状态的统计变量，一般反映城市代谢的重量，城市发展过程中部分消耗的物质被蓄积就形成存量。流量与存量存在着紧密的关系，存量的大小决定了流量的变化，如建筑环境规模（存量）决定了物质与能源消耗量（流量）的多少；流量也决定了存量累积的多少，如钢铁、水泥消耗规模（流量）直接决定了建筑物工程数量（存量）。流量与存量均可表征城市重量，城市重量是指城市物质代谢的吞吐量，反映了维持城市正常运转所需要的资源和废弃物的输入和输出量。重量可形象地反映城市的不同发展特征，如成熟城市其存量重量相对稳定，多以流量重量表征其资源环境效应；年轻城市存量增长快，代谢速率高，两种计量方式的重量（存量累积、流量消费）均可反映其生长发育的特点；老年城市代谢速率低，存量重量的减少是其关注的重点。当前，流量与存量核算体系多以社会经济子系统为主体，而将城市腹地和外部区域统一处理为环境。量化城市重量可以跟踪和细化城市资源消耗的具体模式，确定城市资源利用效率提高的干预领域（Swilling et al., 2018）。单一元素研究虽可以细化和识别特定要素对于城市发展的影响，从而采取相应手段增加要素利用效率和减少其环境影响，但多要素（物质）研究可以关注城市发展过程中所有物质叠加后的综合影响，可以帮助决策者更好地发现城市面临的综合性问题，并制定相关政策推动城市可持续发展。

1. 流量核算

参考欧盟的国家物质流核算框架，结合中国城市数据统计的实际情况，搭建代谢视角下的城市物质流核算框架，以定量描述城市物质交换过程，揭示其背后隐藏的资源环境问题。物质流核算框架采用"自上而下"和"自下而上"相结合的方式，首先将城市拆解成部门，追踪物质输入、存储、转化和输出等流动过程，针对无法直接从统计资料中获取的数据，提出系列估算和折算的测度方法；然后，整合形成反映不同侧面的规模指标，量度城市代谢吞吐量的大小。城市物质流分析框架和测度方法，可为中国乃至世界不同发展阶段的城市物质流核算提供模板，使核算工作更加统一、便捷，核算结果具有一致性与可比性，为不同城市的科学对比分析提供了保障。

（1）核算项目。

流量核算项目包括生物资源、金属矿物、非金属矿物、工业产品、化石燃料和各种污染物，具体物质类别见表 4-1。具体过程包括物质输入（即本地开采、外部调入和进口）、物质输出（产品调出和出口、污染物排放），其中调入和调出为城市与本国其他城市的物质交换。

表 4-1　城市物质流核算项目

类别	核算项目	具体内容
物质输入	生物资源	农林牧渔等生物资源产量
	金属矿物	铁矿石和有色金属矿物
	非金属矿物	工业矿物和建筑材料等
	化石燃料	原煤、汽油、煤油、柴油、燃料油、天然气和液化石油气等一次、二次能源
	调入、进口	原材料、成品、半成品以及其他产品
物质输出	大气污染物	CO_2、SO_2、氮氧化物、烟尘和工业粉尘等
	水体污染物	化学需氧量、氨氮排放量、石油类、挥发酚等
	固体废弃物	工业固体废弃物、建筑废渣、城市生活垃圾、生活粪便等
	耗散性物质	化肥、农药和农用塑料薄膜等
	调出、出口	原材料、成品、半成品以及其他产品
平衡项	输入	氧气、CO_2（光合作用）
	输出	水蒸气、氧气（光合作用）、CO_2（呼吸作用）
隐藏流	本地隐藏流	能源和矿物开采、工程建设开挖、生物质采收等过程的未利用物质
	调入/进口隐藏流	能源和矿物开采、工程建设开挖、生物质采收等过程的未利用物质

植物光合作用、动植物和人类呼吸所消耗和产生氧气、CO_2 和水蒸气，以及燃料燃烧消耗的氧气和产生的水蒸气作为平衡项物质被纳入分析框架。虽然这类物质的质量较大，但在实际操作过程中，由于其影响因素相对单一，因此很少将这些含氧气体加和到物质输入、输出核算中。另外，物质流分析框架中不包含水要素，这是由于城市水的消耗量远大于其他物质消耗量总和，若将其纳入框架中，会掩盖其他物质的输入、输出和消耗情况。统计年鉴、公报中在水资源供应、消耗和水污染排放等方面均有比较明确的统计数据，单独分析水要素的流转过程比较简便易行。

此外，在开采、采收或开挖初级原材料时，动用了大量的自然界物质，其中部分未被使用的物质被称为隐藏流。隐藏流虽不直接参与城市物质和能量流转，但其对生态环境有着不可忽视的影响,因此在分析框架中充分考虑了几类隐藏流。开采隐藏流大多通过物质开采量与隐藏流系数相乘得到;农业采收隐藏流可先通过农作物秸秆产生系数和利用率计算得到隐藏流系数,再乘以农作物采收量获得(李刚,2014);建筑部门开挖隐藏流(剩余土石方)大多基于城市房屋竣工面积折算,而非依据实际物质利用量计算得到(鲍智弥,2010)。隐藏流分为城市内、外隐藏流:城市内隐藏流可伴随城市物质流转过程分配到部门,或随调出、出口物质计量到城市的外部区域;而城市外隐藏流则随调入、进口物质计量到目标城市,此部分隐藏流虽发生在外部区域,但计入目标城市中,用以表征该城市物质消费所动用的区外环境物质(Li et al., 2019)。

(2)核算主体。

城市内部物质流转过程决定了进出城市的物质总量和结构。依据城市分部门的统计数据,打破城市黑箱,将城市系统划分为不同的代谢主体,包括农业、采掘业、能源转换业、加工制造业、建筑业、交通运输业、循环加工业和居民生活,反映城市产业物质利用特征的差异(图 4-1)。

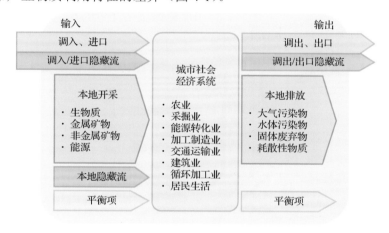

图 4-1　城市代谢流量的核算框架

隐藏流伴随矿物、燃料、生物资源和工业产品的流动进行分配;平衡项物质不存在部门间的传递,仅在部门与内部环境之间进出,且这些含氧气体主要来源于生物体及化石燃料,因此除循环加工业、能源转换业以外的部门均有输入及输出;平衡项及隐藏流并未在图中详细展开

农业从环境收割和采摘农作物,并输入牲畜饲养所需的饲草,同时接收来自加工制造业、能源转化业和采掘业的化肥、饲料、农药、塑料薄膜、化石燃料等非生物物质,其中饲草量和饲料用量大多通过牲畜反推。农业输出农作物、畜产品等生物产品,以及各种排放,如燃料消耗和秸秆焚烧产生的 CO_2、农业污水中的化学需氧量(COD)和氨氮、耗散到环境中的农药化肥等。秸秆作为农业生产的隐藏流,多以农作物量反推计算。

采掘业的输入包括本地开采的金属和非金属矿物、矿物燃料，以及生产中所需的能源，输入物质经此部门加工处理后输出矿物产品，尾矿形成隐藏流。能源转换业的输入和输出物质均为各类化石燃料，主要接收来自采掘业和外部调入/进口的矿物燃料，输出各种类型的二次能源。加工制造业输入本地和外部调入/进口的金属与非金属矿物、生物资源、工业产品等原材料和半成品，以及生产中所需的能源。加工制造业的材料输入量无法从统计资源中直接获取，需要根据各种工业产品的产量及其物质消耗强度估算得到。

交通运输业输入从事客运、货运的车辆、轮船、飞机等运输工具，以及这些工具所消耗的化石燃料，输出燃料燃烧所产生的大气污染物。建筑业输入非金属矿石、木材和工业产品等建筑材料，以及生产过程所需的化石燃料，输出大气污染物（可吸入颗粒物 PM_{10}、总悬浮微粒 TSP）和建筑固体废弃物。建筑材料的输入量一般根据城市建筑行业施工面积折算得到，建筑固体废弃物的产生量则根据竣工面积折算获得。循环加工业的输入来自加工制造业和居民生活部门的污染物，输出再生资源和各类污染物。居民生活消费食品、服装、耐用品和工业产品，以及液化石油气、天然气等化石燃料，输出燃料燃烧所产生的 CO_2、废水中的 COD 和氨氮，以及生活垃圾和粪便（图 4-2）。

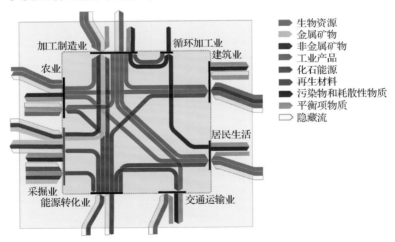

图 4-2　城市物质代谢过程

流量核算的数据来源多为城市或区域统计年鉴（部分城市可能为经济年鉴或经济统计年鉴），以及行业统计年鉴（如能源统计年鉴、交通运输统计年鉴等）和环境统计年鉴等。在统计资料中，城市物质调入调出、进口出口大多以价值量表征，缺失相关的物质利用数据，可以基于一定的假设条件，采用物料平衡的原理，通过计算不同物质生产、消耗、存储和输出之间的差值获得相关数据（存量变化=

本地生产+调入+进口-消耗-调出-出口)。假设城市社会经济流转的库存量为 0,在这一前提下, 本地生产或开采的物质优先考虑本地供应, 当本地供应不足或不能供应某种物质时则考虑调入或进口。当本地生产或开采不足以满足本地消费时, 按照需求的紧迫性, 供应的代谢主体排序为: 居民生活、农业、采掘业、加工制造业、建筑业、交通运输业和循环加工业。当本地生产或开采某种物质量大于本地需求时, 则考虑多余物质的调出或出口情况。

（3）核算指标。

在物质核算的基础上, 整合核算项目得到各类表征城市代谢吞吐量的指标, 包括直接物质投入（direct material input, DMI）、物质总投入（total material input, TMI）、物质总需求（total material requirement, TMR）3 个输入指标, 本地过程排出（domestic processed output, DPO）、直接物质输出（direct material output, DMO）、物质总输出（total material output, TMO）3 个输出指标, 以及直接物质消耗（direct material consumption, DMC）指标。输入端 3 个指标中: DMI 包括城市开采和城市调入/进口的所有物质, 是衡量城市社会经济子系统在发展过程中获取物质资源总量的重要指标; TMI 是直接物质投入与城市本地隐藏流的加和, 反映城市发展需要的所有物质投入; TMR 是指城市发展所需的所有物质量的总和, 由直接物质投入、城市本地隐藏流和城市调入、进口隐藏流三部分构成。而输出端 3 个指标中: DPO 是指城市排放到自然环境的全部污染物; DMO 为过程排出与城市外部输出物质的加和; TMO 则衡量城市社会经济子系统输出的所有物质总量, 包括排放的污染物、出口、调出的物质及其隐藏流三个部分。此外, 由于进入城市的物质并非全部被城市社会经济子系统消耗利用, 部分物质在城市中转后输出城市, 因此物质输入和输出指标并不能准确反映城市物质利用的情况, DMC 作为衡量城市物质消耗情况的重要指标,在城市物质流分析中越来越受到重视。各指标具体含义和计算方法见表 4-2。

表 4-2　输入端与输出端的物质总量指标

类别	指标	含义	计算方法
输入	DMI	直接获取的物质量	DMI=本地开采+调入+进口
	TMI	直接和间接投入量	TMI=DMI+城市本地隐藏流
消耗	TMR	城市所需物质量	TMR=TMI+城市进口/调入隐藏流
	DMC	城市运转所消耗的物质量	DMC=DMI-调出-出口
	DPO	污染物排放量	DPO=污染物
输出	DMO	直接物质输出量	DMO=污染物+调出+出口
	TMO	直接和间接物质输出量	TMO= DMO+调出/出口隐藏流

2. 存量核算

由于城市存量具有支撑人类社会经济活动的功能（Chen and Graedel, 2015;

Pauliuk and Müller, 2014），其核算及变化规律的研究对城市生命体健康发展十分必要（Fishman et al., 2016）。采用物质流分析方法可将存量分解为 3 大类（建筑物、基础设施和人工产品）、11 子类和 54 个细类（图 4-3）。

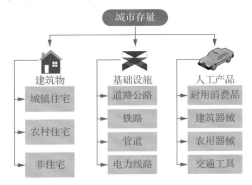

图 4-3　城市代谢存量的核算框架

建筑物分为城镇住宅、农村住宅和非住宅 3 个子类，基础设施分为道路公路、铁路、管道和电力线路 4 个子类，人工产品分为耐用消费品、建筑器械、农用器械和交通工具 4 个子类，这 11 个子类又可以分为 54 个细类（表 4-3）。由于数据的限制，建筑物的 3 个子类无法细分，但基础设施可以进一步细分为 3 类道路公路、2 类铁路、2 类管道和 8 类电力线路，人工产品可细分为 9 类耐用消费品、11 类建筑器械、11 类农用器械及 5 类交通工具。将所有类别的重量逐级加和即可获得城市存量。

表 4-3　城市存量的类别

大类	子类	细类	大类	子类	细类
建筑物	城镇住宅	—	基础设施	电力线路	35kV 架空线路
	农村住宅	—			220kV 电缆
	非住宅	—			110kV 电缆
基础设施	道路公路	高速公路			35kV 电缆
		普通公路			10kV 电缆
		城市道路	人工产品	耐用消费品	淋雨热水器
	铁路	普通铁路			洗衣机
		地铁			彩色电视机
	管道	排水管道			电冰箱
		供水管道			照相机
	电力线路	500kV 架空线路			空调
		220kV 架空线路			计算机
		110kV 架空线路			移动电话

续表

大类	子类	细类	大类	子类	细类
人工产品	耐用消费品	家用小轿车	人工产品	农用器械	机引农具
	建筑器械	单斗挖掘机			机动喷雾器
		推土机			机动插秧机
		铲运机（成套的）			联合收割机
		履带式起重机			机动脱粒机
		轮胎式起重机			扬场机
		汽车式起重机			米面加工机
		塔式起重机			机动挤奶器
		装载机			饲料粉碎机
		混凝土搅拌机		交通工具	载货汽车
		空气压缩机			载客汽车
		打桩机			私人汽车
	农用器械	大中型拖拉机			地铁车辆
		小型拖拉机			公共电车

　　建筑环境存量是建筑物和基础设施（除电力线路）的面积、里程等规模数据 I 与物质强度系数 MI 的乘积，如式（4-1）所示。电力线路存量为横截面积、密度和长度的乘积。人工产品则是各类产品的数量 Q 与该产品单位重量 MQ 的乘积，如式（4-2）所示。

$$\text{MS}_i = I_i \times \text{MI}_i \tag{4-1}$$
$$\text{MS}_i = Q_i \times \text{MQ}_i \tag{4-2}$$

式中，MS 为存量；I 为建筑规模数据；MI 为物质强度系数；Q 为产品数量；MQ 为产品的单位重量；i 为存量类别。

　　存量核算所需的原始数据主要来自统计年鉴，如城市统计年鉴、社会经济统计年鉴、中国建筑业统计年鉴、中国交通年鉴、中国统计年鉴、中国城市建设统计年鉴等。物质强度系数（将原始数据转化成物质重量）大多来源于以往对城市、中国和欧洲的存量研究成果。

4.1.2　元素流分析

　　碳、氮是参与生物地球化学循环的关键要素，对其代谢过程的核算多采用元素流分析方法。由于碳、氮参与自然代谢、社会经济代谢等多个过程，一般在核算中，将自然子系统与社会经济子系统放在同等重要的位置。

1. 碳核算

　　城市碳核算涉及垂向的碳排放、碳吸收，以及横向的代谢主体间的碳传递。垂向的碳排放核算包括能源消耗、工业过程、废弃物处理等人为活动，以及生物体（人/牲畜）呼吸消化和土壤呼吸等过程，而垂向的碳吸收核算则主要包括植被吸收、大气干湿沉降等过程。伴随着原材料开采、加工、消费使用等过程，碳在主体间水平传递。因此，碳核算项目包括生物资源、工业产品、食物、非金属矿物、化石能源、再生资源、污染物和耗散性物质、生物固碳和大气沉降等 8 个方面，主要关注消耗性的含碳物质，并考虑形成城市存量的碳消耗（耐用消费品等）（表 4-4）。

表 4-4   城市碳核算项目

核算项目	具体内容
生物资源	秸秆、木材、薪材、生物质类工业原料、水体碳
工业产品	塑料、化肥、饲料、纸制品、农用薄膜、油脂类、家具
食物	粮食、干鲜瓜果、蔬菜、肉蛋奶、水产品、工业加工食品
非金属矿物	石灰岩、灰岩等
化石能源	原煤、原油、天然气及二次能源
再生资源	废塑料、废纸、畜禽粪便、沼渣、污泥、粪便
污染物和耗散性物质	化石能源燃烧、生物质燃烧、动物反刍、动物呼吸、土壤呼吸、化肥分解、水稻田甲烷排放、残余饲料、水土流失碳、固废、废水、污泥、粪便处理
生物固碳和大气沉降	草地固碳、林地固碳、耕地固碳、大气干湿沉降

依据城市垂向、横向碳代谢过程，划分 18 个代谢主体。其中 4 个自然代谢主体为大气、林地、草地和水域。参考城市统计年鉴等相关资料，划分社会经济代谢主体，包括农业、畜牧业、渔业、制造业、采掘业、电力、热力的生产和供应业、能源转换业、建筑业、交通运输业、批发零售餐饮业、其他三产、废弃物处理 12 个产业部门，以及农村生活和城镇生活两个消费部门（图 4-4）。其中，农业（耕地）、林地（林业）两个主体具有自然和社会经济双重属性，但农业主体的界定更多考虑其生产活动，而林地主体的界定则更多考虑其自然过程，因此将它们分别归为社会经济代谢主体和自然代谢主体。参与碳代谢过程的主体有着相对明显的上下游分布，形成 4 条主要代谢链条：一是农业、林地、草地和水域形成的链条，将大气中的 CO_2 转换为有机物质，部分通过食物链传递到人类和牲畜，部分传递到制造业再加工，最后再被人类和牲畜消费；二是化石能源和无机矿物质通过采掘业引入代谢过程，部分进入能源转换业深度加工，部分进入终端消费部门；三是外部区域为代谢过程提供产品、半成品与原料，部分流入制造业或能源转换业，部分直接进入终端消费部门，服务于多个社会经济代谢主体；四是主体的代谢废弃物进入自然代谢主体或静脉产业，如 CO_2 排放到大气，固废和废水则进入废弃物处理处置部门，经过处置或有些未经处置的废弃物最终排放到环境。

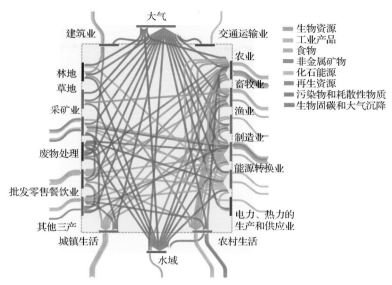

图 4-4　城市碳代谢过程

　　数据主要来源于城市统计年鉴、中国农村统计年鉴，以及中国能源统计年鉴、中国环境统计年鉴、中国塑料工业年鉴等各类行业统计资料。收集的数据大多为城市输入、输出数据，无法跟代谢过程相匹配，因此，需要依据物质归属关系及实际调研情况，确定分配原则，尽可能还原或接近物质真实流动路径。食物的分配多基于假设，采用质量平衡原理推算，假设本地的生产量优先满足本地消费，再用于出口和调出，当本地的生产量不足以满足消费量时，用输入量补足。具体核算项目见表 4-4。

　　碳核算主要采用经验系数法，核算系数参考《2006 IPCC 国家温室气体清单指南》，核算结果统一用碳的质量来表示。计算公式如下：

$$CT_i = Mt \times TF \tag{4-3}$$

$$CE_j = Me \times EF \tag{4-4}$$

$$CS_k = A_k \times SF \tag{4-5}$$

式中，CT 为横向碳传递量；CE 为垂向碳排放量；CS 为碳吸收量；i 为物质类别；Mt 为横向物质和能量传递量；TF 为含碳系数；j 为能源类别；Me 为能源消耗量；EF 为能源碳排放系数；k 为碳吸收的自然主体；A 为自然主体面积；SF 为单位面积自然用地的碳吸收量。

　　2. 氮核算

　　城市氮核算涉及生物固氮、工业固氮、大气沉降、氮释放等过程。城市生物固氮是指生物体储存的有机氮量，包括农作物、畜禽肉类产品的生产；工业固氮包括饲料、化肥和化工产品的生产；而大气沉降是指随雨水冲刷或降尘沉降到水体和陆地的氮；城市氮释放包括大气的氮氧化物排放、污水中含氮污染物排放、氮肥施用后径流流失或挥发、水淹地/湿地及污水处理厂反硝化作用等（Duh et al.,2008）。城市所有含氮物质的消耗不仅依赖于本地生产，还需要大量调入或进口，均统一折算成氮的质量。由于数据的限制，化学产品消费量、畜禽和水产品养殖饲料的外部调入/进口量根据人口、畜禽数量等数据估算。

基于城市氮代谢流转过程，识别出参与氮代谢过程的 15 个主体，分别是居民生活、工业、畜牧业、种植业、渔业、林业、服务业、建筑业、交通运输业、污水处理厂、地表水、大气、林地、草地及耕地，涵盖城市自然子系统和社会经济子系统。居民生活是指农村和城镇常住人口消耗食物、化学产品并产生废弃物的消费活动；工业包括采掘业、加工制造业，以矿物、农产品等为原料组织生产；畜牧业是通过饲养猪、牛、羊、家禽等动物，获取肉蛋奶等动物性食品的部门；种植业是生产粮食作物、经济作物、蔬菜作物、饲料作物、牧草等农产品及产生农作物秸秆稻草的部门；渔业是水产品养殖生产的部门，不包括养殖水域；林业是培育和保护森林资源以取得木材和其他林产品，以及利用林木自然特性发挥防护作用的生产部门；服务业包括批发、零售业和住宿、餐饮；建筑业是专门从事土木工程、房屋建设和设备安装以及工程勘察设计工作的生产部门；交通运输业是承担交通运输功能的部门；污水处理厂是集中处理工业废水、生活污水，以分离水中固体污染物并降低水中有机污染物和富营养物质（主要为氮、磷化合物）的部门；地表水是陆地表面动态水和静态水的总称，也称"陆地水"；大气是指近地面空气薄层，其厚度为 10～100m；林地是指成片天然林、次生林和人工林覆盖的土地；草地是以生长草本和灌木植物为主，并适宜发展畜牧业的土地；耕地是专门种植农作物的土地。前 10 个主体是人为活性氮产生的主要部门，参与社会经济代谢过程，后 5 个主体为自然组分，大多接收来自社会经济主体产生的代谢废弃物（含氮废弃物），少数参与自然代谢过程。相对于生产部门，消费部门是氮的汇入点（图 4-5）。

将农业细化为种植业、畜牧业及渔业 3 个主体的目的是体现活性氮循环利用情况以及不同类型食物（含氮系数不同）的消费差异。城市除了食物氮的大量消费，多样的能源消费类型和途径也显著影响着城市氮代谢过程，因此，将各类能源消耗部门作为代谢主体，将污水处理厂作为主体是突出其氨氮去除过程对环境的影响。将城市自然子系统细化为针对 5 个生态系统类型的自然主体，是为了体现活性氮的来源、流转、累积和去向，如将陆地生态系统细化为草地、林地和耕地，是为了突出它们不同的生物固氮能力。核算项目包括化学产品、食物、化肥、饲料、化石能源、再生资源、污染物和耗散性物质、生物固氮和大气沉降等 8 个方面（表 4-5）。

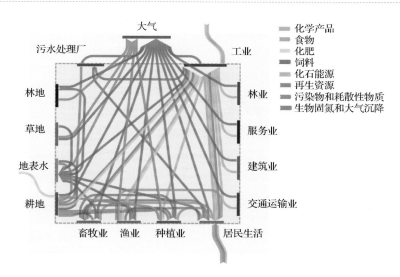

图 4-5　城市氮代谢过程

表 4-5　代谢主体输入输出核算项目

核算项目	具体内容
化学产品	塑料、合成橡胶、合成洗涤剂、合成氨、化学药品
食物	粮食、干鲜瓜果、蔬菜、肉蛋奶、水产品、工业加工食品
化肥	复合肥、氮肥
饲料	氨化饲料、饵料、养殖饲料、鱼蛋白
化石能源	原煤、原油、天然气及二次能源
再生资源	厨余垃圾、粪便、农作物秸秆、固废堆肥、污泥回用
污染物和耗散性物质	化石燃料燃烧、生活废水、工业废水、畜禽粪便流失、饲料残余、径流流失、反硝化、挥发、土壤淋溶
生物固氮和大气沉降	种子、农作物固氮、林地固氮、草地固氮、水体氮、干湿沉降

4.1.3　能值分析

Odum 能值理论认为一切物质和能量的流动均来自太阳能。能值（emergy）是指形成一种产品、资源或者服务所需的直接和间接的能量；而能值转换率（transformity）是指产生一单位能量所需要的另一种类型能量的量，即单位某种能量所含能值的量，用来表征能量品质。能值转换率越大，就需要越多的太阳能来生产产品（Odum, 1971）。

能值分析方法利用太阳能值转换率把一切物质和能量都转化为太阳能值，克服了不同物流、能流、信息流、货币流无法统一度量的难题，实现了生态与经济价值的统一评价。能值核算方法是联系经济系统与生态系统的桥梁（Hall et al., 1986），能够为城市代谢研究提供统一量度（Odum, 1988）。物质量或能量乘以它们对应的太阳能值转换率就可以计算得到太阳能值（Odum, 1996），公式如下：

$$M = \tau E \tag{4-6}$$

式中，M 为能值，单位为 seJ；τ 为能值转换率；E 为物质、能量、信息或货币的数量。

图 4-6 描述了参与城市代谢过程的主体和能值路径。城市代谢过程需要投入可更新自然资源、不可更新自然资源以及外部输入的资源与服务。能值核算指标包括可更新资源能值（renewable emergy flow）R、不可更新资源能值（non-renewable resources）N、输入能值（imported emergy）IMP、输出能值（exported emergy）EXP 和能值总量（total emergy used）U 共 5 类。其中，可更新资源投入能值包括太阳辐射、潮汐能、风能、雨水化学能和势能、地球转动能、河流势能等，由于这些能量均是源自同一过程的复合产物，归并中仅取其中最大项，以避免重复计算。不可更新资源能值为城市化石燃料、建筑矿物、金属与非金属矿物能值，以及表土损失等环境影响（视为一种资源投入）的能值之和。

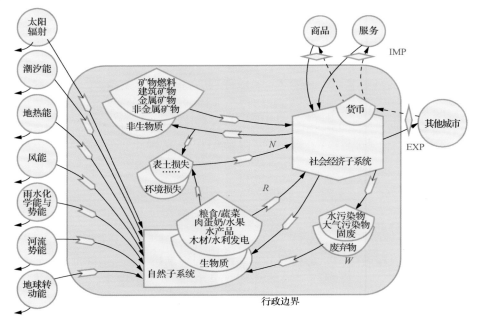

图 4-6   城市代谢能值流图

城市输入能值表示外部区域投入社会经济子系统的商品和服务的数量（即购买资源/服务能值）；城市也向外部区域输送商品和服务，这部分能值称为输出能值。城市代谢废弃物能值是废水、废气和固废能值之和。城市能值总量是城市生命体拥有的总"财富"，在数值上等于可更新和不可更新资源能值与购买资源/服务能值之和。可再生能值产品（包含直接和间接的免费环境资源生产）包括本地农业、林业和渔业产品，是可更新资源能值投入的产出，用来满足城市生产需求和家庭消费，从资源消耗的角度并未纳入到能值总量中（表 4-6）。

表 4-6　城市代谢能值核算指标

核算项目	具体内容	代表意义
可更新资源能值	太阳辐射、潮汐能、地热能、风能、雨水化学能和势能、河流势能、地球转动能	城市自有的能值财富
不可更新资源能值	化石燃料、建筑矿物、金属矿物、非金属矿物	城市自有的能值财富
输入能值	商品、服务	外界输入的能值
输出能值	商品、服务	系统向外界输出的能值
废弃物能值	废水、废气和固废	系统向环境排放的废弃能值
能值总量	$R+N+IMP$	系统拥有的总能值财富

4.2　评价方法

4.2.1　演化测度

随着城市化进程加快，如何保证城市生命体健康、活力、有序成为重要的研究课题。基于生态热力学和城市复合生态系统理论，构建城市代谢演化测度的指标体系，从支持型输入熵、压力型输出熵、氧化型代谢熵、还原型代谢熵等角度建立城市协调发展量化模型，不仅能够用于评价城市生命体的健康（熵流）、活力（熵产生）、有序（总熵）状况，而且可以从熵变角度辨识城市发展的状态和协调能力，为中国无废城市建设提供科学依据。

1. 测度指标体系

城市作为自然-社会-经济复合生态系统，无法用少数指标描述系统的状态和变化，而建立一套具有指示作用、导向功能的指标体系，是测度城市代谢演化的关键和基础。从生态热力学理论出发，确定城市生态系统中的熵流和熵产生，建立指标体系的二级层次，再结合城市复合生态系统的互动关系（压力与支持力、氧化分解与还原再生），确定三级准则指标。城市产生的废弃物不能作为压力型输出指标，因为在倡导循环经济的今天，我们应把废弃物看作放错地方的资源，加以综合利用。因此，城市范畴内环境污染（废弃物）可作为影响城市社会经济子系统良性发展的内部因素，与还原型代谢指标相互作用，决定城市生命体的熵产生，以便于为决策者与公众提供决策信息。

遵循指标选取的代表性、层次性和可操作性原则，基于城市生命体互动机理，考虑数据的可得性，构建测度城市代谢演化的指标体系，包括熵流指标和熵产生指标 2 个二级层次，支持型输入指标、压力型输出指标、氧化型代谢指标、还原型代谢指标 4 个三级层次，以及涵盖 40 项指标的四级层次，具体见表 4-7。

表 4-7　城市代谢演化测度指标体系

类型	具体指标	类型	具体指标
支持型输入指标	粮食总产量	氧化型代谢指标	废水排放总量
	蔬菜总产量		工业废水排放量
	水果总产量		工业废气排放量
	水产品总产量		工业氧化硫排放量
	造林面积		工业烟尘排放量
	肉类总产量		工业粉尘排放量
	铝材		工业固体废物产生量
	成品钢材		总悬浮物微粒年/日平均值
	铜加工材		二氧化硫年/日平均值
	娱乐教育文化服务		氮氧化物年/日平均值
压力型输出指标	人口自然增长率	还原型代谢指标	工业废水排放达标率
	人口密度		汽车尾气达标率
	行业用电量		工业固体废物综合利用率
	城乡居民生活用电量		危险废物处置率
	城市人均消费性支出		城市环境保护投资指数
	农村人均生活消费支出		垃圾粪便无害化处理率
	化肥施用量		建成区绿地率
	农药施用量		建成区绿化覆盖率
	工业企业能源消费		迹地更新*
	水利工程年供水量		封山育林

* 迹地更新是指在已采伐（或火烧后）的林地上，通过人工造林或其他方式培养新的森林资源

本研究构建的测度指标体系只是一个未尽的清单，在实践应用中可根据实际情况，对有关指标加以分析、补充和取舍。从表 4-7 中可以看出，该指标体系具体描述了社会、经济、环境和资源方面的主要问题，借鉴压力-状态-响应模式，将城市协调发展与循环代谢问题相衔接。但对决策者、公众而言，过于繁杂的基层指标，不利于把脉城市可持续发展进程，不利于决策管理，因此，指标的综合成为解决问题的关键。城市生命体在外部扰动和内部涨落双重影响下发生的演替和变化，完全符合耗散结构理论的预定假设。因此，可采用信息熵方法建立综合指标，量度与描述城市生命体的演变特征，以诊断问题并提出对策。

2. 信息熵指数

1948 年 Shannon 在信息论中引入熵的概念，将其定义为信息熵，用来描述系统混乱度和无序度，定量判断城市代谢演化方向。设 X 为表征系统状态特征的随机变量，$X = \{x_1, x_1, \cdots, x_n\}$ $(n \geqslant 2)$，每种状态对应的概率 $P = \{p_1, p_1, \cdots, p_n\}$ $(0 \leqslant P_i \leqslant 1;\ i = 1, 2, \cdots, n)$，且有 $\sum\limits_1^n P_i = 1$，则该系统的信息熵为

$$S = -\sum P_i \ln(P_i) \tag{4-7}$$

式中，S 为信息熵；P 为概率。

信息熵的引入可量化与综合系统多维信息。基于信息熵公式，可计算城市生命体的年份信息熵和指标信息熵。年份信息熵由计算城市支持型输入熵、压力型输出熵、氧化型代谢熵和还原型代谢熵构成，可计算得到熵流和熵产生，分析城市代谢系统有序程度及复杂性状况。熵流为输入型支持熵（−）与输出型压力熵（+）的矢量和，熵产生为氧化型代谢熵（+）与还原型代谢熵（−）的矢量和。总熵为系统熵流与熵产生的矢量和。由熵值判别标准（熵值小的年份优于熵值大的年份），依据熵变可以判断城市演化的发展方向。

如果对 n 个评价指标 m 个年份进行评价，q_{ij} 为原始指标的归一化值，dS_e^1、dS_e^2、dS_i^2 和 dS_i^2 的公式可表示为

$$dS = -\frac{1}{\ln m} \sum_{i=1}^{n} \frac{q_{ij}}{q_j} \ln \frac{q_{ij}}{q_j} \tag{4-8}$$

式中，$q_j = \sum\limits_{i=1}^{n} q_{ij}$ $(i = 1, 2, \cdots, n; j = 1, 2, \cdots, m)$。

采用指标信息熵，确定各个指标权重 Q_i，再结合归一化值，得到综合得分值 $G = \sum Q_i q_{ij}$。根据 G 的大小对评价年份进行排序，分析其相对优异性。显然，G 越大表明该年份城市生命体的状态越好（Miyano, 2001; Yelshin, 1996; Renyi, 1961）。指标权重公式为

$$Q_i = \frac{1 - E_i}{n - e_e} \tag{4-9}$$

式中，$\sum\limits_{i=1}^{n} Q_i = 1$ $(0 \leqslant Q_i \leqslant 1)$；$E_i = -\frac{1}{\ln m} \sum\limits_{j=1}^{m} \frac{q_{ij}}{q_i} \ln \frac{q_{ij}}{q_i}$，$q_i = \sum\limits_{j=1}^{m} q_{ij}$ $(i = 1, 2, \cdots, n;$ $j = 1, 2, \cdots, m)$；$e_e = -\sum\limits_{i=1}^{n} \sum\limits_{j=1}^{m} \frac{q_{ij}}{q_i} \ln \frac{q_{ij}}{q_i}$。

3. 协调发展模型

支持型和压力型输入输出熵流的得分反映了城市社会经济发展水平，以及其与自然子系统的协调程度，综合得到的熵流可表征系统的协调能力；氧化型和还原型熵产生的得分反映城市的代谢能力，综合得到的熵产生可表征系统的活力；总熵表征系统的有序程度和健康水平，而熵变则表征系统的发展方向。只有发展度、协调度同时增加，才能实现城市的可持续发展，体现发展中的协调（Zhang et al., 2006a）。

熵变虽能反映系统演化方向，但不能直观表明可持续发展水平，因此应将熵变转化为直观的指数。基于信息熵得分，建立协调发展模型，反映社会经济子系统与自然子系统的互动关系。该模型反映了城市发展度和协调度的可能走向和可能走势。借鉴生产可能曲线，确定模型中的发展曲线 A、B、C，曲线是发展函数在直角坐标系上的投影，表示在资源投入数量和技术水平既定条件下，城市所能达到的最大发展度。采用曲线划分方式体现了对社会经济活动压力和自然子系统支持力的不同考虑。在知识经济和循环经济时代，资源利用率、资源替代度有所提升，自然资源支持力略有增加，就会带来经济快速增长。在协调度分析方面，发展初期和发展完善期，对经济和环境权重的考虑也有所不同，体现发展中的协调。这一原则同样适合于社会经济子系统环境污染产生和生态环境净化之间的互动关系。协调发展模型用以度量城市生命体的发展度和协调度，实质上，就是量化城市支持型输入熵流和压力型输出熵流的变化，以寻求 dS_e^1 和 dS_e^2 间的均衡发展，而氧化型代谢熵和还原型代谢熵的改善也是导致支持与压力熵流良性变化的较大诱因。

曲线 $y=1/2-x^3$、$y=3/4-x^3$ 和 $y=1-x^3$ 将正方形面积从左下到右上分成了 4 等份，作为发展度的度量标准；曲线 $y=x$、$y=x^3$ 和 $y=x^{1/3}$ 将正方形面积从左上到右下分成了 4 等份，依次将协调度分成：强社会经济压力、中度社会经济压力、中度生态支持、强生态支持。依据建立的度量标准，将城市支持和压力（熵流）得分、氧化和还原（熵产生）得分转换到 0-1 的直角坐标系中，如将支持得分 x、氧化得分 x^* 和压力得分 y、还原得分 y^* 代入 $y=a-x^3$ 可求得发展度 a 和 a^*，代入 $y=x^c$ 可求得协调侧重度 c 和 c^*，之后将协调侧重度 c 和 c^* 代入 $b=1/c$（$c>1$）或 $b=c$（$c\leqslant1$）求得协调度 b 和 b^*（图 4-7）。

城市发展度、协调度和协调侧重度是反映代谢系统发展和协调水平的指数。发展度可度量系统发展水平的高低，表明系统的增长情况；协调度可度量系统物质循环和谐有序状况，表明系统内在要素的有机统一；而协调侧重度体现了城市发展过程中，对社会经济发展和生态环境保护的侧重程度。

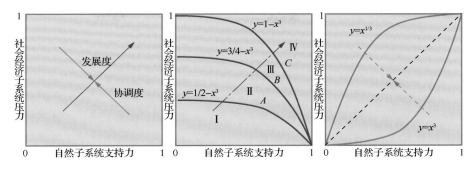

图 4-7　协调发展的度量标准

4.2.2　互动测度

基于城市代谢功能，构建互动测度的指标体系及模型，度量城市不同变量的相关性和协调性，分析模拟城市的循环再生能力，识别城市生命体健康和活力增强的实施途径，为生态管理决策及研发生态过程修复技术提供依据（Zhang et al., 2006b）。

1. 测度指标体系

城市可持续发展追求的是经济发达、社会繁荣、生态保护三者的高度和谐，技术与自然的充分融合。不同城市演化阶段，人类活动与自然环境间的互动作用是不同的（Rosser, 1995; Costanza et al., 1993; Holling, 1987）。Odum（1983）指出不成熟城市是生物圈的寄生者，此时人类活动处于不可持续状态，如经济快速增长、资源低效利用，这会严重破坏自然生命支持系统；同时他也指出城市共生功能对寄生功能的取代，是城市逐渐走向成熟的标志，这对有限的生态承载力来说至关重要。城市共生功能的提升可以增强其恢复能力，而共生功能、生态支持功能减弱会对城市生态恢复有较大影响（Arrow et al., 1995）。城市组分间存在着竞争、共生、自生等互动作用（Hao and Qin, 2003; Wang, 2003），但很少将协调、再生循环等互动功能与其可持续发展水平相结合，这导致城市生态管理与决策过程中缺乏量化的处理方案与行动依据。

基于社会经济子系统与自然子系统的可逆方程、复合生态系统的互动关系，构建城市代谢互动测度的指标体系（张坤民等, 2003），共 20 项指标，涵盖 5 个社会经济压力指标 B_1（$X_1 \sim X_5$）、4 个生态支持力指标 B_2（$X_6 \sim X_9$）和 11 个还原代谢指标 B_3（$X_{10} \sim X_{20}$）（表 4-8）。应用因子分析法、层次分析法，从发展度、协调度与循环度 3 个方面分析城市的可持续发展水平。

表 4-8　城市代谢互动测度指标体系

类型	具体指标	类型	具体指标
社会经济压力指标	供水总量 X_1	还原代谢指标	工业废水回用率 X_{10}
	供生产用水 X_2		工业固废综合利用率 X_{11}
	森林覆盖率 X_3		高技术产业增加值占工业产值比重 X_{12}
	自然保护区面积比 X_4		经济外向度 X_{13}
	环保投资比重 X_5		节约用水率 X_{14}
生态支持力指标	万元产值能耗 X_6		工业废水达标排放率 X_{15}
	人口密度 X_7		机动车尾气排放达标率 X_{16}
	经济密度 X_8		废气消烟除尘率 X_{17}
	万元产值水耗 X_9		工业废气净化处理率 X_{18}
			工业固体废物处置率 X_{19}
			危险废物处置率 X_{20}

2. 可持续发展指数

因子分析法可根据多个指标所包含的信息，确定主因子的个数和类型，并保证提取的信息含量等于或大于 70%。主因子个数应尽可能少，且主因子间具有独立性、代表含义明确、易于分析等特点（张妍等, 2003）。因子分析既能抓住主要矛盾又能不失真地保留原有信息，可通过现象来揭示本质性的问题，是在耦合评价中较客观的、准确的、可信的、操作性强的分析方法。因子分析的主要目的是将具有相近的因子载荷的各个指标置于一个公因子之下，当初始因子不能典型代表指标的含义时，应对因子载荷矩阵实行旋转，使指标更为清晰地形成不同的聚类，以便对因子的意义做出更合理的解释。收集社会经济压力和自然支持力指标的统计数据，识别城市代谢互动评估的主因子，并计算各指标对主因子的贡献率。在此基础上，引入协调发展模型，求出量化指数，综合分析与评价各样本所处的状态。

基于城市代谢互动测度指标体系中的还原代谢指标，采用层次分析法进行城市循环度分析。层次分析法在多目标权衡中被广泛应用，该方法将复杂的问题分解成几个基本要素，创建层次模型，使用两两判断矩阵形成判别模型，利用判别标准得出权重进行决策。针对城市还原再生能力，城市循环度评估采用 3 级层次结构，循环度位于第一层次，源头循环度和末端循环度位于第二层次，一些具体的指标位于最低层次，充分考虑社会经济子系统资源利用率、废弃物资源化水平和科技水平等因素。确定循环度指标权重后，可计算得到城市循环度值，进而评估出城市的发展潜力。源头循环度评估指标为 $X_{10} \sim X_{14}$，各指标权重值均为 0.2；末端循环度评估指标为 $X_{15} \sim X_{20}$，各指标权重分别为 0.2、0.1、0.2、0.2、0.2、0.1。

之后计算得到城市循环度值，进而评估城市的发展潜力。在计算发展度 a、协调度 b 和循环度 r 的基础上，结合度量标准（表 4-9），提出城市生命体持续发展指数 SD，测度与评估城市代谢互动状况。

表 4-9　互动测度的度量标准

发展度 a	协调侧重度 c	协调度 b	循环度 r
低级 $0<a\leq0.5$	强经济压力 $b\leq1/3$	低级 $0.75<c\leq1$	低级 $0<c\leq0.25$
初级 $0.5<a\leq0.75$	中度经济压力 $1/3<b\leq1$	初级 $0.5<c\leq0.75$	初级 $0.25<c\leq0.5$
中级 $0.75<a\leq0.1$	中度生态支持 $1<b\leq3$	中级 $0.25<c\leq0.5$	中级 $0.5<c\leq0.75$
高级 $1<a$	强生态支持 $3<b$	高级 $0<c\leq0.25$	高级 $0.75<c\leq1$

注：SD=0.4a+0.3b+0.3r。

3. 碳、氮代谢的评价指数

（1）碳失衡与外部依赖性指数。

基于碳代谢过程的解析与核算，以问题为导向，提出表征城市碳代谢紊乱的指数，包括碳失衡指数 CEI（碳排放与碳吸收之比）和城市外部依赖性指数 CMI（外部资源利用量与内部资源利用量之比）。碳失衡指数主要关注与大气主体相关的路径，可表明在特定时间点人类活动干扰导致的碳赤字、碳失衡状况。CEI 越大，说明碳失衡程度越严重，公式为

$$CEI = \sum e_i / \sum s_i \qquad (4\text{-}10)$$

式中，CEI 表示碳失衡指数；e_i 为主体碳排放量；s_i 为主体碳吸收量；i 为碳代谢主体。

外部依赖性指数关注与外部区域、内部环境相关的路径，同时考虑到不同类型资源的利用（可再生和不可再生资源）会产生不同的代谢压力，将可再生资源的权重减半处理。CMI 越大，表示碳代谢过程对外部区域的依赖性越大，公式为

$$CMI = \left(0.5\sum z_{i,r} + \sum z_{i,n} - 0.5\sum y_{i,r} - \sum y_{i,n}\right) / \sum w_i \qquad (4\text{-}11)$$

式中，CMI 为外部依赖性指数；i 为碳代谢主体；r 为可再生资源；n 为不可再生资源；$z_{i,r}$、$z_{i,n}$ 分别为外部区域输入主体的可再生、不可再生资源的含碳量；$y_{i,r}$、$y_{i,n}$ 分别为输出到外部区域的可再生、不可再生资源的含碳量；w_i 为本地利用物质的含碳量。

（2）人为活化氮消耗。

在氮核算基础上，一般以活化氮输入量表征城市累积氮的能力与水平。活化氮包括新活化氮和循环活化氮两种类型。新活化氮一般是指从大气中获得氮素，以及人类生产和消费使用的含氮物质；循环活化氮一般指人类生产或消费后产生的废弃物，被人类循环利用，或排放到自然环境中参与自然氮循环。其中新活化氮输入量更能反映对环境的压力与影响，用 Q 来表示。我们定义这个指标包括外

部区域含氮物质调入/进口量 Z_0（为每个代谢主体调入/进口量加和 $Z_0 = \sum z_{i0}$，一般可用消费量与生产量的差值来估算）、本地含氮物质消耗量（local consumption，LC）、自然固氮量及大气沉降氮量。其中自然源活化氮 Q_n 包括林地固氮、草地固氮和大气沉降；人为源活化氮 Q_a 来源包括农业固氮和含氮物质消耗（外部+本地），其中含氮物质消耗主要通过消耗量乘以含氮系数计算得到，各种消耗量数据来自国家统计局背景调查资料和城市统计年鉴。

$$Q = BNF_f + BNF_g + BNF_a + D + C_f + C_{fee} + C_e + C_{fer} + C_c \qquad (4\text{-}12)$$

式中，BNF_f 为林地固氮；BNF_g 为草地固氮；BNF_a 为农业固氮（包括种子和农作物固氮）；D 为大气沉降；C_f、C_{fee}、C_e、C_{fer} 和 C_c 为城市食物、饲料、能源、肥料及化学产品的氮消费量。

4.2.3 能值评价

1. 能值评价指标

城市发展以经济活动为核心，以生态环境为支撑，因此代谢能值评价指标应包括经济发展、资源利用和污染物排放等相关指标，反映效率、压力、强度和环境负荷等特征，从而综合表征城市代谢过程的运行情况。基于能值核算指标，提出 7 项能值评价指标（Brown and Ulgiati，1997），分别为能值自给率（emergy self-sufficiency ratio，ESR）、能值产出率（emergy yield rate，EYR）、能值密度（emergy density，ED）、人均使用能值（emergy per capita，EPC）、能值货币比（emergy dollar ratio，EDR）、环境负荷率（environmental loading ratio，ELR）及可持续发展指数（emergy sustainability index，ESI），具体计算公式见表 4-10。

表 4-10 城市代谢能值评价指标体系

能值指标	计算表达式	代表意义
能值自给率	$(N+R)/U$	城市系统自我支持和自我支撑能力
能值产出率	$(R+N+IMP)/IMP$	城市系统经济效益
能值密度	$U/area$	城市系统代谢的使用面积压力
人均使用能值	U/pop	城市系统代谢的人均压力
能值货币比	U/GDP	城市系统用货币购买能值的能力
环境负荷率	$(U-R)/R$	城市经济活动对环境的压力
可持续发展指数	EYR/ELR	城市可持续发展
改进的可持续发展指数	$EYR \times EER/ELR$	考虑能值交换率的可持续发展

注：ESI 由美国生态学家 M. T. Brown 和意大利生态学家 S. Ulgiati 在 1997 年提出；EISD 由陆宏芳 2002 年提出；area 为面积；pop 为人口数量

能值自给率 ESR 用来评价城市对自有资源的利用情况及其自我支持能力。城市能值自给率越大，对内部资源开发和利用程度越高，城市自我支持能力就越强。

能值产出率为能值总量与输入能值的比值，与经济"产投比"（产出/投入）相似，该比值越高，表明城市在相同能值投入下，产出越大、运行效率越高。

能值强度 ED 和人均使用能值 EPC 是衡量单位面积和单位人口能值利用程度的指标，值越大，表征城市代谢的压力越高。而能值货币比 EDR 表明货币购买能值的能力，这是因为能值量化了产品的能量，同时也量化了产品对经济财富的贡献，这个值越大，表明城市单位货币可以购买的能值越多。

环境负荷率 ELR 是对城市运行状况的一种警示指标。若城市长期处于较高环境负荷率，平衡容易遭受破坏。根据众多学者的研究成果，当 ELR≤3 时，表明环境压力很小；当 3 < ELR≤10 时，表明环境影响程度处于中等水平；当 ELR > 10 时，表明环境压力已经相当大。

可持续发展指数 ESI 为系统能值产出率与环境负载率之比，即 EYR/ELR。ESI 的提出填补了基于能值理论评估可持续发展水平的空缺，但 ESI 较少考虑科技进步对废弃物循环利用的影响，同时认为城市能值产出均为正效应，对人类有益（污染物产出为负）。EYR 越高并不一定越符合人类利益、越有利于实现可持续发展。有学者在 ESI 基础上，引入能值交换率，提出了改进的可持续发展指数 EISD，指出相同的能值产出条件下，交易过程也会受到市场、文化、伦理等影响，具有不同的能值交换率（emergy exchange ratio，EER，为城市对外交换中所获能值与换出能值之比，可用来衡量城市交换效益），从而对城市发展产生不同的影响，因此将三者合并得到一个可同时兼顾社会经济效益与生态环境压力的可持续发展指数。鉴于社会经济效益与发展目标成正比，环境负载率与可持续要求成反比，将社会经济效益即系统能值产出率与能值交换率的乘积作为分子，环境负载率作为分母，构造出与系统可持续发展能力成正比的综合性评价指数（emergy index for sustainable development，EISD），EISD 值越高，意味着单位环境压力下的社会经济效益越高，城市可持续发展能力越好（陆宏芳等，2002）。

2. 效率度量模型

能值评价指标中，代谢通量、效率指标是监控城市可持续发展进程的关键，其中代谢通量仅能反映代谢速率，而效率则反映支持社会经济活动的代谢能力。城市代谢失调的本质是效率低下，进而有失公平，因而生态公平与生态效率是反映一个城市代谢过程的稳定性参数和发展性参数。本节以城市为对象，引入"生态效率"概念，构建城市代谢生态效率的度量模型，全面诊断城市的代谢状况。

城市发展以降低不可更新资源消耗和减少污染排放换取最大经济收益为最终目标，为此，借鉴社会福利无差异曲线，构建生态效率三维度量模型，远离原点的无差异曲线代表更高的社会福利水平，也代表着更高的生态效率水平。生态效率指数为能值产出率、不可更新资源能值比和废弃物能值比三者的乘积。生态效率指数越高，意味着单位环境压力下产生的社会经济效益越高，城市可持续发展水平越高。以三维坐标系曲面来表示城市代谢生态效率指数值，一般来说，曲面离原点越远，生态效率指数值（ecological efficiency index，EEI）就越高（图4-8）。具体公式如下：

$$EEI = EYR \times \left(1 - \frac{W}{U}\right) \times \left(1 - \frac{N}{U}\right) \tag{4-13}$$

式中，EEI 为生态效率指数；EYR 为能值产出率；W 为废弃物能值；N 为不可更新资源能值；U 为能值总量。

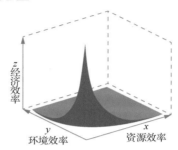

图 4-8　生态效率模型
坐标轴 x、y、z 分别表示资源效率、环境效率和经济效率

　　度量模型以 x、y、z 构成的三维空间来分别表示资源效率（与不可更新资源能值占比有关）、环境效率（与废弃物能值占比有关）和经济效率，以曲面 $UEI = x \times y \times z$ 来表示城市生命体的生态效率，曲面离原点越远，生态效率值 EEI 就越高。在经济效率 z 值一定的情况下，如果 $x \times y$ 值越高就意味着城市生态效率指数越高；如果 $x \times y$ 保持一定值不变，z 值越高生态效率也就越高。三维度量模型可以明确城市代谢生态效率的水平，为城市发展提供决策依据。

参 考 文 献

鲍智弥, 2010. 大连市环境-经济系统的物质流分析. 大连: 大连理工大学.

李刚, 2014. 中国农业可持续发展的物质流分析. 西北农林科技大学学报(社会科学版), 14(4): 55-60.

陆宏芳, 蓝盛芳, 彭少麟, 2002. 评价系统可持续发展能力的能值指标. 中国环境科学, 22(4): 380-384.

张坤民, 温宗国, 杜斌, 等, 2003. 生态城市评估与指标体系. 北京: 化学工业出版社.

张妍, 尚金城, 于相毅, 2003. 吉林省水资源可持续利用研究. 水科学进展, 14(4): 489-493.

Arrow K, Bolin B, Costanza R, et al., 1995. Economic growth, carrying capacity, and the environment. Ecological Economics, 15(2): 91-95.

Brown M T, Ulgiati S, 1997. Emergy-based indices and rations to evaluate sustainability: Monitoring economies and technology toward environmentally sound innovation. Ecological Engineering, 9(1-2): 51-69.

Chen W Q, Graedel T E, 2015. In-use product stocks linkmanufactured capital to natural capital. Proceedings of the

National Academy of Sciences of the United States of America, 112(20): 6265-6270.

Costanza R, Wainger L, Folke C, et al., 1993. Modeling complex ecological economic systems: Toward an evolutionary, dynamic understanding of people and nature. BioScience, 43(8): 545-555.

Duh J D, Shandas V, Chang H, et al., 2008. Rates of urbanisation and the resiliency of air and water quality. Science of the Total Environment, 400(1-3): 238-256.

Fishman T, Schandl H, Tanikawa H, 2016. Stochastic analysis and forecasts of the patterns of speed, acceleration, and levels of material stock accumulation in society. Environmental Science & Technology, 50(7): 3729-3737.

Hall C A S, Cleveland C J, Kauffmann R, 1986. Energy and Resource Quality: The Ecology of the Economic Process. New York: John Wiley and Sons.

Hao X, Qin S S, 2003. Relations between the complexity of compound ecosystem and sustainable development. Journal of Systemic Dialectics, 11(4): 23-26.

Hendriks C, Obernosterer R, Müller D, et al., 2000. Material flow analysis: A tool to support environment policy decision making. Case-studies on the city of Vienna and the Swiss lowlands. Local Environment, 5(3): 311-328.

Holling C S, 1987. Simplifying the complex: The paradigms of ecological function and structure. European Journal of Operational Research, 30(2): 139-146.

Li Y X, Zhang Y, Hao Y, et al., 2019. Exploring the processes in an urban material metabolism and interactions among sectors: An experimental study of Beijing, China. Ecological Indicators, 99(2): 214-224.

Miyano H, 2001. Identification model based on the maximum information entropy principle. Journal of Mathematical Psychology, 45(1): 27-42.

Odum E O, 1983. Basic Ecology. New York: Saunders.

Odum H T, 1971. Environment, Power, and Society. New York: Wiley Interscience.

Odum H T, 1988. Self-organization, transformity, and information. Science, 242(4882): 1132-1139.

Odum H T, 1996. Environmental Accounting: Energy and Environmental Decision Making. New York: Wiley.

Pauliuk S, Müller D B, 2014. The role of in-use stocks in the social metabolism and in climate change mitigation. Global Environmental Change, 24(1): 132-142.

Renyi A, 1961. On measures of information and entropy//Neyman J. Proceedings of the Fourth Berkeley Symposium on Mathematics, Statistics and Probability. Berkeley: University of California Press: 547-561.

Rosser J B, 1995. Systemic crises in hierarchical ecological economies. Land Economics, 71(2): 163-172.

Swilling M, Hajer M, Baynes T, et al., 2018. The weight of cities: Resource requirements of future urbanization. (2018-1-31) [2019-4-12]. https://www.researchgate.net/publication/327035481_The_Weight_of_Cities_Resource_Requirements_of_Future_Urbanization.

Wang R S, 2003. Approach of industry ecology for the development of recycling economy. Industry and Environment, 49: 48-52.

Yelshin A, 1996. On the possibil ity of using information entropy as a quantitative description of porousmedia structural characteristics. Journal of Membrane Science, 117(1-2): 279-289.

Zhang Y, Yang Z F, Li W, 2006a. Analyses of urban ecosystem based on information entropy. Ecological Modelling, 197(1): 1-12.

Zhang Y, Yang Z F, Yu X Y, 2006b. Measurement and evaluation of interactions in complex urban ecosystem. Ecological Modelling, 196(1): 77-89.

第5章　城市代谢模型模拟

5.1　基于物质能量代谢的网络模型

5.1.1　要素代谢网络模型

1. 水代谢网络模型

城市水代谢网络模型的建立遵循水的流动过程，涉及腹地、终端消耗部门和污水再生部门等关键主体，以及新鲜水、再生水、雨水及废污水等代谢物质。首先腹地向工业部门、农业部门和居民生活提供新鲜用水，同时接收境外补水。除了新鲜水的利用链条，工业部门、居民生活将工业废水、生活污水排入污水再生部门进行处理，处理后部分作为再生水回补到腹地，或用于市政绿化灌溉、地面冲洗、农业灌溉、工业利用等方面。同时，加强地表雨水收集，回补到腹地（生态环境），或作为农业、工业部门和居民生活的补充用水。工业部门除了利用新鲜水、再生水外，还存在着大量重复用水，以解决工业部门大量水资源消耗的问题。虽有再生重复利用的措施，但由于经济技术水平的限制，水资源利用过程的污水排放不可避免。在水资源有限的条件下，水的深度处理和回用仍是缓解目前城市水危机的有效途径（图 5-1）。

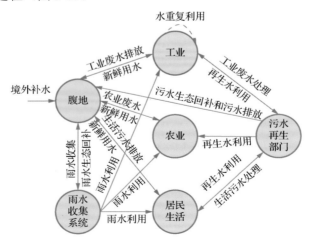

图 5-1　城市水代谢过程

　　借鉴自然生态系统的生态角色，划分城市水代谢系统的生产者、消费者和还原者，明确主体间水流交换路径，建立城市水代谢网络模型（图 5-2）。模型包括腹地、雨水收集系统、工业、农业、居民生活和污水再生部门等 6 个节点，20 条代谢路径，节点间的水交换用有向线表示。城市水代谢系统的生产者为城市自然子系统（腹地）和雨水收集系统，消费者为工业、农业和居民生活，而还原者则是污水再生部门（相对于污水的大量排放，自然的净化能力较低）。城市腹地（生态环境）为维持自身良性运行，需要消耗水资源，这时它又扮演着消费者角色；还原者不仅可以净化城市污水，也可为城市运行提供再生水，这时它又扮演着生产者角色。城市水代谢系统中单一主体的多角色扮演，导致链条彼此交错，形成复杂的网状联系。节点间流向具体见表 5-1（Zhang et al., 2010a）。

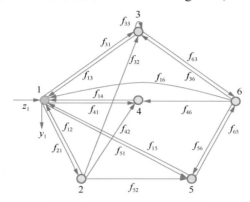

图 5-2　城市水代谢网络模型

1 腹地（生态环境，绿色节点），2 雨水收集系统，3 工业，4 农业，5 居民生活，6 污水再生部门；f_{ij} 表示节点 j 到节点 i 的水流，z_i 表示外部流入节点 i 的水流，y_i 表示节点 i 输出外部的水流

表 5-1　水代谢网络模型路径分布

	1	2	3	4	5	6	z
1		f_{12}	f_{13}	f_{14}	f_{15}	f_{16}	z_1
2	f_{21}						
3	f_{31}	f_{32}	f_{33}			f_{36}	
4	f_{41}	f_{42}				f_{46}	
5	f_{51}	f_{52}				f_{56}	
6			f_{63}		f_{65}		
y	y_1						

　　注：f_{21}、f_{31}、f_{41}、f_{51} 分别为雨水收集系统、工业、农业和居民生活从腹地收集的雨水量，f_{12} 为雨水收集系统回补到腹地的雨水量，f_{32}、f_{42}、f_{52} 分别为工业、农业和居民生活利用雨水收集系统收集的雨水量，f_{13}、f_{14}、f_{15} 分别为工业、农业和居民生活排放到腹地的废水量，f_{33} 为工业部门重复用水量，f_{63}、f_{65} 分别为工业、居民生活的废水/污水处理量，f_{16} 为污水再生部门回补到腹地的再生水量和污水处理排放量，f_{36}、f_{46}、f_{56} 分别为工业、农业和居民生活利用的再生水量，z_1 为从外部区域调到腹地的水量，y_1 为腹地调到外部区域的水量

2. 能源代谢网络

遵循能源流动过程，建立城市能源代谢网络模型，涉及能源开采部门、能源转换部门、产业消耗部门和居民生活等代谢主体，反映了城市能源基本的开发利用关系。从能源开采这一代谢主体开始，经历能源加工转换过程，最后服务于终端产业部门和居民生活消费。能源开采部门生产的能源为一次能源，可以服务于加工转换部门和终端消费部门，还可以输出到外部区域；加工转换部门，如炼油、煤制气、发电、热电联产等，利用本地生产或外部区域的一次能源进行二次能源的生产，产生的二次能源服务于终端消费部门，同时一部分产品输出到外部区域；终端消费部门是指利用境内外的一次、二次能源进行生产和生活的部门，包括终端用能工艺或者装置、居民生活等。城市能源代谢过程中还存在着副产品资源化的循环过程，包括一次能源、二次能源生产过程、工业生产过程的能量回收（图5-3）。

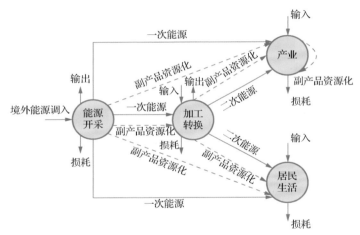

图 5-3   城市能源代谢过程

基于城市能源代谢过程分析，建立 5-节点的城市能源代谢网络模型（图5-4），包括能源开采部门、能源转换部门、其他生产部门、居民生活、能源回收部门 5个节点，17 条能源代谢路径。从能源流动过程剖析，能源开采部门是能源代谢原料的提供者，可以看作生产者；能源转换部门是初级消费者，产业部门和居民生活是高级消费者，而回收部门则是还原者。路径分布具体见表5-2。

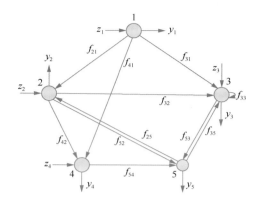

图 5-4　城市能源代谢网络模型

1 能源开采部门，2 能源转换部门，3 其他生产部门，4 居民生活，5 能源回收部门；f_{ij} 表示节点 j 到节点 i 的能流，z_i 表示外部流入节点 i 的能流，y_i 表示节点 i 输出外部的能流

表 5-2　能源代谢网络模型路径分布

	1	2	3	4	5	z
1						z_1
2	f_{21}				f_{25}	z_2
3	f_{31}	f_{32}	f_{33}		f_{35}	z_3
4	f_{41}	f_{42}				z_4
5		f_{52}	f_{53}	f_{54}		
y	y_1	y_2				

注：f_{21}、f_{31}、f_{41} 分别为能源转换部门、其他生产部门和居民生活利用的一次能源，f_{32}、f_{42} 分别为其他生产部门、居民生活利用的二次能源，f_{52}、f_{53}、f_{54} 分别为能源转化部门、其他生产部门和居民生活回收的能源，f_{33} 为其他生产部门能源回收量，f_{25}、f_{35} 分别为能源转换部门和其他生产部门利用的回收能源，z_1、z_2、z_3、z_4 分别为外部区域提供给能源开采部门、能源转换部门、其他生产部门和居民生活的能源，y_1、y_2 分别为能源开采部门、能源转换部门输出外部区域的能源

　　细化 5-节点的能源代谢网络模型的能源转换节点、产业节点，建立 17-节点的能源代谢网络模型（图 5-5），包括能源开采、火力发电、供热、煤炭洗选、炼焦、炼油、制气、煤制品加工、农业、工业（除能源转换业外）、建筑业、交通运输业（交通运输、仓储及邮电通信业）、批发零售业和住宿餐饮业、居民生活、其他三产、能源回收和能源储存 17 个节点和 90 条代谢路径。生产者不仅包括能源开采，还包括能源回收和能源储存等部门。能源回收部门从其他节点回收能量，支持各级消费者使用，被看作生产者；各级消费者也从能源储存节点获得能源，

能源储存节点也可归入生产者行列。初级消费者为能源转换部门，而各类产业及居民生活为二级消费者（Zhang et al., 2010b）。

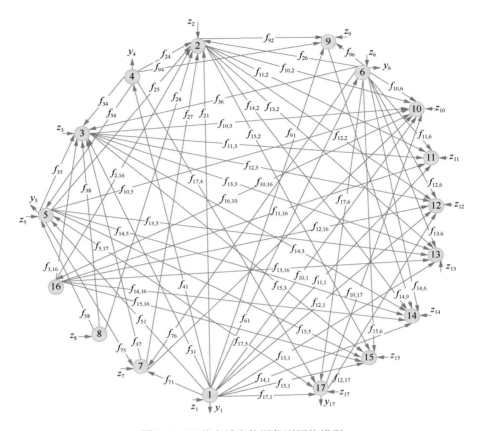

图 5-5　17-节点城市能源代谢网络模型

1 能源开采，2 火力发电，3 供热，4 煤炭洗选，5 炼焦，6 炼油，7 制气，8 煤制品加工，9 农业，
10 工业（除能源转换业外），11 建筑业，12 交通运输业，13 批发零售业和住宿餐饮业，14 居民生活，
15 其他三产，16 能源回收，17 能源储存；f_{ij} 表示节点 j 到节点 i 的能流，z_i 表示外部流入节点 i 的能流，
y_i 表示节点 i 输出外部的能流

3. 碳、氮代谢网络模型

追踪城市食物、能源及各种物质中碳、氮流动，以及碳、氮排放和碳、氮固定等过程，并将参与碳、氮代谢过程的主体，也就是具有吞吐能力的单元作为节点，单元间传递关系作为路径，建立城市碳、氮代谢网络模型（图 5-6 和图 5-7）。碳代谢网络模型共 18 个节点，4 个自然代谢主体，14 个社会经济代谢主体，涉及

106 条碳传递路径；氮代谢网络模型共 15 个节点，5 个自然代谢主体，10 个社会经济代谢主体，涉及 55 条氮传递路径。将城市生态环境作为节点，可以充分考虑代谢主体对内部环境的压力与影响。节点间流向具体见表 5-3（Li et al., 2018）和表 5-4（Zhang et al., 2016a）。

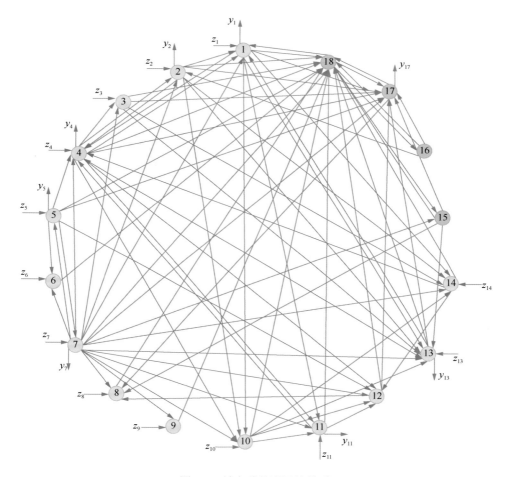

图 5-6　城市碳代谢网络模型

1 农业，2 畜牧业，3 渔业，4 加工制造业，5 采掘业，6 电热生产与供应业，7 能源转换业，8 建筑业，
9 交通运输业，10 批发零售业和住宿餐饮业，11 其他三产，12 废弃物处理处置部门，13 农村生活，
14 城镇生活，15 林地，16 草地，17 水域，18 大气；z_i 表示环境输入节点 i 的碳流，
y_i 表示节点 i 输出环境的碳流；绿色为自然代谢主体，蓝色为社会经济代谢主体

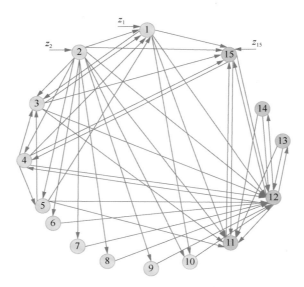

图 5-7　城市氮代谢网络模型

1 居民生活，2 工业，3 畜牧业，4 种植业，5 渔业，6 林业，7 服务业，8 建筑业，9 交通运输业，10 污水处理厂，11 地表水，12 大气，13 林地，14 草地，15 耕地；z_i表示环境输入节点 i 的氮流，绿色为自然代谢主体，蓝色为社会经济代谢主体

表 5-3　城市碳代谢网络模型路径分布

	1	2	3	4	5	6	7	8	9	10	11	12	13	14	15	16	17	18	z
1		f_{12}		f_{14}			f_{17}					$f_{1,12}$	$f_{1,13}$					$f_{1,18}$	z_1
2				f_{24}			f_{27}									$f_{2,16}$			z_2
3				f_{34}			f_{37}												z_3
4	f_{41}	f_{42}			f_{45}		f_{47}				$f_{4,11}$		$f_{4,13}$	$f_{4,14}$					z_4
5							f_{57}												z_5
6					f_{65}		f_{67}												z_6
7					f_{75}														z_7
8							f_{87}					$f_{8,12}$			$f_{8,15}$		$f_{8,17}$		z_8
9							f_{97}												z_9
10	$f_{10,1}$	$f_{10,2}$		$f_{10,4}$			$f_{10,7}$												z_{10}
11	$f_{11,1}$			$f_{11,4}$			$f_{11,7}$			$f_{11,10}$									z_{11}
12				$f_{12,4}$	$f_{12,5}$		$f_{12,7}$			$f_{12,10}$	$f_{12,11}$			$f_{12,14}$					
13	$f_{13,1}$	$f_{13,2}$	$f_{13,3}$	$f_{13,4}$			$f_{13,7}$			$f_{13,10}$					$f_{13,15}$				z_{13}
14	$f_{14,1}$	$f_{14,2}$	$f_{14,3}$	$f_{14,4}$			$f_{14,7}$			$f_{14,10}$									z_{14}
15							$f_{15,7}$											$f_{15,18}$	
16																		$f_{16,18}$	

续表

	1	2	3	4	5	6	7	8	9	10	11	12	13	14	15	16	17	18	z
17	$f_{17,1}$	$f_{17,2}$	$f_{17,3}$	$f_{17,4}$	$f_{17,5}$		$f_{17,7}$					$f_{17,12}$	$f_{17,13}$		$f_{17,15}$	$f_{17,16}$		$f_{17,18}$	
18	$f_{18,1}$	$f_{18,2}$	$f_{18,3}$	$f_{18,4}$	$f_{18,5}$	$f_{18,6}$	$f_{18,7}$	$f_{18,8}$	$f_{18,9}$	$f_{18,10}$	$f_{18,11}$	$f_{18,12}$	$f_{18,13}$	$f_{18,14}$	$f_{18,15}$	$f_{18,16}$	$f_{18,17}$		
y	y_1	y_2		y_4	y_5		y_7				y_{11}		y_{13}				y_{17}		

注: f_{41} 为造纸秸秆、饲料秸秆、工业用生物质原料等, $f_{10,1}$ 为粮食、干鲜瓜果、蔬菜, $f_{11,1}$ 为废塑料, $f_{13,1}$ 为粮食、干鲜瓜果、蔬菜、能源秸秆, $f_{14,1}$ 为粮食、干鲜瓜果、蔬菜, $f_{17,1}$ 为水土流失, $f_{18,1}$ 为燃料燃烧、土壤呼吸、化肥分解、水稻田排放, f_{12}、$f_{17,2}$ 为畜禽粪便, f_{42} 为畜禽产品, $f_{10,2}$、$f_{13,2}$、$f_{14,2}$ 为肉蛋奶类, $f_{18,2}$ 为燃料燃烧、动物反刍呼吸、动物粪便处置, $f_{13,3}$、$f_{14,3}$ 为水产品, $f_{17,3}$ 为鱼粪、残余饲料, $f_{18,3}$ 为燃料燃烧、呼吸作用, f_{14} 为化肥、塑料、沼渣, f_{24}、f_{34} 为饲料, $f_{10,4}$、$f_{13,4}$、$f_{14,4}$ 为烟草酒油脂、纸制品、塑料, $f_{11,4}$ 为纸制品, $f_{12,4}$、$f_{12,5}$、$f_{12,7}$、$f_{12,10}$ 为固废、废水, $f_{17,4}$、$f_{17,5}$、$f_{17,12}$ 为废水, $f_{18,4}$ 为燃料燃烧、工业过程, f_{45} 为其他洗煤、煤矸石、水泥生产和钢铁冶炼用石灰岩, f_{65} 为原煤、其他洗煤, f_{75} 为洗精煤, $f_{18,5}$、$f_{18,6}$、$f_{18,7}$、$f_{18,8}$、$f_{18,9}$、$f_{18,10}$、$f_{18,11}$ 为燃料燃烧, f_{17}、f_{27}、f_{37}、f_{47}、f_{57}、f_{67}、f_{87}、f_{97}、$f_{10,7}$、$f_{11,7}$、$f_{13,7}$、$f_{14,7}$、$f_{15,7}$ 为二次能源, $f_{17,7}$ 为废水中碳, $f_{11,10}$ 为回收塑料, $f_{13,10}$、$f_{14,10}$ 为食品, $f_{4,11}$、$f_{4,13}$、$f_{4,14}$ 为废纸、废塑料, $f_{12,11}$ 为废纸, $f_{1,12}$ 为粪便、污泥, $f_{8,12}$ 为污泥, $f_{18,12}$ 为固废、废水、污泥、粪便处理, $f_{1,13}$ 为粪便、沼渣, $f_{17,13}$ 为粪便, $f_{18,13}$ 为燃料及生物质燃烧、呼吸、粪便处置, $f_{12,14}$ 为粪便、生活垃圾、生活废水, $f_{18,14}$ 为燃料燃烧、呼吸, $f_{8,15}$ 为木材, $f_{13,15}$ 为薪柴, $f_{17,15}$ 为水土流失, $f_{18,15}$ 为燃料燃烧、土壤呼吸, $f_{2,16}$ 为牧草, $f_{17,16}$ 为水土流失, $f_{18,16}$ 为土壤呼吸, $f_{8,17}$ 为灌溉, $f_{18,17}$ 为水域 CH_4 排放, $f_{1,18}$ 为作物固碳、大气干湿沉降, $f_{15,18}$、$f_{16,18}$、$f_{17,18}$ 为碳固定、大气干湿沉降, z_1 为一次二次能源、化肥, z_2 为一次二次能源、饲料, z_3 为一次二次能源, z_4 为一次二次能源、能源原料、石灰岩和灰岩、原纸、造纸木材和秸秆、工业食品原料, z_5 为一次二次能源、石灰岩, z_6 为一次二次能源, z_7 为一次二次能源, z_8 为一次二次能源、木材, z_9 为一次二次能源, z_{10} 为一次二次能源、塑料、食物, z_{11}、z_{13}、z_{14} 为一次二次能源、食物、纸、塑料、糖类油脂、家具, y_1 为农产品、秸秆、废塑料, y_2 为肉蛋奶类, y_4 为油脂类、农用薄膜等工业产品, y_5 为一次二次能源、石灰岩等建筑材料, y_7 为二次能源, y_{11} 为废纸、废塑料, y_{13} 为废塑料、废纸、生活垃圾, y_{17} 为水体碳

表 5-4 城市氮代谢网络模型路径分布

	1	2	3	4	5	6	7	8	9	10	11	12	13	14	15	z
1		f_{12}	f_{13}	f_{14}	f_{15}											z_1
2																z_2
3	f_{31}	f_{32}		f_{34}	f_{35}											z_3
4		f_{42}										$f_{4,12}$			$f_{4,15}$	
5		f_{52}		f_{54}												
6		f_{62}														
7		f_{72}														
8		f_{82}														
9		f_{92}														
10	$f_{10,1}$	$f_{10,2}$														
11	$f_{11,1}$	$f_{11,2}$	$f_{11,3}$		$f_{11,5}$					$f_{11,10}$		$f_{11,12}$	$f_{11,13}$	$f_{11,14}$	$f_{11,15}$	
12	$f_{12,1}$	$f_{12,2}$	$f_{12,3}$	$f_{12,4}$	$f_{12,5}$	$f_{12,6}$	$f_{12,7}$	$f_{12,8}$	$f_{12,9}$	$f_{12,10}$		$f_{12,13}$	$f_{12,14}$	$f_{12,15}$		

续表

	1	2	3	4	5	6	7	8	9	10	11	12	13	14	15	z
13												$f_{13,12}$				
14	$f_{14,1}$											$f_{14,12}$				
15	$f_{15,1}$	$f_{15,2}$	$f_{15,3}$	$f_{15,4}$						$f_{15,10}$	$f_{15,11}$	$f_{15,12}$				z_{15}

注：f_{31} 为厨余垃圾、生活污水，$f_{10,1}$ 为已处理的生活污水，$f_{11,1}$ 为未处理的生活污水，$f_{12,1}$、$f_{12,2}$、$f_{12,3}$、$f_{12,4}$、$f_{12,5}$、$f_{12,6}$、$f_{12,7}$、$f_{12,8}$、$f_{12,9}$ 为燃料燃烧，$f_{14,1}$ 为宠物粪便，$f_{15,1}$ 为居民生活的固废堆肥、人类和宠物的粪便，f_{12} 为化学产品、能源、宠物饲料，f_{32} 为氨化饲料、能源，f_{42}、f_{62}、f_{72}、f_{82}、f_{92} 为能源，f_{52} 为化肥、能源，$f_{10,2}$ 为已处理的工业废水，$f_{11,2}$ 为未处理的工业废水，$f_{15,2}$ 为工业固废堆肥、无机肥料，f_{13} 为肉类产品，$f_{11,3}$ 为畜禽粪便流失，$f_{15,3}$ 为畜禽粪便，f_{14} 为农产品，f_{54} 为农产品饲料，f_{54} 为饵料，$f_{15,4}$ 为农作物秸秆，f_{15} 为水产品，f_{35} 为鱼蛋白，$f_{11,5}$ 为饲料余量，$f_{11,10}$ 为污水处理厂氨氮排放，$f_{12,10}$ 为污水厂氨气排放，$f_{15,10}$ 为污泥回田，$f_{15,11}$ 为灌溉水，$f_{4,12}$ 为种子、农业固氮，$f_{11,12}$、$f_{15,12}$ 为沉降，$f_{13,12}$ 为沉降、林地固氮，$f_{14,12}$ 为沉降、草地固氮，$f_{11,13}$、$f_{11,14}$、$f_{11,15}$ 为径流，$f_{12,13}$ 为反硝化，$f_{12,14}$、$f_{12,15}$ 为反硝化、挥发，$f_{4,15}$ 为从土壤中汲取的养分，z_1 为调入的化学产品、食物和宠物饲料，z_2 为调入的合成氨，z_3 为调入的饲料，z_{15} 为调入的化肥

5.1.2　物质代谢网络模型

1. 国家物质代谢网络模型

国家物质代谢过程可归纳为输入、生产、消费、输出、循环等代谢环节。资源、能源、原料、产品等物质经代谢主体转化后，最终以产品的形式输出到各主体或外部区域；废弃物经处理后排放到内部环境，或经循环利用变成再生资源。内部环境为国家行政边界内的自然生态系统，外部区域为国家行政边界以外的区域，与内部环境的输入输出称为"体内代谢"，与外部区域的输入输出称为"体外代谢"（图5-8）。因此，可将国家物质代谢过程划分7个节点，分别为内部环境、农业、采掘业、加工制造业、居民生活、处理回收部门和外部区域（Zhang et al., 2012）。并在理清代谢主体和传递链条的基础上，建立国家物质代谢网络模型（图5-9）。

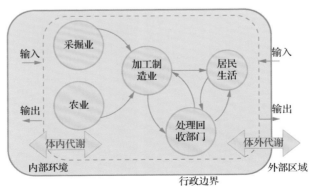

图 5-8　国家物质代谢过程

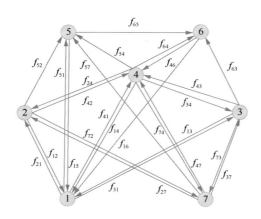

图 5-9　国家物质代谢网络模型

1 内部环境，2 农业，3 采掘业，4 加工制造业，5 居民生活，6 处理回收部门，7 外部区域；
网络中 f_{ij} 表示节点 j 到节点 i 传递的物质量

　　农业包括农、林、牧、渔等部门；采掘业包括非生物资源开采的产业（气、油、矿等）；而加工制造业则是除去采掘业的第二产业；处理回收部门主要是指废弃物处理和回收循环的产业。代谢主体划分的目的在于：一是区分内外环境对代谢主体的不同支撑作用及其承受的压力与影响；二是区分利用原生资源产业（农业、采掘业）、利用二次资源产业和居民生活，以分别量化不同类型主体的代谢能力及其对环境的影响；三是强调处理回收产业，可以有效表征生命体代谢活力，协调有序的状态。节点间流向见表 5-5，涉及矿物、材料、中间产品、产品、废水、废气和废渣等物质。此模型将隐藏流分配到各个主体，如采掘业与内部环境间的交换路径，采掘业生产动用了内部环境的自然界物质，除形成矿物产品外，还有部分遗留在内部环境中，形成隐藏流。隐藏流虽未进入社会经济系统中，但其伴随着矿物开采活动而产生，并在另一个地方存留，必然对内部环境带来压力与影响。采掘业输入一般以矿物产量与隐藏流的加和计算，输出到环境的量则为隐藏流量。

表 5-5　国家物质代谢网络模型路径分布

	1	2	3	4	5	6	7
1		f_{12}	f_{13}	f_{14}	f_{15}	f_{16}	
2	f_{21}			f_{24}			f_{27}
3	f_{31}			f_{34}			f_{37}
4	f_{41}	f_{42}	f_{43}			f_{46}	f_{47}
5	f_{51}	f_{52}		f_{54}			f_{57}

续表

	1	2	3	4	5	6	7
6			f_{63}	f_{64}	f_{65}		
7		f_{72}	f_{73}	f_{74}			

注：f_{21} 为可再生资源、农业隐藏流和供牲畜呼吸的氧气，f_{31} 为不可再生资源开采量和采掘业隐藏流，f_{41} 为燃料燃烧所需的氧气，f_{51} 为人呼吸所需的氧气，f_{12} 为农药化肥农膜、牲畜呼出气体、农业损失物和农业隐藏流，f_{42} 为加工制造业使用的生物原料（原棉、油料等），f_{52} 为可供人直接消费农产品和生物资源，f_{72} 为出口的农产品，f_{13} 为采掘业隐藏流和未经处理的采掘业废弃物，f_{43} 为不可再生资源的加工利用，f_{63} 为采掘业产生的污染物，f_{73} 为出口矿产，f_{14} 为燃料燃烧产生的气体和未经处理的污染物，f_{24} 为农业生产所需的工业产品（设备、能源、化肥、农药等），f_{34} 为采矿设备、物质与能源消耗，f_{54} 为工业产品消耗（能源、家用电器等），f_{64} 为废弃物处理回收部门的物质与能源消耗，f_{74} 为工业产品出口，f_{15} 为呼出的气体和未经处理的生活污水和固废，f_{65} 为进入处理回收部门的废弃物（污水和固废），f_{16} 为经过处理后排放的污染物，f_{46} 为加工制造业利用的再生资源，f_{27} 为农业进口及其隐藏流，f_{37} 为非生物资源进口及其隐藏流，f_{47} 为工业产品进口及其隐藏流，f_{57} 为进口的生活消费品及其隐藏流

2. 城市物质代谢网络模型

国家物质代谢网络模型是一个类封闭系统，大部分代谢流均体现在网络中。城市物质代谢网络多不考虑外部区域这一主体，而将内部环境作为节点，这样可以充分考虑代谢主体对内部环境的压力和影响。随着城市的发展及数据统计的完善，城市物质代谢网络模型对社会经济代谢主体的划分不断细致。代谢主体涉及内部环境、农业、采掘业、加工制造业、物能转换业、建筑业、循环加工业和居民生活 8 个节点和 35 条路径，而随着交通行业的发展，交通运输业作用不断突显，也会形成包括内部环境、农业、采掘业、加工制造业、交通运输业、建筑业、循环加工业和居民生活 8 个节点和 33 条路径的网络模型，或是包括 9 个节点和 38 条路径的网络模型（图 5-10）。其中，内部环境是城市行政边界内的自然子系统；农业包括农、林、牧、渔业；采掘业是指煤炭、石油等非生物资源开采及其采选业，也包括城市内外能源交换中转库；加工制造业包括所有初级、高级加工制造业；物能转换业为电力、热力的生产和供应业，包括城市内部能源转化与交换的中转库；建筑业为房屋和土木工程建筑业，也包括已有建筑的拆除；循环加工业是污染物处理及废弃物加工回收的产业；居民生活指常住人口的生活消费；交通运输业是指使用运输工具将货物或者旅客送达目的地，使其空间位置得到转移的业务活动，包括陆运、水运、航运和管道运输。每条路径上传递的物质类别见表 5-6（Li et al., 2019a; Li et al., 2019b; Zhang et al., 2013; Li et al., 2012）。

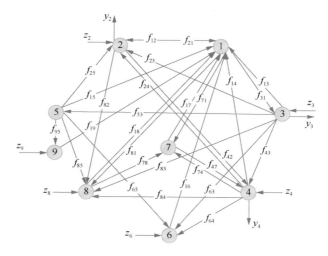

图 5-10　城市物质代谢网络模型

1 内部环境，2 农业，3 采掘业，4 加工制造业，5 物能转换业，6 建筑业，7 循环加工业，8 居民生活，
9 交通运输业；网络中 f_{ij} 表示节点 j 到节点 i 传递的物质量，z_i 表示外部流入节点 i 的物质流，
y_i 表示节点 i 输出外部的物质流

表 5-6　城市物质代谢网络模型路径分布

	1	2	3	4	5	6	7	8	9	z
1		f_{12}	f_{13}	f_{14}	f_{15}	f_{16}	f_{17}	f_{18}	f_{19}	
2	f_{21}		f_{23}	f_{24}	f_{25}					z_2
3	f_{31}									z_3
4		f_{42}	f_{43}				f_{47}			z_4
5			f_{53}							
6			f_{63}	f_{64}	f_{65}					z_6
7	f_{71}			f_{74}			f_{78}			
8	f_{81}	f_{82}	f_{83}	f_{84}	f_{85}					z_8
9					f_{95}					z_9
y		y_2	y_3	y_4						

注：f_{12} 为农业污染物及农业隐藏流，f_{13} 为采掘业污染物及采掘业隐藏流，f_{14} 为加工制造业排放的废水、废气与废渣，f_{15} 为建筑业的渣土和固废，f_{16} 为建筑业渣土和垃圾，f_{17} 循环加工业废水、废气与废渣，f_{18} 为居民生活消费产生的废弃物，f_{19} 为交通运输污染排放，f_{21} 为采收生物量及其隐藏流，f_{23} 为农业生产的一次能源消耗，f_{24} 为农业消耗的化学品、塑料和化肥等，f_{25} 为农业生产的二次能源消耗，f_{31} 为采掘业开采的矿物及其隐藏流，f_{42} 为加工制造业消耗的农产品，f_{43} 为加工制造业消耗的矿物和一次能源，f_{47} 为加工制造业利用的再生资源，f_{53} 为一次能源加工转换，f_{63} 为建筑业消耗的矿物和一次能源，f_{64} 为建筑业消耗的加工制造产品，f_{65} 为建筑业消耗的二次能源，f_{71} 为污染物循环再生的氧气消耗，f_{74} 为加工制造业待处理的废弃物，f_{78} 为循环利用的居民生活废弃物，f_{81} 为居民呼吸消耗的氧气，f_{82} 为居民生活消费的农产品，f_{83} 为居民生活消费的一次能源，f_{84} 为居民生活消费的加工制造产品，f_{85} 为居民生活消费的二次能源，f_{95} 为交通运输业消耗的二次能源，z_2 为农业消耗的调入/进口产品，z_3 为调入/进口的矿物和一次能源，z_4 为调入/进口的工业材料，z_6 为调入/进口的建筑材料，z_8 为调入/进口的生活消费品，z_9 为调入/进口的交通工具等，y_2 为调出/出口的农产品，y_3 为调出/出口的矿物和一次能源，y_4 为调出/出口的工业产品

3. 城市能值代谢网络模型

基于能值核算，建立一个 5-节点城市能值代谢网络模型（图 5-11），充分考虑代谢过程中物质、能量和货币交换。网络模型共包括内部环境、外部区域、农业、工业、居民生活等 5 个节点，19 条代谢路径。节点间物质、能量和货币交换统一折算为能值，具体路径见表 5-7（Zhang et al., 2009）。

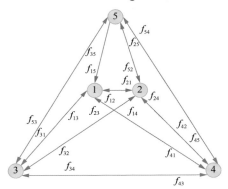

图 5-11　城市能值代谢网络模型

1 内部环境，2 外部区域，3 工业，4 农业，5 居民生活；网络中 f_{ij} 表示节点 j 到节点 i 传递的物质量

表 5-7　城市能值代谢网络模型路径分布

	1	2	3	4	5
1		f_{12}	f_{13}	f_{14}	f_{15}
2	f_{21}		f_{23}	f_{24}	f_{25}
3	f_{31}	f_{32}		f_{34}	f_{35}
4	f_{41}	f_{42}	f_{43}		f_{45}
5		f_{52}	f_{53}	f_{54}	

注：f_{12} 为排放到境外流域和海域污染物量，f_{13} 为农业污染物（面源污染）排放量，f_{14} 为工业污染物排放量，f_{15} 为污染物排放量（未考虑耐用品消耗），f_{21} 为城市水资源跨境调水量（未考虑跨境污染），f_{23} 为农产品的调出/出口量，f_{24} 为工业产品的调出/出口量，f_{25} 为劳务输出量，f_{31} 为可更新资源与水资源投入量，f_{32} 为农产品输入量，f_{34} 为工业生产资料投入量，f_{35} 为农业劳务投入量，f_{41} 为不可更新资源与水资源投入量，f_{42} 为工业商品输入量和旅游收入，f_{43} 为农业生产资料投入量，f_{45} 为工业产品消费量，f_{51} 为居民生活消耗的生物与非生物资源，f_{52} 为劳务输入量，f_{53} 为农产品消费量，f_{54} 为工业生产的劳务投入量

5.1.3　代谢空间网络模型

1. 碳代谢空间网络构建原则

城市的发展极大地改变了陆地表面，引起土地利用/覆盖的剧烈变化（Grimm

et al., 2008; Alberti and Marzluff, 2004），进而导致不同土地利用类型之间的碳交换频繁，这些复杂的相互关系及其空间结构可以抽象为网络，形成构筑于土地交换之上的城市碳代谢空间网络。基于土地利用转移矩阵，判断所转移土地的碳代谢能力变化，进而确定网络碳转移量（流量）的变化。代谢主体间土地交换时，承载的碳吸收能力或碳释放能力也会发生变化。对于土地输出方的代谢主体，丧失了所转移土地的碳代谢能力，丧失的碳代谢能力大小由土地输出方的碳代谢密度决定；而土地输入方的代谢主体则获得了所转移土地的碳代谢能力，转移后，其碳代谢能力大小由输入方的碳代谢密度决定。碳代谢能力的变化最终会影响各代谢主体与外界环境（大气圈）的碳交换活动，表现为碳释放能力增强、碳吸收能力增强两种情况，即输出流 y 和输入流 z。城市碳代谢空间网络模型的构建需要考虑自然主体间、社会经济主体间，以及自然与社会经济主体之间的碳代谢密度差异（ΔW），以确定城市碳代谢过程的转移量 f_{ij}（图 5-12）（Zhang et al., 2016b; Zhang et al., 2014a）。

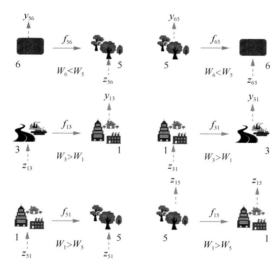

图 5-12　城市碳代谢过程分析

1 城镇用地，3 交通工矿用地，5 林地，6 草地；f_{ij} 为节点 j 到节点 i 的碳流，z_{ij} 和 y_{ij} 分别为产生碳流 f_{ij} 而引致的
代谢主体输入和输出变化；W_i 为主体的碳代谢密度

以草地与林地间的相互转化为例，说明自然代谢主体间碳转移量的确定过程。假如土地输出方为草地，其丧失了所转移土地的碳吸收能力，即碳存量减少，表现为对外界的碳释放，$y_{56}=W_6 \cdot S$（S 为土地转移面积）；而土地输入方林地则获得了所转移的土地，即碳存量增加，因此输入方表现为碳吸收，$z_{56}=W_5 \cdot S$。两者间路径的碳流量为 $(W_5-W_6) \cdot S$。如果土地输出方为林地，其丧失了所转移土地的碳吸

收能力，碳存量减少，表现为碳释放，$y_{65}=W_5 \cdot S$；而土地输入方则获得了这所转移的土地，碳存量增加，因此输入方表现为碳吸收，$z_{65}=W_6 \cdot S$。两者间路径的碳流量仍为$(W_5-W_6) \cdot S$，均为两个代谢主体碳吸收能力的差值。

以交通工矿用地与城镇用地的相互转化为例，说明社会经济代谢主体间碳转移量的确定过程。假如土地输出方碳释放密度高于土地输入方，交通工矿用地向城市用地转化，交通工矿用地丧失了所转移土地的碳释放能力，表现为碳吸收，$z_{13}=W_3 \cdot S$；而土地输入方城镇用地则获得了转移的土地，表现为对外界环境的碳释放，$y_{13}=W_1 \cdot S$。两者间路径碳流量为碳释放能力的差值，即$(W_3-W_1) \cdot S$。同样，例如土地输出方为城镇用地，其丧失了所转移土地的碳释放能力，表现为碳吸收，$z_{31}=W_1 \cdot S$；土地输入方为交通工矿用地，其获得了所转移的土地，表现为碳释放，$y_{31}=W_3 \cdot S$。两者间路径的碳流量仍为$(W_3-W_1) \cdot S$。

自然代谢主体与社会经济代谢主体所承载的碳代谢能力不同，其主体间碳转移量的确定也会有所差异。以城镇用地和林地间相互转化为例，假如土地输出方为城镇用地，其丧失了部分土地，碳释放能力流失，表现为碳吸收，$z_{51}=W_1 \cdot S$；而输入方林地则获得了这部分土地，碳吸收能力增强，碳存量增加，$z_{51}=W_5 \cdot S$。两者间路径碳流量为$(W_1+W_5) \cdot S$。同样，假如土地输出方为林地，其丧失了所转移土地的碳吸收能力，碳存量减少，表现为碳释放，$y_{15}=W_5 \cdot S$；而土地输入方城镇用地则获得了所转移的土地，碳代谢能力为碳释放，$y_{15}=W_1 \cdot S$。两者间路径的碳流量仍为$(W_1+W_5) \cdot S$。

2. 城市碳代谢空间网络模型

碳代谢空间网络模型既包括生物圈到大气圈的碳排放，也包含大气圈到生物圈的碳吸收，同时，还包括生物圈中潜在的碳转移过程，这一过程是由土地转化导致的，也可以解释为碳排放、碳吸收量在水平方向上的映射，反映了城市生物圈各代谢主体间碳转移活动所导致的碳存量变化（Xia et al., 2017）（图 5-13）。通过计算代谢主体之间碳代谢密度的差值，可以实现碳代谢空间网络的量化。利用1:10 万土地利用矢量数据（徐新良等，2014; 刘纪远等，2009），将土地利用/覆被类型归并为 8 个或 18 个代谢主体，获取不同年份的代谢主体面积 S，并在 Arcmap 9.3 中对不同时期土地利用数据进行叠加分析，计算相邻时期土地转移矩阵，进而构建出以代谢主体间土地交换量为基础的碳代谢空间网络。社会经济代谢主体主要包括城镇、农村、交通工矿、农田，主要参与碳排放过程，其核算项目包括产业及生活的能源消费、人口呼吸、牲畜养殖、化肥施用、机械耕种及灌溉产生的碳排放。自然代谢主要包括林地、草地、水域、农田等，主要参与碳吸收过程。

碳核算数据主要来源中国粮食年鉴、中国能源统计年鉴及城市统计年鉴等相关资料，核算方法多采用经验系数法。

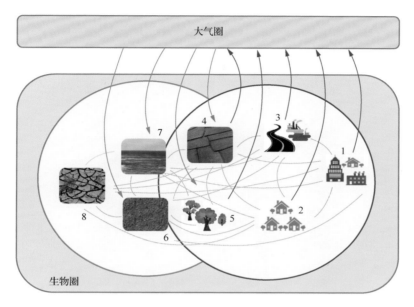

图 5-13　城市碳代谢过程

1 城镇用地，2 农村居民点，3 交通工矿用地，4 农田，5 林地，6 草地，7 水域，8 荒地

模型的节点为自然、社会经济代谢主体，主体间碳转移量为路径的流量。8-节点空间网络模型的节点分别为荒地、农田、林地、草地、农村居民点、交通工矿用地、城镇用地和水域，节点间频繁的土地迁移转化过程可抽离为模型路径，而土地迁移转化所形成的主体间碳转移量为模型流量。剖析自然代谢主体、耕地内部的复杂作用关系，及其与社会经济代谢主体间碳流转过程，可以细化 8-节点网络模型的代谢主体，以解析城市复杂空间格局背后的动因（Xia et al., 2016; Zhang et al., 2016b）（图 5-14）。18-节点网络模型的节点包括城镇用地、农村居民点、交通工矿用地，以及水田和旱地等耕地代谢主体，有林地、灌木林地、疏林地和其他林地等林地代谢主体，高、中、低覆盖的草地代谢主体，河流、水库、湿地等水域代谢主体，沙地、裸地和裸岩石地等荒地代谢主体（图 5-15）（Xia et al., 2018）。

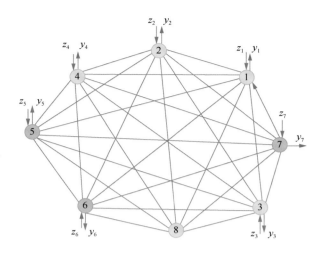

图 5-14　城市 8-节点碳代谢空间网络模型

1 城镇用地，2 农村居民点，3 交通工矿用地，4 农田，5 林地，6 草地，7 水域，8 荒地；
z_i 为节点 i 的外界输入，y_i 为节点 i 向外界的输出；图中无方向箭头代表双向均存在

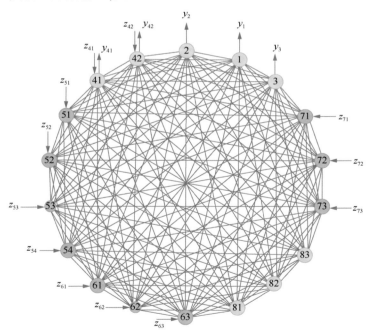

图 5-15　城市 18-节点碳代谢空间网络模型

1 城镇用地，2 农村居民点，3 交通工矿用地，41 水田，42 旱地，51 有林地，52 灌木林地，53 疏林地，
54 其他林地，61 高覆盖草地，62 中覆盖草地，63 低覆盖草地，71 河流，72 水库，73 湿地，81 沙地，
82 裸地，83 裸岩石地；z_i 为节点 i 的外界输入，y_i 为节点 i 向外界的输出；图中无方向箭头代表双向均存在

5.2　基于投入产出表的网络模型

5.2.1　实物型投入产出表编制

1. 基于物质平衡原理的投入产出表编制

引入物质强度系数，将商品、服务的价值量折算成物质当量（陈占明，2011）。物质当量消耗并非实际的消耗量，而是内含于产品或服务中的隐含物质量。在价值型投入产出表（非竞争型[①]）下方添加初始物质投入矩阵，建立实物-价值型投入产出表，明确各部门投入产出关联关系。新构建的投入产出表分为价值模块和实物模块两大部分，价值模块为 $n×n$ 阶，n 为部门，实物模块为 $m×n$ 阶矩阵，m 为物质种类（图 5-16）。

投入＼产出		中间使用				最终使用			
		部门1	部门2	⋯	部门n	消费	资本形成	调出	出口
中间投入	部门1	x_{11}	x_{12}	⋯	x_{1n}	y_1^L	y_1^C	y_1^E	y_1^M
	部门2	x_{21}	x_{22}	⋯	x_{2n}	y_2^L	y_2^C	y_2^E	y_2^M
	⋮	⋮	⋮		⋮	⋮	⋮	⋮	⋮
	部门n	x_{n1}	x_{n2}	⋯	x_{nn}	y_n^L	y_n^C	y_n^E	y_n^M
调入		d_1^E	d_2^E	⋯	d_n^E	d_E^L			
进口		d_1^M	d_2^M	⋯	d_n^M	d_E^M			
非生产性投入		w_1	w_2		w_n				
初始物质投入	种类1	z_{11}	z_{12}	⋯	z_{1n}				
	种类2	z_{21}	z_{22}	⋯	z_{2n}				
	⋮	⋮	⋮		⋮				
	种类m	z_{m1}	z_{m2}	⋯	z_{mn}				

价值模块

实物模块

图 5-16　实物-价值型投入产出表基本形式

以某区域部门 i 为例，依据其价值流动情况，建立部门 i 的价值流平衡方程：

$$\sum_{j=1}^{n} x_{ji} + d_i^M + d_i^E + w_i = \sum_{j=1}^{n} x_{ij} + y_i^M + y_i^L + y_i^C + y_i^E \qquad (5-1)$$

式中，x_{ji} 为部门 j 到部门 i 的价值流；x_{ij} 为部门 i 到部门 j 的价值流；d_i^E 为国内其他区域输入部门 i 的价值流（调入价值流）；d_i^M 为国外到部门 i 的价值流（进口

[①] 根据对进口商品的处理方法不同，投入产出表可以分为竞争型投入产出表和非竞争型投入产出表两种。竞争型投入产出表中，未将各产业部门中间投入分成本国生产和进口，假定两者可以完全替代，只在最终需求象限中出现进口列向量。非竞争型投入产出表中，中间投入分为国内生产和进口两大部分，强调了两者的不完全替代性，反映各产业部门与进口商品之间的联系。

价值流）；d_E^L 为国内其他区域调入本地最终消费的价值流；d_E^M 为国外进口到本地最终消费的价值流；y_i^M 为部门 i 到国外的价值流（出口价值流）；y_i^L 为部门 i 本地最终消费价值流；y_i^C 为本地区的部门 i 的资本总形成；y_i^E 为部门 i 到国内其他区域的价值流；w_i 为部门 i 的劳动力及政府服务等非生产性投入价值流。在此基础上，建立部门 i 的物质平衡方程。部门 i 除了直接物质消耗外，也通过利用其他部门生产的中间产品间接消耗物质，因此与其他部门的价值流交换隐含着物质的流动（Lenzen, 1998）。

部门 i 初始消耗的物质量为 z_{ki}（$1 \leqslant k \leqslant m$），$\varepsilon_{ki}$ 为部门 i 生产出产品中隐含的第 k 种物质的消耗强度，ε_{kj} 为部门 j 生产出产品中隐含的第 k 种物质的消耗强度，ε_{kj}^E 为国内其他区域部门 j 生产出产品中隐含的第 k 种物质的消耗强度，ε_{kj}^E 为国外部门 j 生产出产品中隐含的第 k 种物质的消耗强度。需要说明的是，投入产出表中 w_i 作为增加值是系统最初投入（劳动力、管理成本）的价值体现，所以 w_i 的隐含物质 e_{wi} 为 0（Duchin, 2009）。结合系统初始的物质输入 z_{ki}，引入物质强度系数，提出部门物质平衡核算框架（图 5-17），建立物质平衡方程，见式（5-2）。

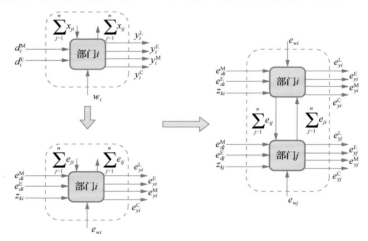

图 5-17   部门物质平衡核算框图

$$z_{ki} + \sum_{j=1}^{n}\varepsilon_{kj}x_{ji} + \varepsilon_{kj}^M d_i^M + \varepsilon_{kj}^E d_i^E = \sum_{j=1}^{n}\varepsilon_{ki}x_{ij} + \varepsilon_{ki}y_i^M + \varepsilon_{ki}y_i^L + \varepsilon_{ki}y_i^C + \varepsilon_{ki}y_i^E \qquad (5\text{-}2)$$

假设国外、国内其他区域及本地部门 i 生产的产品隐含的第 k 种物质消耗强度相等，即 $\varepsilon_{ki} = \varepsilon_{ki}^M = \varepsilon_{ki}^E$，式（5-2）变形为

$$z_{ki} + \sum_{j=1}^{n}\varepsilon_{kj}x_{ji} = \varepsilon_{ki}\left(\sum_{j=1}^{n}x_{ij} + y_i^L + y_i^C + y_i^E + y_i^M - d_i^M - d_i^E \right) \qquad (5\text{-}3)$$

即为

$$z_{ki} + \sum_{j=1}^{n} \varepsilon_{kj} x_{ji} = \varepsilon_{ki} X_i \tag{5-4}$$

令 $h_{ji} = x_{ji}$，$H = \left[h_{ij} \right]_{n \times n}$，$Z = \left[z_{ki} \right]_{m \times n}$，$\varepsilon = \left[\varepsilon_{ki} \right]_{m \times n}$，$g_{ji} = X_i$（$i=j$）或 $g_{ji} = 0$（$i \neq j$），$G = \left[g_{ki} \right]_{m \times n}$，对于包含 n 个部门并考虑 m 种物质种类的区域代谢系统，可以把式（5-4）表示成矩阵形式：

$$\boldsymbol{Z} + \varepsilon \boldsymbol{H} = \varepsilon \boldsymbol{G} \tag{5-5}$$

可以得

$$\varepsilon = \boldsymbol{Z} \left[\boldsymbol{G} - \boldsymbol{H} \right]^{-1} \tag{5-6}$$

ε 是部门对每种物质的强度系数，只要知道所转换的价值流来自哪个部门，再乘以其强度系数值，就可计算出价值流中隐含的物质量，据此可以计算得到物质型投入产出矩阵，表征经济体内各部门间物质利用关系。

2. 基于物质消耗强度系数的投入产出表编制

依据投入产出表中各经济体或部门的产出数据，可计算物质消费强度系数（单位 GDP 物质消耗量），进而将经济体间或部门间传递的价值量转化为物质量。

借助多区域投入产出（multi-regional input-output，MRIO）技术也可以核算产业间、区域间通过商品与服务传递所导致的物质流动和交换量。以产业 j 为例，将其生产、消费的中间使用和最终使用相加，得到该部门的总产出，再结合其物质消耗量，计算得到该部门的物质消耗强度系数。用该强度系数分别去乘以投入产出表中的各项价值流数据，进而将价值型投入产出表转化为物质型，以获得产业间物质转移量，公式为

$$f_{ij} = x_{ij} \times m_j \tag{5-7}$$

$$m_j = \frac{C_j}{X_j} \tag{5-8}$$

式中，f_{ij} 为产业 j 向产业 i 的物质转移量；X_j 指产业 j 的总产出；C_j 指产业 j 的物质消耗量；m_j 为物质消费强度系数；x_{ij} 为产业 j 与产业 i 之间的价值量。

5.2.2　物质代谢网络模型

物质代谢网络模型中节点为参与城市/区域代谢过程的生产与消费主体，环境为社会经济主体之外的腹地和外部区域，通过输入、输出路径为城市/区域社会经济子系统发展提供支持。基于自然生态系统中食物链网、营养级理论，利用自下而上方式归并城市/区域代谢主体，如生产者、一级消费者、二级消费者和高级消费者。生产者为利用自然环境中的基本元素（如水、矿产等原生矿物）生产初级

产品的节点，包括农业和采掘业。相对应，消费者为利用初级产品进行加工和生产高级产品的节点，如初级加工业、高级加工业、物能转换业。消费者还包括将获取的资源转换为存量的建筑业，以及生产非物化产品的第三产业。当然，居民和政府也是消费终端产品的消费者，这可以关联到投入产出表的最终消费部分。依据此原则，可以将投入产出表的生产与消费部门划分为 8 大部类，即农业、采掘业、初级加工业、高级加工业、物能转换业、建筑业、第三产业和消费部门（表 5-8）。

表 5-8　8 类代谢主体及其组成

节点	节点组成	具体内容
农业	农林牧渔业及其服务业	农产品，林产品，畜牧产品，渔产品，农林牧渔服务
采掘业	煤炭开采和洗选业	
	石油和天然气开采业	
	金属矿采选业	黑色金属采选产品，有色金属采选产品
	非金属和其他矿物采选业	非金属矿采选产品，开采辅助服务和其他采矿产品
初级加工业	食品和烟草业	谷物磨制品，饲料加工品，植物油加工品，糖及糖制品，屠宰及肉类加工品，水产加工品，蔬菜、水果、坚果和其他副食品加工品，方便食品，乳制品，调味品、发酵制品，其他食品，酒精和酒，饮料和精制茶加工品，烟草制品
	纺织业	棉、化纤纺织及印染精加工品，毛纺织及染整精加工品，麻、丝绢纺织及加工品，针织或钩针编织及其制品，纺织制成品，纺织服装服饰，皮革、毛皮、羽毛及其制品，鞋
	木材加工和家具制造业	木材加工品和木、竹、藤、棕、草制品，家具
	造纸印刷和文教体育制造业	造纸和纸制品，印刷品和记录媒介复制品，文教、工美、体育和娱乐用品
高级加工业	石油、炼焦和核燃料加工业	精炼石油和核燃料加工品，炼焦产品
	化学原料和化学制品制造业	基础化学原料，肥料，农药，涂料、油墨、颜料及类似产品，合成材料，专用化学产品和炸药、火工、焰火产品，日用化学产品，医药制品，化学纤维制品，橡胶制品，塑料制品
	非金属矿物制品业	水泥、石灰和石膏，石膏、水泥制品及类似制品，砖瓦、石材等建筑材料，玻璃和玻璃制品，陶瓷制品，耐火材料制品，石墨及其他非金属矿物制品
	金属冶炼和压延加工业	钢、铁及其铸件，钢压延产品，铁合金产品，有色金属及其合金和铸件，有色金属压延加工品
	金属制品业	
	通用设备制造业	锅炉及原动设备，金属加工机械，物料搬运设备，泵、阀门、压缩机及类似机械，文化、办公用机械，其他通用设备
	专用设备制造业	采矿、冶金、建筑专用设备，化工、木材、非金属加工专用设备，农林牧渔专用机械，其他专用设备
	交通运输设备制造业	汽车整车，汽车零部件及配件，铁路运输和城市轨道交通设备，船舶及相关装置，其他交通运输设备
	电气机械和器材制造业	电机，输配电及控制设备，电线、电缆、光缆及电工器材，电池，家用器具，其他电气机械及器材
	通信设备、计算机和其他电子设备制造业	计算机，通信设备，广播电视设备，雷达及配套设备，视听设备，电子元器件，其他电子设备

续表

节点	节点组成	具体内容
高级加工业	仪器仪表制造业	
	其他制造业	
	废品废料	废弃资源和废旧材料回收加工品
	金属制品、机械和设备修理服务	
物能转换业	电力、热力的生产和供应业	
	燃气生产和供应业	
	水的生产和供应业	
建筑业	—	房屋建筑，土木工程建筑，建筑安装，建筑装饰和其他建筑服务
第三产业	批发和零售业	
	交通运输、仓储和邮政业	铁路运输，道路运输，水上运输，航空运输，管道运输，装卸搬运和运输代理，仓储，邮政
	住宿和餐饮业	住宿，餐饮
	信息传输、软件和信息技术服务	电信和其他信息传输服务，软件和信息技术服务
	金融业	货币金融和其他金融服务，资本市场服务，保险
	房地产业	
	租赁和商务服务业	
	科学研究和技术服务业	研究和试验发展，专业技术服务，科技推广和应用服务
	水利、环境和公共设施管理业	水利管理，生态保护和环境治理，公共设施管理
	居民服务、修理和其他服务业	居民服务，其他服务
	教育	
	卫生和社会工作	
	文化、体育和娱乐业	新闻和出版，广播、电视、电影和影视录音制作，文化艺术，体育，娱乐
	公共管理、社会保障和社会组织	
消费部门	—	居民消耗和政府消费

实物-价值型投入产出表中的物质投入子表表征经济体最初的资源投入，是从自然子系统和外部区域获取的物质要素，包含 4 大类资源即生物资源（农作物、林产品、畜牧产品）、能源（能源矿物）、非能源矿物（金属、非金属）和水，其中又可细分为 20 余种不同的物质。依据物质平衡方程，可以获得生产部门物质流动数据，进而构建城市/区域物质代谢网络模型。网络中 f_{ij} 为节点 j 到节点 i 的流，用中间投入与产出、最终产出的价值流乘以相应的物质强度系数计算得到，z_i、y_i 分别为节点 i 的输入流和输出流（与环境间交换），用调入与进口、调出与出口等价值流乘以物质强度系数计算得到（Zhang et al., 2014b）。

5.2.3　能量代谢网络模型

在物质投入子表中仅考虑能源，通过引入能量消耗强度系数，将价值型投入产出表转换为能量投入产出表，考虑的能源类型有原煤、洗精煤、其他洗煤、型煤、焦炭、焦炉煤气、其他煤气、原油、汽油、煤油、柴油、燃料油、液化石油气、炼厂干气、天然气、其他石油制品、其他焦化产品、热力、电力和其他能源20 种。下面以中国 7 大区域、京津冀城市群为例，说明基于投入产出表的能量代谢网络模型的构建思路。

借助中国区域间投入产出表，构建能量代谢网络模型，可以细致刻画 7 大区域间多部门的能量交换（石敏俊和张卓颖，2012；李善同，2010），相对准确地核算能量调入来自哪个区域、哪个部门。网络模型构建时，假设进口产品生产技术等同于国内的生产技术，未区分进口产品与国内产品的差异。以区域作为节点，区域间能量传递作为路径可以构建区域能量代谢网络模型（图 5-18）（Zhang et al.，2016c，2015b）。

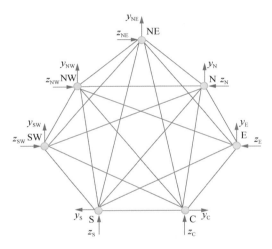

图 5-18　中国 7 大区域间隐含能代谢网络模型

NE 表示东北，包括辽宁、吉林和黑龙江；N 表示北部，包括北京、天津、河北、内蒙古和山西；E 表示东部，
包括上海、浙江、江苏、山东、安徽和福建；C 表示中部，包括河南、湖北、湖南和江西；S 表示南部，
包括广西、广东和海南；SW 表示西南，包括四川、重庆、贵州、西藏和云南；NW 表示西北，
包括新疆、青海、甘肃、宁夏和陕西；模型中 z 和 y 分别代表输入流、输出流

京津冀城市群的能量代谢网络模型以北京、天津和河北为网络节点，以 3 个行政区传递的能量为路径流量，可以分析区域内各省区的地位与作用（Zheng et al.，2017）；在此基础上，继续细化京津冀内部产业部门，构建以产业为节点，产业间能量传递量为路径流量的网络模型，目的是分析城市群内产业的地位与作用。如，依据区域间 5 产业（农业、工业、建筑业、交通运输业、其他服务业）投入产出表，抽离出京津冀三地产业部门，之后将除研究对象以外的 26 个省（区、市）看作外部区域进行合并，以识别模型节点间交换量及其与环境间的输入与输出关系

（Zheng et al., 2018, 2017; Zhang et al., 2016d）（图 5-19）。多级嵌套模型可以在三地基础上，分析京津冀 13 个城市的能量代谢过程，进而对比不同尺度下网络模型特征、规律的异同（图 5-20）。模型中 z 表示由其他 26 个省（区、市）调入或进口的商品与服务中的能量及环境输入，y 表示各节点调出至其他 26 个省（区、市）输出到环境的能量，以及出口商品与服务中的能量。

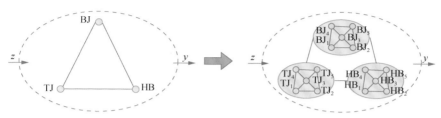

图 5-19　京津冀城市群网络模型（三地细化到产业）

BJ 表示北京，TJ 表示天津，HB 表示河北；下标数字 1 表示农业，2 表示工业，3 表示建筑业，4 表示交通运输业，5 表示其他服务业

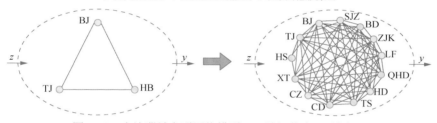

图 5-20　京津冀城市群网络模型（三地细化为 13 城市）

BJ 表示北京，TJ 表示天津，HB 表示河北，HS 表示衡水，XT 表示邢台，CZ 表示沧州，CD 表示承德，TS 表示唐山，HD 表示邯郸，QHD 表示秦皇岛，LF 表示廊坊，ZJK 表示张家口，BD 表示保定，SJZ 表示石家庄

5.3　网络特征模拟

5.3.1　网络结构模拟

网络结构模拟主要研究网络的集中趋势、紧密程度、传输难易程度、核心边缘结构和凝聚小团体等方面特征，其前提是构建邻接矩阵 A，以反映节点间直接路径数量、方向和分布（Borrett and Patten, 2003）。邻接矩阵 $A=[a_{ij}]_{n×n}$（n 为节点数量），A 中元素 a_{ij} 代表节点 j 到节点 i 的资源传递。如果节点 j 对节点 i 存在资源传递，$f_{ij}≠0$、$a_{ij}=1$；如果节点 j 对节点 i 无资源传递，$f_{ij}=0$、$a_{ij}=0$。以邻接矩阵 A 为基础，可引出网络中心性、密度、平均距离、核心边缘结构等概念（韩峰，2017）。除中心度刻画网络中心程度以外，网络密度与平均距离均反映网络的紧密程度，网络密度表示节点间直接联系，而平均距离表示网络节点间的间接联系，

是任意两个节点间的平均最短距离。核心边缘结构、凝聚子群分析则反映网络节点的关联性及子网络间的紧密联系（Snyder and Kick, 1979）。

1. 中心度分析

中心度是刻画节点特征的核心指数，可有效反映节点在网络中的地位和影响。节点中心度越高，其核心地位越明显，控制及影响网络中其他节点的能力就越强。中心度指数分为点度中心度和中介中心度两个指标，前者刻画节点与其他节点发生关联的能力，后者描述节点控制网络中其他节点的能力。

（1）点度中心度。

点度中心度一般分为点出度与点入度两类。在 n 个节点的网络中，每个节点可能发出或接收路径数量的最大值为 $n-1$，代表该节点与网络中其他所有节点均存在直接关联。点入度为指向该节点的路径数与最大可能路径数的比值，点出度为从该节点发出的路径数与最大可能路径数的比值，发出与指向路径数可通过邻接矩阵行和与列和计算得到。点入度反映了该节点被其他节点"关注"的程度，而点出度反映了该节点被其他节点"需求"的程度，两者均可说明节点在网络中的活跃程度。

点度中心度为标准化的入度与出度的平均值。点度中心度越大，说明该节点在网络中越处于中心位置，局部集聚能力也越强，对网络结构、稳定性的影响越大（Scott, 2000）。点度中心度的公式为

$$C_{\mathrm{RD}}(i) = \left(\frac{C_{\mathrm{ID}}(i) + C_{\mathrm{OD}}(i)}{n-1} \right) / 2 \qquad (5\text{-}9)$$

式中，C_{RD} 为点度中心度；C_{ID} 为点入度；C_{OD} 为点出度；n 为网络规模（节点数）。

（2）中介中心度。

中介中心度以经过某个节点的最短路径数量来表示，用来衡量一个节点对资源的控制能力，即该节点在多大程度上是其他节点的"中介"。如果一个节点处于其他多个节点对的最短路径（捷径）上，那么该节点就具有较高的中介中心度，在网络中起到重要的连通作用。

中介中心度高的节点如果被移除或失效，极有可能导致多对节点间传递的路径断裂，进而对整个网络产生致命的影响。因此，具有较高中介中心度的节点，即使点度中心度不高，其也对网络结构也有着显著的影响（Freeman, 1979）。Freeman 在研究网络特征中，证明星形网络有最大的中介中心度，最大值可能达到 $(n^2 - 3n + 2)/2$。中介中心度的表达式为

$$C_{\mathrm{RB}}(i) = \frac{2\sum_{j}^{n}\sum_{k}^{n} b_{jk}(i)}{n^2 - 3n + 2} \qquad (5\text{-}10)$$

式中，C_{RB} 为中介中心度；n 为网络规模（节点数）；$b_{jk}(i)$ 是节点 i 处于节点 j 和节点 k 之间捷径（最短距离）上的概率。

2. 网络密度与平均距离

（1）网络密度。

网络密度是反映网络完备程度、节点间紧密程度及节点参与交流程度的指标，用网络实际路径数与理论最大可能路径数的比值来表示。如果一个网络中所有节点均直接相连，那么网络密度就达到最大值，即 $n(n-1)$，等于它所包含的总对数。节点数不变，网络密度越高，网络结构的鲁棒性（稳健性[①]）越强。

网络密度值理论上介于 0 和 1 之间，但实际中网络的最大密度一般为 0.5（刘军，2004），值越接近 1 表明网络节点间关系越紧密（Scott，2000）。网络密度 D 计算公式为

$$D = \frac{L}{n(n-1)} \tag{5-11}$$

式中，n 是网络规模（节点数）；L 为网络实际拥有的路径数。

（2）平均距离。

网络密度关注的是距离为 1 的路径，而平均距离则关注节点间交流所经过的路径数，反映了一个节点能够连接到其他节点的难易程度，一般大于 1。平均距离为网络中任意两个节点对之间捷径距离的平均值，用来衡量网络中节点间进行资源交流所需经过的"路程"长短（Watts and Strogatz，1998）。平均距离计算公式为

$$AL = \frac{\sum_{i=1}^{n} \sum_{j=1}^{n} d_{ij}}{n(n-1)} \tag{5-12}$$

式中，AL 为平均距离；d_{ij} 代表节点 i 与节点 j 之间的路径长度；n 是网络规模（节点数）。

5.3.2　网络功能模拟

网络功能模拟主要分析节点间流量分布及复杂的功能关系特征，大多基于环境元分析开展。环境元分析类似于传统投入产出技术的结构路径分析（structure path analysis，SPA），其应用前提是网络呈现稳态，节点输入和输出相等（Xia et al.，2016）。以网络节点 i 为例，来自其他节点和外界环境的输入量在流转过程中或耗散，或存储，最后流出到其他节点和外部环境。其他节点到该节点的输入流量用 f_{i*}

[①] 稳健性表征控制系统对特性或参数扰动的不敏感性，而稳定性是指计量特性随时间恒定的能力。

表示，从该节点输出到其他节点的流量用 f_{*i} 表示，z_i 表示外界环境对节点 i 的输入，y_i 为节点 i 输出到外界环境的流量（图 5-21）。

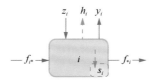

图 5-21　节点 i 输入输出守恒的示意图

i 代表节点，s_i 为节点 i 增加的存量，h_i 为节点 i 耗散量

输入输出守恒关系式为

$$f_{i*} + z_i = f_{*i} + y_i + s_i + h_i \tag{5-13}$$

对于城市代谢系统，节点输出一般包括累积存量、污染物排放及耗散损失等数据，相对节点的输入（原材料、半成品）而言，输出一般较难完整获得，因此大多以节点总输入量 $T_{i(\text{in})}$ 作为节点通量 T_i。在此基础上，采用网络效用分析方法计算综合效用矩阵，确定正负号分布及数量比值，表明城市代谢节点间的作用方式、共生状况；利用网络流量分析方法计算系统节点间的综合流量，明确节点在网络中的地位和作用，以及网络的生态层阶结构。

1. 效用分析

效用分析集中于节点间生态关系占比、分布的研究，进而引申出生态关系稳定性、节点净收益和网络共生水平等指标（张妍等，2017; Zhang et al., 2017）。

（1）生态关系分析。

网络的结构特征模拟并未考虑路径的流量，如果将邻接矩阵元素为 1（a_{ij}=1）的值替换为相应的流量数据 f_{ij}，就形成直接流量矩阵 $\boldsymbol{F}$。基于矩阵 $\boldsymbol{F}$（元素为路径传递的流量 f_{ji}）和节点通量矩阵 $\boldsymbol{T}$（总输入流量），计算得到直接效用强度矩阵 $\boldsymbol{D}$，反映网络节点间净效用；再结合式（5-16）计算得到无量纲综合效用强度矩阵 $\boldsymbol{U}$（元素 u_{ij}），进而明确节点间利用与被利用的效用强度与利用方式（Patten, 1992, 1991）。

$$\boldsymbol{U} = (u_{ij}) = \boldsymbol{D}^0 + \boldsymbol{D}^1 + \boldsymbol{D}^2 + \boldsymbol{D}^3 + \cdots + \boldsymbol{D}^m + \cdots = (\boldsymbol{I} - \boldsymbol{D})^{-1} \tag{5-14}$$

$$d_{ij} = \frac{f_{ij} - f_{ji}}{T_i} \tag{5-15}$$

$$T_i = \sum_{j=1}^{n} f_{ij} + z_i \tag{5-16}$$

式中，$\boldsymbol{I}$ 为单位矩阵；$\boldsymbol{D}^k$ 则反映节点间 k 阶路径的作用强度。

矩阵 $\boldsymbol{D}^1$ 反映节点间直接作用强度与方式，间接作用的传递路径长度一定大于 1，如 $\boldsymbol{D}^2$ 表示沿着 2 阶路径的作用强度，$\boldsymbol{D}^3$ 表示沿着 3 阶路径的作用强度，依此类推。单位矩阵 $\boldsymbol{I}$ 则反映流经节点的流量产生的自我反馈作用。

基于综合效用矩阵 $\boldsymbol{U}$ 和直接效用矩阵 $\boldsymbol{D}$，可以计算节点间的间接效用：

$$\text{Indirect} = \boldsymbol{U} - \boldsymbol{I} - \boldsymbol{D} \qquad (5\text{-}17)$$

提取综合效用矩阵 $\boldsymbol{U}$ 中元素 u_{ij} 的正负号，可得到关系符号矩阵 $\text{sgn}(\boldsymbol{U})$，其中每个元素记为 su_{ij}，据此可以识别网络节点间的生态关系类型（Fath, 2007），包括掠夺、控制、竞争、互利共生、中性、偏利共生、无利共生、偏害寄生和无害寄生 9 种关系（表 5-9）。一般而言，矩阵 $\boldsymbol{U}$ 正对角线的符号均为正，说明网络中每个节点都是自我共生的，能够形成自我提升的正面收益（Patten, 1991）。

表 5-9　正负号组合与对应的关系类型

	+	0	−
+	(+, +)互利共生	(+, 0)偏利共生	(+, −)掠夺
0	(0, +)无利共生	(0, 0)中性	(0, −)无害寄生
−	(−, +)控制	(−, 0)偏害寄生	(−, −)竞争

在可能的 9 种关系中，$su_{ij} = 0$ 的情况很少出现在城市代谢网络中，这是因为中性关系、偏利共生、无利共生、无害寄生和偏害寄生不太符合市场运行规律，虽在政府干预下可能会短期存在，但从长远发展来看，这些关系类型出现的可能性偏低。因此中性、偏利共生、无利共生、无害寄生和偏害寄生等 5 种关系可以不被考虑。同时，这样，根据正负号组合的不同，节点间可能出现 4 种生态关系类型，分别为掠夺(+, −)、竞争(−, −)、控制(−, +)、互利共生(+, +)，其中，掠夺关系和控制关系本质相同，只是主体对换，常被合并统称为掠夺关系。如果 $(su_{21}, su_{12}) = (+, -)$，表示节点 2 掠夺节点 1，类似于自然界的捕食关系；相反，如果 $(su_{21}, su_{12}) = (-, +)$，表示节点 2 被节点 1 所控制，或是被掠夺。掠夺与控制均体现依赖关系，可能在某种程度上造成一方受益，一方受损。如果 $(su_{21}, su_{12}) = (-, -)$，表示节点 1 和节点 2 间存在竞争关系，竞争可分为有效竞争、过度竞争，因此应根据竞争关系的稳定性，识别出有效竞争（短期竞争）促进双方资源利用效率的提高，规避过度竞争（长期竞争），促进双方协调发展（Li et al., 2012）。如果 $(su_{21}, su_{12}) = (+, +)$，那么两个节点间是共生关系，两个节点相互依存、共同发展，均可获取正面收益。

（2）共生与协同分析。

根据综合效用矩阵 $\boldsymbol{U}$ 及其符号矩阵 $\text{sgn}(\boldsymbol{U})$，可计算共生指数 M（mutualism index）和协同指数 S（synergism index），以判断网络是否处于良性发展的状况。M 是效用强度符号矩阵中正负号数量的比值，反映网络受益主体的多寡；S 是综合效用矩阵中的正值元素和与负值元素和的比值，或正值元素和与负值元素和的加和，可以反映网络及节点收益的大小（Patten, 1992, 1991）。

$$M = S_+ / S_- \tag{5-18}$$

式中，$S_+ = \sum_{ij} \max\left[\operatorname{sgn}(u_{ij}), 0\right]$；$S_- = \sum_{ij} -\min\left[\operatorname{sgn}(u_{ij}), 0\right]$。

如果 $M > 1$，即矩阵 U 中正向符号数量大于负向符号数量，说明受益节点多于受损节点，网络正效用大于负效用，为共生网络。利用网络共生指数，可以评估网络的共生状况，M 越大网络的共生程度越高。当正向符号数量为 0 时，M 值为 0，表明网络中无受益节点；当负向符号数量为 0 时，M 值为 ∞，表明网络中无受损节点。

正负符号数量的相对大小不足以说明网络收益的多少，因此引入协同指数 S 来表征网络的正负收益，也可以评估网络的共生状况（Patten, 1991），分析网络整体收益、节点收益和不同关系类型的收益变化。

$$S = (B_+) + (B_-) \tag{5-19}$$

式中，$B_+ = \sum_{ij} \max(u_{ij}, 0)$；$B_- = \sum_{ij} \min(u_{ij}, 0)$。

如果 $S > 0$，说明网络正向收益大于负向收益，表现为共生状态，S 值越大网络共生程度越高。

2. 流量分析

（1）直接与间接效应分析。

根据直接流量矩阵 F 和节点总通量 T 可以计算得到无量纲的直接流量强度矩阵 G'，元素值 $g'_{ij} = f_{ij} / T_i$，再采用流量分析方法计算无量纲的综合流量强度矩阵 N'，进而模拟流量的分布特征，辨识间接效应的优劣（Zhang et al., 2015a）。

$$N' = \left(n'_{ij}\right) = (G')^0 + (G')^1 + (G')^2 + (G')^3 + \cdots + (G')^m + \cdots = (I - G')^{-1} \tag{5-20}$$

式中，$(G')^0$ 为自反馈矩阵，反映流经各节点的流量产生的自我反馈作用；$(G')^1$ 为直接流量强度矩阵，表示各节点间传递的直接流量的强度；$(G')^m$（$m \geqslant 2$）表示节点间路径长度为 m 的间接流量强度矩阵。通过直接流量强度矩阵 G' 的高级次幂可以表示不同路径长度的间接流量强度矩阵。

以 4-节点网络中节点 1～4 的流量传递为例，说明综合流量计算的原理。代谢长度 k 是指起始节点和终止节点之间路径的数量，$k=1$ 的路径为直接路径，$k>1$ 的路径为间接路径。图 5-22 中显示了直接与间接流量的形成路径。节点 4 除与外部环境有输入 z_4 和输出 y_4 外，也接收来自节点 1 的直接流量传递（代谢长度 $k=1$），还包括节点 1 经由节点 2 的一次间接流量传递（$k=2$），以及节点 1 经由节点 2 和节点 3 的二次间接流量传递（$k=3$）。汇总由节点 1 到节点 4 的多种可能路径，就可以计算得到节点 1 到节点 4 的综合流量。

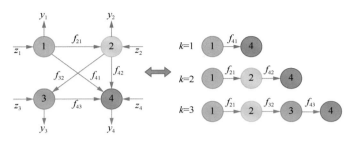

图 5-22　综合流量计算原理

基于综合流量强度矩阵 $\boldsymbol{N'}$ 和直接流量强度矩阵 $\boldsymbol{G'}$，可以计算节点间的间接流量矩阵（Zhang et al., 2015a）。通过对比直接流量与间接流量的大小，分析网络节点关联产生的间接效应，以明确网络直接/间接主导类型。

$$\text{Indirect} = \boldsymbol{N'} - \boldsymbol{I} - \boldsymbol{G'} \qquad (5\text{-}21)$$

（2）节点贡献分析（推动力与拉动力指数）。

利用综合流量强度矩阵 $\boldsymbol{N'}$，计算节点对网络的相对贡献权重（Fath and Patten, 1998）。矩阵 $\boldsymbol{N'}$ 包含了列向量 $\boldsymbol{n'_j} = \left(n'_{1j}, n'_{2j}, \cdots, n'_{nj}\right)$ 和行向量 $\boldsymbol{n'_i} = \left(n'_{i1}, n'_{i2}, \cdots, n'_{in}\right)$。其中，列向量 $\boldsymbol{n'_j} = \left(n'_{1j}, n'_{2j}, \cdots, n'_{nj}\right)$ 反映节点 j 对各节点贡献的综合流量强度，$W_j = \sum_{i=1}^{n} n'_{ij}$ 则是节点 j 对整个网络贡献的综合流量强度，反映节点 j "发送"流量的能力，体现该节点通过后向关联（供给关联）对于其他节点的推动作用，称为推动力权重或称推动力系数，反映网络对该节点的需求和依赖程度。

另外，行向量 $\boldsymbol{n'_i} = \left(n'_{i1}, n'_{i2}, \cdots, n'_{in}\right)$ 反映了其他各节点贡献给节点 i 的综合流量强度，$W_i = \sum_{j=1}^{n} n'_{ij}$ 则是整个网络对节点 i 贡献的综合流量强度，反映节点 i "接收"流量的能力，体现该节点通过前向关联（需求关联）对于其他节点的拉动作用，称为拉动力权重或拉动力系数，反映该节点对网络其他节点的需求和依赖程度。类似于自然生态系统营养级的生物量，权重反映上下级传递或贡献的大小，体现了各节点在网络中所处的地位和作用（代谢角色）。

3. 层阶分析

层阶分析的重点是识别网络节点的上下游分布，一般以生态关系类型、产业链格局为主，主观判断为辅，再结合综合流量矩阵的贡献率（权重）计算，可以模拟网络的生态层阶结构。

（1）基于生态关系类型的层阶分析。

从理论上讲，利用综合效用符号矩阵 $\text{sgn}(U)$，可以确定节点在网络中所处的层阶。如果 $(\text{su}_{ij}, \text{su}_{ji}) = (+, -)$，那么节点 i 掠夺节点 j 的资源，借鉴自然生态系统中食物链原理，节点 i 位于节点 j 的上级层阶；如果 $(\text{su}_{ij}, \text{su}_{ji}) = (-, -)$，则节点 i 和节点 j 处于相同的层阶；如果 $(\text{su}_{ij}, \text{su}_{ji}) = (+, +)$，则节点 i 和节点 j 所处的层阶相距较远。根据这些关系两两判断，就可以确定节点的上下游分布，从而确定各节点在层阶中的位置。

但是，两两判断的结果之间可能会出现一定的矛盾之处，这是由于网络循环路径的存在及节点多角色扮演导致的。因此，在确定节点上下游分布时，将遵循少数服从多数的原则，优先考虑掠夺和控制，并辅以竞争关系划定层阶结构。城市代谢网络一般会呈现金字塔形、倒金字塔形、杠铃形、橄榄形（纺锤形）等形态，如图 5-23 所示。

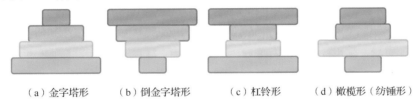

（a）金字塔形　　　（b）倒金字塔形　　　（c）杠铃形　　　（d）橄榄形（纺锤形）

图 5-23　基于生态关系分布的层阶结构

（2）基于产业链格局的层阶分析。

根据节点在产业链中的分布格局、所处的生态角色（生产者、消费者和还原者），辅以经验判断，确定网络层阶结构。一般，处于层阶底层的节点为生产者，接着向上依次为初级消费者和更高级的消费者。搭建生态层阶时，可以将还原者单列一个层阶，突出城市代谢过程中循环节点的重要作用，也可以将还原者层阶与生产者层阶合并，以反映底部层阶对城市代谢过程的支撑作用，以及供给与需求的平衡状况（图 5-24）。

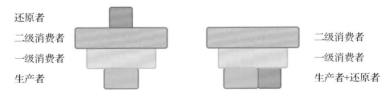

图 5-24　基于产业链格局的层阶结构

5.3.3　网络路径模拟

以全球贸易碳转移网络为例，说明网络路径追踪及类型识别的重要意义。借助世界投入产出数据库（World Input-Output Database，WIOD）、Eora 全球供应链数据库等，结合投入产出的里昂惕夫逆矩阵，可以计算得到某个国家消费视角的 CO_2 转移（以下简称碳转移）矩阵 CC（产业间矩阵），CC 的计算公式如下：

$$CC = \mathrm{diag}(F_W) \cdot (I - A)^{-1} \cdot Y_I \qquad (5\text{-}22)$$

$$F_W = CP / X \qquad (5\text{-}23)$$

式中，F_W 为全球碳排放强度矩阵；CP 表示各国碳排放量矩阵；X 表示各国总产出矩阵；A 表示直接消耗系数矩阵；Y_I 表示 I 国的最终消费量矩阵。

　　基于全球所有国家消费视角的碳转移计算结果，提取本地生产本地消费的矩阵 D、服务于消费的进口矩阵 M、出口矩阵 N 和最终消费 C。表 5-10 展示了矩阵 M、N、C 的位置分布，M 和 N 中的任意元素均可表示为初级产品生产部门 P_1 流向最终产品生产部门 P_2 的路径流量，根据 P_1、P_2（均在本国、均在外国、分别在本国和外国）和最终消费地（本国或外国）的空间分布差异将产业关联路径分为 5 种类型，它们分别是：外国 P_1^F 传递到本国 P_2^D 后被本国 C_1^D 消费的初级产品进口部分 M_1（表中深蓝色部分）；外国 P_1^F 传递到外国 P_2^F 后被本国 C_2^D 消费的最终产品进口部分 M_2（表中浅蓝色部分）；本国 P_1^D 传递到外国 P_2^F 最终被外国 C_1^F 消费的初级产品出口部分 N_1（表中黄绿色部分）；本国 P_1^D 传递到本国 P_2^D 被外国 C_2^F 消费的最终产品出口部分 N_2（表中橙色部分）；本国 P_1^D 传递到外国 P_2^F 最终被本国 C_3^D 消费的二次返回部分 M_3（表中绿色部分）。M_1、M_2 共同构成出口部分 M，N_1、N_2 和 C_1^3 共同构成进口部分 N（Meng et al., 2014）。

表 5-10　全球贸易中某国进口和出口碳转移路径

| | | 本国 | | | 外国 | | |
		P_1^D	P_2^D	C^D	P_1^F	P_2^F	C^F
本国	P_1^D		N_2	C_3^D		N_1	C_1^F
						M_3	C_2^F
	P_2^D						
外国	P_1^F		M_1	C_1^D / C_2^D		M_2	
	P_2^F						

注：P_1^D 本国初级产品生产部门，P_2^D 本国最终产品生产部门，C^D 本国消费（由 C_1^D、C_2^D 和 C_3^D 三部分构成），P_1^F 外国初级产品生产部门，P_2^F 外国最终产品生产部门，C^F 外国消费（由 C_1^F 和 C_2^F 两部分构成）

　　具体路径类别见图 5-25。除本地生产与消费路径外（P_1、P_2 和 C 均在本国，红色），出口包括外地消费的初级产品出口（P_1 在国内，P_2 和 C 在国外，黄绿色）、外地消费的最终产品出口（P_1 和 P_2 在国内，C 在国外，橙色）和本地消费的初级产品出口（P_1 和 C 在国内，P_2 在国外，绿色）三类；进口包括本地消费的初级产品进口（P_2 和 C 在国内，P_1 在国外，深蓝色）和最终产品进口（C 在国内，P_1 和 P_2 在国外，浅蓝色）两类。本地消费的初级产品出口、本地生产和消费的相同点在于 P_1 和 C 均在国内，只是 P_2 存在着地理分布的差异，外地消费的初级产品出口与最终产品出口的差别在于 P_2 的地理分布一个在国外，一个在国内，而服务于本地消费的初级产品进口与最终产品进口的差别同样在于 P_2 的地理分布一个在国内，一个在国外。

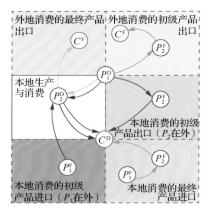

图 5-25　国家贸易碳转移路径分类示意图

P_1^D 本国初级产品生产部门，P_2^D 本国最终产品生产部门，C^D 本国消费，P_1^F 外国初级产品生产部门，
P_2^F 外国最终产品生产部门，C^F 外国消费

　　基于上述方法，可以核算某个国家消费视角的碳转移总量，进而在全球消费碳转移背景下，剖析服务国家消费碳转移量的国内、国外贡献结构及关键产业部门。随后，筛选出服务某国消费的其他关键国家、产业，并确定其数量、流量的洲际空间差异特征，以明确全球贸易碳转移网络中各经济体之间的联系。

　　除消费视角碳转移分析外，可以将研究视角转向国外，分析国家进出口碳转移总量的变化规律及 5 类路径类型的结构分布，分析其他国家对某个国家进出口转移量的贡献结构，并排序、筛选占比较大的国家，作为初级产品进口、出口产业关联分析的重点对象。之后，将该国参与初级产品进口、出口的部门排序，筛选出关键部门及其关联的国外 P_2、P_1 角色的产业。最后，可以结合碳减排责任，根据国家进出口转移量的差值得到净进口/出口 CO_2 转移量，重新调整国家减排目标，在对比本国和关键国家技术和经济发展水平的前提下，提出合理的减排方案。

参 考 文 献

陈占明, 2011. 世界经济的体现生态要素流分析. 北京: 北京大学.

韩峰, 2017. 生态工业园区工业代谢及共生网络结构解析. 济南: 山东大学.

李善同, 2010. 2002 年中国地区扩展投入产出表: 编制与应用. 北京: 经济科学出版社.

刘纪远, 张增祥, 徐新良, 等, 2009. 21 世纪初中国土地利用变化的空间格局与驱动力分析. 地理学报, 64(12): 1411-1420.

刘军, 2004. 社会网络分析导论. 北京: 社会科学文献出版社.

石敏俊, 张卓颖, 2012. 中国省区间投入产出模型与区域经济联系. 北京: 科学出版社.

徐新良, 庞治国, 于信芳, 2014. 土地利用覆被变化时空信息分析方法及应用. 北京: 科技文献出版社.

张妍, 郑宏媚, 陆韩静, 2017. 城市生态网络分析研究进展. 生态学报, 37(12): 4258-4267.

Alberti M, Marzluff J, 2004. Ecological resilience in urban ecosystems: Linking urban patterns to human and ecological functions. Urban Ecosystems, 7(3): 241-265.

Borrett S R, Patten B C, 2003. Structure of pathways in ecological networks: Relationships between length and number. Ecological Modelling, 170(2-3): 173-184.

Duchin F, 2009. Input-output economics and material flows//Handbook of Input-Output Economics in Industrial Ecology. Dordrecht: Springer: 23-41.

Fath B D, 2007. Network mutualism: Positive community-level relations in ecosystems. Ecological Modelling, 208(1): 56-67.

Fath B D, Patten B C, 1998. Network synergism: Emergence of positive relations in ecological systems. Ecological Modelling, 107(2-3): 127-143.

Freeman L C, 1979. Centrality in social networks: Conceptual clarification. Social Networks, 1(3): 215-239.

Grimm N B, Faeth S H, Golubiewski N E, et al., 2008. Global change and the ecology of cities. Science, 319(5864): 756-760.

Lenzen M, 1998. Primary energy and greenhouse gases embodied in Australian final consumption: An input-output analysis. Energy Policy, 26(6): 495-506.

Li J, Zhang Y, Liu N Y, et al., 2018. Flow analysis of the carbon metabolic processes in Beijing using carbon imbalance and external dependence indices. Journal of Cleaner Production, 201(21): 295-307.

Li S S, Zhang Y, Yang Z F, et al., 2012. Ecological relationship analysis of the urban metabolic system of Beijing, China. Environmental Pollution, 170(11): 169-176.

Li Y X, Zhang Y, Hao Y, et al., 2019a. Exploring the processes in an urban material metabolism and interactions among sectors: An experimental study of Beijing, China. Ecological Indicators, 99(2): 214-224.

Li Y X, Zhang Y, Yu X Y, 2019b. Urban weight and its driving forces: A case study of Beijing. Science of the Total Environment, 658(6): 590-601.

Meng B, Peters G, Wang Z, 2014. Tracing CO_2 Emissions in Global Value Chains. (2014-12-24) [2015-4-5]. https://papers.ssrn.com/sol3/papers.cfm?abstract_id=2541893.

Patten B C, 1991. Network ecology: Indirect determination of the life-environment relationship in ecosystems//Higashi M, Bums T. Theoretical Studies of Ecosystems: The Network Perspective. New York: Cambridge University Press: 288-351.

Patten B C, 1992. Energy, emergy and environs. Ecological Modeling, 62(1): 29-69.

Scott J, 2000. Social Network Analysis: A Handbook. London: Sage Publications.

Snyder D, Kick E L, 1979. Structural position in the world system and economic growth, 1955-1970: A multiple-network analysis of transnational interactions. American Journal of Sociology, 84(5): 1096-1126.

Watts D J, Strogatz S H, 1998. Collective dynamics of "smallworld" networks. Nature, 393(6684): 440-442.

Xia L L, Fath B D, Scharler U M, et al., 2016. Spatial variation in the ecological relationships among the components of Beijing's carbon metabolic system. Science of the Total Environment, 544(3): 103-113.

Xia L L, Liu Y, Wang X J, et al., 2018. Spatial analysis of the ecological relationships of urban carbon metabolism based on an 18 nodes network model. Journal of Cleaner Production, 170(1): 61-69.

Xia L L, Zhang Y, Wu Q, et al., 2017. Analysis of the ecological relationships of urban carbon metabolism based on the eight nodes spatial network model. Journal of Cleaner Production, 140(1): 1644-1651.

Zhang Y, Liu H, Chen B, 2013. Comprehensive evaluation of the structural characteristics of an urban metabolic system: Model development and a case study of Beijing. Ecological Modelling, 252(5): 106-113.

Zhang Y, Liu H, Li Y T, et al., 2012. Ecological network analysis of China's societal metabolism. Journal of Environmental Management, 93(1): 254-263.

Zhang Y, Lu H J, Fath B D, et al., 2016a. A network flow analysis of the nitrogen metabolism in Beijing, China. Environmental Science & Technology, 50(16): 8558-8567.

Zhang Y, Wu Q, Wang X J, et al., 2017. Analysis of the ecological relationships within the CO_2 transfer network created by global trade and its changes from 2001 to 2010. Journal of Cleaner Production, 168(23): 1425-1435.

Zhang Y, Xia L L, Fath B D, et al., 2016b. Development of a spatially explicit network model of urban metabolism and analysis of the distribution of ecological relationships: Case study of Beijing, China. Journal of Cleaner Production, 112(2): 4304-4317.

Zhang Y, Xia L L, Xiang W N, 2014a. Analyzing spatial patterns of urban carbon metabolism: A case study in Beijing, China. Landscape and Urban Planning, 130(5): 184-200.

Zhang Y, Yang Z F, Fath B D, 2010a. Ecological network analysis of an urban water metabolic system: Model development, and a case study for Beijing. Science of the Total Environment, 408(20): 4702-4711.

Zhang Y, Yang Z F, Fath B D, et al., 2010b. Ecological network analysis of an urban energy metabolic system: Model development, and a case study of four Chinese cities. Ecological Modelling, 221(16): 1865-1879.

Zhang Y, Yang Z F, Yu X Y, 2009. Ecological network and emergy analysis of urban metabolic systems: Model development, and a case study of four Chinese cities. Ecological Modelling, 220(11): 1431-1442.

Zhang Y, Zheng H M, Chen B, et al., 2016c. Ecological network analysis of embodied energy exchanges among seven regions of China. Journal of Industrial Ecology, 20(3): 472-483.

Zhang Y, Zheng H M, Fath B D, et al., 2014b. Ecological network analysis of an urban metabolic system based on input-output tables: Model development and case study for Beijing. Science of the Total Environment, 468-469(1): 642-653.

Zhang Y, Zheng H M, Yang Z F, et al., 2016d. Urban energy flow processes in the Beijing-Tianjin-Hebei (Jing-Jin-Ji) urban agglomeration: Combining multi-regional input-output tables with ecological network analysis. Journal of Cleaner Production, 114(3): 243-256.

Zhang Y, Zheng H M, Yang Z F, et al., 2015a. Analysis of the industrial metabolic processes for sulfur in the Lubei (Shandong Province, China) eco-industrial park. Journal of Cleaner Production, 96(11): 126-138.

Zhang Y, Zheng H M, Yang Z F, et al., 2015b. Multi-regional input-output model and ecological network analysis for regional embodied energy accounting in China. Energy Policy, 86(11): 651-663.

Zheng H M, Fath B D, Zhang Y, 2017. An urban metabolism and carbon footprint analysis of the Jing-Jin-Ji Regional Agglomeration. Journal of Industrial Ecology, 21(1): 166-179.

Zheng H M, Wang X J, Li M J, et al., 2018. Interregional trade among regions of urban energy metabolism: A case study between Beijing-Tianjin-Hebei and others in China. Resources, Conservation and Recycling, 132(5): 339-351.

第6章　城市代谢优化调控

6.1　因素分解分析

像人体一样，城市也是有体质的生命体，有虚寒和实热之分。虚寒体质的城市代谢率低、吞吐量少，而实热体质的城市代谢旺盛、吞吐量大。除了代谢率高低之分，还存在代谢主体的差异，有的城市属于生产型城市，有的属于消费型城市，在制定城市发展战略时要依据城市的体质有不同的取舍。因此，基于分部门分行业、生产和生活、城市消费差异，建立因素分解模型，可有效区分不同社会、经济因素对城市代谢过程的影响。

城市代谢研究可有效支持城市规划、设计与调控。通过城市代谢过程分析，提炼出表征代谢问题的特征性指标，分析各种社会经济因素变动对其影响的程度和方向，将有助于决策者提出切实、有效的控制措施，提高城市生态管理效率。影响因素识别多采用分解分析方法，它是一种能够将综合指标变化定量分解为若干贡献因素的分析工具，包含结构分解分析（structural decomposition analysis，SDA）和指数分解分析（index decomposition analysis，IDA）两种方法。尽管这两种方法均基于两组或两组以上历史数据，分析得到指标变化的决定性因素，但后者对数据需求量小、适用性强。而平均迪氏指数（logarithmic mean Divisia index，LMDI）法是目前 IDA 各种方法中相对有说服力的一种，它可将余项完全分解，应用颇为广泛（Ang, 2005, 2004）。

6.1.1　碳代谢因素分解

1. 整合社会经济因素的分解分析

优化城市碳转化过程、增加碳吸收能力，目的是减少碳排放，以降低对全球气候变化的影响，因此表征碳代谢过程的重要参量是碳排放量。以此参量为目标变量，建立因素分解模型，从城市整体生产和消费两个方面识别关键影响因素，为碳减排和政策制定提供依据。提取能源消费碳排放量为目标参量，建立因素分解模型，识别关键影响因素，并划分能源消费碳排放效应区，为碳减排战略和政策制定提供基础。

采用 LMDI 方法，关注对碳排放贡献较大的能源消耗活动，将其碳排放量分解为人口数量、人均 GDP、经济结构、能源效率、能源结构和能源碳排放强度 6

个因素，并进一步归结为规模效应（人口数量、人均 GDP 因素引致）、强度效应（能源效率、能源碳排放强度因素引致）和结构效应（经济结构、能源结构因素引致），在此基础上，建立整合社会经济影响因素的完全分解模型（图 6-1），计算规模、强度、结构效应对能源消费碳排放变化影响的方向和大小（Zhang et al., 2011）。

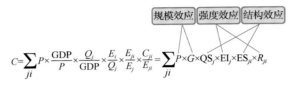

$$C = \sum_{ji} P \times \frac{GDP}{P} \times \frac{Q_j}{GDP} \times \frac{E_j}{Q_j} \times \frac{E_{ji}}{E_j} \times \frac{C_{ji}}{E_{ji}} = \sum_{ji} P \times G \times QS_j \times EI_j \times ES_{ji} \times R_{ji}$$

图 6-1　碳排放总量变化的完全分解模型

C 为碳排放总量，10^4t；GDP 为国内或地区生产总值，亿元；P 为人口数量，万人；Q_j 为部门 j 的产值，亿元；E_j 为部门 j 的能源消费总量，10^4t 标准煤；E_{ji} 为部门 j 的第 i 种能源的消费量，10^4t 标准煤；C_{ji} 为部门 j 的第 i 种能源的碳排放量，10^4t；G 为人均国内生产总值，万元/人；QS_j 为部门 j 的经济结构；EI_j 为部门 j 的能源强度，t 标准煤/万元；ES_{ji} 为部门 j 的第 i 种能源的消费量占该部门能源消费总量的比例；R_{ji} 为部门 j 的第 i 种能源的碳排放系数，10^4t/10^4t 标煤

第 T 年相对于基年碳排放量的变化可表示为

$$\Delta C = C^T - C^0 = \Delta C_P + \Delta C_G + \Delta C_{QS} + \Delta C_{EI} + \Delta C_{ES} + \Delta C_R \quad (6\text{-}1)$$

式中，ΔC 为第 T 年相对于基年的碳排放量的变化，10^4t；C^T、C^0 分别为第 T 年、基年的碳排放量，10^4t；ΔC_P、ΔC_G、ΔC_{QS}、ΔC_{EI}、ΔC_{ES}、ΔC_R 分别为人口因素、人均 GDP 因素、经济结构因素、能源效率因素、能源结构因素和能源碳排放强度因素变化引起的碳排放的变化量，10^4t。

各类能源碳排放系数大多采用《IPCC 国家温室气体清单指南》提供的碳排放系数缺省值，同时各种能源碳排放系数一般作为常数，较少考虑能源碳排放强度因素对碳排放量变化的影响，因此，ΔC_R 为零。采用 LMDI 加法分解得到的结果如式（6-2）～式（6-6）所示。

$$\Delta C_P = \ln\left(\frac{P^T}{P^0}\right) \sum_{ji} \frac{C_{ji}^T - C_{ji}^0}{\ln C_{ji}^T - \ln C_{ji}^0} \quad (6\text{-}2)$$

$$\Delta C_G = \ln\left(\frac{G^T}{G^0}\right) \sum_{ji} \frac{C_{ji}^T - C_{ji}^0}{\ln C_{ji}^T - \ln C_{ji}^0} \quad (6\text{-}3)$$

$$\Delta C_{QS} = \ln\left(\frac{Qs_j^T}{Qs_j^0}\right) \sum_{ji} \frac{C_{ji}^T - C_{ji}^0}{\ln C_{ji}^T - \ln C_{ji}^0} \quad (6\text{-}4)$$

$$\Delta C_{EI} = \ln\left(\frac{EI_j^T}{EI_j^0}\right) \sum_{ji} \frac{C_{ji}^T - C_{ji}^0}{\ln C_{ji}^T - \ln C_{ji}^0} \quad (6\text{-}5)$$

$$\Delta C_{\text{ES}} = \ln\left(\frac{\text{ES}_{ji}^T}{\text{ES}_{ji}^0}\right)\sum_{ji}\frac{C_{ji}^T - C_{ji}^0}{\ln C_{ji}^T - \ln C_{ji}^0} \tag{6-6}$$

式中，C_{ji}^T、C_{ji}^0 分别为第 T 年、基年第 i 种能源消耗的碳排放量，10^4t；ΔC_P、ΔC_G、ΔC_{EI}、ΔC_{QS}、ΔC_{ES} 用以表征规模、强度和结构效应对能源消耗碳排放量的影响。

2. 细化社会与经济因素的分解分析

考虑生产和生活两个方面，采用 LMDI 法构建能源消耗碳排放因素分解模型，计量经济规模、经济结构、单位产值能耗、生产部门能源消费结构、人口数量、人口城乡结构、人均能耗、生活部门能源消费结构 8 个影响因素的减排效应（Zhang et al., 2013）。

$$C = \sum_{ji}\text{GDP}\times\frac{Q_j}{\text{GDP}}\times\frac{E_j}{Q_j}\times\frac{E_{ji}}{E_j}\times\frac{C_{ji}}{E_{ji}} + \sum_{ki}P\times\frac{P_k}{P}\times\frac{E_k}{P_k}\times\frac{E_{ki}}{E_k}\times\frac{C_{ki}}{E_{ki}} \tag{6-7}$$

式中，C 为碳排放量；i 为能源种类；j 为生产部门类别；k 为生活部门类别（城镇或乡村）；GDP 为国内或地区生产总值；Q_j 为生产部门 j 的生产总值；E_j 为生产部门 j 的能源消耗量；E_{ji} 为生产部门 j 的 i 类能源消耗量；C_{ji} 为生产部门 j 消耗 i 类能源产生的碳排放量；P 为总人口；P_k 为城镇或乡村人口；E_k 为城镇或乡村的能源消费量；E_{ki} 为城镇或乡村的 i 类能源消耗量；C_{ki} 为城镇或乡村消耗 i 类能源产生的碳排放量。

$$C = \sum_{ji}\text{GDP}\times S_j\times\text{EI}_j\times\text{ES}_{ji}\times R_{ji} + \sum_{ki}P\times\text{SS}_k\times\text{EII}_k\times\text{ESS}_{ki}\times R_{ki} \tag{6-8}$$

式中，S_j 为生产总值中生产部门 j 的比重；EI_j 为生产部门 j 的单位产值能耗；ES_{ji} 为生产部门 j 能源消耗量中 i 类能源的比重；R_{ji} 为生产部门 j 消耗 i 类能源的碳排放系数；SS_k 为人口的城乡结构，即城市或乡村人口占总人口的比重；EII_k 为城镇或乡村人均能耗；ESS_{ki} 为城镇或乡村能源消耗量中 i 类能源的比重；R_{ki} 为城镇或乡村 i 类能源的碳排放系数。

一般将各类能源的碳排放系数以常数处理，碳排放系数对碳排放变化的贡献为 0。基年到 T 年的碳排放量变化可表示为

$$\Delta C = C^T - C^0 = \Delta C_G + \Delta C_S + \Delta C_{\text{EI}} + \Delta C_{\text{ES}} + \Delta C_P + \Delta C_{\text{SS}} + \Delta C_{\text{EII}} + \Delta C_{\text{ESS}} \tag{6-9}$$

式中，ΔC 为 T 年相对于基年的碳排放量的变化；C^T、C^0 分别为 T 年、基年的碳排放量；ΔC_G、ΔC_S、ΔC_{EI}、ΔC_{ES}、ΔC_P、ΔC_{SS}、ΔC_{EII} 和 ΔC_{ESS} 分别为经济规模、经济结构、单位产值能耗、生产部门能源消耗结构、人口规模、人口城乡结构、人均能耗和生活部门能源消耗结构引起的碳排放的变化量。采用 LMDI 分解得到的结果如式（6-10）～式（6-17）。

$$\Delta C_G = \ln\left(\frac{G^T}{G^0}\right)\sum_{ji}\frac{C_{ji}^T - C_{ji}^0}{\ln C_{ji}^T - \ln C_{ji}^0} \tag{6-10}$$

$$\Delta C_S = \ln\left(\frac{S_j^T}{S_j^0}\right)\sum_{ji}\frac{C_{ji}^T - C_{ji}^0}{\ln C_{ji}^T - \ln C_{ji}^0} \tag{6-11}$$

$$\Delta C_{EI} = \ln\left(\frac{EI_j^T}{EI_j^0}\right)\sum_{ji}\frac{C_{ji}^T - C_{ji}^0}{\ln C_{ji}^T - \ln C_{ji}^0} \tag{6-12}$$

$$\Delta C_{ES} = \ln\left(\frac{ES_{ji}^T}{ES_{ji}^0}\right)\sum_{i}\frac{C_{ji}^T - C_{ji}^0}{\ln C_{ji}^T - \ln C_{ji}^0} \tag{6-13}$$

$$\Delta C_P = \ln\left(\frac{P^T}{P^0}\right)\sum_{ki}\frac{C_{ki}^T - C_{ki}^0}{\ln C_{ki}^T - \ln C_{ki}^0} \tag{6-14}$$

$$\Delta C_{SS} = \ln\left(\frac{SS_k^T}{SS_k^0}\right)\sum_{ki}\frac{C_{ki}^T - C_{ki}^0}{\ln C_{ki}^T - \ln C_{ki}^0} \tag{6-15}$$

$$\Delta C_{EII} = \ln\left(\frac{EII_k^T}{EII_k^0}\right)\sum_{ki}\frac{C_{ki}^T - C_{ki}^0}{\ln C_{ki}^T - \ln C_{ki}^0} \tag{6-16}$$

$$\Delta C_{ESS} = \ln\left(\frac{ESS_{ki}^T}{ESS_{ki}^0}\right)\sum_{ki}\frac{C_{ki}^T - C_{ki}^0}{\ln C_{ki}^T - \ln C_{ki}^0} \tag{6-17}$$

3. 基于效应的分区管理分析

由于区域社会经济发展水平、资源禀赋存在着较大差异，因此不能依据区域碳排放量、影响因素（如人口规模、经济规模等）的绝对量等指标划分不同的碳排放效应区；同时，影响因素的相对排序（贡献率比较）只能确定区域的主导因素、次要因素和轻微因素，不能直观地提供碳增减的结果，因此也不适合作为碳排放效应分区的依据。如果从碳排放拉动因素个数占总体影响因素个数的比例、碳增/减结果两个方面综合考量，就可以客观、科学地划分碳排放效应区。

以拉动因素个数占全部影响因素个数的比例为纵坐标，以碳增/减的相对量为横坐标，建立二维的碳排放效应分区管理模型（图6-2）。以0、0.25、0.5、0.75、1这5个数值将纵坐标划分为4等份；将碳增/减绝对量归一化处理，使其值位于[-1, 1]的范围内。之后，根据拉动因素与抑制因素的相对多寡及碳增/减结果由优到劣划定Ⅰ～Ⅷ类碳排放效应区。拉动因素数量占比不高于0.25，结果为碳减排可划定为Ⅰ类区，结果为碳增排划定为Ⅷ类区；拉动因素数量占比分别位于(0.25, 0.5]、(0.5, 0.75]、(0.75, 1]区间，碳减排结果可划定Ⅱ、Ⅲ、Ⅳ类区，碳增排结果

可依次划定为 Ⅴ、Ⅶ、Ⅷ类区。碳排放效应的分区管理模型可以揭示区域影响碳排放变化因素的空间分异特征，为寻求碳减排途径，服务碳减排分区管理提供重要依据（Zhang et al.，2011）。

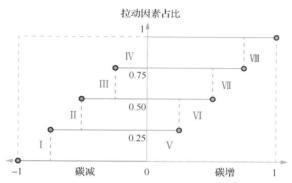

图 6-2　碳排放效应的分区管理模型

6.1.2　氮代谢因素分解

优化城市氮代谢过程，目的是减轻高氮消耗引发的富营养化问题，追根溯源是人类活动的氮消耗导致的。以人为活化氮消耗为目标参量，构建因素分解模型，解析社会经济驱动因素对氮消耗量变化的影响，识别其主导因素，为氮消耗控制政策与建议的制定提供科学支持。采用 LMDI 法，构建人为活化氮消耗量变化的完全分解模型，识别人口数量、人均 GDP、产业结构、物质消耗强度、物质消耗结构、物质含氮量 6 个因素对人为活化氮变化影响的大小和方向，以明晰各社会经济因素对人为活化氮的贡献程度及拉动或抑制作用（Zhang et al.，2020）。

$$N = \sum_{ji} N_{ji} = \sum_{ji} P \times \frac{G}{P} \times \frac{G_j}{G} \times \frac{M_j}{G_j} \times \frac{M_{ji}}{M_j} \times \frac{N_{ji}}{M_{ji}} \tag{6-18}$$

式中，P 表示人口数量；G 表示地区生产总值；G_j 表示 j 产业的产值；M_j 为 j 产业的物质消耗量；M_{ji} 表示 j 产业第 i 类物质消耗量；N_{ji} 表示 j 产业第 i 类物质的含氮量。上述公式也可以表示为

$$N = \sum_{ji} N_i = \sum_{ji} P \times R \times IS_j \times ME_j \times MS_{ji} \times F_{ji} \tag{6-19}$$

式中，R 为人均 GDP；IS_j 为产业结构因素，表示第 j 类产业产值占总产值的比例；ME_j 为物质消耗强度因素，表示第 j 产业单位产值的物质消耗量；MS_{ji} 为物质消耗结构因素，表示第 j 类产业消耗第 i 类物质的占比；F_{ji} 为物质含氮量因素。

基年到 T 年的人为活化氮消耗量的变化可表示为

$$\Delta N = N^T - N^0 = \Delta N_P + \Delta N_R + \Delta N_{IS} + \Delta N_{ME} + \Delta N_{MS} + \Delta N_F \tag{6-20}$$

式中，ΔN 表示 T 年相对于基年的人为活化氮消耗量的变化；N^T 表示 T 年人为活化氮的消耗量；N^0 代表基年人为活化氮消耗量；ΔN_P、ΔN_R、ΔN_{IS}、ΔN_{ME}、ΔN_{MS} 和 ΔN_F 分别代表人口数量、人均 GDP、产业结构、物质消耗强度、物质消耗结构和物质含氮量因素导致的人为活化氮消耗量的变化。采用 LMDI 法中的加法分解可得到如下公式：

$$\Delta N_P = \ln\left(\frac{P^T}{P^0}\right)\sum_{ji}\frac{N_{ji}^T - N_{ji}^0}{\ln N_{ji}^T - \ln N_{ji}^0} \tag{6-21}$$

$$\Delta N_R = \ln\left(\frac{R^T}{R^0}\right)\sum_{ji}\frac{N_{ji}^T - N_{ji}^0}{\ln N_{ji}^T - \ln N_{ji}^0} \tag{6-22}$$

$$\Delta N_{IS} = \ln\left(\frac{IS_j^T}{IS_j^0}\right)\sum_{ji}\frac{N_{ji}^T - N_{ji}^0}{\ln N_{ji}^T - \ln N_{ji}^0} \tag{6-23}$$

$$\Delta N_{ME} = \ln\left(\frac{ME_j^T}{ME_j^0}\right)\sum_{ji}\frac{N_{ji}^T - N_{ji}^0}{\ln N_{ji}^T - \ln N_{ji}^0} \tag{6-24}$$

$$\Delta N_{MS} = \ln\left(\frac{MS_{ji}^T}{MS_{ji}^0}\right)\sum_{ji}\frac{N_{ji}^T - N_{ji}^0}{\ln N_{ji}^T - \ln N_{ji}^0} \tag{6-25}$$

$$\Delta N_F = \ln\left(\frac{F_{ji}^T}{F_{ji}^0}\right)\sum_{ji}\frac{N_{ji}^T - N_{ji}^0}{\ln N_{ji}^T - \ln N_{ji}^0} \tag{6-26}$$

在此基础上，分析影响人为活化氮消耗的各因素产生的规模效应（人口数量）、强度效应（人均 GDP、物质消耗强度）、结构效应（产业结构、物质消耗结构、物质含氮量）。用影响因素的贡献率表征效应大小，贡献率为给定因素的贡献值除以所有因素贡献值的绝对值之和（总和为 1）。贡献率在[-1,1]的范围内，正负号表示效应方向（拉动或抑制）。

6.1.3 物质代谢因素分解

识别影响城市物质代谢过程的因素是促进城市可持续发展的关键。基于城市物质代谢过程，以直接物质消耗为目标参量，构建因素分解模型，建立物质消耗和影响因素之间的定量关系，识别影响物质消耗的关键驱动力及其贡献率，为资源高效利用和优化配置的宏观调控确定方向。直接物质消耗是用来衡量区域物质消耗水平的一种常见指标（Li et al., 2019）。基于 LMDI 模型，可以定量分析各影响因素（包括物质消耗结构、物质消耗强度、产业结构、人均 GDP 和人口数量）对 DMC 变化的贡献。此处直接物质消耗量以 M 表示，完全分解模型为

$$M = \sum_{ji}M_{ji} = \sum_{ji}P\times\frac{G}{P}\times\frac{G_j}{G}\times\frac{M_j}{G_j}\times\frac{M_{ji}}{M_j} \tag{6-27}$$

式中，j 代表产业部门；i 表示物质类别；P 为人口数；G 为地区生产总值；G_j 代表部门 j 的产值；M_j 为部门 j 的直接物质消耗量；M_{ji} 为部门 j 消耗的 i 类物质量，在式（6-27）的基础上，改写为

$$M = \sum_{ji} M_{ji} = \sum_{ji} P \times R \times S_j \times \mathrm{MI}_j \times \mathrm{MS}_{ji} \tag{6-28}$$

式中，R 为人均 GDP；S_j 为 j 部门产值占比；MI_j 为 j 部门物质消耗强度；MS_{ji} 为 i 类物质消耗量占 j 部门直接物质消耗的比例。因此，从基年到 T 年的物质消耗量变化公式为

$$\Delta M = M^T - M^0 = \Delta M_{\mathrm{P}} + \Delta M_{\mathrm{R}} + \Delta M_{\mathrm{S}} + \Delta M_{\mathrm{MI}} + \Delta M_{\mathrm{MS}} \tag{6-29}$$

式中，ΔM 表示 T 年相对于基年的物质消耗量变化；ΔM_{P}、ΔM_{R}、ΔM_{S}、ΔM_{MI} 和 ΔM_{MS} 分别表示人口数量、人均 GDP、产业结构、物质消耗强度、物质消耗结构对直接物质消耗变化的影响。对各因素分解如下：

$$\Delta M_{\mathrm{P}} = \ln\left(\frac{P^T}{P^0}\right) \sum_{ji} \frac{M_{ji}^T - M_{ji}^0}{\ln M_{ji}^T - \ln M_{ji}^0} \tag{6-30}$$

$$\Delta M_{\mathrm{R}} = \ln\left(\frac{R^T}{R^0}\right) \sum_{ji} \frac{M_{ji}^T - M_{ji}^0}{\ln M_{ji}^T - \ln M_{ji}^0} \tag{6-31}$$

$$\Delta M_{\mathrm{S}} = \ln\left(\frac{S_j^T}{S_j^0}\right) \sum_{ji} \frac{M_{ji}^T - M_{ji}^0}{\ln M_{ji}^T - \ln M_{ji}^0} \tag{6-32}$$

$$\Delta M_{\mathrm{MI}} = \ln\left(\frac{\mathrm{MI}_j^T}{\mathrm{MI}_j^0}\right) \sum_{ji} \frac{M_{ji}^T - M_{ji}^0}{\ln M_{ji}^T - \ln M_{ji}^0} \tag{6-33}$$

$$\Delta M_{\mathrm{MS}} = \ln\left(\frac{\mathrm{MS}_{ji}^T}{\mathrm{MS}_{ji}^0}\right) \sum_{ji} \frac{M_{ji}^T - M_{ji}^0}{\ln M_{ji}^T - \ln M_{ji}^0} \tag{6-34}$$

6.2　相关性分析

6.2.1　脱钩分析

1. 脱钩状态判断准则

"脱钩"最早由经济合作与发展组织（Organization for Economic Co-operation and Development，OECD）提出，用以测度经济发展与物质消耗投入、存量累积存储、环境污染排放之间的关联性，用于刻画驱动因素与关注变量之间变化趋势的不一致性，即脱钩程度和方向（OECD，2002）。"脱钩"（decoupling）是对应于"复钩"（coupling）概念提出的，前者意为具有相关性的多种变量破除联系，后者

是指这些变量的相互牵制、相互影响。常用的脱钩模型包括 OECD 脱钩指数法、Tapio 弹性分析法、基于完全分解技术的脱钩分析方法、IPAT 模型法、计量分析法等（肖翔，2011）。

Tapio（2005）在研究欧洲经济发展、交通容量与 CO_2 排放之间关系时提出了一种弹性分析方法，推动了脱钩理论的发展。Tapio 采用"弹性概念"动态表征变量间的脱钩关系，在刻画指标之间关系方面更为精细，对指标基期的确定较为便捷（雷华兴，2018）。Tapio 以某一弹性范围表征脱钩状态，提出了弱脱钩、强脱钩、衰退脱钩、增长连接等 8 种脱钩类型的判断准则（表 6-1），准则的判断阈值 0.8 和 1.2 是经验值，例如弹性值在 0~0.8 界定为弱正/负脱钩；弹性值在 0.8~1.2 则界定为增长/衰退连接。

表 6-1 城市脱钩状态判断准则

脱钩状态		脱钩弹性指数 t	资源消耗或污染排放的变化率（$\Delta RP / RP$）	社会经济指标的变化率（$\Delta SE /SE$）
脱钩	强脱钩	$t<0$	<0	>0
	弱脱钩	$0{\leqslant}t<0.8$	>0	>0
	衰退脱钩	$t>1.2$	<0	<0
连接	增长连接	$0.8<t{\leqslant}1.2$	>0	>0
	衰退连接	$0.8<t{\leqslant}1.2$	<0	<0
负脱钩	弱负脱钩	$0{\leqslant}t<0.8$	<0	<0
	扩张负脱钩	$t>1.2$	>0	>0
	强负脱钩	$t<0$	>0	<0

将脱钩状态重新按脱钩、复钩划分，可以形成 6 个类别的判断准则（图 6-3）。在经济增长阶段，可以依据资源消耗和污染排放的变化量划分为复钩、相对脱钩、绝对脱钩三种类别；在经济衰退阶段，可以划分为负脱钩、衰退复钩和衰退相对脱钩三种。中国目前属于经济增长阶段，绝对脱钩指社会经济持续增长，资源消耗或污染排放量却呈现与经济增长反方向变动，即负增长，弹性值小于 0；相对脱钩指社会经济稳定增长，资源消耗或污染排放量虽有所增长，但其增长幅度不及社会经济指标增长幅度，弹性值介于 0 和 1 之间；复钩指社会经济指标的增长幅度小于资源消耗/污染排放量增幅，弹性值不小于 1。社会经济处于负增长状态，资源消耗/污染排放也负增长，ΔRP 减小幅度比 ΔSE 小，弹性值处于 0 和 1 之间；ΔRP 减小幅度比 ΔSE 大，弹性值不小于 1。负脱钩则指社会经济负增长，资源消耗或污染排放量却仍趋于上升，弹性值小于 0。

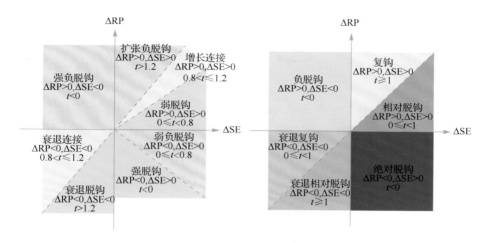

图 6-3　脱钩类别的判断准则

ΔRP 为资源消耗或污染排放的变化量；ΔSE 为社会经济指标的变化

研究脱钩状态时，对基年的处理有两种方式：一种以固定基期为参照，滚动测算各年脱钩指数；另一种将前一年作为基期参照，滚动测算各年脱钩指数。前者脱钩指数可以反映长期内的相对变动关系，但在驱动变量和关注变量呈现出相对同步的变化趋势时，会忽略导致脱钩趋势变化的结构性影响。而后者测算每年脱钩指数，目的是反映驱动变量和关注变量在不同年份的脱钩特征，利于识别和分析相关的主要影响因素（刘爱东等，2014；张成等，2013）。

2. 流量、存量脱钩分析

基于物质流分析方法核算城市代谢的流量、存量后，可以借助脱钩模型，分析其与社会经济指标的相关性，主要分析代谢关键指标与社会经济指标动态变化的趋同效应（同步与异步特性），识别是否存在复钩、脱钩现象。关键代谢指标为直接物质消耗、存量及其衍生指标，社会经济指标为 GDP、人口数量、人均 GDP、投资等。

（1）流量脱钩分析。

借助 Tapio 脱钩模型（Tapio，2005），分析物质代谢特征与社会经济发展的耦合关系。以城市直接物质消耗与人均总产出为基础，采用弹性形式建立脱钩模型。直接物质消耗可表征环境压力，人均 GDP 可表征社会经济发展程度，t 为脱钩弹性指数，为一定期间内基期与当前物质消费量的变化率与人均 GDP 的变化率之比，用以衡量物质消耗增长趋势与人均 GDP 的相脱离程度，公式为

$$t = \left(\frac{\Delta DMC}{DMC} \right) \bigg/ \left(\frac{\Delta I}{I} \right) \tag{6-35}$$

式中，t 表示物质消耗与对应社会经济指标的脱钩弹性指数；$\Delta\mathrm{DMC}$ 和 DMC 分别表示当年与基年物质消耗差值与当年直接物质消耗量；ΔI 和 I 分别表示当年与基年对应社会经济指标差值与当年的人均 GDP 的绝对量。

（2）存量脱钩分析。

借助 Tapio 脱钩模型，分析城市存量（衍生指标）与 GDP（衍生指标）的相关性。存量（material stocks，MS）可表征资源富集程度，GDP 可表征经济发展程度，t 为脱钩弹性指数，为当年与上一年存量变化率与 GDP 变化率的比值，用以衡量存量的增长趋势与 GDP 的相脱离程度，公式为

$$t = \left(\frac{\Delta\mathrm{MS}}{\mathrm{MS}}\right)\Big/\left(\frac{\Delta G}{G}\right) \tag{6-36}$$

式中，t 表示物质存量与对应社会经济指标的脱钩弹性指数；$\Delta\mathrm{MS}$ 和 MS 分别表示当年与上一年物质存量的差值、当年的物质存量；ΔG 和 G 分别表示当年与上一年 GDP 的差值、当年 GDP 的绝对量。

驱动变量（GDP 增长）和关注变量（存量增长）的相关性也可采用指标变化量的比值来表示，见式（6-36），可分为三种脱钩状态：同一时间段内存量增长幅度不低于（复钩）、低于（相对脱钩）社会经济指标，以及随着社会经济指标的增长存量降低（绝对脱钩）。

$$K = \frac{\Delta\mathrm{MS}}{\Delta G} \tag{6-37}$$

式中，$\Delta\mathrm{MS}$ 为存量的变化量；ΔG 为 GDP 的变化量。当 $K \geqslant 1$ 时为复钩，当 $0 \leqslant K < 1$ 时为相对脱钩，当 $K < 0$ 时为绝对脱钩。

6.2.2　重心分析

重心模型从空间维度计量资源和能源生产、消费分布的变化趋势和中心区位，分析其空间变化的差异。该模型假设研究对象处在一个同质的平面上，如中国各省级行政单元（包括省、自治区、直辖市）的资源和能源生产、消费作为均质平面，重量均集中在省会城市（Aboufadel and Austin, 2006），各省会城市是这个平面上的质点，具有不同的重量。资源和能源生产/消费的重心位置为各质点重量对比的均衡点，而重心的变化移动意味着区域间资源和能源生产/消费的不同步变化，从而较好地反映资源和能源生产与消费在区域上的差异。重心位置一般用经纬度表示，其计算公式为

$$X_t = \frac{\sum M_{ti} x_i}{\sum M_{ti}} \tag{6-38}$$

$$Y_t = \frac{\sum M_{ti}y_i}{\sum M_{ti}}$$ （6-39）

式中，X_t、Y_t 代表第 t 年重心的经纬度坐标；M_{ti} 代表第 t 年 i 省的资源和能源的生产/消费量，x_i、y_i 代表 i 省省会城市所在的经纬度坐标。

从中国资源环境数据库中直接获取 1：400 万的分省行政界线图，利用 GIS 空间查询功能，生成各省会城市（直辖市）的经纬度坐标数据，用 (x_i, y_i) 表示；之后利用公式计算资源和能源的生产/消费重心，生成 dbf 数据文件（He et al.，2011）；接着利用 ArcGIS 的表格加载功能，在行政界线图层上定位不同时期的资源和能源生产/消费重心的经纬度坐标，并依次连接各个坐标点，便可生成多年资源和能源生产/消费重心的动态演变轨迹；最后利用 Albers 投影，计算年际重心移动的距离，以及在经度、纬度上移动的实际距离，分析时间段始末时间的重心的位移和速度。通过资源和能源生产/消费重心的移动方向和移动量，度量生产与消费重心的空间分异特性，探寻其变化规律背后的原因，为资源和能源战略的调整提供科学支持。

6.3　系统动力学仿真分析

在影响因素识别的基础上，以系统动力学方法为基础，以计算机仿真技术为手段，定性和定量分析相结合，建立城市代谢过程的系统动力学仿真模型，以反映代谢主体间非线性因果关系。系统动力学是由美国麻省理工学院的 W. Forrester 教授最早提出，基于系统论并集成控制论、信息论的精髓，逐步建立起来的分析与研究信息反馈机制的学科。虽然系统动力学方法以其分析速度快、模型构造简单并且擅长处理高阶、非线性问题，而受到广泛应用。但是，系统动力学也有明显的缺点，如建立描述系统内在关系的模型方程时，常受到建模者对系统行为认识水平的影响（王其藩，1995）。

基于系统动力学方法，建立产业结构、人口承载能力优化仿真模型，综合考虑社会经济因素与资源、环境众多因子的关联作用，并在此基础上画出因果反馈图，建立动力学模型，可为决策者提供不同发展情景下的模拟方案（高成康等，2003）。

6.3.1　产业结构优化

城市产业结构优化的动力学仿真模型，关注居民（人口）、产业（GDP）、环境等关键主体，分析不同情景下产业结构调整对这些主体状态的影响，以便为决策者提供模拟方案。该模型将城市代谢系统分为自然、社会和经济 3 个子系统，自然子系统以接收到的废气、废水和废渣的排放量作为表征指标，社会子系统将人口数量作为重要的状态指标，而经济子系统关注 GDP 的变化，并将其分为第一产业、第二产业和第三产业，充分考虑了产业结构变化对子系统发展的影响。选取的自然、社会和经济指标见表 6-2。

表 6-2　动力学仿真模型的指标体系

变量	参数
状态变量	污染排放量、人口数、GDP
速率变量	污染产生率、污染去除率、出生率、死亡率、GDP 产生率、GDP 投资率
辅助变量	污染引起死亡率、生产过程中产生的污染、环境容量
常量	第三产业比重、环保投资、科技投资、死亡率系数、GDP 产生系数、污染物净化系数

各子系统通过变量间耦合而相互联系与相互影响，任一子系统的变化均会影响到其他子系统，进而形成因果反馈的非线性关系，主要反馈回路见图 6-4。人口数量增多、GDP 增长，会导致环境污染加剧，进而影响到人口增长，人口数量会出现下降；环境质量下降，可利用资源量会减少，进而影响 GDP 的增长；产业结构的变化也会影响污染物的产生量，进而对人口增长有所影响。

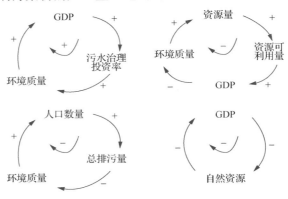

图 6-4　动力学仿真模型的因果关系图和反馈回路

图 6-5 中明确标出各种变量及常量。依据因果关系图，准确把握各种正负反馈链和回路，建立 Dynamo 语言仿真程序。应根据城市资源环境状况建立与之适应的产业结构，促进自然、社会和经济子系统的协调发展。同时，模型中还着重考虑环境治理、科技投入等方面的因素，再次体现社会经济与自然环境的密切联系。其中，科技水平会受到教育水平、技术引进和科技投资等因子的影响，自然子系统也与科技水平密切联系，科学水平与污染净化时间、污染程度共同作用于污染净化率，而污染产生率也取决于不同技术水平下的生产和生活的产污状况，多个指标间存在着非线性关系。

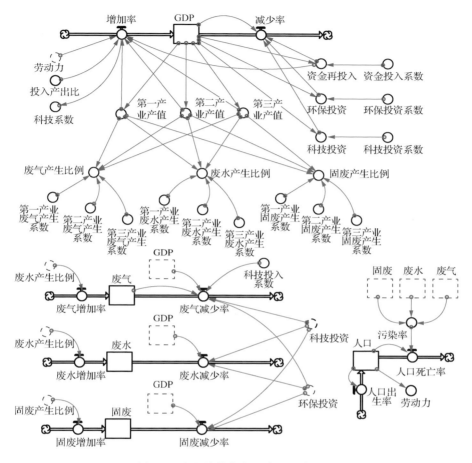

图 6-5　产业结构优化动力学仿真模型

　　采取产业结构调整（调控三产比例）、环保投资 2 个约束因子，并把科技投资（科技水平）作为辅助变量，形成 3 个重要的控制变量，再结合状态变量、速率变量和其他辅助变量建立简化的仿真模型。从 3 个控制变量中选择 3 个、2 个或 1 个，调控其动态变化开展仿真模拟，可获得多种不同情景下的表征系统运行行为的方案。对比无为方案（原始运行）、理想方案（综合调控各变量）和次优方案（侧重于社会经济发展或生态环境保护），确定较为科学合理的行动方案，为城市资源环境状况改善、社会经济发展，特别是产业结构优化提供重要决策参考（张妍和于相毅，2003）。

6.3.2　人地承载力优化

人地承载力是一定地区的土地资源所能持续供养或承载的人口数量，是基于土地资源的生产性和承载性属性提出的。人地承载力的研究是在保持生态平衡的前提下，不以牺牲生态环境为代价提高土地的承载力，也不能不顾生态环境的负荷盲目扩大土地的人口承载力。通过模拟人口数量与耕地资源量之间的因果反馈关系，可以建立城市人地承载力优化模型（王建华等，2003）。该模型包括耕地面积、人口数量两个状态变量，人口出生率、死亡率、耕地开垦、人口政策、粮食产量等多个速率变量和辅助变量。模型围绕土地（尤其是耕地）资源的数量和质量两个指标展开，直观反映了土地的生产潜力和人口的承载能力。

人口的增长必然加大粮食需求，导致粮食缺口增大，需要加大粮食供应以满足人口增长的需求；耕地面积的增加（技术进步能够提高亩产量，表现为耕地面积的隐性增加）导致了粮食总产量的提高，进而会增加粮食供应；人口数量的增加会引起建设用地扩张，进而侵占耕地面积，导致其不断减少。基本的因果反馈回路见图 6-6。

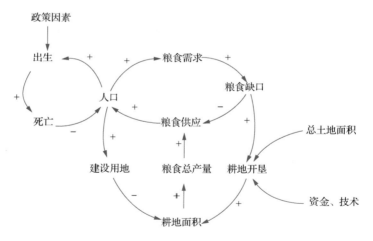

图 6-6　人地承载力的因果反馈图

依据因果关系图，准确把握各种正负反馈链和回路，建立 Dynamo 语言仿真模型（图 6-7）。通过调控参数预测城市人口发展趋势、耕地资源的动态变化趋势，并结合土地承载力的仿真结果，给出不同的人地关系情景模式，通过情景模式的对比与分析，确定自然增长、中等调控和优化调控的方案，以获取人地承载力最佳状态的数据，为实现城市可持续发展提供必要的科学依据。

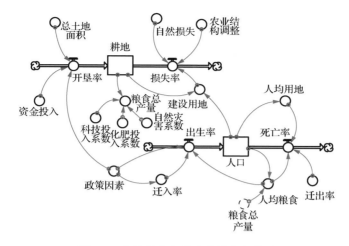

图 6-7 人地承载力的动力学仿真模型

参 考 文 献

高成康, 尚金城, 王瑞贤, 等, 2003. 长春市水环境系统的仿真模拟. 水科学进展, 14(6): 725-730.

雷华兴, 2018. 山西省能源消费、碳排放与经济增长关系研究. 云南: 云南财经大学.

刘爱东, 曾辉祥, 刘文静, 2014. 中国碳排放与出口贸易间脱钩关系实证. 中国人口资源与环境, 24(7): 73-81.

王建华, 顾元勋, 孙林岩, 2003. 人地关系的系统动力学模型研究. 系统工程理论与实践, 23(1), 128-131.

王其藩, 1995. 高级系统动力学. 北京: 清华大学出版社.

肖翔, 2011. 江苏城市 15 年来碳排放时空变化研究. 南京: 南京大学.

张成, 蔡万焕, 于同申, 2013. 区域经济增长与碳生产率. 中国工业经济, (5): 18-30.

张妍, 于相毅, 2003. 长春市产业结构环境影响的系统动力学优化模拟研究. 经济地理, 23(5): 681-685.

Aboufadel E, Austin D, 2006. A new method for computing the mean center of population of the United States. The Professional Geographer, 58(1): 65-69.

Ang B W, 2004. Decomposition analysis for policymaking inenergy: Which is the preferred method?. Energy Policy, 32(9): 1131-1139.

Ang B W, 2005. The LMDI approach to decomposition analysis: A practical guide. Energy Policy, 33(7): 867-871.

He Y B, Chen Y Q, Tang H J, et al., 2011. Exploring spatial change and gravity center movement for ecosystem services value using a spatially explicit ecosystem services value index and gravity model. Environmental Monitoring and Assessment, 175(1-4): 563-571.

Li Y X, Zhang Y, Yu X Y, 2019. Urban weight and its driving forces: A case study of Beijing. Science of the Total Environment, 658(6): 590-601.

Organization for Economic Co-operation and Development (OECD), 2002. Indicators to measure decoupling of environmental pressure from economic growth. (2002-5-16) [2014-12-1]. http://www.oecd.org/ officialdocuments/ publicdisplaydocumentpdf/?cote=SG/SD(2002)1/FINAL&docLanguage=En.

Tapio P, 2005. Towards a theory of decoupling: Degrees of decoupling in the EU and case of road traffic in Finland between 1970 and 2001.Transport Policy, 12(2): 137-151.

Zhang J Y, Zhang Y, Yang Z F, et al., 2013. Estimation of energy-related carbon emissions in Beijing and factor decomposition analysis. Ecological Modelling, 252(SI): 258-265.

Zhang Y, Zhang J Y, Yang Z F, et al., 2011. Regional differences in the factors that influence China's energy-related carbon emissions, and potential mitigation strategies. Energy Policy, 39(12): 7712-7718.

Zhang X L, Zhang Y, Fath B D, 2020. Analysis of anthropogenic nitrogen and its influencing factors in Beijing. Journal of Cleaner Production, 244(2): 118780.

应 用 篇

　　本篇基于城市代谢的理论与技术方法框架,在城市、城市群、区域、国家等尺度上开展物质、能量等多种要素,以及碳、氮、硫等单要素的代谢过程分析与应用研究,以检验模型方法的有效性,完善城市代谢的理论基础。基于存量-流量开展物质代谢过程分析,核算城市重量,分析城市物质代谢网络特征,识别物质消耗的影响因素,为城市重量优化与结构调整提供技术支持。能量代谢过程分析的研究对象由能源拓展到能值(统一计量物质、能源和信息流),再延伸到隐含能(价值流承载的能量当量),通过解析不同精度的网络模型,识别能量流动与传递的关联性特征,丰富城市、城市间及区域能量代谢研究的案例库。应用网络分析、投入产出分析方法分析碳代谢过程,全面考虑实物形态的碳流动、商品服务承载的碳传递,以及基于土地利用/覆盖变化的碳流转,将碳排放/吸收与土地利用/覆盖相结合,构建水平向、垂向及空间碳代谢网络模型,为城市、城市群、国家和全球碳减排目标调整提供重要参考。基于城市复合生态系统理论,围绕食物、能源消耗构建氮代谢网络模型,剖析其消耗结构、功能关系等方面的特征,借鉴食物链网和营养级理论,模拟其生态层阶结构,识别影响结构的制约节点和氮消耗的外部驱动因素,为氮消耗与氮减排的综合管理决策提供重要数据。聚焦园区尺度开展硫代谢过程分析,追踪生态产业链条,构建产业共生网络,模拟其流量分布、功能关系等生态特征,为园区生态化转型及循环经济模式构建提供重要依据。

第7章 物质代谢过程分析

7.1 流量视角下北京城市重量分析

城市化进程的不断加快，导致全球城市物质消耗量预计由 2010 年的 400 亿 t 增长到 2050 年的 900 亿 t，必然给地球带来巨大的资源开采和环境压力（Swilling et al., 2018）。2015 年中国城市化率高达 56.1%，而首都北京的城市化率则高达 86.5%。与此同时，北京资源消耗水平也相对较高，以全国 1.6% 的人口消耗了全国 4.1% 的汽油、7.6% 的天然气和 5.6% 的液化石油气，同时产生了 4.1% 的生活垃圾和 2.1% 的废水。为有效遏制资源消耗与污染排放问题，必须从源头上减少城市重量（直接物质消耗），从代谢的视角来剖析城市物质流动过程。

物质流分析是城市代谢研究的传统方法，是定量描述社会经济系统与自然环境之间的物质交换，系统分析物质流源汇及路径的重要手段（Brunner, 2007）。基于搭建的城市部门尺度物质流核算框架，核算与分析北京市 2000～2015 年物质代谢吞吐量（输入、输出），提取直接物质消耗表征"城市重量"，并分析其结构特征的变化［城市承载多大的重量（以流量计量）？］；由外到内，解析物质消耗的部门贡献，细化城市物质代谢过程，识别各代谢主体在物质流动和消耗中所扮演的角色，明确重量的格局分析，以确定物质代谢的关键部门（城市物质在哪里消耗，被谁消耗？）；基于 LMDI 模型建立城市物质消耗和影响因素之间的定量关系，识别导致城市重量变化的社会经济因素（城市物质消耗的驱动因素是什么？），为城市资源高效利用和优化配置、产业结构优化与调控提供依据，从而促进城市的可持续发展（图 7-1）。

数据来源于北京统计年鉴、中国能源统计年鉴、中国农业年鉴、中国工业年鉴等相关统计资料，采用转换因子将原始数据折算为各核算项目的物质量，单位均统一为 Mt（$1Mt=10^6t$）。选取 2000 年、2005 年、2010 年和 2015 年为特定年份，在总量分析的基础上关注物质代谢过程及其驱动因子的变化。

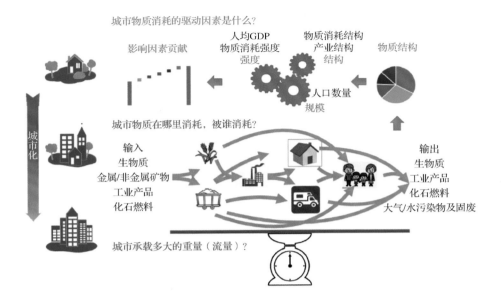

图 7-1　流量视角下城市重量的分析框架

7.1.1　城市重量及其结构分析

1. 城市直接物质消耗及其结构分析

研究阶段内北京市直接物质消耗从 2000 年的 206.6Mt（15.1t/人，6.5t/万元）增长到 2015 年的 359.6Mt（16.5t/人，1.6t/万元），增幅为 74.6%（图 7-2）。其中，以建筑材料为主的非金属矿物约占 DMC 的 45%，其对 DMC 规模和结构变化的影响显著。随着奥运场馆、基础设施等城市建设项目的快速开展，研究初期非金属矿物消耗量激增，但其增长趋势在 2006 年左右出现反转，此时恰逢全球金融危机爆发，以及房地产泡沫结束、国家和区域经济增速放缓，导致与城市建设活动相关材料（如沙砾）的使用在 2006 年前后明显减少。约占 20%的化石燃料一直呈现缓慢增长的变化趋势（增幅为 65.4%），但仍无法改变非金属矿物大量消耗所带来的波动变化。到 2006~2009 年，工业产品的需求呈增加趋势（维持在 50Mt 左右），而金属矿物需求量则明显减少（维持在 16Mt 左右），随后工业产品略有下降，但仍保持在 40Mt 以上，而金属矿物又恢复到先前的水平（40~60Mt）。可再生物质的消耗量（生物质）持续下降，即从 2000 年的 7.5%下降到 2015 年的 3.7%。

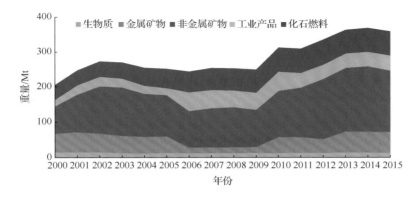

图 7-2　北京重量变化及其结构组成

　　然而，北京本地物质开采比例明显下降，尤其是可再生资源，导致北京极度依赖国内生物质和化石燃料的开采。粮食和蔬菜的种植规模不断缩小，导致可用生物量降幅超 70%，生物量缺口超 80%。矿物燃料缺口也约为 50%，非金属矿物和金属矿物的本地开采在 2008 年左右出现显著下降，这与奥运期间北京对采掘及矿产加工等相关活动实施的限制政策有关（图 7-3）。

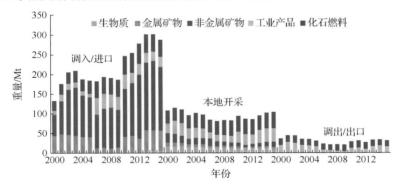

图 7-3　北京重量的来源分析

　　外部输入的生物质、金属矿物、非金属矿物、工业产品、化石燃料等物质类别合计约占 DMC 的 65% 以上。其中，非金属矿物的调入/进口最多，贡献北京物质输入量的 40% 以上。工业产品的调入/进口逐渐增加（由 2000 年的 10.3 Mt 增长到 2015 年的 26.5 Mt），说明随着城市人口增加和经济发展，加工产品需求也在不断增加。中国"十一五规划"（2006～2010）的实施促进了北京地区的产业转移，带动了大批高消耗企业及配套设施向周边天津、河北等地迁移，工业生产规模的缩小导致了工业产品制造量的减少，由此进一步拉动了工业产品调入/进口量的增长。金属矿物调入/进口量在 2008 年左右（2006～2009 年）受到限制而出现骤降（由 40Mt 左右降至 11Mt 左右），这主要受到奥运大型活动的影响。金属矿物是工业生产的主要原材料，为保障奥运会优良的环境，政府对奥运前后北京市工业（尤其是冶金等高污染产业）生产规模进行了严格的控制，直接导致金属矿物调入/进口量明显下降。

大量的物质消耗形成了巨大的城市重量，这些重量中部分以存量的形式储存（主要是以建筑物和工业产品形式），其他的均以调入/出口、污染物的形式离开城市物质代谢过程。绝大多数建筑材料，包括混凝土、水泥、钢铁和其他矿物，很大程度上转化为城市建筑存量，对调出/出口或废弃物排放变化的影响有限。

北京物质消耗量相当于调出/出口量的 5.8 倍（图 7-3），同时北京属于物质消耗的净输入地。北京化石燃料的输出（调出/出口）保持在相对稳定的水平（约15.8t），而其净输入量却增长了约 2.2 倍（由 2000 年的 8.6Mt 增加到 2015 年的27.5Mt），研究期间表现为净输入。2006~2009 年，由于受到工业生产原材料缩减的限制，北京工业产品的输出量锐减，并在 2009 年出现最小值。虽然从 2010年开始工业产品有轻微增长，但是北京仍由工业产品净输出者（2000~2005 年）转变为净输入者（2006~2015 年）。生物质开采量的减少导致了生物质输出产品的明显缩减，北京由 2000~2008 年的生物质净输出地转变为 2009~2015 年的净输入地。

污染排放中，大气污染物排放占比最大（70%以上），主要来源于化石燃料的燃烧（图 7-4），说明生产与消费活动中采取物质减化和脱碳策略的重要性。除工业排放约 66%的大气污染物外，交通运输也是北京大气污染物排放的重要来源（约23%）。这是由于北京市作为全国铁路和航空的交通枢纽，城市轨道交通运客量达37 亿，首都机场旅客吞吐量近 1 亿，同时城市机动车保有量约为 560 万辆。

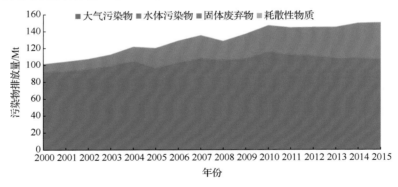

图 7-4　污染物排放量及其组成结构

另外，污染物排放总量的增长还受到固体废弃物的显著拉动。城市社会经济规模越大，需要投入的资源和货物就越多，也就会产生越多的废弃物（排除资源和货物形成的库存或输出）（Kennedy et al., 2007）。研究阶段内，北京市固体废弃物排放增长了约 3.7 倍，明显高于北京市人口的增长速度。随着城镇居民收入增长和生活水平提高，食物、家用电器和通信设备、交通运输、高端商业服务等各类资源需求也随之增加。城市居民消费结构、行为的变化也会加剧固体废弃物的产生。

2. 城市输入输出量及其结构分析

北京市 DMC 的显著增长导致直接物质投入（DMI）的明显增长。由于城市整体出口量占比相对较小（不超过 DMI 的 18%），DMI 与 DMC 呈现大致相同的变化趋势（图 7-5）。北京市直接物质投入量呈增长趋势，其中 DMI 和 DMC 变化主要受非金属矿物（约 45%）和化石燃料（约 26%）的拉动。工业和建筑业是北京市主要物质消耗部门，带动了非金属矿物、工业产品和金属矿物的输入。

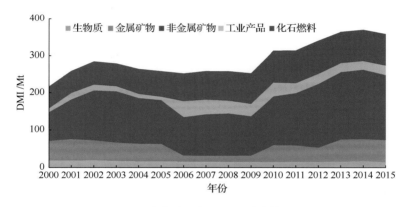

图 7-5　直接物质投入量及其结构组成

DMI 的年际变化呈现出明显的三个阶段，由前期的上升到中期的相对平缓，再到后期快速增长，首末期相比增长了 65.1%（2015 年达到 385.2 Mt）。2000~2002 年以 31.4%增幅增长；2003 年之后呈缓慢下降趋势（整体降幅约 11.4%）；2009 年之后整体呈现快速增长趋势，至 2014 年达最大值（相比 2009 年增幅为 46.3%）后又有所回升。研究阶段内，DMI 和 DMC 的变化主要受到占比约 45%的非金属矿物的拉动（首末相比增长了 1.2 倍），两者与其呈现相似的变化趋势。平均占比为 25.8%的化石燃料一直呈现缓慢增长的变化趋势（增幅为 45.4%）。金属矿物（平均占比为 15.6%）和工业产品（平均占比为 8.5%）的投入与 DMC 中的相应消耗呈现出相似的变化，而生物资源也同样呈下降趋势（降幅为 23.1%），由于占比较小（约 6%）对 DMI 的影响不大。

物质消耗在生产产品的同时，也产生了大量的污染物。北京市 DMC 的增长同样也带来显著的 DMO 增长。DMO（包括污染物排放和调出/出口）在研究阶段内总体呈现持续上升的变化趋势，首末增幅达 31.5%（2015 年达 181.7Mt）。DMO 的增长主要受到固体废弃物（占比约 16%）的拉动，研究阶段内固体废弃物呈现快速增长趋势，增幅高达 3.7 倍。占比最大的大气污染物（约占 65%）也对 DMO 的增长起到了一定的推动作用，增幅为 15.7%。化石燃料的输出保持相对稳定（15.0±2.0Mt），占比约为 10%，对整体变化的贡献较小。工业产品（平均占比为 8%）在 2006～2009 年出现明显下降（维持在 4.2±1.0Mt），这与 DMC 中工业产品消耗的变化正好相反，其余年份则保持相对稳定（15.7±1.0Mt）。生物质（约占 2%）输出呈持续降低的趋势（降幅达 92.4%），水体污染物和耗散性物质输出（占比均小于 1%）则分别下降了 30.3% 和 29.5%，但以上物质由于占比较小对整体变化的影响微弱（图 7-6）。

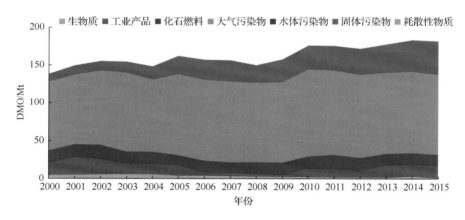

图 7-6   直接物质输出量及其结构组成

7.1.2   代谢主体贡献的解析

追踪城市物质代谢过程可以解析 DMC 的主要贡献者。由图 7-7 所示，物质主要通过建筑业、工业和采掘业进入城市代谢过程产生重量，少部分物质输入其他代谢主体。工业与城市腹地和外部区域、城市其他代谢主体均存在较大的流量交换，彼此之间联系紧密。工业对本地开采资源的利用率高达 55%，对外部输入资源的利用率则为 32%，以金属矿物（约 63%）、非金属矿物（约 26%）和化石燃料（19%）为主。工业以产品输出为主（约占其生产总量的 62%），是城市最大的输出主体，约占输出量的 54%，其中 35% 的工业输出供给建筑业和居民生活消费。此外，工业也是城市污染物产生的最主要来源（约占城市污染物排放总量的 67%），但工业产生的各类污染物排放量总体呈下降趋势。

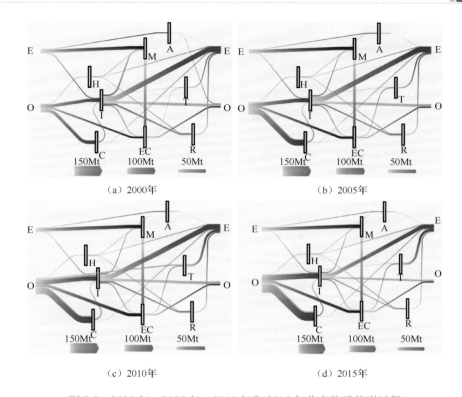

图 7-7　2000 年、2005 年、2010 年和 2015 年北京物质代谢过程

E 内部环境，O 外部区域，A 农业，M 采掘业，I 工业，R 循环加工业，C 建筑业，
EC 能源转化业，T 交通运输业

　　建筑业与外部区域间的物质流动是网络中通量最大的路径。建筑业是北京的主要输入主体，约占全市输入物质的 47%。建筑业输入物质量从 2000 年的 51.9Mt 增长到 2015 年的 153.2Mt，其中绝大部分为非金属矿物，约占 90%，而生物质和工业产品的输入量仅为 10%。尽管消耗量巨大，但建筑业绝大部分物质消耗都以存量的形式储存，仅有一小部分以废弃物的形式排放到环境中。

　　采掘业是北京最大的物质开采主体，本地近 80% 的开采物质流入该部门，其余的生物质流入工农业，研究期内物质开采量均呈现下降趋势。采掘业开采的物质主要是以煤炭为主的化石燃料（约 71%）和非金属矿物（约 29%）两类。

　　能源转换业和循环加工业则主要扮演中转者的角色。北京本地化石燃料开采和输入均主要经由能源转换业为城市生产生活提供能源，以及外部输出。城市生产（约 60%）和生活（约 40%）产生的废水、废气和废渣经循环加工业处理后，部分物质重新进入工业进行利用（工业固废循环率为 39.2%），部分以污染物形式排放到环境中。

7.1.3 城市重量影响因素识别

将 2000~2015 年按规划期划分为三个时段（分别为 2000~2005 年、2005~2010 年和 2010~2015 年），基于 LMDI 模型，分析人口数量、人均 GDP、产业结构、物质消耗强度和物质消耗结构等影响因素对北京城市重量变化的贡献量。表 7-1 的分解结果表明，研究期间物质消耗强度是抑制北京市直接物质消耗（DMC）增加的唯一因素。北京市物质消耗强度整体呈现下降趋势，从 2000 年的 6.5t/万元减少到 2015 年的 1.6t/万元，可见政府提高城市资源效率的努力已见成效。北京市政府投入了大量的人力、物力和财力，与企业和科研机构合作，积极推动生产与消费环节的减物质化技术的改进和推广，此外政府还为产业转型、能源转型和消费转型提供了资金支持。但是，北京物质消耗强度的下降趋势逐渐变缓，对物质消耗的抑制作用逐渐减弱（图 7-8）。

表 7-1   北京 DMC 变化的影响因素贡献量和贡献率

年份	ΔM_{MS}		ΔM_{MI}		ΔM_S		ΔM_R		ΔM_P		ΔM
	贡献量	贡献率/%	贡献量	贡献率/%	贡献量	贡献率/%	贡献量	贡献率/%	贡献量	贡献率/%	
2000~2005	-0.2	-0.07	-85.1	-40.10	2.3	1.10	99.2	46.75	25.4	11.98	41.7
2005~2010	1.1	0.46	-96.4	-38.92	14.8	5.97	73.0	29.46	62.5	25.20	54.9
2010~2015	-0.6	-0.68	-8.3	-10.29	20.0	24.63	20.0	24.63	32.3	39.76	63.3
2000~2015	0.4	0.08	-189.9	-35.18	37.1	6.88	192.2	35.61	120.1	22.26	160.0

注：ΔM 是重量变化；ΔM_{MS}、ΔM_{MI}、ΔM_S、ΔM_R、ΔM_P 分别表示物质消耗结构、物质消耗强度、产出结构、人均 GDP、人口数量对重量变化的影响

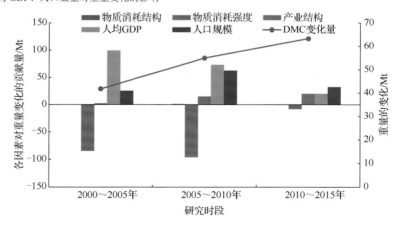

图 7-8   北京直接物质消耗变化及其影响因素贡献量

2000~2015 年人均 GDP 始终是拉动北京市重量增长的主要因素。人均 GDP 从 2000 年的 2.3 万元增长到 2015 年的 10.6 万元。城市社会经济发展带动了居民

收入增加、基础设施建设和产业规模的扩大，由此需要更多的物质投入。总体来看，北京市人均 GDP 增速逐渐减缓，第一阶段（2000～2005 年）内增幅为 95.5%，第二阶段（2005～2010 年）增幅为 58.8%，第三阶段（2010～2015 年）增幅降为 47.3%，相应地对物质消耗的拉动效果也明显削弱（图 7-9）。北京作为中国城市的一个缩影，这种现象也体现了中国经济深度转型的必要性。

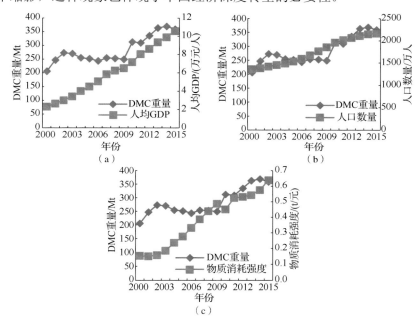

图 7-9　人均 GDP、人口数量、物质消耗强度与 DMC 的变化趋势

　　人口数量是北京重量增长的另一个关键驱动力。研究期间，北京人口以 59.2% 的增幅增长（2015 年达到 2170 万人），显著拉动了城市的物质消耗。第二阶段（2005～2010 年）人口增速最快，是其他两个阶段的 2 倍左右（此阶段增幅为 27.6%）。虽北京人口增长在 2010 年后有所放缓，但由于较大的城市吸引力和人口基数，预计人口将持续增长，面临的物质消耗增长的压力依然很大。

　　产业结构和物质消耗结构对北京市重量变化的影响有限。但是，在研究期间北京产业结构发生了较大转变，以服务业为主导的特征越发明显，这是由于中国经济快速增长和城市化进程加快，以农业和采掘业为代表的第一产业的地位被削弱和取代。城镇居民收入水平大幅提高，服务型第三产业的支出明显增加，导致与这些产业相关的能源和工业产品的需求增加。同时，为减缓首都环境压力，以疏解非首都功能为导向的产业转移政策也促进本地高消耗、高污染工业企业向周边及外地转移，本地工业企业数量和规模大幅减少。随着城市的发展，尽管产业结构发生了显著的变化，但其对北京物质消耗增长只产生微弱的正向影响。

7.1.4　讨论与结论

1. 流量视角下测度城市重量的意义

测度城市重量有助于揭示资源消耗的规模和环境压力的程度，帮助规划者和决策者实现资源效率的提升，促进城市可持续发展。采用物质流分析方法，从物质代谢过程中提炼出 DMC 指标可以有效表征城市资源需求及利用状况（Fischer-Kowalski, 2011），反映城市的重量（Swilling et al., 2018），同时物质代谢过程关注的资源消耗和污染排放问题可以表征其相应的环境压力（Sastre et al., 2015; Kennedy et al., 2007），并结合影响因素分析（LMDI）探求城市重量变化与社会经济因素耦合的规律与特征，模拟预测城市重量的达峰过程或达峰状态。因此，本节工作基于系列统计数据，测度北京城市生命体的体重（重量），解析其代谢过程，识别重量变化背后的驱动因子，是集成物质流分析与 LMDI 模型开展城市案例研究的创新性成果。

但是，城市重量研究仍存在一些假设。首先，物质流核算框架中未考虑电力、水的消耗，因此城市重量与实际情况相比偏低，未来将通过不断细化和完善核算框架，修正核算结果，以更准确体现物质消耗的水平，为其走势预测提供数据基础。其次，由于可获取数据的限制，城市边界为行政边界，收集到的多为聚合的统计数据，还难以将其空间分解，以研究农村、城区等细节尺度的重量和代谢过程，未来随着数据精度的提高，可厘清建成区与腹地间的界线，以使环境压力作用面、城乡梯度更为清晰。最后，在 LMDI 框架下，可以考虑更多驱动因素，以提高重量驱动因素识别的准确性，从而为政策制定提供更准确、可靠的信息和支持。

2. 相关成果的对比分析

人均城市重量（人均直接物质消耗）指标可以比较不同城市在提供社会经济服务功能时物质消耗特征的差异，以比较不同类型、不同规模城市特征的异同。图 7-10 对比了北京和全球其他典型城市的物质消耗水平。其中，北京人均 DMC（16.0t/人）处于较高水平，大连最高（25.8t/人）、南非开普敦最低（3.5t/人），指标值较高的城市大多以工业为主导。以旅游业、服务业和现代制造业为主的欧洲城市（如巴黎、汉堡和维也纳）高消耗产业普遍较少，资源利用效率相对较高，因此人均 DMC 均处于较低水平；而以传统工业为主的欧洲城市（如里斯本和莱比锡）则因工业生产的大量需求导致人均 DMC 水平仍相对较大。中国三座城市的人均 DMC 均处于较高水平，这显示中国作为快速崛起的发展中国家，经济发展也带动了物质消耗的快速增长。城市不同的产业结构也显著影响着物质消耗强度，以钢铁、煤炭和电力为支柱产业的邯郸市消耗大量化石燃料和金属矿物质（物质消耗强度相对较大，约为 8.9t/万元），而以装备制造和石油化工为主的大连市消耗量则相对较低（约为 4.8t/万元）。北京社会经济活动大多以城市建设、居民生活为主，物质消耗强度相对较低，为 3.4t/万元，同时近年来北京物质消耗效率逐渐上升，单位产值所需物质投入逐年下降。

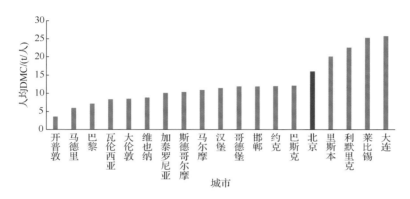

图 7-10　典型城市人均重量比较分析

数据来源于北京（Li et al., 2019），大伦敦（Chambers et al., 2002），约克（Barrett et al., 2002），
维也纳、汉堡、莱比锡（Hammer and Giljum, 2006），邯郸（楼俞和石磊, 2008），巴黎（Barles, 2009），
大连（鲍智弥, 2010），里斯本（Niza et al., 2009），利默里克（Browne et al., 2011），马德里、瓦伦西亚、
加泰罗尼亚（Sastre et al., 2015），马尔摩、斯德哥尔摩、哥德堡（Rosado et al., 2016），
开普敦（Hoekman and von Blottnitz, 2017），巴斯克（Sastre et al., 2015）

　　物质消耗强度是抑制城市重量增长的关键因素之一，Wang 等（2017）在研究中国物质消耗影响因素时也得到了一致的结果。此外，有学者开展了能源消耗的影响因素分析，发现能源消耗强度也是影响能源消耗量变化（Wang et al., 2017; 李瑞彩, 2016; 贾皎皎, 2014; Wang et al., 2014）的关键影响因子。可见，物质消耗强度对 DMC 有显著的负向影响，通过政策制定和技术手段提高城市物质消耗强度，将有助于缓解城市资源利用和污染排放压力。本研究中，城市物质消耗强度呈下降趋势（降幅为 49.4%），显著抑制了物质消耗量的增长。这与李瑞彩（2016）对北京市能源消耗强度的研究结果类似，其研究结果显示北京能源消耗强度在 1995～2013 年也出现明显下降（降幅高达 76.8%）。同时，本研究发现北京人口规模的持续扩大以及人均 GDP 的增长对北京物质消耗量的增加仍有显著的贡献，这与李瑞彩（2016）和贾皎皎（2014）分别对碳排放量变化和能源消耗量变化的研究结果类似。

3. 流量视角下北京物质代谢问题的诊断及相应建议

预测国民经济发展趋势和开展政策必须考虑城市物质消耗状况。研究表明，北京建筑业对城市重量的影响较大，2008 年以前，奥运会相关的基础设施和场馆建设拉动了北京大量的建筑物质消耗，而 2008 年全球金融危机后，建筑业（房地产泡沫）对建筑材料的消耗明显下降（2008～2010 年）。北京工业的能源消耗以煤炭和石油等化石燃料为主，但随着化石燃料消耗的快速增长，北京 CO_2 排放并没有保持持续上升的趋势，这说明北京在能源效率提高和能源结构调整（使用更为清洁的能源）方面取得了明显的效果。特别是，2017 年以来，以北京市为中心所开展的华北地区 "2+26 城市" 大气污染治理取得了显著成效，北京及周边城市的大部分企业采用燃气和电力替代传统化石燃料，大气污染排放得到有效遏制，首都空气质量得到明显改善。

7.2　存量视角下北京城市重量分析

建筑物、汽车、工厂以及机械设备等城市存量发挥着支撑人类社会经济活动的功能（Chen and Graedel, 2015; Pauliuk and Müller, 2014）。Krausmann 等（2017）指出近一个世纪以来，全球存量以 23 倍的增长支撑了 4 倍的全球城市化率增长，可见存量增长远高于城市人口的增长。这些存量的累积带来了大量的物质和能量消耗，1900～2010 年全球每年物质开采量增长 10 倍以上（由 1900 年的 7 Pg 增长到 2010 年 78 Pg）。北京作为全球超大城市和中国的首都，自 1978 年改革开放政策实施以来的近 40 年间，城市化率增长了 32%，而城镇住宅面积增长 15 倍，公路里程增长 3 倍，民用汽车的数量增长近 90 倍，累积了大量的建筑、基础设施和耐用品存量，带来了严峻的资源短缺和环境污染问题。这些问题的解决需要开展存量的核算，分析存量组成及存量随社会经济发展的动态变化规律，为设置有针对性、有效的资源循环策略和管理目标提供科学支持。

采用物质流分析方法，核算北京市 1978～2015 年在用存量 [城市承载多大的重量（以存量计量）？]。在构建核算体系（3 大类，11 个子类别，54 个核算项目）的基础上，全面解析城市重量的动态变化规律及其结构特征（城市物质在哪累积，累积类型是什么？）。结合北京市特点，分析城市重量动态变化过程的一些重要拐点，识别其背后的政策及措施原因，并选取总体存量、子类别存量与城市化率、GDP、投资等社会经济因素拟合，分析长时间序列下存量与社会经济因素的同步和异步耦合特征和达峰过程（城市在用存量与社会经济因素的相关性如何？），为存量管理提供决策依据（图 7-11）。

图 7-11　存量视角下城市重量的分析框架

　　数据来源于北京统计年鉴、中国建筑业统计年鉴、中国交通年鉴、中国城市建设统计年鉴等相关统计资料，通过转换因子将各类核算项目折算为重量，单位统一为 Mt（$1Mt=10^6t$）。在分析具体核算项目时，选取 1978 年、1990 年、2006 年和 2015 年为特定年份，重点分析存量占比的变化。

7.2.1　城市重量及其结构分析

　　总体来看，北京城市重量增长 8.7 倍，从 1978 年的 222.7Mt 增加到 2015 年的 1926.4Mt（图 7-12），呈现出 S 形增长趋势，并逐渐接近峰值。城市重量年均增长率为 6%，可分为四个时期（图 7-13）。1978～1988 年重量（在用存量）增长 2 倍，年增长率波动下降了一半（从 9.5%下降到 4.7%）。1990～2005 年，重量增加 2.2 倍，年增长率出现规律性波动，呈现明显的两个段落，1990～1997 年年均增速在 4.7%左右小幅波动，而 1998～2005 年年增长率呈 M 形变化。2005～2007 年重量进入快速增长时期，从 1001.7Mt 上升到 1295.6Mt，这一时期年增长率高达 14.7%。2007 年增长率达到顶点后，存量增长放缓，年增长率呈不规律下降，从 15.1%下降到 2015 年的 0.7%。具体来说，2008 年年增长率（6.8%）下降迅速，经轻微增长后，2012 年继续下降至 2.6%，然后在研究末期经增长后再次下降。值得注意的是，研究期间重量仅在 1990 年轻微下降 1.5%（6.9Mt）。

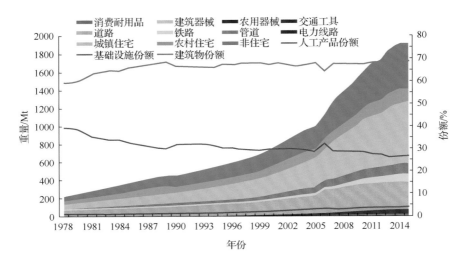

图 7-12 1978～2015 年北京重量及其结构分布

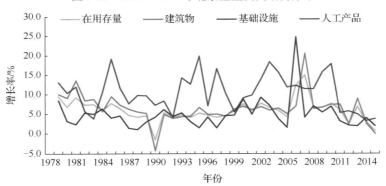

图 7-13 1978～2015 年北京重量及其类别的增长率

建筑物、基础设施和人工产品这三大类存量的变化趋势均与重量类似。北京 8.7 倍城市重量的增加主要来自建筑物的 10 倍增长（占比为 59.6%～68.9%）和基础设施相对较低的 5.9 倍增长（占比为 26.4%～39.6%）。虽然研究期间人工产品的增长最快（41.4 倍），但因其仅占重量的 2.2%，对整体变化趋势的影响较弱。另外，建筑物增长率（年均 6.4%）与重量的增长基本同步（图 7-13），而基础设施增速相对较低（4.9%），存在一定差异。研究初期，基础设施增长率落后于建筑物，这是由于北京为缓解改革开放初期住房紧张的问题，开展了住房商品化改革，实施公房出售、私人自建等政策。同时，北京朝阳区等附近大量住宅建筑的落成拉动了其周边基础设施的建设，2006 年基础设施增长率达到最高值 24.8%，之后

5 年增长率变化趋势转变为 M 形（平均 5.4%），这也拉动了建筑物在 2007 年增长率达峰（20.6%），随后直到 2015 年建筑物呈现出一个更宽幅度的 M 形增长（年均增长率平均为 5.3%）。这说明连接北京和卫星城的基础设施建设带动了周边建筑物的建设，良好的基础设施可以吸引房地产开发与建设。同时，进入 21 世纪的十几年中，人工产品存量累积增长了 4 倍，从 1999 年的 15.6Mt 增长到 2010 年的 62.7Mt（年均增长 13.5%），随后增速明显放缓，与建筑物和基础设施增长趋势相似（年均增长 4.6%）。

7.2.2　子类结构与项目分析

1. 存量子类结构分析

（1）建筑物。

建筑物存量的变化趋势主要受到城镇住宅（平均占比 40.9%）和非住宅（约 38.7%）的影响（图 7-14），这两类住宅也是研究时段内最大的两个存量子类（平均占比 30.4% 和 25.8%）（图 7-12）。城镇住宅存量占建筑物存量的比例呈上升趋势，而农村住宅所占比例则相反，从 29.5% 下降到 10.3%，非住宅建筑存量保持相对稳定。建筑物存量结构有着明显的周期性特征。研究初期的 11 年（1978～1988 年），城镇住宅、农村住宅、非住宅建筑存量的规模（平均占比 35.7%、24.8%、39.5%）和增速（年均 8.1%、7.8%、8.5%）相对接近（图 7-14），共同决定了建筑物存量的动态变化。1989 年以来，城镇住宅和非住宅建筑存量的增长趋势与整个建筑物存量相似，而农村住宅则经历了三次较大的下降，其增量和整体影响远低于前两类存量（图 7-14）。

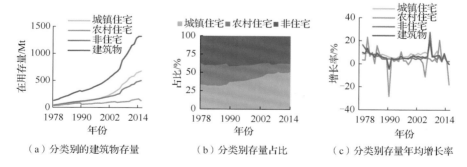

图 7-14　1978～2015 年建筑物在用存量、占比和年增长率

（2）基础设施。

道路占重量的比例排名第三（平均占比为 20%），道路存量的变化趋势与总体基础设施基本一致（图 7-15）。研究初期，道路存量在基础设施类别中最高（是管道存量的 5.2 倍），并在研究前 27 年（1978～2004 年）内缓慢增长（年均增长率为 4.1%）。2006 年道路出现了一次明显增长（增加了 60Mt，29.9%），也导致了基础设施存量的明显增长（图 7-15）。研究期最后的 8 年里，道路存量增速减缓，年均增长率为 1.9%，而铁路存量自 2007 年以 15.9% 的年均增长率快速增长，拉动了基础设施存量的增长，并在 2015 年与管道存量相当（89.5Mt），占基础设施存量的 17%（图 7-15）。管道存量在 1978～1985 年增长更快，之后与基础设施存量保持相同的变化趋势，但变化幅度相对更大。电力线路在基础设施存量中仅为 1.2%，因此对重量的影响甚微。

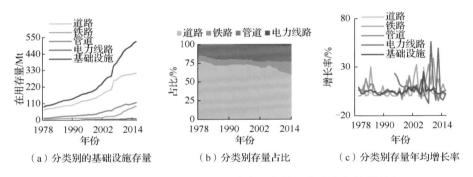

（a）分类别的基础设施存量   （b）分类别存量占比   （c）分类别存量年均增长率

图 7-15   1978～2015 年基础设施在用存量、占比和年均增长率

（3）人工产品。

如图 7-16 所示，人工产品存量的变化趋势与交通工具存量变化基本一致。1987 年以前，人工产品存量不到 5Mt，建筑器械是这一阶段的主要存量类别（平均占比 57%）。然而，建筑器械增长缓慢（年均增长率 5.9%），而交通工具则快速增长（年均增长率 13.2%），使得后者在 1988 年取代前者成为最主要的人工产品类别（占比 60%）。在接下来的 27 年间，建筑器械依然保持缓慢的增速（年均 3.7%），相反交通工具经历了一段快速增长期（年均 14.8%），从 1988 年的 2.2Mt 增长至 2010 年的 45.4Mt（增长了 20 多倍），在最后的 5 年增速减缓（年均 3.8%）。此外，消费耐用品表现了强劲的增长势头（增长至人工产品存量的 37%），从 1978 年几乎忽略不计的重量增长至 2009 年的 11Mt，但随后其增长率有所减缓（1.9%）。

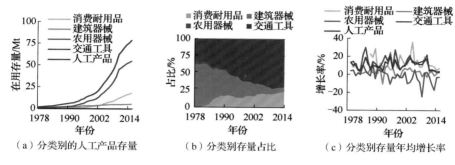

（a）分类别的人工产品存量　　　（b）分类别存量占比　　　（c）分类别存量年均增长率

图 7-16　1978～2015 年人工产品在用存量、占比和年均增长率

2. 存量核算项目分析

（1）基础设施。

15 个基础设施核算项目中最大的为普通公路，其次为高速公路和地铁，此外，排水管道存量也相对较大，并且对城市道路、城市防洪排涝以及城市生态环境均有直接影响（图 7-17）。普通公路在基础设施中占比历年最大，研究期内均大于 37%，并以 3.4% 的增长率缓慢累积（除 2006 年其他公路显著增长了 40.5%）（图 7-18）。而高速公路由于能同时满足运输速度和承重要求，是城市道路发展的必然产物。自 1990 年左右北京陆续投入建设高速公路，高速公路存量在随后的 19 年内快速增长，从 2.8 Mt 增长到 2009 年的 71.1 Mt，增长 25.3 倍（年均增长率为 18.5%），随后其增速放缓（1.8%）。除高速公路外，地铁也是缓解北京超大城市交通压力的有效选择。北京是中国第一座修建地铁的城市，研究初期地铁存量增长较为缓慢，2006 年后，地铁存量以年增长 12.8% 的速度增长 3 倍，超过高速公路存量，2015 年基础设施存量中位居第二（占比为 15.7%）。高速公路和地铁分别在研究中期和后期的快速累积使得普通公路比重逐渐下降（从近 70% 降至 37%）。北京排水管道存量相对地铁和高速公路增长较为缓慢，在 1996 年之前增速较低，维持在 7% 左右（除 1984 年增速达 38.2%），1996～2015 年排水管道存量加速累积，以 4.3 倍增速增长到 56.7Mt（图 7-17）。

（2）人工产品。

人工产品存量主要来自载客汽车、家用汽车（图 7-19）。1978～2010 年载客汽车存量快速累积，以年均增幅 14.7% 增长 80.9 倍，到 2010 年达 38.3Mt，随后 5 年，虽增长放缓（年均增长 3.6%），但仍有 7.4Mt 的存量增长，导致其占比由 1978 年的 24.5% 逐渐上升至 2015 年的 57.9%（图 7-20）。家用汽车是另一类主要的人

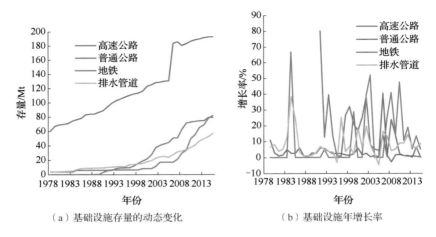

（a）基础设施存量的动态变化　　　　　　　　（b）基础设施年增长率

图 7-17　基础设施存量和年增长率

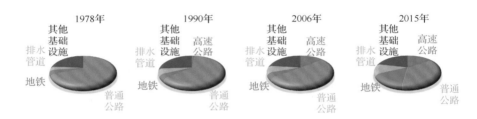

图 7-18　基础设施的占比变化

其他基础设施包括城市道路、普通铁路和供水管道

工产品，但由于改革开放初期居民消费水平较低，且轿车使用的条件（如道路、停车场等基础设施）不够完善，直到 20 世纪 90 年代末期，家用汽车才逐渐兴起。家用汽车存量从 1997 年的 0.2 Mt 显著增长 20.5 倍，2004 年达 3.1Mt，随后一直以 15.2%的增长率稳定累积，2015 年家用汽车在人工产品存量中的占比达到 18.6%，位居第二。除了上述两类存量较大的人工产品外，推土机和彩电的存量在研究期内也存在明显变化。研究初期，推土机占比仅次于载客汽车（1978 年达到 20.2%），但之后其增长率（1980～2015 年年均增长 4.3%）明显低于载客汽车，且在 1992 年和 1999 年出现了明显下降（分别下降 10.2%和 17.3%）。推土机存量占比持续萎缩，到 2015 年，仅为人工产品存量的 2.7%。1978 年中国批准引进第一条彩电生产线，自此中国彩电业迅速升温，但由于价格、消费能力等条件的限制，研究初期的 6 年普及率还很低，彩电存量占比低于 1%。1985～1992 年中国实现了彩色电视规模化生产，彩电存量从 0.1Mt 增长 4.7 倍，达到 0.4Mt。彩电在人工产品存量中的占比也在 1992 年达到峰值（占比 6.1%），之后随着电脑、手机

等其他电子产品的兴起，以及互联网的快速发展，彩电存量增长相对缓慢（年均增幅 4.3%），其占比也随之减少（2015 年占比为 1.4%）（图 7-21）。

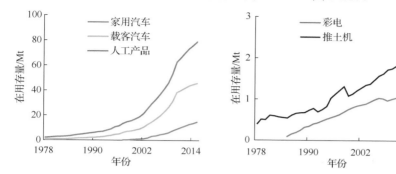

（a）家用汽车、载客汽车和人工产品存量的动态变化　　（b）彩电和挖掘机存量的动态变化

图 7-19　人工产品存量变化

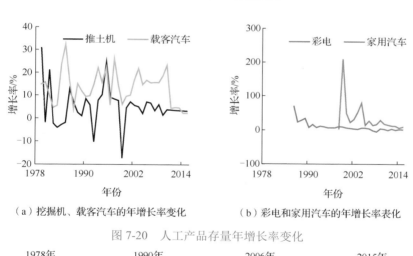

（a）挖掘机、载客汽车的年增长率变化　　（b）彩电和家用汽车的年增长率表化

图 7-20　人工产品存量年增长率变化

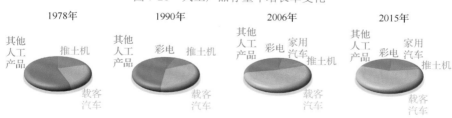

图 7-21　人工产品存量占比变化

其他人工产品包括载货汽车、公共电车和电冰箱等

随着城市化和工业化发展，交通工具与交通基础设施的存量相互促进增长（图 7-22），具体来说，20 世纪 90 年代以前，载客汽车、家用汽车和高速公路存

量均很小（低于 3Mt），此时普通公路建设已有一定的基础，这为后续交通工具增长提供了良好的运行环境和保障。随着 20 世纪 90 年代高速公路的快速增长和普通公路的稳固增长，载客汽车存量首先加速累积。进入 21 世纪后，随着车辆工程技术和经济水平的发展，载客汽车持续增长，家用汽车存量也开始迅猛增长，这又对道路等交通基础设施的建设提出了客观要求，因此，在"十一五"期间普通公路和高速公路均经历一次跨越式增长（增幅超过 20%）。

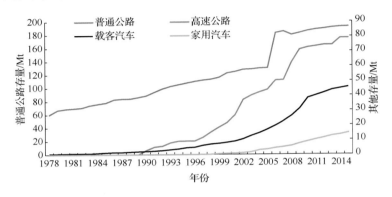

图 7-22   道路与汽车存量的变化

7.2.3   存量影响因素分析

选取重量、住宅建筑物存量、非住宅建筑物存量、道路存量、人品产品存量等核算参量，研究城市化率、人口、GDP、道路投资等社会经济指标变化对其的影响程度（Fishman et al., 2016）。城市化率的大小直接影响到对存量的需求，而 GDP 一方面来源于存量发挥其生产功能得到的经济效益，另一方面又能再次投入存量的维护和建设中，因此选取城市化率、GDP 与重量拟合。城市人口是存量使用的主体，居民有基本的居住需求，人口增加必然需要更多的住房存量，而当住宅建筑物的密度过大，将会影响到城市功能的发挥，也会进一步抑制人口的增长，因此，人口与住宅建筑物存量紧密相关。人口数量也决定了消费者规模，进而决定了对人工产品需求的大小，因此需要研究人口指标与人工产品存量的关系。非住宅建筑物是经济产出的主要发生地，一般为商业用房、办公用房、厂房仓库等，其存量大小与 GDP 息息相关，同时，GDP 中基础设施投资的多少也会影响到道路存量的变化。

重量与城市化率、GDP 均呈现明显的正相关关系，城市化率与重量呈现复钩状态，而 GDP 与重量呈现相对脱钩状态。在研究期内，北京城市化率由 55%增长到 87%，分别在 1990 年和 2005 年经历了两次跃进，将其分成了明显的三个阶段（图 7-23）。三个阶段中，重量均增长 2 倍左右，但第三阶段城市化率增长更为平缓。也就是说，单位城市化率增长所引起的重量增量越来越大，城市化率每增长 1%，3 个阶段的重量分别增长 35Mt、77.4Mt 和 321Mt。由此可以看出，随着城市化率的跃进，其对重量增长的影响更加敏感。GDP 与重量均在持续增长，但 GDP 增长明显高于重量增长，整个研究期内 GDP 增长 36.2 倍，重量只随之持续增长 8.7 倍，单位 GDP 增长引起的重量增加从 2Mt 逐渐下降至 0.06Mt。也就是说随着 GDP 的增长，所引起的重量增量变少（图 7-23）。

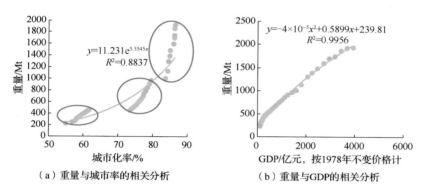

图 7-23　存量与城市化率、GDP 的相关分析

存量子类与人口、经济指标之间也存在着正相关关系。城镇住宅建筑物存量、人工产品存量分别与城镇人口和总人口保持密切的正相关关系，均表现为复钩状态（图 7-24）。具体来说，为了满足人口增长所带来的紧迫的住宿需求（研究期内城镇人口增长 3.9 倍，从 4.8 百万增至 18.8 百万），城镇住宅建筑存量相应地增长 15.1 倍（从 45.1Mt 增长至 682.7Mt）。而研究期内北京市总人口增长 2.5 倍，人工产品作为居民消费和生产建设的必需品，存量增长 40.8 倍，并且呈持续上升趋势。在与人口因素复钩状态下，单位人口数量的增长导致城镇住宅建筑增量（45.5Mt）更为明显，是人工产品存量增量（5.9Mt）的近 8 倍，表明人口增长对城镇住宅建筑增加更敏感（图 7-24）。

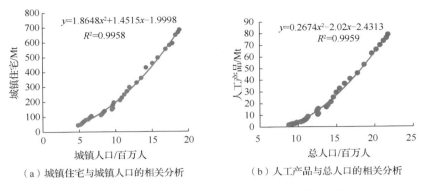

（a）城镇住宅与城镇人口的相关分析　　　（b）人工产品与总人口的相关分析

图 7-24　住宅存量、人口产品与人口的相关分析

　　非住宅建筑、道路存量与经济指标（GDP 和道路投资）呈正相关，且均呈现相对脱钩状态（图 7-25）。非住宅建筑物存量与 GDP 一直呈现相对脱钩状态，但单位 GDP 增长引起的非住宅存量变化呈现明显下降—略回升的阶段性特征。当 GDP 处于 $3.8×10^6$ 万元和 $2×10^7$ 万元之间时，脱钩状况最明显。GDP 每增长 10000 万元，非住宅建筑物存量只随之增长 0.09Mt，当 GDP 低于这一范围时，该值为 0.32Mt，当 GDP 高于这一范围时这一数值又有所回升（0.11Mt）（图 7-25）。道路存量与道路投资的拟合程度相对不高，主要是由于道路基础设施投资并不随时间线性增长，而是受到城市规划、奥运会等重大事件的影响。当投资额低于 $5.53×10^5$ 万元时，单位投资增加引起道路存量增长 0.02Mt（图 7-25），这是因为道路建设周期较长，投资未能在短时间内变现为存量。当投资在 $8.46×10^5$ 万~$13.48×10^5$ 万元时，存量增长平缓（保持在 300Mt 左右），这主要是由于道路工程建设水平与设备相对研究初期有很大提高，存量趋于饱和。当投资大于 $14×10^5$ 万元后，拟合的曲线变缓，单位投资引起的道路存量变化比研究初期低了一个数量级（存量维持在 260Mt 左右），增速较慢，这可能与此时期投资主要用于道路维护和升级有关。

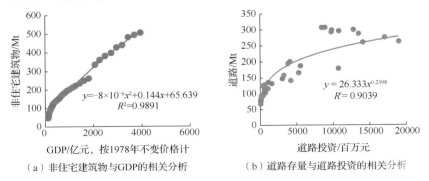

（a）非住宅建筑物与GDP的相关分析　　　（b）道路存量与道路投资的相关分析

图 7-25　非住宅建筑物、道路与 GDP、道路投资的相关分析

7.2.4　讨论与结论

1. 存量视角下测度城市重量的意义

物质存量可有效表征自然与社会经济活动之间的相互作用关系，其规模可以反映城市的可持续发展程度及健康水平（Fishman et al., 2016）。采用存量与流量表征城市重量是基于两者之间的紧密联系。存量累积的多少决定了流量的消耗规模，进而影响到物质和能量的吞吐量，对自然环境产生压力和影响（Krausmann et al., 2017）。寻求存量饱和值，挖掘流量效率提升潜力、促进存量消耗后的循环，将有利于管理决策重点的调整与确定。因此开展存量核算、存量饱和程度研究对城市重量的界定和规律探求有着重要的意义（Liu et al., 2012）。这需要从特定部门、元素的研究拓展到涵盖建筑环境和人工产品的全面核算，以反映城市重量及其结构属性特征（Fischer-Kowalski, 2011; Fischer-Kowalski et al., 2011）。通过对 1978～2015 年北京市建筑物、基础设施、人工产品三大类，11 子类，共 54 个项目的在用存量核算及其累积情况研究，可以得到北京市历年重量及其结构特征的变化，充分表征城市的可持续发展状况。

总体来说，目前国家尺度的存量研究较多，城市尺度较少，这主要是由于国家尺度的物质流分析框架较为成熟，自上而下的研究数据易于获取。而城市尺度自上而下的数据一般难以获得，GIS 等技术虽然可以模拟基础设施、建筑物的空间分布，却无法提供人工产品利用的数据。采用自下而上的方法，逐级累加得到总体在用存量，则需要收集大量基础数据，同时数据估算、项目细化等方面仍存在不足。如，对于北京部分年份分类别建筑设备数据缺失的问题，采用 1979～1985 年的分类设备占比，估算 1985 年后的各类建筑设备存量；缺失 1993 年前电力线路数据，由于电力线路存量相对较小，并未计入重量，但也会造成结果的偏低，由于数据限制并未将普通公路细分（Ⅳ级公路，或国道、省道、县道、乡道和村道等），也会给结果带来一定的偏差。

当前建筑环境存量是根据物质强度系数来估算各类物质元素的存量，再加和得到重量，并未开展详细的物质元素分析，未来需辅以敏感性分析、不确定分析，以验证目前结果的可接受性，并结合物质流分析、生命周期评价，追踪不同物质输入、输出和循环过程，以更好理解北京城市重量，以及城市流量与存量之间的关系；也可将研究结果与 GIS 技术结合，通过实地调研获得必要的数据，以了解建筑环境存量与人工产品存量的空间分布特征，再充分考虑城市人口、收入分布、经济因素与空间分布的相关性，可以为消费模式转型提供依据，也可为城市资源空间管控提供支持。

2. 相关成果对比分析

北京存量处于不断增长的达峰阶段，从全球范围来看存量密度相对较高，存量问题十分突出。Krausmann 等指出 2015 年全球单位陆地面积存量约为 6.2kt/km²，而北京存量分布十分密集（117.4kt/km²），是全球平均水平的 19 倍。同时我们也发现，北京单位面积存量低于或接近其他发展较为成熟的城市，其单位面积建筑物存量是同时期墨尔本市区的 55%，单位面积住宅建筑物存量是里约热内卢的 66%（Condeixa et al., 2017），单位面积建筑砾石、水泥存量与大台北都会区基本一致（Wang et al., 2018）。这可以解释为，墨尔本市区外绿化率极高，承载办公、教育和零售活动的建筑物大部分集聚在面积仅为 36.2km² 的墨尔本市区，而北京为避免拥挤，部分厂房、校区等分布在主城区外围，因此墨尔本市区密度高于北京城区。里约热内卢与北京同样是新兴工业化国家的超大城市，建设需求较大，但其以不到北京 8% 的面积供养了相当于北京 82% 的人口，因此其住宅建筑存量密度大于北京，而大台北都市圈与北京单位面积存量接近，是由于大台北都市圈人口虽比北京低一个数量级，但面积同样仅为北京的 14% 左右。

与其他北京存量的研究成果相比，本研究的建筑物、基础设施存量核算结果偏高。如 Guo 等（2014）指出 2001 年北京道路存量为 9.2t/人，略低于本研究同期结果（11.9t/人），这主要是由于 Guo 等（2014）参照行政等级和技术等级两个标准划分道路类别，并未按照单一标准涵盖所有道路，导致处理数据过程中可能有所缺失，本研究核算了高速公路、普通公路（包括所有等级公路）和城市道路，相对比较全面。Huang 等（2017）的研究结果与本章类似，指出北京、天津和上海的建筑物和基础设施存量在 20 世纪 70 年代末到 20 世纪 80 年代中期，以及进入 21 世纪之后累积速率相对较快，但其北京历年存量结果均低于本章，如 2013 年约为 47.3t/人，而本研究同期约为 85.1t/人，这是因为其在核算中并未考虑人工产品和部分基础设施（城市道路、地铁）的存量。

与发达国家相比，美国在用存量的研究规律（Chen and Graedel, 2015）与北京类似，当城市化率达到 74% 左右时，农用器械存量下降，建筑器械增速变缓，这说明在城市化发展的后期，农用和建筑器械的需求减少，导致存量逐渐饱和下降。而与北京不同的是，当城市化率达到 75% 左右时，美国人均载客汽车数量逐渐减少，而北京的载客汽车数量仍在大幅上升。这一方面是由于美国城市化后期人口增长趋缓，对汽车的需求下降，而北京人口基数大，城市化率达 75% 后对载客汽车的需求量依然旺盛；另一方面，美国是汽车工业大国，相对于北京，其汽车的需求价格弹性较小，在刚步入城市化后期时，汽车在美国是消费必需品，而在北京属于奢侈品，随后美国人均汽车保有量逐渐趋于平稳状态，而北京随着城市基础设施建设的逐渐完善，同时经济发展和购买力提升，汽车逐渐从奢侈品变为必需品，载客汽车的需求也快速上升（Cameron and Trivedi, 2005）。

1978～2015 年北京城市化率增长了 30%，人均排水管道存量连续增长 7 倍左右（图 7-26），与此不同的是，日本从 1985～2012 年城市化率增长了 15%，存量仅增长 1.1 倍。日本城市化率不到 78%时，城市化率每增长 1%，其人均排水管道存量（根据污水服务人口）增加 0.52Mt（Lwin et al., 2017）；当城市化率超过 78%后，单位城市化率增长 1%，人均排水管道存量则下降 0.05Mt，随后有所回升。这主要是由于研究初期日本排水系统建设合理、完备，后期建设的需求较小；同时，日本物质使用效率提升较快，排水管道可以服务更多的人口，两者共同导致人均存量下降。而北京排水管道系统在改革开放初期逐步开始建设，随着城市化发展有更多居民可以共享这一市政基础设施，但当前仍然不够完善，处于快速上升阶段。

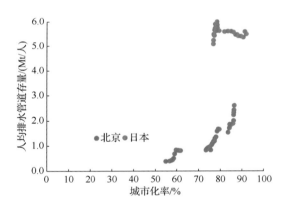

图 7-26　城市化率与人均排水管道存量的相关性

3. 存量视角下北京物质代谢的问题诊断及相应建议

1978～2015 年北京城市重量增加 8.7 倍，并处于达峰进程中。城镇住宅、非住宅建筑和道路位居北京存量前三位，但占比增长均有所放缓，而地铁、主要汽车（客车和家用汽车）存量出现了明显的快速增长。存量变化与北京市政府及相关部门的政策与法规密不可分。特别在 2003～2006 年，建筑存量的大幅增长主要是因为 2008 年北京奥运会大部分场馆和配套设施在这 3 年集中建成。但由于房地产投资规模过大、住房价格上涨过快，2006 年中国政府采用具有针对性的"国六条"调控政策，严控土地与紧缩信贷，因此 2007 年增长率达到峰值，而城镇住宅建筑存量增长率在 2008 年大幅下降，随着 2008 年底货币政策再次宽松，房地产开发投资增速开始回升。之后受限购令、央行存款准备金率及个人住房公积金存款利率等政策的调控，楼市出现相应的抑制和复苏，导致研究后期的建筑物存量波动变化。对道路存量来说，"九五"（1996~2000 年）、"十五"（2001~2005 年）期间，北京为建立现代化大都市加大了基础设施投资，在完善市区交通基础设施的同时将重点转向远郊区，道路存量在这一时期快速累积，特别是 2006 年，奥运交通筹备工作进入攻坚阶段，因此基础设施存量增长率达到峰值。"十一五"期间，北京优先发展公共交通，部分地铁轨道交通工程完工，存量从这一时期开始快速上升。"十二五"期间，公共交通投资占市级交通基础设施投资的比重达到 75.7%，地铁交通路线进一步完善，地铁存量持续增长。北京市 1999~2010 年以载客和家用汽车为主的交通工具存量大幅上升，这与"十五""十一五"期间北京城市化和道路交通机动化快速发展有关。

　　未来，北京应着重存量的回收循环，提高建筑业和制造业的资源生产率，以控制存量的快速增长、减轻城市环境负荷。在回收循环方面，许多建筑存量具有很高的回收潜力。日本、德国、美国等发达国家的建筑垃圾回收利用历史悠久，并通过了系列法律法规，因此其存量回收比例均超过 90%，而中国不超过 5%（杜博，2012）。针对这一情况，北京市政府应出台和实施严格的回收标准，以确保建筑企业严格遵守规定，并采用先进的废弃物处理技术，缓解这一严重问题。这些标准的制定应基于生命周期分析，严格控制所有阶段（拆除、分类、运输、加工和生产）以减少资源浪费。当前，中国制造业劳动生产率极低，低于美国和日本的 15%（ILO，2018）。因此，制造企业应注重优化交通工具和其他产品的制造工艺和技术水平，以降低物质使用强度，从而减缓存量累积的快速增长。此外，政府应该严格控制进口、调入的产品，以优化这些流入造成的存量变化。政府还应继续抑制新车的购买，并推广使用北京大型高效地铁系统。

7.3　北京物质代谢关键主体识别

　　在城市代谢过程中，代谢主体之间存在着一对多、多对一的复杂相互联系，呈现出网络形态，这为"生态网络"方法的引入提供了可能。城市部门网络和生态网络的类比点在于两个网络均存在物质和能量的交换，城市部门间的物质和能量转移所形成的关联结构与生态网络中捕食者-被捕食者之间的联系类似。生态网络分析可以将城市生命体抽象为由部门和部门间物质流动路径组成的网络。

　　依据物质流分析框架，结合生态网络分析构建 8-节点的城市物质代谢网络模型，通过网络流量分析和效用分析，模拟网络节点的关联性和优劣势特征，以及直接与间接效应（城市物质代谢网络中节点的地位如何确定？），揭示城市生命体部门之间的关联关系，识别代谢网络中起主导作用的关键主体和重要路径（Fath and Borrett, 2006），明确重量产生的主体和节点对网络的贡献（城市物质代谢网络中关键主体如何确定？）（Eurostat, 2016; Browne et al., 2011），可实现城市代谢过程的有效细化和理解（Fath and Patten, 1999），为城市"病理"剖析（问题识别、主体定位）提供有效的监控指标（Zhang et al., 2014）（图 7-27）。

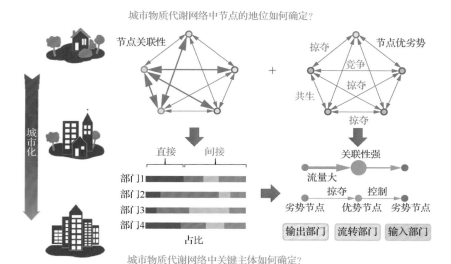

图 7-27　城市关键代谢主体识别的分析框架

数据来源于北京统计年鉴、中国矿业年鉴、中国能源统计年鉴等相关统计资料，通过转换因子核算代谢主体的输入、输出量，并将其关联到代谢主体，物质核算单位均统一为 Mt（1Mt=10^6t）。以 2001 年、2008 年和 2015 年为特定年份，分析北京城市物质代谢网络特征，识别其关键的代谢主体。

7.3.1　关联性分析

综合流量强度可以充分反映网络节点的关联程度。在研究阶段内，北京物质代谢网络的综合流量强度呈现递减趋势（降幅为 37.4%）（图 7-28）。网络中除与交通运输业（最大占比不超过 10%）、建筑业（5%）相关的流量分布较少外，节点间流量分布相对较为均衡（均在 10%~20%），但与交通运输业相关的流量强度存在明显的增加（增幅为 52.8%）。

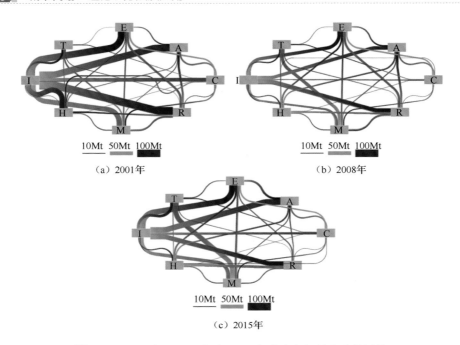

（a）2001年　　　　　　　　　　　（b）2008年

（c）2015年

图 7-28　2001 年、2008 年和 2015 年北京部门综合流量网络

E 内部环境，A 农业，M 采掘业，I 加工制造业，C 建筑业，T 交通运输业，R 循环加工业，H 居民生活

综合考虑占比和降幅，可以看出网络综合流量强度快速下降的主要原因是占比较大的循环加工业（占比约 17.6%）和内部环境（占比约 19%）的变化，它们以高于或持平网络综合强度的降幅（分别达到 48.0%和 36.0%）对整体趋势影响显著，同时占比约 14%的农业和 10%的居民生活的快速下降（降幅分别为 41.5% 和 55.9%），对整体强度下降也有较大影响（表 7-2）。而占比相对较大的加工制造业（约 15.5%）和采掘业（约 12.4%），由于其降幅并不突出（降幅分别为 32.1% 和 29.0%），对总体下降贡献不大。循环加工业和加工制造业均以输出为主导（输出分别约占 83%和 65%），其中循环加工主要输出到内部环境、农业和采掘业（占比和约为输出的 72%），而加工制造业则主要输出到内部环境、农业和循环加工业（占比和约为输出的 64%）。农业和采掘业则均以输入为主导（输入分别约占 84% 和 60%），两者均主要接收来自内部环境、加工制造业和循环加工的输出（占比和约为输入的 81%和 82%）。内部环境和居民生活的输入和输出相持平（输出占比分别约为 55%和 53%）。内部环境的输入主要来自加工制造业和循环加工（占比和约为输入的 68%），主要输出到农业和采掘业（占比和约为输出的 61%），而居民生活主要接收内部环境、农业、加工制造业和循环加工的输出（占比和约为输入的 90%），输出到内部环境、农业和采掘业（占比和约为输出的 72%）。综合考虑变化幅度和占比分布可知，循环加工业、内部环境、农业和居民生活的关联性

较高，对于网络整体影响较大，因此可看作网络的关键节点。

表 7-2　网络代谢主体的影响评分表

主体	平均占比/%	增幅/%	增幅排序	占比排序	增幅得分	占比得分	综合得分	综合排序
内部环境	19.0	−36.0	4	1	3.0	6.0	9	2
农业	14.4	−41.5	3	4	4.0	3.0	7	3
采掘业	12.4	−29.0	6	5	1.0	2.0	3	5
加工制造业	15.5	−32.1	5	3	2.0	4.0	6	4
循环加工业	17.6	−48.0	2	2	5.0	5.0	10	1
居民生活	10.4	−55.9	1	6	6.0	1.0	7	3

城市物质代谢网络中各主体的综合流量强度大多以间接效应为主（占比均在70%以上）（图 7-29），其中，循环加工业、内部环境、农业和交通运输业的直接效应相对明显（占比高于 20%），而采掘业、加工制造业、建筑业和居民生活的间接效应更大（占比高于 80%）。直接效应主导的代谢主体中，仅交通运输业的直接与间接流量强度共同影响着综合强度的波动变化，内部环境、农业和循环加工业的直接流量强度（均稳定在 1 左右）对综合流量强度的波动下降（降幅分别为29.6%、24.1%和 31.6%）影响不大。间接效应主导的代谢主体，其综合和间接流量强度呈现出同步变化，其中采掘业和居民生活分别呈缓慢下降和波动下降趋势（降幅分别为 33.3%和 65.2%），加工制造业呈先增后减的变化趋势，建筑业则保持相对稳定。

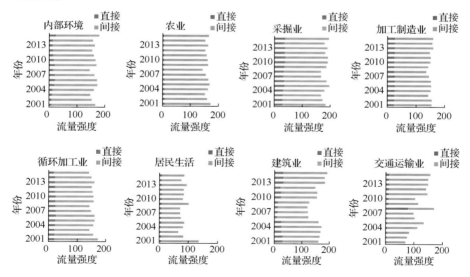

图 7-29　2001～2015 年北京市代谢主体的直接与间接流量强度分布

7.3.2   优劣势分析

除流量分析定位的关键节点外，节点间关系类型分布所呈现的节点优劣势特征，也是关键节点识别的重要依据。节点间共形成 28 对生态关系，图 7-30 归纳了 2001～2015 年符号矩阵 sgn(U)中稳定的关系分布及其占比。结果显示掠夺/控制关系所占比例最大（57.1%），共生关系次之（28.6%），相当于掠夺/控制关系的一半，竞争关系占比最小（14.3%）。可见，掠夺/控制是北京物质代谢网络的主导类型。在掠夺/控制关系中，与内部环境、加工制造业和居民生活相关的数量接近 1/2（占比约 47%），其中掠夺与控制比为 2：3，这 3 个部门均受到农业的掠夺，居民生活受到采掘业和循环加工业的掠夺，而内部环境和加工制造业各自受到采掘业和循环加工业的掠夺，同时均受到建筑业的掠夺。此外，以上 3 个部门同时掠夺交通运输业，内部环境还掠夺循环加工业，加工制造业掠夺采掘业，居民生活掠夺建筑业。农业和建筑业也贡献了 1/4 的掠夺/控制关系，且掠夺与控制比例为 3：1，其中建筑业掠夺农业。

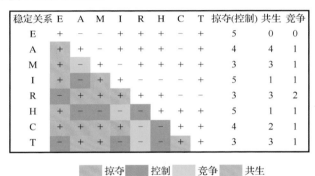

图 7-30   2001～2015 年北京市部门稳定的生态关系分布

E 内部环境，A 农业，M 采掘业，I 加工制造业，C 建筑业，T 交通运输业，R 循环加工业，
H 居民消费；+正收益，-负收益，图中数据表示与某节点相关的某类关系对的数量

采掘业和交通运输业贡献了最多的共生关系（约占 43%），同时，两者互为共生关系且均与建筑业共生。此外，采掘业与循环加工业共生，而交通运输业则与农业共生。循环加工业、农业和内部环境同样贡献了约 43%的共生关系，其中循环加工业与农业互为共生，而内部环境则与加工制造业、居民生活表现为共生关系。循环加工业与建筑业、交通运输业之间贡献了 1/2 的竞争关系。除内部环境外，农业与采掘业、加工制造业与居民生活贡献了剩下的 1/2 竞争关系。通过生态关系分析可知，内部环境、加工制造业和居民生活对其他部门存在较为明显的掠夺/控制作用，是代谢过程中的资源和污染物流经的关键环节，可以看作北京市的关键部门。

7.3.3　讨论与结论

1. 识别的关键主体

通过流量分析识别出网络关联性强的节点为循环加工业、内部环境、农业和居民生活，而关系分析识别出的网络优劣势明显的节点为内部环境、加工制造业和居民生活（表 7-3）。网络流量分析和关系分析结果均显示内部环境和居民生活是北京关键的代谢主体，均贡献了大量的物质输入输出，连接作用明显，对代谢网络中的资源和废弃物流动均起着较为关键的影响。同时，也说明了北京作为消费型城市、成熟型城市，居民生活和生态环境是生命体维持活力的关键。内部环境作为一个既能为其他部门提供资源（如生物质和矿物等），又能容纳其他部门污染和废弃物的主体，无论是掠夺还是控制关系均会对其造成巨大的压力。而处于产业链下游的居民生活既接收其他部门提供的资源，又产生生活污染物和废弃物的排放，其需求和排放对其他部门的物质流动有着显著的影响，这两个部门是决策者应该关注的重点，对其进行调控将有助于城市资源的减量化。

表 7-3　关键部门识别

部门	流量分析	关系分析（关系数量）	
		掠夺	控制
内部环境	输入输出共同主导	2	3
居民生活	输入输出共同主导	2	3
循环加工业	输出主导	2	1
农业	输入主导	4	0
加工制造业	输出主导	2	3

循环加工业和农业对于网络流量的影响较大，但两者对其他部门的掠夺/控制作用并不明显，这主要是由于以上两部门在代谢网络中主要扮演"中转点"的角色。循环加工业接收城市生产和生活产生的废弃物并对其进行处理，促使可再生资源重新进入城市社会经济子系统，同时将不可循环物质排放到环境中。农业则依赖环境提供自然资源，同时利用相关产品（如化肥、农药和塑料薄膜等）进行农业生产，并向城市生产和生活提供生物质资源。以上两部门对城市生物质供给和物质循环再生均起到关键作用，未来减少过程损失是政策制定者应当关注的重点。此外，尽管加工制造业的网络流量并不突出，但对其他部门的掠夺/控制作用仍然十分明显。加工制造业利用矿物、化石燃料和生物质等自然资源，同时向其他部门提供产品，是城市资源加工利用的主要部门，未来决策重点是通过生产技术创新提高其物质利用效率。

2. 研究结论及展望

网络综合流量强度呈递减趋势，网络间接效用明显高于直接效用（前者占比高于 70%），主要受循环加工业、内部环境、农业和居民消费的共同影响。掠夺/控制（占比为 57.1%）是北京市的主导关系类型，且主要与内部环境、加工制造业和居民生活相关。内部环境、循环加工业、农业、加工制造业和居民生活等代谢主体的关键作用突显。对以上关键部门开展有针对性的调控举措，如减少循环加工业和农业生产的过程损失，控制居民消费需求和排放、提升工业物质利用效率等，是城市可持续发展实现的关键。

基于物质利用特征差异将收集的数据分配到不同部门，会产生一定的不确定性，同时采用折算、估算的方式获得相关实物量数据也会造成一定的偏差，这需要未来结合实际调研进行修正，以此来减少其不确定性，同时可以更精细地划分物质类别和产业部门。针对当前城市物质流核算框架相对缺乏的现状，可以将本章构建的核算框架推广应用到其他城市，深入分析不同类型城市代谢规模与模式的差异，同时在城市代谢总量与结构特征分析的基础上，针对识别的关键主体制定相关的调控策略，有效服务于城市生态管理决策。

参 考 文 献

鲍智弥, 2010. 大连市环境-经济系统的物质流分析. 大连: 大连理工大学.

杜博, 2012. 建筑垃圾回收网络体系及模型构建. 南京: 南京工业大学.

贾皎皎, 2014. 基于 LMDI 法的能源消费及碳排放影响因素研究. 天津: 天津大学.

李瑞彩, 2016. 京津冀碳排放影响因素分解分析及对比研究. 石家庄: 河北地质大学.

楼俞, 石磊, 2008. 邯郸市物质流分析. 环境科学研究, 21(4): 201-204.

Barles S, 2009. Urban metabolism of Paris and its region. Journal of Industrial Ecology, 13(6): 898-913.

Barrett J, Vallack H, Jones A, et al., 2002. A material flow analysis and ecological footprint of York. (2002-1-1) [2015-1-23]. https://www.researchgate.net/publication/257494298_A_Material_Flow_Analysis_and_Ecological_Footprint_ of_York.

Browne D, O'Regan B, Moles R, 2011. Material flow accounting in an Irish city-region 1992-2002. Journal of Cleaner Production, 19(9-10): 967-976.

Brunner P H, 2007. Reshaping urban metabolism. Journal of Industrial Ecology, 11(2): 11-13.

Cameron A C, Trivedi P K, 2005. Microeconometrics: Methods and Applications. Cambridge: Cambridge University Press.

Chambers N, Heap R, Jenkin N, et al., 2002. City Limits: A resource flow and ecological footprint analysis of Greater London. (2002-1-1)[2015-12-1]. http://www.citylimitslondon.com/downloads/Completereport.pdf.

Chen W Q, Graedel T E, 2015. In-use product stocks link manufactured capital to natural capital. Proceedings of the National Academy of Sciences, 112(20): 6265-6270.

Condeixa K, Haddad A, Boer D, 2017. Material flow analysis of the residential building stock at the city of Rio de Janeiro.

Journal of Cleaner Production, 149(7): 1249-1267.

Eurostat, 2016. Economy-wide material flow accounts (EW-MFA). (2015-3-1)[2015-12-1]. https://www.mendeley.com/ catalogue/ economywide-material-flow-accounts/.

Fath B D, Borrett S R, 2006. A MATLAB function for network environ analysis. Environmental Modelling & Software, 21(3): 375-405.

Fath B D, Patten B C, 1999. Review of the foundations of network environ analysis. Ecosystems, 2(2): 167-179.

Fischer-Kowalski M, 2011. Analyzing sustainability transitions as a shift between sociometabolic regimes. Environmental Innovation and Societal Transitions, 1(1): 152-159.

Fischer-Kowalski M, Krausmann F, Giljum S, et al., 2011. Methodology and indicators of economy-wide material flow accounting: State of the art and reliability across sources. Journal of Industrial Ecology, 15(6): 855-876.

Fishman T, Schandl H, Tanikawa H, 2016. Stochastic analysis and forecasts of the patterns of speed, acceleration, and levels of material stock accumulation in society. Environmental Science & Technology, 50(7): 3729-3737.

Guo Z, Hu D, Zhang F, et al., 2014. An integrated material metabolism model for stocks of urban road system in Beijing, China. Science of the Total Environment, 470-471(3): 883-894.

Hammer M, Giljum S, 2006. Materialflussanalysen der Regionen Hamburg, Wien und Leipzig [Material flow analysis of the regions of Hamburg, Vienna and Leipzig]. (2006-8-15)[2016-3-12]. http://seri.at/wp-content/uploads/2009/09/ Materialflussanalysen-der-Regionen-Hamburg-Wien-und-Leipzig.pdf.

Hoekman P, von Blottnitz H, 2017. Cape Town's metabolism: insights from a material flow analysis. Journal of Industrial Ecology, 21(5): 1237-1249.

Huang C, Han J, Chen W Q, 2017. Changing patterns and determinants of infrastructures' material stocks in Chinese cities. Resources, Conservation and Recycling, 123(8): 47-53.

ILO (International Labour Organization), 2018. Labour productivity-ILO modelled estimates. (2018-11-15)[2018-12-30]. https://www.ilo.org.

Kennedy C, Cuddihy J, Engel-Yan J, 2007. The changing metabolism of cities. Journal of Industrial Ecology, 11(2): 43-59.

Krausmann F, Wiedenhofer D, Lauk C, et al., 2017. Global socioeconomic material stocks rise 23-fold over the 20th century and require half of annual resource use. Proceedings of the National Academy of Sciences of the United States of America, 114(8): 1880-1885.

Li Y X, Zhang Y, Yu X Y, 2019. Urban weight and its driving forces: A case study of Beijing. Science of the Total Environment, 658(6): 590-601.

Liu G, Bangs C E, Müller D B, 2012. Stock dynamics and emission pathways of the global aluminium cycle. Nature Climate Change, 3(4): 338-342.

Lwin C M, Dente S M R, Wang T, et al., 2017. Material stock disparity and factors affecting stocked material use efficiency of sewer pipelines in Japan. Resources, Conservation and Recycling, 123(8): 135-142.

Niza S, Rosado L, Ferrão P, 2009. Urban metabolism. Journal of Industrial Ecology, 13(3): 384-405.

Pauliuk S, Müller D B, 2014. The role of in-use stocks in the social metabolism and in climate change mitigation. Global Environmental Change, 24(1): 132-142.

Rosado L, Kalmykova Y, Patrício J, 2016. Urban metabolism profiles: An empirical analysis of the material flow characteristics of three metropolitan areas in Sweden. Journal of Cleaner Production, 126(13): 206-217.

Sastre S, Carpintero O, Lomas P L, 2015. Regional material flow accounting and environmental pressures: The Spanish case. Environmental Science & Technology, 49(4): 2262-2269.

Swilling M, Hajer M, Baynes T, et al., 2018. The weight of cities: Resource requirements of future urbanization.

(2018-1-31)　[2019-4-12].　https://www.researchgate.net/publication/327035481_The_Weight_of_Cities_Resource_Requirements_of_Future_Urbanization.

Wang W, Liu X, Zhang M, et al., 2014. Using a new generalized LMDI (logarithmic mean Divisia index) method to analyze China's energy consumption. Energy, 67(4): 617-622.

Wang Y, Chen P C, Ma H W, et al., 2018. Socio-economic metabolism of urban construction materials: A case study of the Taipei metropolitan area. Resources, Conservation and Recycling, 128(1): 563-571.

Wang Z, Feng C, Chen J, et al., 2017. The driving forces of material use in China: An index decomposition analysis. Resources Policy, 52(2): 336-348.

Zhang Y, Zheng H M, Fath B D, et al., 2014. Ecological network analysis of an urban metabolic system based on input-output tables: Model development and case study for Beijing. Science of the Total Environment, 468-469(1): 642-653.

第 8 章　能量代谢过程分析

8.1　能源代谢过程分析

　　随着社会经济的持续快速发展，能源消耗量不断增大，同时能源资源禀赋的空间分布差异显著，能源紧缺问题日益突出，如何降低能耗、能源供需缺口有多大已成为关注的焦点。节能降耗始终是城市五年规划的重要指标，而从能源代谢的角度研究城市能源消耗问题是找出能源利用薄弱环节的有效途径，可有效服务于城市规划编制。通过剖析城市能源代谢过程，追踪能源代谢的各个关键环节，对于实现城市能源可持续利用具有重要的理论与实践意义。在能源供需方面，中国除原煤自给自足外，原油、天然气消费均需要进口，能源供需安全已成为能源可持续利用的关键。除国家能源安全以外，中国各省区资源禀赋、经济发展水平、产业结构、技术水平各有不同，部分省区存在着消费过度、生产盈余等供需严重失衡的状况，引发了对于中国省区能源供需关系空间格局问题的思考。

　　区域能源生产与消费格局深刻影响着能源代谢过程，使其呈现出不同的代谢特征，本章引入区域重心模型，基于 GIS 测度关键能源生产、消费重心移动轨迹，定量分析能源利用重心移动方向、距离、速度等方面的地理中心特征，从整体上对比研究能源供需重心之间的关系（能源生产与消费空间重心如何迁移？格局如何变化？），深入把握中国能源利用的区域差异及其原因，以提出相应的政策建议（Zhang et al.，2012）。另外，采用生态网络方法，通过搜集、整理和分析能源消耗数据，构建能源代谢网络模型，充分反映能源开采、转换、消费和回收的全过程。据此对比分析不同精度下城市能源代谢网络的代谢层阶结构及生态功能关系等方面的特征差异（不同精度能源代谢网络模型有怎样的特征异同？），为选择合适精度的网络模型提供重要参考，以服务于不同的研究目的（Zhang et al.，2011）。区域能源生产与消费格局深刻影响着能源代谢过程，使其呈现出不同的代谢特征，本研究引入区域重心模型，基于 GIS 测度关键能源生产、消费重心移动轨迹，定量分析能源利用重心移动方向、距离、速度等方面的地理中心特征，从整体上对比研究能源供需重心之间的关系（能源生产与消费空间重心如何迁移？格局如何变化？），深入把握中国能源利用的区域差异及其原因，以提出相应的政策建议（Zhang et al.，2012）（图 8-1）。

　　以北京、上海、天津和重庆为例，开展 2006 年能源代谢过程分析，所用数据主要来自城市统计年鉴、中国能源统计年鉴等资料，构建 5-节点和 17-节点的能源代谢网络模型，利用流量和效用分析开展营养层阶与生态关系分布研究。采用 GIS 技术，分析 1997～2009 年中国原煤、原油、天然气和电力生产、消费重心的演变轨迹及规律，所用数据同样来自中国能源统计年鉴。由于缺乏西藏以及香港、澳门、台湾的能源数据，本研究计算了除这些区域之外的 30 个省（区、市）的数据。原煤、原油、天然气生产量指的是一次能源生产量，消费量既包括能源转换部门中加工转换投入量，也包括各部门终端消费量。电力生产量包括了水电、核电和火电的产量，消费量指的是各部门终端消费量。

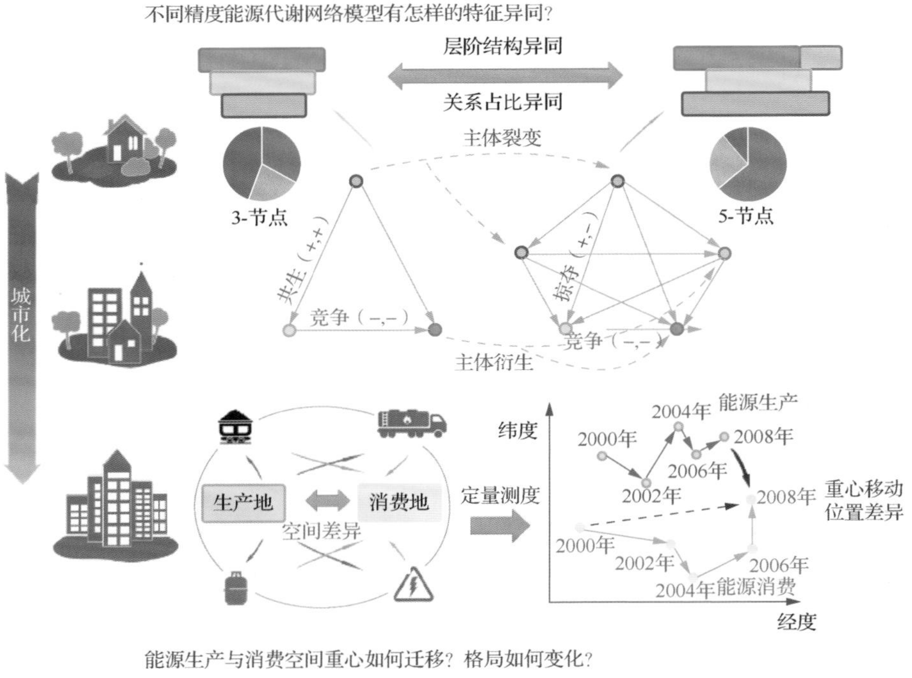

图 8-1　能源代谢网络特征及其供需格局的分析框架

8.1.1　不同精度城市能源代谢网络的特征分析

1. 代谢层阶分析

（1）5-节点代谢网络。

依据网络综合流量矩阵，明确代谢层阶结构，确定归属于生产者、初级消费者和高级消费者的节点权重。由图 8-2 可知重庆生产者（能源开采部门+能源回收部门）权重最大（0.785），是天津的 3.6 倍左右，比北京、上海高一个数量级，反映重庆本地资源相对充足，能源供应能力较强，而北京和上海能源供应大多依赖于外部区域。北京有着最高的初级消费者权重（0.553），比天津略高（0.521），是上海的 1.8 倍左右，比重庆高 1 个数量级，说明了北京能源转换部门投入较大。上海高级消费者权重最高（0.637），是北京的 1.7 倍左右，约为天津、重庆的 2.5 倍和 3.7 倍，反映上海能源需求较大。在生产者层阶中，上海能源回收部门（还原者）权重最高（0.047），比重庆略高（0.046），是天津的 3.6 倍左右，而北京此类权重为 0，反映了上海自我调节能力较强。一般来说，参与城市能源代谢过程的还原者占比较低，自我调节能力相对较弱，本研究中 4 个城市的还原者权重均低于 5%。上海产业消费最高（0.602），相当于北京和天津的 2.2 倍和 2.6 倍，是重庆的 4.3 倍；而北京居民生活权重最高（0.105），相当于上海和重庆的 3 倍，天津的 4.6 倍，反映了城市发展的不同特征，以及一次、二次能源的需求差异（图 8-2）。

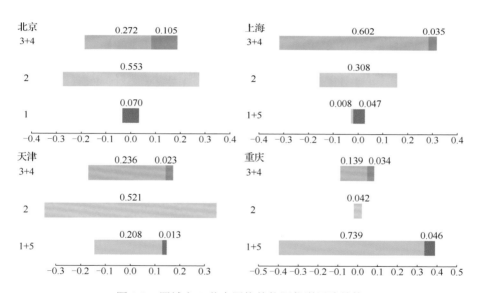

图 8-2　四城市 5-节点网络的能源代谢层阶结构

1 能源开采部门，2 能源转换部门，3 其他产业部门，4 居民生活，5 能源回收部门；
图中条块长度是标准化值，总和为 1.0

依据城市能源代谢主体的生态角色（生产者、消费者和还原者）及其相对权重，可以确定城市能源代谢系统的层阶结构，进而分析其与自然金字塔形的异同。自然生态系统的层阶结构为金字塔形，能量生产者在层阶底部支撑初级消费者（生物量减少），以及处于顶部的高级消费者（生物量进一步减少）。一般健康的城市能源代谢系统也应呈金字塔形，即底部是充足的能源生产者，这应是城市能源消费的基础；其次是初级消费者——能源转换业，最顶端才是比例偏小的高级消费者（Burns, 1989）。但是，由于人类过度介入城市能源代谢过程，其能源流动与自然系统有所不同，呈现的层阶结构也有明显差异。上海呈现明显的"倒金字塔"结构，即高级消费者权重＞初级消费者权重＞生产者权重；而北京和天津则呈现出橄榄形结构。相对来说，重庆呈现不规则的"金字塔"结构，这与能源转换部门权重较小、生产者和高级消费者相对均衡有关。

（2）17-节点代谢网络。

17-节点代谢网络中，重庆同样有着最高的生产者权重（包括能源采掘、能源回收和能源储存部门），为 0.547，相当于上海的 1.5 倍，北京的近 3 倍，而天津生产者权重（0.505）相当于重庆的 92%，反映了重庆能源供给能力较强（图 8-3）。北京有着最大的初级消费者（包括火力发电、供热、煤炭洗选、炼焦、炼油、制气、煤制品加工），其权重为 0.048，相当于上海的 1.2 倍，天津的 1.6 倍，重庆的 2.3 倍，表明北京能源转化部门输入相对较大。同样，北京高级消费者（农业、工业、建筑业、交通运输业、批发零售业和住宿餐饮业、居民生活、其他服务业）权重也最大（0.323），而重庆（0.242）、上海（0.237）次之，天津最低（0.203），反映北京能源需求较大。天津能源储存的权重最高（0.249），相当于上海的 1.4 倍，重庆则比上海低 1 个数量级，除重庆外北京最低（0.137），表明天津能源自给率较高。上海能源回收部门（还原者）权重最高（0.074），相当于天津的 2.2 倍，两者均比重庆高 1 个数量级，而北京为 0，说明上海自我调节能力相对较强，但也发现 4 城市的还原者权重均低于 10%，还原者权重较低意味着城市仍有相当大的空间来增加能源回收（如回收工业过程废热）。

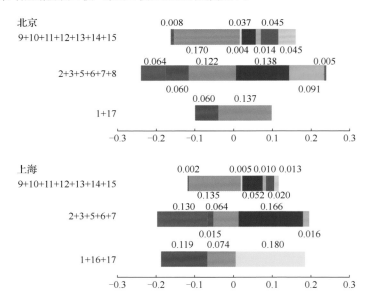

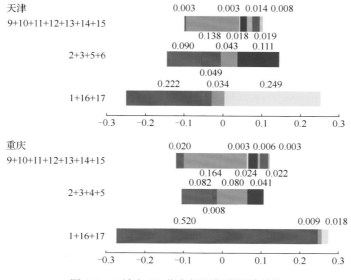

图 8-3　4 城市 17-节点能源代谢层阶结构

1 能源开采，2 火力发电，3 供热，4 煤炭洗选，5 炼焦，6 炼油，7 制气，8 煤制品加工，9 农业，
10 工业（除能源转换部门外），11 建筑业，12 交通运输业，13 批发零售业和住宿餐饮业，14 居民生活，
15 其他服务业，16 能源回收，17 能源储存；图中条块长度是标准化值，总和为 1.0

　　北京由于初级消费者的权重较大，呈现出橄榄形，而上海和重庆呈现出类金字塔形状，这归功于两个城市较大的生产者权重，上海初级消费者的权重过大，重庆高级消费者的权重偏高，使两者金字塔形并不规则。然而，天津层阶结构与自然系统类似，为金字塔形，体现了其能源代谢过程的良好状况（图 8-3）。

　　（3）代谢层阶对比。

　　5-节点代谢网络模型和 17-节点代谢网络模型的研究结果表明，城市代谢层阶结构明显不同于自然生态系统。5-节点代谢网络模型中，北京、上海和天津均呈现出不规则的倒金字塔形态，重庆则为不规则的金字塔形。而 17-节点代谢网络模型是由 5-节点代谢网络模型节点的细分形成的，细分后各节点对网络贡献总和与未细分前大体相当，因此生产者、初级消费者、二次消费者的结构分布变化不大，两种精度模型的研究结果十分类似。因此，较粗略的模型节点划分方式不会显著影响网络整体特征的描述。需要说明的是，17-节点代谢网络中能源储存部门作为一个单独节点从消费者中分离出来，由于此节点实际承担的是生产者角色，因此在 17-节点代谢网络模型中，将其归入生产者行列，从而使网络结构得到更为精确的描述。在这种描述方式下可以发现，北京代谢层阶仍然呈现更为规则的橄榄形，而重庆仍显示为不规则的金字塔形。结果差距较大的是上海和天津，上海代谢层阶由倒金字塔形转变为不规则的金字塔形，天津代谢层阶结构由橄榄形变为金字塔形，造成这一结构变化的因素正是能源储存部门的贡献，反映出精细划分方式可以通过表现更多的网络细节，精确描述网络代谢层阶结构。

除层阶结构外，5-节点代谢网络模型和17-节点代谢网络模型的研究结果在节点贡献方面仍表现出较多共性，并出现一定差异。例如，两种精度模型的生产者权重均为重庆最高，其次为天津，但5-节点代谢网络模型中北京生产者权重高于上海，而17-节点代谢网络模型的研究恰好相反；两种模型中初级消费者权重均是北京最高，重庆最低，但5-节点代谢网络模型中天津初级消费者高于上海，而17-节点代谢网络模型的结果正好相反；两种模型中划归到生产者角色的还原者权重均为上海最高，北京最低，但5-节点代谢网络模型中重庆高于天津，而17-节点代谢网络模型研究结果与之相反。从生态角色贡献来看，5-节点代谢网络模型的划分方式已能够反映网络整体的主要特征，5-节点代谢网络模型与17-节点代谢网络模型分析结果中城市排序的细微差异并不影响对其主要特征的判断。从高级消费者贡献来看，两种模型的研究结果完全不同，这是由于17-节点代谢网络中高级消费者是节点数量增加最多的层阶，其模型精度变化对结果影响最为显著，而高级消费者权重变化的最主要成因正是前文所提及的能源储存部门生态角色归属的变化。同时，17-节点代谢网络模型划分方式提供了更多细节对比的可能性，仍以能源储存部门为例，天津能源储存部门贡献最大，其后依次为上海、北京和重庆，反映了城市自我供给能力的差异，这些细节问题诊断可为城市管理决策和具体操作方案制定提供更多的帮助。

2. 代谢关系分析

（1）5-节点代谢网络。

依据4个城市的综合效用矩阵，可计算共生指数 M（Fath，2007）。由图8-4可知，除重庆（0.92）外，其他3个城市的共生指数 M 均大于1，北京（2.2）和上海（2.1）相对较高，而天津略低（1.5）。重庆共生指数小于1，主要是掠夺关系出现频次较多。其他3个城市共生指数虽均大于1，但节点间生态关系的分布存在着明显的不同。

城市5节点能源代谢网络模型共形成10对关系，除北京外，其他3个城市的掠夺/控制关系占比均在50%以上，天津占比最高（80%），而上海和重庆分别为60%和70%。由于5-节点代谢网络中北京能源回收部门并未与其他节点有关联，导致网络的中性关系（矩阵中元素为0形成4对关系）占比达40%，掠夺/控制关系仅占30%。共生关系占比最高的为上海（30%），北京次之（20%），天津为10%，重庆为0。重庆除掠夺/控制关系外，其余均为竞争关系（30%），而其他3个城市的竞争关系占比均为10%。

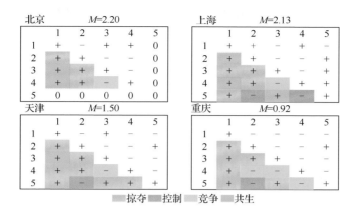

图 8-4 4 城市 5-节点网络生态关系分析

1 为能源开采部门，2 为能源转换部门，3 为其他产业部门，4 为居民生活，5 为能源回收部门

4 个典型城市的其他生产部门与居民生活均为竞争关系$(su_{43}, su_{34})=(-,-)$，说明居民生活与产业生产在资源利用上存在竞争。另外，重庆的居民生活与能源转换部门、能源回收部门也存在竞争关系，即$(su_{42}, su_{24})=(-,-)$和$(su_{54}, su_{45})=(-,-)$，反映居民生活与能源转换部门在一次能源利用上存在着竞争，与能源回收部门在一次能源、二次能源利用上也存在着竞争。

共生关系分布的差异明显，北京和天津的能源开采部门与其他产业部门间均为共生关系，即$(su_{31}, su_{13})=(+,+)$，反映产业生产与本地能源开采的相互协调，说明产业部门大多利用二次能源进行生产。而北京居民生活与能源采掘部门也存在共生，即$(su_{41}, su_{14})=(+,+)$，这种情况同样出现在上海，反映居民生活与能源采掘部门的协调共生，居民生活主要消耗二次能源。上海的能源转换部门与采掘部门间、能源回收与其他产业部门间也为共生关系，即$(su_{21}, su_{12})=(+,+)$和$(su_{53}, su_{35})=(+,+)$，反映这些部门的互利互惠。

掠夺/控制关系分布相似特征明显，天津和重庆中有 6 对掠夺/控制关系的节点分布一致，而天津和上海有 5 对分布一致。4 个典型城市中其他产业部门与能源转换部门间均为掠夺关系，即$(su_{32}, su_{23})=(+,-)$，反映产业生产大量消耗能源转换部门提供的二次能源，导致能源转换部门压力大。除了这一对掠夺关系外，北京能源转换部门与采掘部门间、居民生活与能源转换部门间也为掠夺关系，即$(su_{21}, su_{12})=(+,-)$和$(su_{42}, su_{42})=(+,-)$，反映为满足生产和生活的二次能源需求，需要大量开采本地能源，同样的关系分布也出现在天津。另外，与能源转换部门相关的生态关系中，天津和上海均为掠夺/控制，与能源回收部门相关的生态关系中，天津全部为掠夺/控制，而上海和重庆此关系类型也达 75%。

（2）17-节点代谢网络。

17-节点代谢网络模型共形成 136 对生态关系。4 个典型城市大多以掠夺/控制关系为主，北京、上海和天津掠夺/控制关系分别为 37%、35% 和 35%，重庆竞争关系占比最高，达 47%。北京、上海和天津的竞争关系均低于 35%，分别为 29%、34% 和 25%。北京共生关系最高（11%），上海和天津为 8% 左右，重庆仅为 1%（图8-5）。基于 17-节点代谢网络模型，4 个典型城市共生指数均小于 1，说明城市能源代谢节点间以负向关系为主，共生程度较低。北京共生指数仍最高（0.74），其次为天津（0.70）和上海（0.61），而重庆（0.29）仅相当于北京的 39%。上海较少的共生关系及较多的掠夺关系，导致其共生指数相较于北京偏低。虽然天津共生关系不多，但由于其竞争关系相对较少，导致共生指数高于上海。由于占比极少的共生关系，以及较多的竞争关系，重庆的共生指数最小。虽然共生指数表明了系统状态，但节点间生态关系分布的差异可以帮助管理者更好地提高城市的共生水平。

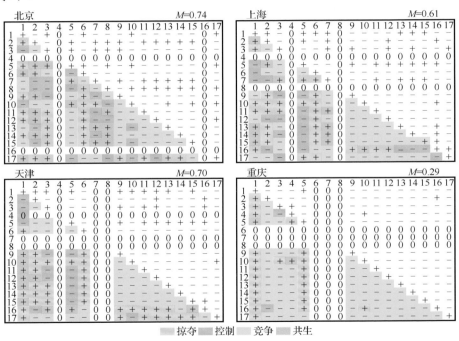

图 8-5　4 城市 17-节点网络生态关系分布

1 能源开采，2 火力发电，3 供热，4 煤炭洗选，5 炼焦，6 炼油，7 制气，8 煤制品加工，9 农业，
10 工业（除能源转换部门外），11 建筑业，12 交通运输业，13 批发、零售业和住宿、餐饮业，
14 居民生活，15 其他服务业，16 能源回收，17 能源储存

掠夺关系主要集中于初级消费者与二级消费者之间，以及二级消费者与能源开采部门之间，这些掠夺关系占到 4 个城市掠夺关系的一半以上，北京、上海、天津和重庆占比分别为 53%、56%、58% 和 54%。北京、上海和天津的二级消费

者与炼油、制气、供热、火力发电等初级消费者之间贡献了大部分掠夺关系。由于重庆本地丰富的矿产资源，使得终端消费部门对一次和二次能源需求均较大，重庆掠夺关系主要围绕能源开采部门、炼焦分布，火力发电、供热、洗选煤与能源开采之间掠夺关系明显，反映了能源转换部门利用本地一次能源组织生产；而二级消费者与炼焦之间掠夺关系分布最为集中，体现了生产、生活活动对二次能源需求的增强。北京掠夺关系集中于初级消费者内部，体现在火力发电、供热部门掠夺煤制品加工、制气产品。工业与批发零售和住宿餐饮业、其他服务业之间也存在掠夺关系，反映工业发展的能源供给要优于第三产业。北京、天津能源储存与其他节点间也主要为掠夺关系，意味着能源储备可保障生产与生活需求，为二级消费者能源消耗变动提供一定的缓冲。上海和天津的二级消费者与炼焦之间也多为掠夺关系，体现了炼焦在竞争原煤过程中，存在优于终端消费部门的明显优势。天津能源回收部门和其他节点主要为掠夺关系，反映初级消费者和二级消费者对回收能源利用的不足。

　　北京、上海、天津和重庆的竞争关系集中于二级消费者内部，这些竞争关系分别为城市总体竞争关系的 49%、46%、62% 和 32%。北京主要集中于批发零售和住宿餐饮业、其他服务业和工业之间，另外二级消费者与炼焦之间也是竞争关系的集中区域，这主要是两者对洗选煤的共同利用导致的。上海和天津的竞争关系也分布于初级消费者内部，围绕火力发电、供热和炼油等节点，体现能源转换部门之间对原煤和石油的竞争。上海和重庆的能源储存与其他节点也存在竞争关系，不仅说明上海本地能源供给不足，而且外部区域对上海能源储备的支撑力度也不大，重庆虽本地资源丰富，但大量的能源输出仍会导致能源储备不足，影响到本地初级、二级消费者的需求。重庆的竞争关系也集中于初级和二级消费者之间，合计占到 30%，反映能源消耗部门、火力发电、供热、洗选煤之间对原煤的竞争。重庆的能源回收部门与其他节点间也多为竞争关系，反映了能源回收利用途径并不畅通，不足以补充能源转换、能源消费部门的需求，从而形成不利的竞争关系（图 8-5）。

　　北京和上海的共生关系主要分布在初级与二级消费者之间，分别占 2 个城市总体共生关系的 73% 和 64%。北京二级消费者与火力发电、煤制品加工之间多为共生关系，反映支撑北京火力发电、煤制品加工所需的电力、型煤、洗选煤等能源多来自外部区域。另外，能源储存和能源开采部门也是共生关系，反映了能源储备对缓解能源开采部门压力方面的重要作用，能源开采的增加会导致相应的能源储备增长，进而增强城市应对能源利用的波动变化。上海的共生关系多与制气、能源开采有关，分布在批发零售和住宿餐饮业、居民生活和其他服务业等部门，表明二级消费者多利用外部资源，减少了对煤制品加工和能源开采部门的压力，这也可以用来解释能源开采部门与火力发电之间的共生关系。另外，在上海初级消费者内部，炼油和火力发电之间、制气与供热之间也是共生关系，表明能源转换部门内部产品、副产品的交换与利用。天津的共生关系集中于二级消费者与能源开采部门之间，合计占城市整体共生关系的 67%，表明二级消费者多利用外部资源，因而减少了对本地能源开采部门的压力。重庆的共生关系相对较少，集中在炼焦与能源开采之间、工业与洗选煤之间，反映部门间互利互惠，如能源开采部门为炼焦提供原煤，同时炼焦产品也减少了对本地能源开采部门的需求压力。

（3）代谢关系对比。

模型精度不同，代谢关系的研究结果也会随之改变。由于节点数量发生变化，本研究以共生指数来直观反映网络共生程度的变化。两种精度模型的共生指数排序基本一致，最高的为北京，最低为重庆，再次说明了较粗略的节点划分方式可在一定程度反映网络整体特征，可以用于网络间对比分析。然而，从具体数值看，5-节点代谢网络模型中共生指数偏高，最小的重庆也接近于 1。但在 17-节点代谢网络模型中，数值分别为 0.74、0.70、0.61 和 0.29，均小于 5-节点代谢网络模型的研究结果，且也明显小于 1。两种模型结果的巨大差异，说明 17-节点代谢网络模型的划分方式将原本处于同一"营养级"的能源利用部门进行了细分，从而放大了掠夺和竞争关系，突显出城市节点间资源利用方面重重矛盾（表 8-1）。从这个角度来看，节点划分越细，原有的掠夺和竞争关系就会表现得越明显。例如，北京 17-节点代谢网络模型中二级消费者（三产和居民生活）的生态关系大多为竞争，合计占城市总体竞争关系的 56%，而粗略的 5-节点代谢网络模型划分方式则不足以表现出这些矛盾关系。同样，两种模型研究结果中共生关系分布也并不一致。5-节点代谢网络模型中，北京工业、居民生活与能源开采部门间的生态关系均为共生，工业、居民生活与能源转换部门多为掠夺关系，而在 17-节点代谢网络模型中北京共生关系则集中于初级消费者与二级消费者之间，合计占城市总体共生关系的 73%。这些结果均说明更细致的网络划分方式会使网络共生特征有所改变。

表 8-1　北京两种精度模型中二级消费者综合效用符号矩阵

（a）5-节点代谢网络模型				（b）17-节点代谢网络模型						
	3	4		9	10	11	12	13	14	15
3	+		9	+	−	−	−	−	−	−
			10	−	+	−	−	+	−	+
			11	−	−	+	−	−	−	−
			12	−	−	−	+	−	−	−
			13	−	−	−	−	+	−	−
4	−	+	14	−	−	−	−	−	+	−
			15	−	−	−	−	−	−	+

注：3 产业，4 居民生活　　　　注：9 农业，10 工业，11 建筑业，12 交通运输业，13 批发、零售业和住宿、餐饮业，14 居民生活，15 其他服务业

　　5-节点代谢网络模型仅可获得 10 对关系，可以反映的问题十分有限，如前文对比分析中指出其无法充分反映网络存在的资源利用矛盾。但 5-节点代谢网络模型划分方式结果简明、计算简单，便于开展不同网络的对比分析并观察网络的整体特征，可为战略决策、目标制定等关注整体状况的工作提供有效的帮助。而 17-节点代谢网络模型中可获得 136 对关系（虽部分城市会由于个别组分缺失致使关系对略有减少），可以清晰展示任意一对节点间的生态关系，帮助分析网络的具体问题。但 17-节点代谢网络模型划分方式的研究结果十分庞杂，分析难度较高，常常通过关系对的统计量来表征网络整体特征。

8.1.2　中国能源供需重心转移及空间格局分析

1. 能源生产与消费的重心转移

　　中国 1997～2009 年主要能源供需重心动态变化轨迹、移动方向和移动距离存在着相同之处，但也有明显差异。8 条原煤、原油、天然气、电力供需重心移动轨迹中，有 5 条向西南方向移动的轨迹（原煤消费、原油生产、原油消费、电力生产、电力消费），有 2 条向西北方向移动的轨迹（原煤生产、天然气生产），有 1 条向东南方向移动的轨迹（天然气消费）。从重心分布来看，天然气供需重心处于最西的位置，原油生产重心处于最北的位置，原油消费重心处于最东的位置，电力供需重心处于最南的位置，原煤供需重心处于中间位置（图 8-6）。从重心移动幅度来看，重心变化最剧烈的是天然气，其次为原油，原煤和电力重心变化不大，说明原煤和电力的供需布局比较稳定。从供需重心移动程度来看，生产重心移动比消费重心剧烈。原煤、原油、天然气的生产和消费重心距离较远，并且还有扩大的趋势。2009 年，原煤、原油、天然气、电力的生产重心都在消费重心的西北部，说明目前中国能源生产集中于西北部，能源消费集中于东南部，这与能源资源赋存分布与能源发展战略变化有着直接的关系。

　　（1）原煤的重心移动量和方向。

　　中国富煤、贫油、少气的资源禀赋，决定了我国经济增长主要依靠煤炭驱动，但中国原煤产地相对集中，省（区、市）间差异大，供需关系矛盾突出。2009 年中国 30 个省（区、市）中，除山西、内蒙古、贵州、云南、陕西、青海和新疆 7 个省（区）外，其余省（区、市）均需调入原煤。13 年来原煤生产重心处于东经 111.70°～113.11°、北纬 35.91°～36.41°，位于中国山西省南部，处于中国华北地区，而消费重心处于东经 113.92°～114.52°、北纬 34.71°～34.94°，位于中国河南省东北部，处于中国华中地区。原煤生产重心在消费重心的西北方向，决定了西煤东运、北煤南调是煤炭流向的显著特征和能源运输的基本格局。

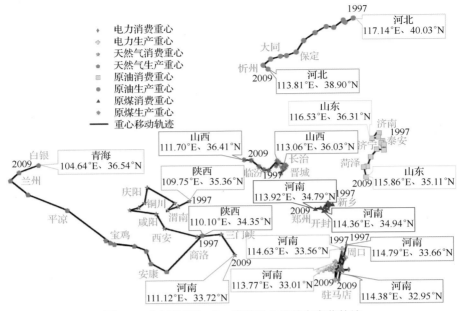

图 8-6　中国能源生产、消费重心的动态变化轨迹

13 年来中国原煤生产重心向各个方向都有移动，但偏西、偏北移动的频率远远高于其他方向，分别高达 75.0% 和 66.7%；消费重点偏西移动的频率远远高于其他方向，高达 70.0%，而偏南、偏北频率各为 50%。从原煤生产、消费重心两条变化轨迹（图 8-6）可以看出，原煤生产重心均在山西省境内，宏观表现为向西北方向移动，由山西省长治市（1997～2004 年）逐渐移动至山西省的临汾市（2005～2009 年），移动方向为西北 15.4°；中国原煤消费重心均位于河南省境内，宏观表现为向西南方向移动，在河南省的新乡市与开封市间徘徊（1997～2002 年），逐渐移至开封市（2003～2006 年），最后迁移至郑州市（2007～2009 年），移动方向为西南 27.2°。从原煤生产、消费重心移动方向来看，虽两者均以西向为主导方向，但偏北、偏南的方位反差会导致供需差距增大。

由原煤生产、消费始末时间的重心坐标变化来看，原煤生产重心 1997～2009 年向西北移动了 126.9km，年均移动 10.6km；同期消费重心向西南移动了 42.6km，年均移动 3.6km，移动量相当于生产重心移动量的三分之一。原煤生产重心向北移动了 0.38°，合 33.7km，年均移动 2.8km，速度约为生产重心西向移动量的 27.4%；原煤消费重心向南移动了 0.14°，合 19.5km，年均移动 1.6km，速度约为消费重心西向移动量的 1/2。13 年来中国原煤消费重心向西移动了 0.44°，合 37.9km，年均移动 3.2km，而生产重心向西移动了 1.36°，合 122.4km，年均移动 10.2km，速度为消费重心的 3 倍多。西向是原煤生产、消费重心移动的主方向，但两者重心移动量有着明显的差别，突出体现了供需中心区位差距的不断增大。

（2）原油的重心移动量和方向。

自 1993 年起，中国已成为石油净进口国，在对外依存度较高的情况下，中国原油产地比较分散，原油生产与消费的空间分布差异明显。2009 年中国 30 个省（区、市）中除天津、黑龙江、陕西、青海和新疆 5 省（区、市）外，其余省（区、市）均需调入原油。13 年来原油生产重心处于东经 113.66°～117.14°、北纬 38.90°～40.03°，位于中国河北省中部，处于中国华北地区，而消费重心处于东经 115.83°～116.63°、北纬 35.11°～36.31°，位于中国山东省西部，处于中国华东地区。原油生产重心在消费重心的北侧，决定了北油南运是原油流向的显著特征和能源运输的基本格局。

13 年来中国原油生产重心向各个方向都有移动，但偏西、偏南移动的频率远远高于其他方向，分别高达 91.7%和 75%；消费重点偏南、偏西移动的频率远远高于其他方向，分别高达 75.0%和 58.3%，偏南趋势明显。从原油生产、消费重心两条变化轨迹（图 8-6）可以看出，原油生产重心宏观表现为向西南方向移动，由河北省廊坊市（1997～1998 年）逐渐移动至北京市（1999～2002 年），再移动至河北省保定市（2003～2005 年），接着移动至山西省大同市（2006～2007 年）和忻州市（2008 年），最终又回到河北省保定市（2009 年），跨越了河北、北京和山西 3 个省（市），移动方向为西南 30.6°；中国原油消费重心均位于山东省境内，宏观表现也为向西南方向移动，由山东省的济南市（1997～1998 年）移动至泰安市（1999～2003 年），接着移动至济宁市（2004 年），又返回泰安市（2005 年），最后移动至菏泽市（2006～2009 年），移动方向为西南 17.0°。从原油生产、消费重心移动方向来看，虽两者均向南移动，但生产重心偏西移动明显，导致供需差距增大。

由原油生产、消费时间段始末时间的重心坐标来看，原油生产重心在 1997～2009 年向西南移动了 308.8km，年均移动 25.7km；同期消费重心向西南移动了 148.8km，年均移动 12.4km，移动量相当于生产重心移动量的 1/2。向南移动是原油生产、消费重心的相同趋势。13 年来中国原油生产重心向南移动了 1.13°，合 157.0km，年均移动 13.1km，速度约为生产重心西向移动量的 59%，以西向移动为主；消费重心向南移动了 1.20°，合 142.3km，年均移动 11.9km，速度是消费重心西向移动量的 3 倍多，以南向移动为主。在原油生产、消费重心南向移动量相差不大的情况下，生产重心向西移动了 3.33°，合 265.9km，年均移动 22.2km，而消费重心向西移动了 0.67°，合 43.6km，年均移动 3.6km，两者西向速度相差 5 倍多，可见原油供需中心区位差距不断增大。

（3）天然气的重心移动量和方向。

中国天然气产地相对集中，2009 年中国 30 个省（区、市）中除山西、内蒙古、吉林、黑龙江、重庆、四川、陕西、青海和新疆 9 省（区、市）外，其余省

（区、市）均需调入天然气。13 年来天然气生产重心处于东经 103.66°～110.10°、北纬 33.36°～36.54°，位于中国陕西省东部和甘肃省南部，属于西北地区，而消费重心处于东经 107.72°～111.12°、北纬 33.72°～35.81°，位于中国陕西省中部，也属于西北地区。天然气生产重心在消费重心的西侧，决定了西气东输是天然气流向的显著特征和能源运输的基本格局。

13 年来中国天然气生产重心向各个方向都有移动，但偏北、偏西移动的频率远远高于其他方向，分别高达 83.3% 和 75%；消费重心偏南移动的频率远远高于其他方向，高达 75.0%，而偏东、偏西频率各为 50%。从天然气生产、消费重心两条变化轨迹（图 8-6）可以看出，天然气生产重心宏观表现为向西北方向移动，由陕西省商洛市（1997～1998 年）经过陕西省安康市（1999 年）和陕西省西安市（2000 年），移动到陕西省宝鸡市（2001～2004 年），经过甘肃省平凉市（2005 年）和甘肃省兰州市（2006～2008 年），最终到达甘肃省白银市（2009 年），移动方向为西北 25.6°；中国天然气消费重心宏观表现为向东南方向移动，由陕西省渭南市（1997～1998 年）移动至陕西省铜川市（1999～2000 年），经过甘肃省庆阳市（2001～2002 年）和陕西省咸阳市（2003～2004 年），又回到陕西省铜川市（2005 年）、咸阳市（2006 年）和渭南市（2007 年），最终到达河南省三门峡市（2008～2009 年），移动方向为东南 37.0°。天然气生产和消费重心的移动方向相反，供需重心分布的差异性越加明显。

由天然气生产、消费时间段始末时间的重心坐标来看，天然气生产重心在 1997～2009 年向西北移动了 545.8km，年均移动 45.5km；同期消费重心向东南移动了 222.6km，年均移动 18.5km，移动量约为生产重心移动量的 40.8%，消费重心东部拉动作用明显弱于生产重心的西部拉动作用。13 年来中国天然气生产重心向西移动了 5.46°，合 492.4km，年均移动 41.0km；向北移动了 2.19°，合 235.5km，年均移动 19.6km，速度约为西向移动量的 47.8%，以西向移动为主。消费重心向东移动了 1.37°，合 133.9km，年均移动 11.2km；向南移动了 1.64°，合 177.8km，年均移动 14.8km，东西方向的速度约为南北方向的 75%，东向、南向移动量相差不大。

（4）电力的重心移动量和方向。

中国电力产地分布在每个省（区、市），但部分省（区、市）电力需求很大，不能自给自足。2009 年 30 个省（区、市）中北京、天津、河北、辽宁、上海、江苏、浙江、江西、山东、河南、湖南、广东和重庆 13 省（区、市）需要调入电力。13 年来电力生产重心处于东经 113.77°～114.70°、北纬 32.71°～33.56°，位于中国河南省东南部，属于华中地区，而消费重心处于东经 114.38°～114.79°、北纬 32.69°～33.66°，位于中国河南省东南部，也属于华中地区。电力生产重心和消费重心特别接近，电力生产重心在消费重心的西侧，决定了西电东送是电力流向的显著特征和能源运输的基本格局。

13 年来中国电力生产重心向各个方向都有移动，但偏西、偏南移动的频率远远高于其他方向，分别高达 66.7%和 58.3%；消费重点偏西和偏南移动的频率远远高于其他方向，均为 66.7%。从电力生产、消费重心两条变化轨迹（图 8-6）可以看出，电力生产重心均位于河南省境内，宏观表现为向西南方向移动，由在河南省的周口市与驻马店市之间徘徊（1997～2001 年），逐渐移动至驻马店市（2002～2009 年），移动方向为西南 43.8°；消费重心均位于河南省境内，宏观表现为向西南方向移动，由在河南省的周口市与驻马店市之间徘徊（1997～1999 年），最终移动至驻马店市（2000～2009 年），移动方向为西南 19.3°。从电力生产、消费重心移动方向来看，两者移动方向相近。

由电力生产、消费时间段始末时间的重心坐标来看，电力生产重心在 1997～2009 年向西南移动了 100.9km，年均移动 8.4km；同期消费重心向西南移动了 87.6km，年均移动 7.3km，移动量约为生产重心移动量的 87%。13 年来中国电力生产重心向南移动了 0.55°，合 69.8km，年均移动 5.8km，速度约为西向移动量的 95.9%，西向南向移动量相差不大；消费重心向南移动了 0.71°，合 82.7km，年均移动 6.9km，速度约为西向移动量的 3 倍，南向为主导移动方向。两者西向移动量差别明显，生产重心向西移动了 0.86°，合 72.8km，年均移动 6.1km，而消费重心向西移动了 0.41°，合 29.0km，年均移动 2.4km，两者西向速度相差 1.5 倍多。

2. 能源生产与消费的空间格局

（1）原煤供需的空间格局。

从 1997～2009 年原煤生产、消费重心移动路径可以看出，西煤东运、北煤南调是原煤生产、消费的基本格局，这种空间变化趋势直接与能源资源禀赋和经济发展战略有关。中国原煤资源赋存分布广泛但不均衡。原煤资源主要赋存于华北、西北地区，能源消费主要地区集中在华北、华东、华中经济发达地区，资源赋存与能源消费地域存在明显差别。总的来说，消费集中分布区域在生产集中分布区域的东侧，北方地区生产的原煤运输到东南沿海经济发达地区（如江苏、浙江、广东）是煤炭运输长期存在的主流向。北煤南运、西煤东运对中国经济发展尤为重要。

（2）原油供需的空间格局。

从 1997～2009 年原油生产、消费重心移动路径可以看出，北油南运是原油生产、消费的基本格局。中国石油资源赋存分布分散且不均衡。石油资源主要赋存于东北、华北、西北地区，石油消费主要地区集中在华北、华东、华中、华南经济发达地区，资源赋存与能源消费地域存在明显差别。总的来说，原油生产地区分布较分散，消费省（区、市）位于沿海地区，原油生产消费分布差异决定了北油南运输送频繁。

（3）天然气供需的空间格局。

从 1997~2009 年天然气生产、消费重心移动路径可以看出，西气东输是天然气生产、消费的基本格局。中国天然气资源赋存分布集中但不均衡。天然气资源主要赋存于西北地区，天然气消费的主要地区集中在华北、华东、华中、华南经济发达地区，资源赋存与能源消费地域存在明显差别。总的来说，天然气供需重心移动幅度较大，方向则完全相反。天然气生产重心主导移动方向为向西，移动非常剧烈，是新疆、四川盆地等西部地区天然气开采增量巨大引起的。天然气消费重心主导移动方向为东南，移动相对平缓。西气东输和川气东送工程既推动了西部天然气开发，又大大满足了东部天然气的需求。

（4）电力供需的空间格局。

从 1997~2009 年电力生产、消费重心移动路径可以看出，西电东送是电力生产、消费的基本格局，生产电力主要包括煤电、水电、核电等。煤电生产集中于华北、西北等原煤产地，水电生产主要集中于西南地区，核电生产集中于华南、华东地区，电力消费的主要地区集中在华北、华东、华中、华南经济发达地区，资源赋存与能源消费地域存在明显差别。总的来说，电力生产和消费集中于华北、华东和华南。京津唐地区、华东（上海、江苏和浙江）、广东自身电力生产不能满足需求，需要从西部输送电力。西部地区生产的电力运输到东南沿海经济发达地区，是电力运输长期存在的主流向，西电东送对我国经济发展尤为重要。

8.1.3　讨论与结论

1. 不同精度模型的优势

引入生态网络分析方法，构建城市能源代谢网络模型，据此剖析中国 4 个典型城市的能源代谢过程，可有效实现对结构、功能特征的定量模拟（Ablerti, 2008）。从能源流动视角，揭示城市能源代谢系统固有属性，为模拟网络节点间生态关系提供了一个新的视角，此方法是对城市代谢黑箱模型的拓展与创新，可以广泛推广应用于其他城市系统（Fath and Borrett, 2006）。

同时，研究对象不同精度的划分方式也会对研究结果有一定影响，但不可否认的是，两者对网络整体特征均能做出近似描述。5-节点代谢网络模型和 17-节点代谢网络模型的研究结果在代谢层阶结构方面表现出较多的相似性，而在代谢关系方面则有更多的不同。5-节点代谢网络模型的划分方式更为简洁，并且在描述网络整体情况及开展不同网络间对比时,可以实现与 17-节点代谢网络模型划分方式相同的作用,可用来进行网络整体判断,寻找主要问题所在,适用于指明问题的方向。而 17-节点代谢网络模型的划分方式更为全面,能阐明更多的网络细节特征,可用来寻找问题的症结所在,并辅助提出具体举措与建议,适用于问题的具体分析。因此,可以根据具体问题和条件来决定研究对象的划分方式,发展其各自优势,服务于不同的研究目的。虽然本研究所构建的能源代谢模拟模型无法完全反映实际复杂的城市能源代谢过程,但仍不失为开展代谢主体识别、功能关系模拟的有用工具。

2. 城市能源代谢问题诊断及相应建议

4 个城市能源代谢生态层阶结构多呈现倒金字塔形状,生产者权重低于消费者,失衡状况严重。北京、上海和天津初级或二级消费者权重过高,需降低能源消耗、提高能源利用效率以解决这种失衡问题。相比之下,重庆则表现出较好的平衡,生产者权重远高于初级、二级消费者。掠夺关系占据主导地位,节点间生态关系有相同,也有差异。如 5-节点代谢网络模型中产业与能源转换部门均为掠夺关系,居民生活与能源转换部门也多为掠夺关系,这是因为社会经济活动多利用二次能源,仅有重庆此关系对表现为竞争,体现了重庆能源利用结构上的差异,以及能源回用所带来的系列竞争。上海能源转换与能源开采部门表现为共生关系,而其他三个城市均为掠夺,体现上海一次能源消费多依靠外部区域输入的特点。

从 5-节点代谢网络模型的研究结果来看,4 个城市均应减少初级、二级消费者对生产者的过度利用,同时减少产业和居民生活之间的能源竞争。重庆应提高二级消费者的能源利用效率,北京应调整其能源结构,并加强和促进能源回收利用,而天津、上海应调整其能源转换部门的权重,以形成合理的代谢层阶结构。在生产者权重有限情况下,城市开放性特征也体现在产业和能源转换部门对外部资源的过度利用,因此深挖自身能源回收和可再生能源开发潜力,是减少外部依赖性和生态环境压力的有效途径。

17-节点代谢网络模型将层阶划分为较小的单元,可以了解单元之间的详细信息,从而提出缓解问题的具体建议。研究结果指出,应制定有效协调能源转换部门内部竞争关系的措施,以消除供热与火力发电、供热与炼油之间竞争产生的负面影响,例如,供热应加强对炼油副产品(炼厂气)的利用,降低燃料油、柴油等原料的投入,同时加快建设热电联产项目。提高城市能源利用效率、调整能源利用结构,降低对煤制品加工、制气、炼焦等行业产品的需求,以减少原煤消耗,并推进能源转型(由原煤利用转向天然气)。

3. 能源供需重心研究结论与问题诊断

原煤生产量与能源资源赋存显著相关，中国煤炭资源地域分布具有北多南少、西多东少的特点，中国煤炭资源主要分布于大兴安岭-太行山-雪峰山一线以西地区，2009 年山西、内蒙古、陕西和河南 4 个省（区）的煤炭资源生产量占全国煤炭资源生产总量的 50%以上，而大兴安岭-太行山-雪峰山一线以东地区（如广东、上海、天津等）的煤炭生产量为 0。除山西外，内蒙古和陕西逐渐成为新兴的原煤生产大省，直接导致了原煤生产重心向西偏北方向移动。原煤消费量与经济发展显著相关，随着西部大开发战略的推进与实施，西部地区产业发展，特别是原煤加工产业的发展，促使西部地区原煤消费量不断增长。与此同时，西南地区的四川、贵州原煤消费量增长较快，东部沿海地区的原煤消费量并没有明显减少，导致原煤消费重心向西偏南方向移动。原煤生产重心西移的同时，消费重心也在西移，但移动量较小，相对滞后，直接体现了东部沿海地区经济发展对原煤需求量的拉动作用。生产和消费重心距离的进一步加大，供需缺口越加明显，急需增加原煤的运输能力。

中国石油资源储备在地域分布上具有北多南少的特点，中国原油资源主要分布于秦岭淮河以北地区，2009 年这一线以北的黑龙江、山东、陕西、新疆和天津 5 个省（区、市）石油资源生产量占全国石油资源生产总量的 70%以上，而这一线以南地区（如浙江、福建、江西、湖南等）的石油生产量为 0。除了黑龙江和山东外，陕西、新疆和天津逐渐成为新兴的原油生产大省，导致了原油生产重心向西偏南方向移动。西部大开发战略的实施在一定程度上拉动了原油消费重心的西移，但总体上仍表现为明显南移。原油生产重心西移的同时，消费重心也在西移，但移动量较小，相对滞后，消费重心以向南移动为主导，直接体现了东南部沿海地区经济发展对原油需求量的拉动作用。

中国天然气资源地域分布上具有西多东少的特点，中国天然气资源主要分布于大兴安岭-太行山-雪峰山以西地区，2009 年这一线以西的新疆、四川、陕西、内蒙古 4 个省（区）天然气资源生产量占全国天然气生产总量的 70%以上，而这一线以东地区（如北京、浙江、安徽、福建等）的天然气生产量为 0。天然气高产区域主要位于天然气资源丰富的西北地区。除了四川之外，新疆、陕西和内蒙古逐渐成为新兴的天然气生产大省，直接导致了天然气生产重心向西偏北方向移动。东南沿海地区的天然气消费增长迅速，导致天然气消费重心向南偏东方向移动。西气东输工程促进了天然气消费格局从产地消费向跨区域消费转变，经济发达地区消费量大幅提高。

煤电和水电具有西多东少的特点，核电开发主要位于广东、江苏和浙江等东部地区，但长三角、珠三角和京津唐地区电力供应仍然紧张。西部加强火电建设，鄂尔多斯、陕西榆林和延安建设了一大批新的电力项目，导致电力生产重心向西南方向移动。南部地区的电力消费增长迅速，拉动电力消费重心向南移动。

　　针对研究结果，提出协调区域发展、优化能源分布的政策建议。西北部地区能源资源比较丰富，开采量越来越大，开采的能源中部分是为东南部的发展提供支持。因此，西北部地区应当注重能源资源的可持续开发，保护当地的资源环境。国家对中西部的发展越来越重视，鼓励东部沿海地区帮扶中西部发展。这种帮扶不应该是产业转移，把东部沿海地区淘汰的高能耗高排放的产业转移至中西部，而应是东部地区为中西部地区提供先进的生产技术、资金、人才，充分调动西部地区自身的潜力，通过技术创新优化西部产业结构，以缓解中西部地区能源与碳排放问题。中国发展对传统能源的依赖过大，很大一部分需要从国外进口，能源安全问题可能影响到国家的稳定发展。并且，传统能源的碳排放量很大，依赖传统能源的发展方式显然不可持续。我国的可再生能源、新能源的储量较大，应当鼓励各区域根据自身的条件，积极开发可再生能源，发展新能源，优化能源结构，减缓碳排放。

8.2　城市能值代谢网络特征分析

　　城市生命体中存在着纷繁复杂的物质流、能量流和货币流。如何整合各类物质、能源和信息，并以统一量度核算城市代谢过程的输入、转化和输出一直是技术难点。这需要借助于生态热力学方法——能值方法来解决，能值方法为量化这些生态流提供了统一的基准（Huang et al., 2006），用能值转换率可以将各类物质流、能源流和信息流折算成太阳能焦耳的量（单位：seJ），在此基础上，针对核算项目提炼出规模、效率和强度等评价指标，可有效表征城市代谢的健康状况（城市能值代谢的流动过程怎样？有效表征指标有哪些？）。集成能值核算与生态网络分析方法构建城市能值代谢网络模型，引入网络路径分析和效用分析方法，剖析城市代谢的基本结构和功能关系，以识别网络的关键节点（城市能值代谢网络的优势节点如何确定？），为城市代谢优化与调控提供一种新的研究思路和方式（Zhang et al., 2009）（图 8-7）。

　　能值核算以北京为研究案例，以 2 年为时间间隔，收集 1990～2004 年 8 个时间节点的物质、能量、货币流动数据，开展长时间序列的能值核算与分析。以北京、上海、天津和重庆为例，分析 2004 年 4 个城市的能值代谢过程，数据来源于城市统计年鉴、中国能源统计年鉴、中国环境年鉴等资料。

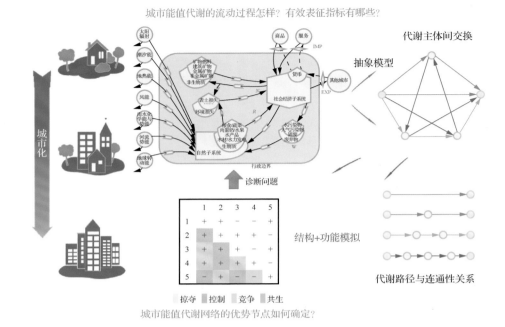

图 8-7   能量代谢过程核算与评价框架

8.2.1   代谢核算评价

1. 代谢规模

1990~2004 年中，在北京代谢空间基本稳定的基础上，北京外部输入/输出能值、不可更新资源能值和总能值呈持续增加趋势。2004 年北京全年利用总能值为 6.51×10^{23} seJ，是 1990 年的 3.1 倍，表明北京代谢吞吐量持续增长，城市发展程度不断提高（图 8-8）。外部的输入能值以 3.3 倍增幅拉动了能值总量的增长，而输出能值同期却以 12.2 倍的增幅迅猛增长。2004 年可更新资源能值 R、不可更新资源能值 N 和输入能值 IMP 的占比分别为 0.18%、34.26% 和 65.55%，占比较小的可更新资源能值变化不大，表明城市发展以消耗不可更新的化石燃料和矿物质为基础，而且外部依赖性较强。不可更新资源能值以石灰、沙子和砾石为主，共同支持北京建筑业的发展。

虽然 1990~2004 年来北京积极倡导绿色生产和消费模式，但并未从根本上改变不可更新资源消耗增长的趋势。各项资源投入的动态变化表明，北京代谢过程的库兹涅茨曲线（Kuznets curve）拐点尚未到来，资源投入结构的改变需要由不可更新资源的大量摄取转向更多可更新资源的投入，实现这一转变的关键在于提高城市资源利用效率。

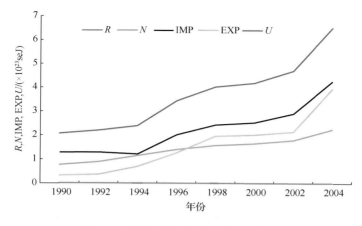

图 8-8　北京能量代谢过程的主要能流

R 可更新资源能值，N 不可更新资源能值，IMP 输入能值，EXP 输出能值，U 总能值

2. 代谢效率

能值核算方法在发展过程中，核算基准的调整必然会影响到研究成果的可比性。但多数效率指标并不受到基准变化的影响，能值自给率、环境负载率等代谢效率指标有利于开展不同城市发展状况的对比分析。

1990～2004 年北京能值自给率 ESR 持续减少，2004 年为 34.45%，相较于 1990年减少了 3.39%，低于 2002 年的广州（67.00%）和上海（61.00%）（隋春花和蓝盛芳，2006）、2000 年的宁波（68.12%，李加林和张忍顺，2003），相当于这三个城市的 1/2，但相当于 1988 年香港（2.00%，Lan and Odum，1994）和 2004 年澳门（1.57%，Lei et al.，2008）的 20 倍，约为 2004 年中国平均水平（81.00%，Jiang et al.，2008）的 42%。相比于其他城市，北京有着较高的外部依赖性，城市自给自足能力有限，内部资源相对匮乏，经济发展很大程度上依赖外部区域的支持（表 8-2，图 8-9）。

表 8-2　不同城市能值评价指标对比分析

	ESR	ELR	ED/ ($\times 10^{13}$ seJ/m²)		EDR/ ($\times 10^{13}$ seJ/美元)		EPC/ ($\times 10^{16}$ seJ/人)		基准/ ($\times 10^{24}$ seJ/a)
			文献值	更正值	文献值	更正值	文献值	更正值	
北京（2004）	34.45	531.23	3.88	3.88	1.22	1.22	4.36	4.36	15.83
广州（2002）	67.00	4.74	0.19	0.32	0.38	0.65	1.97	3.37	9.26
上海（2002）	61.00	17.34	0.40	0.68	0.46	0.79	2.32	3.97	9.26
宁波（2000）	68.12	17.14	0.31	0.52	0.21	0.35	0.54	0.91	9.44
香港（1988）	2.00	2587.60	5.20	8.89	0.10	0.17	0.98	1.68	9.26
澳门（2004）	1.57	743.00	80.50	137.62	0.24	0.41	4.90	8.38	9.26
中国平均（2004）	81.00	9.29	0.21	0.21	1.21	1.21	1.53	1.53	15.83

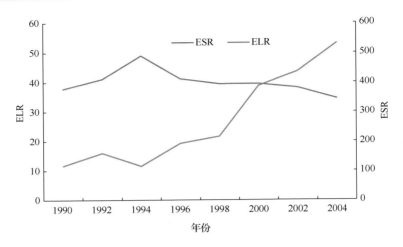

图 8-9　北京代谢效率变化趋势

1990～2004 年环境负载率 ELR 增长明显，2004 年相较于 1990 年增长 4.6 倍，表明北京城市代谢系统对本地环境的压力没有随着城市发展而减弱。多个城市 ELR 大小排序正好与 ESR 相反，2004 年北京 ELR 为 531.23，高于 2002 年广州（4.74）和上海（17.34）（隋春花和蓝盛芳，2006）2 个数量级，是 2000 年宁波（17.14，李加林和张忍顺，2003）的 30 倍以上，同时远超 2004 年中国平均水平（9.29）（Jiang et al., 2008）和世界平均水平（1.15）（Jiang et al., 2008），仅 1988 年香港（2587.60，Lan and Odum, 1994）和 2004 年澳门（743.00, Lei et al., 2008）的 ELR 较高。有学者指出 ELR 大于 10 表明环境压力较大（Ulgiati et al., 1994; Ulgiati and Brown, 1998），如果持续保持高位，城市代谢系统就会受到不可逆转的损害。相对 ELR 的阈限 10，北京环境负载率超 50 多倍，说明北京城市代谢过程需要大量的本地资源和外部能量供养，因此对自然生态环境的压力巨大。

3. 代谢强度

代谢密度（单位面积能值）和强度（人均使用能值、能值货币比）受到核算基准的影响较大，本节修正处理了这些指标，以使指标值之间具有可比性。研究期间，北京能值密度 ED 不断增长，以 8.5% 的年均增率增长到 2004 年的 3.88×10^{13} seJ/m^2，相当于 1990 年的 3.1 倍，远高于中国平均代谢密度（0.21×10^{13} seJ/m^2，Jiang et al., 2008），有着较大的代谢压力。与环境负载率的大小排序相类似，北京 2004 年 ED 远高于 2002 年广州（0.32×10^{13} seJ/m^2）和上海（0.68×10^{13} seJ/m^2）（隋春花和蓝盛芳，2006）、2000 年宁波（0.52×10^{13} seJ/m^2，李加林和张忍顺，2003），远低于 2004 年香港（8.89×10^{13} seJ/m^2，Lan and Odum, 1994）与 2004 年澳门（137.62×10^{13} seJ/m^2，Lei et al., 2008）（图 8-10）。

北京人均能值占有 EPC 同样呈现出增长趋势，2004 年为 4.36×10^{16} seJ/人，是 1990 年的 2.3 倍。2004 年北京 EPC 仅相当于澳门（8.38×10^{16} seJ/人，Lei et al., 2008）的一半，略高于 2002 年广州（3.37×10^{16} seJ/人）、上海（3.97×10^{16} seJ/人），分别是 1998 年香港（1.68×10^{16} seJ/人）和 2000 年宁波（0.91×10^{16} seJ/人）的 2.6 倍和 4.8 倍。结果表明，北京居民消费水平相对较高，大约是中国平均水平（1.53×10^{16} seJ/人）的 2.85 倍，同时也说明了通过提升北京居民生态环境意识对减少 EPC 的重要性。

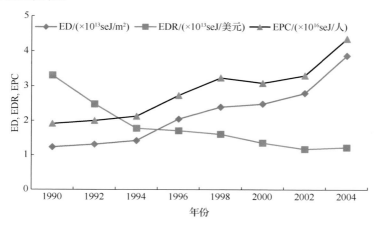

图 8-10　北京代谢强度变化趋势

北京能值货币比 EDR 呈现出减少趋势，2004 年为 1.22×10^{13} seJ/美元，仅为 1990 年的 36.8%，年均降幅为 4.6%。北京 EDR 均高于其他 5 个城市，接近中国平均水平。北京较高的能值货币比说明其单位货币可以购买更多的能值（资源），也意味着大量低成本的本地和外地资源投入经济活动中。同时，从另一侧面说明，北京代谢强度相对较高，社会经济活动的环境代价较大。

8.2.2　代谢路径

以中国 4 个直辖市为例，建立 5-节点城市能量代谢网络概念模型，节点分别为内部环境、外部区域、工业、农业和居民生活。基于网络邻接矩阵，分析代谢长度与代谢路径数量、连通性的变化关系。代谢长度（k）为起始节点与终止节点间的路径数量（Borrett and Patten, 2003）。2 个节点间的直接路径只有 1 个，$k=1$；间接路径均大于 1，$k > 1$。循环是网络结构中最重要的类型，循环路径中起始节点也是终止节点（Borrett and Patten, 2003），如 $\cdots \rightarrow i \rightarrow j \rightarrow i \rightarrow \cdots$。代谢路径数量 L 反映不同代谢长度 k 下节点 i 到节点 j 的路径数量；代谢连通性 C 反映网络连通特征，公式为 $C=L/n^2$。

基于城市能值代谢网络模型，分析城市网络结构特征。首先构建 5×5 直接邻接矩阵 $A=[a_{ij}]_{5 \times 5}$，然后分别计算不同代谢长度下的间接邻接矩阵 A_k（$k=1, 2, 3, 4$），再汇总得到综合邻接矩阵 A_{1-2}、A_{1-3} 和 A_{1-4}。A_{1-2} 是代谢长度 1 和 2 的矩阵和，A_{1-3} 是代谢长度 1、2 和 3 的矩阵和，以此类推。城市代谢路径分析主要研究代谢长度增加情况下，代谢路径数量、代谢连通性的变化规律及其分布特征（图 8-11）。

$L=19, C=0.76$					
A_1	1	2	3	4	5
1	0	1	1	1	1
2	1	0	1	1	1
3	1	1	0	1	1
4	1	1	1	0	1
5	0	1	1	1	0

$L=72, C=2.88$					
A_2	1	2	3	4	5
1	3	3	3	3	3
2	2	4	3	3	3
3	2	3	4	3	3
4	2	3	3	4	3
5	3	2	2	2	2

$L=273, C=10.92$					
A_3	1	2	3	4	5
1	9	12	12	12	12
2	10	11	12	12	12
3	10	12	11	12	12
4	10	12	12	11	12
5	6	10	10	10	9

$L=1035, C=41.40$					
A_4	1	2	3	4	5
1	36	45	45	45	45
2	35	46	45	45	45
3	35	45	46	45	45
4	35	45	45	46	45
5	30	35	35	35	36

A_{1-2}	1	2	3	4	5
1	3	4	4	4	4
2	3	4	4	4	4
3	3	4	4	4	4
4	3	4	4	4	4
5	0	1	1	1	0

A_{1-3}	1	2	3	4	5
1	12	16	16	16	16
2	13	15	16	16	16
3	13	16	15	16	16
4	13	16	16	15	16
5	3	2	2	2	2

A_{1-4}	1	2	3	4	5
1	48	61	61	61	61
2	48	61	61	61	61
3	48	61	61	61	61
4	48	61	61	61	61
5	39	48	48	48	48

图 8-11　城市能值代谢长度与路径数量、路径连通性关系

1 内部环境，2 外部区域，3 农业，4 工业，5 居民生活

理论上，城市代谢的物质是可以循环的，但由于科技水平限制、高回收成本等因素，代谢长度并不会太长，一般为 3 步长或 4 步长。本研究分析了代谢长度分别为 1、2、3 和 4 情况下，代谢路径数量与连通性的变化。结果表明，随着代谢长度的增加，代谢路径数量呈现指数增长，$\ln L = 0.6039k^{2.805}$，连通性则呈线性增长 $C = 1.3326k + 1.6117$。

当 $k=1$ 时，分室间的循环路径数量为 0，表明循环程度相对较低，而且代谢连通性也不高（0.76）。当代谢长度为 2、3、4 时，外部区域、农业、工业的循环程度不断增大，代谢主体间交换更加频繁，内部环境对下游各节点的消纳吸收能力也明显提升，下游消费部门对上游各节点的逆向互动明显增强，网络整体代谢连通性不断提高（图 8-12）。

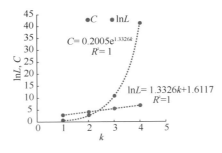

图 8-12　城市代谢结构特征的参量关系分析

8.2.3 代谢关系

基于 5-节点的流量矩阵，可以计算得到北京、天津、上海和重庆的直接效用强度矩阵和综合效用强度矩阵，再依据矩阵符号形成 4 个城市的符号矩阵 sgn(D) 和 sgn(U)（图 8-13）。从直接效用强度矩阵来看，4 个城市的共生指标均为 1，但综合效用强度矩阵则均大于 1，其中北京最高（2.12），其次为上海（1.50），天津和重庆最小，均为 1.27，这是节点间不同生态关系类型的占比导致的。

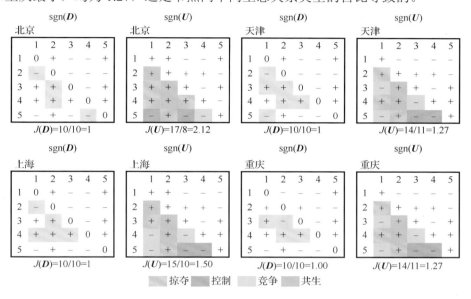

图 8-13 直接、综合效用强度符号矩阵

1 内部环境，2 外部区域，3 农业，4 工业，5 居民生活；sgn(D)和 sgn(U)分别为直接和综合强度的符号矩阵，$J(*)$ 代表矩阵 * 中正向和负向符号的数量比例

由 sgn(D)可获得 10 对生态关系，包括(sd_{21}, sd_{12})、(sd_{31}, sd_{13})、(sd_{41}, sd_{14})、(sd_{51}, sd_{15})、(sd_{32}, sd_{23})、(sd_{42}, sd_{24})、(sd_{52}, sd_{25})、(sd_{43}, sd_{34})、(sd_{53}, sd_{35})和(sd_{54}, sd_{45})，同理 sgn(U)也有 10 对关系。由 sgn(D)到 sgn(U)的变化来看，4 个直辖市只有(sd_{52}, sd_{25})和(sd_{53}, sd_{35})没有发生变化。4 个直辖市工农业部门与外部区域间的生态关系均发生了的变化，其中工业部门与外部区域间的生态关系的变化是相同的，均由(sd_{42}, sd_{24})=(+，−)变化为(su_{42}, su_{24})=(+，+)，表现为城市工业部门由掠夺外部区域资源，发展到与外部区域的协调共处，而农业部门与外部区域间生态关系一致的是北京、上海和天津，均由(sd_{32}, sd_{23})=(+，−)变化为(su_{32}, su_{23})=(+，+)，表现为城市农业部门由掠夺外部区域资源，发展到与外部区域的协调共处，但重庆由(sd_{32}, sd_{23})=(−，+)变化为(su_{32}, su_{23})=(+，+)，反映了城市由外部区域控制农业生产发展到两者互惠

互利。

由 sgn(D)到 sgn(U)来看，北京、天津和上海 3 个城市的内部环境和外部区域间的生态关系均发生了变化，其中北京和上海变化一致，均由(sd_{21}, sd_{12})=(-, +)变化为(su_{21}, su_{12})=(+, +)，说明了城市由掠夺外部区域资源发展到与外部区域协调共生，而天津此类生态关系由(sd_{21}, sd_{12})=(-, +)变化为(su_{21}, su_{12})=(+, -)，表明了城市由掠夺外部区域资源发展到向外部提供资源。天津、上海和重庆 3 个城市的产业部门间，以及居民生活部门与内部环境间的生态关系均发生了一致的变化，工业与农业间生态关系变化均由(sd_{43}, sd_{34})=(+, -)变化为(su_{43}, su_{34})=(-, -)，表现为工业生产掠夺农业资源，发展到农业生产资源短缺导致工业生产受阻；居民生活部门与内部环境间的生态关系变化均由(sd_{51}, sd_{15})=(-, +)变化为(su_{51}, su_{15})=(-, -)，说明居民生活消费由控制在环境承载力以内，与本地环境相适应，发展到破坏本地环境，进而影响居民生活的局面。

由 sgn(D)到 sgn(U)来看，农业部门与内部环境间生态关系发生变化的有天津和重庆，均由(sd_{31}, sd_{13})=(+, -)变化为(su_{31}, su_{13})=(-, -)，表现为农业部门由掠夺本地资源，发展到由于本地环境恶化影响到农业生产；工业部门与内部环境间生态关系发生变化的只有上海，由(sd_{41}, sd_{14})=(+, -)变化为(su_{41}, su_{14})=(-, -)，表现为工业部门由掠夺本地资源，发展到由于本地环境恶化影响到工业生产；居民生活部门与工业部门间生态关系发生变化的只有北京，由(sd_{54}, sd_{45})=(-, +)变化为(su_{54}, su_{45})=(-, -)，说明了工业生产由控制居民消费，发展到两者相互影响。

由 sgn(U)可以得出，4 个典型城市节点间生态关系有相同，也有不同。相同的生态关系体现在农业、工业、居民生活与外部区域间，以及居民生活部门与农业间，均为(su_{32}, su_{23})=(+, +)、(su_{42}, su_{24})=(+, +)、(su_{53}, su_{35})=(-, +)、(su_{52}, su_{25})=(+, -)，表现为产业部门与外部区域间的协调共生，农业生产控制着居民生活，同时城市对外来人口的过度吸引，导致城市化进程加快，对外部区域而言，人员的流失也影响到当地的生产。

天津、上海和重庆的居民生活部门与内部环境、工农业间，居民生活部门与工业部门间的生态关系是一致的，均为(su_{51}, su_{15})=(-, -)、(su_{54}, su_{45})=(-, +)、(su_{43}, su_{34})=(-, -)，表明城市居民生活超过了本地环境承载阈限，导致两者同步恶化，工业部门的发展控制着居民生活，工业与农业间存在着相互竞争，工业发展影响到农业生产，农业发展的受阻也对工业产生不利影响。而北京情况则不同，为(su_{51}, su_{15})=(-, +)、(su_{54}, su_{45})=(-, -)、(su_{43}, su_{34})=(+, -)，表明城市居民生活在本地环境承载阈限以内，工业生产与居民生活互相影响，同时工业生产的发展是以牺牲农业发展为代价，对农业的反哺力度明显不足。北京、天津和重庆在工业与内部环境间的生态关系是相同的，即(su_{41}, su_{14})=(+, -)，说明了工业部门的发展是以掠夺本地资源为前提的，而上海市为(su_{41}, su_{14})=(-, -)，说明了工业生产破坏了本地环境，并进而影响到工业的正常运转。

内部环境与外部区域、农业与内部环境间的生态关系存在着明显差异，其中北京与上海的内部环境与外部区域间具有相同的生态关系，如$(su_{21}, su_{12})=(+, +)$，说明城市与外部区域能够协调共生，而天津和重庆$(su_{21}, su_{12})=(+, -)$，说明城市在资源利用上处于劣势，外部区域掠夺本地资源，同时也说明了城市对外凝聚力不足，无法控制外部区域资源，最终导致本地资源的过度开采，内部环境不断恶化；北京和上海农业部门与内部环境间具有相同的生态关系，如$(su_{31}, su_{13})=(+, -)$，说明了农业生产的发展是以牺牲本地环境为代价的，而天津和上海此类生态关系相同，为$(su_{31}, su_{13})=(-, -)$，说明了城市农业生产破坏了本地环境，进而阻碍了农业的进一步发展。

8.2.4　讨论与结论

1. 北京能值核算评价研究结果与相应建议

能值理论与城市代谢理念的整合是分析城市生态系统的有效方式，针对城市代谢特征，提出的效率、强度和密度等指标，可以有效实现多角度、多方位的综合评价。能值代谢核算与评价研究，可以诊断城市代谢过程的健康状况、动态变化趋势，定位状态变化的拐点与突变点，为城市代谢病因寻求及代谢过程优化调控提供重要数据支撑。

北京是各种生态流高度密集的区域，1990～2004 年北京全年可利用总能值非常丰富，经济发展程度较高，但本土环境资源相对匮乏，大部分来源于外部输入能值，系统可更新资源利用有限，环境压力较大。经过 15 年的发展，代谢效率呈波动上升趋势，表明城市自组织能力、发展潜力以及再生循环能力不断提高。但北京对周边不可更新资源的依赖性仍不断增强，迫切需要引进创新技术来提升不可更新资源的利用效率。

2. 城市能量代谢网络研究结果与相应建议

在能值核算基础上，构建城市能值代谢网络模型，打破黑箱研究模式，定量模拟其结构和功能等作用机理，揭示节点间生态关系类型及分布。研究结果表明，随着代谢长度的增加，代谢主体间的作用途径更为多样，代谢路径数量、连通性不断提高。在基本网络结构相同的情况下，4 个典型城市的共生指数显著不同，这是网络节点间掠夺、控制、竞争和共生等生态关系占比及分布差异导致的。

从代谢关系来看，4 个城市中节点间关系类型异同特征明显。农业、工业与外部区域间的生态关系类型是相同的，均为共生关系；而内部环境与外部区域、农业部门与内部环境间作用方式上存在着明显的分异性，北京农业与工业间，居民生活与内部环境、工业部门间的作用方式，相对于其他 3 个城市有着明显的不同，而上海的轻型产业结构决定了其工业与内部环境间的作用方式与其他 3 个城市有着明显差异。总体上北京和上海接近，天津和重庆相似。通过结构与功能特征模拟分析，可以为城市代谢过程的结构优化和关系调整提供重要建议。

当然，现实的城市代谢过程更为复杂，但是本研究所构建的城市能值代谢模型已经尽可能考虑了最主要的代谢主体及路径。一方面可以将其作为通用模型拓展应用到其他城市，增强不同案例区研究结果的可比性；另一方面，在本质特征抽象概化的过程中，可以获取基本的路径变动和关系分布规律，用以解释主要的城市代谢问题。在未来的研究中，可以进一步优化城市能值代谢模型，使其更为贴近实际情况。

8.3   京津冀隐含能代谢网络分析

2014 年京津冀协同发展上升为国家重大战略，因此京津冀城市群的走向关乎着中国未来的发展。但京津冀产业结构趋同、协同效应较低、生态承载有限且分布不均等更为突出的问题，导致其生态环境成本较高，能源消耗成本不断增加。究其原因主要是京津冀地区集聚了大量的水泥、钢铁、炼油石化等高耗能产业，京津冀城市群能源消费量在中国占比达 1/10 以上，其煤炭消耗空间密度是全球平均值的 30 倍。因此，分析京津冀城市群能源流动过程对于中国乃至区域的节能优化方案制定将提供重要参考。另外，京冀津间商品、服务的流动（生产地与消费地的不一致）也会导致其中隐含的能源消耗大量转移，从 2002 年至 2010 年，京津冀三地之间资本转移量呈现逐年增加的趋势，2002～2010 年年均增长 15%；虽然城市群整体资本流动幅度增加，但是北京的资本输出却逐年下降，其输出到天津和河北的资本量年均分别下降 4% 和 6%。因此，依据资本转移分析京津冀三地、三地产业间、13 个城市之间的能源消耗的转移过程已成为政府、科研工作者关注的问题。

本研究选取京津冀城市群为研究对象，借鉴城市代谢思想，以隐含能为表征指标，从"多尺度"入手，分别将城市群拆解为三地、三地产业以及 13 个城市，构建多尺度隐含能代谢网络模型，基于区域间投入产出表和生态网络分析方法，模拟节点间流量、关系等特征（隐含能代谢过程如何？节点、路径特征如何？）（Zhang et al., 2016），剖析尺度变化所带来的特征差异（多级嵌套网络模型有哪些特征异同？）（Hao et al., 2018），从而识别各尺度网络中的关键节点，明确京津冀城市地位与贡献，以科学求解推进城市群健康、协同发展的技术路径和实施方案，为城市群区域规划编制提供技术支撑（图 8-14）。

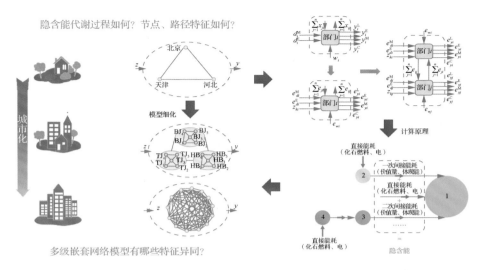

图 8-14 京津冀隐含能代谢分析框架

2002 年、2007 年和 2010 年能源消耗数据来源于中国能源统计年鉴、中国碳排放数据库（China Emission Accounts & Datasets），资本流数据来自 2002 年、2007 年和 2010 年区域间投入产出表。

8.3.1 流量分析

1. 节点隐含能代谢量分析

依据网络综合流量矩阵，对比分析 2002 年、2007 年、2010 年京津冀三地隐含能代谢量（图 8-15）。三地代谢量均呈先增后减趋势，其中河北历年最高，增幅与降幅也均高于北京和天津。2002 年，河北代谢量为北京和天津的 2 倍左右，而到了 2007 年三地之间差距拉大，河北相当于北京和天津的 6 倍，2010 年又回落到 2～3 倍。对比 13 个城市的代谢量可知，北京呈先降后升趋势，天津持续增加，而河北 11 个城市均呈先增后减趋势。北京 2002 年代谢量最大，相当于第二位天津的 2.5 倍，到了 2007 年唐山变为最大，最小的张家口仅为唐山的 17%，2010 年天津代谢量达到最高，为最小的衡水的 6 倍（图 8-15）。两个尺度节点代谢量的差异在于，3-节点代谢网络模型中北京代谢量呈先升后降趋势，但在 13-节点代谢网络模型中则表现为先降后升，原因可能是 13-节点代谢网络模型节点数量增多，网络内流转路径相应增多，北京接收与发送的代谢路径发生较大变化，导致该节点代谢量的不同变化趋势。

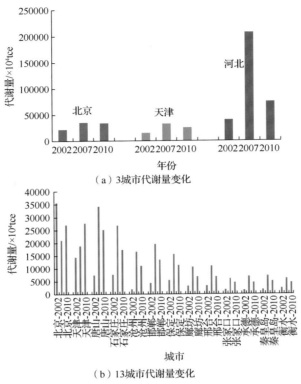

图 8-15　京津冀三地和 13 城市节点隐含能代谢量

　　三地 5 个产业的隐含能消耗结构有相似性，也有一定差异（图 8-16）。三地产业部门的直接能耗均小于间接能耗，其中三地的建筑业、河北的农业和其他服务业的间接能耗占比高达 90%以上。但三地产业部门的直接能耗均呈增长趋势，间接能耗则有所下降，其中农业是间接能耗下降幅度最大的部门，而北京农业间接能耗下降幅度最大，2007 年仅为 2002 年的 1/5。工业是三地隐含能消耗最大的部门，其中河北最大，2002 年相当于北京和天津的 2~3 倍，到了 2007 年更高达 5 倍以上。2002 年和 2007 年相比，北京工业隐含能消耗略有下降，而天津和河北均有不同程度的增加。北京其他服务部门的隐含能消耗远高于天津和河北，2002 年为天津和河北的 3~4 倍，2007 年仍为天津的 4 倍，而河北该部门隐含能消耗有所增加，几乎与北京持平。北京与天津农业隐含能消耗相对较低，但河北相对明显，2002 年为北京和天津的 5 倍以上，到了 2007 年该倍数超过 10。

　　北京隐含能消耗下降的部门数最多（5 个），其次为河北和天津（分别有 2 个）。北京产业部门隐含能消耗的原因可能是 2007 年北京充分贯彻了“十一五”规划中提出的建设资源节约型和环境友好型城市的要求，限制高能耗工艺、产品的使用。

而天津和河北隐含能消耗上升则可能是由于北京为申办 2008 年奥运会，自 2003 年起开始向天津和河北进行产业转移，尤其是工业部门，例如在 2007 年首钢已经开始向河北转移，这也在一定程度上造成天津和河北部分产业能耗增加。

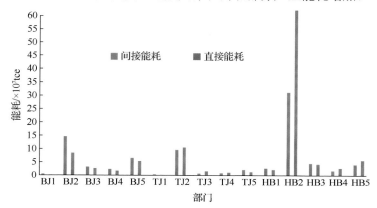

图 8-16　三地 5 个产业部门隐含能消耗量及直接、间接消耗

BJ 北京，TJ 天津，HB 河北；下标数字 1 农业，2 工业，3 建筑业，4 交通运输业，5 其他服务业

2. 路径隐含能代谢量分析

图 8-17 显示了三地之间路径的隐含能代谢量，其中冀→京的路径流量始终最高，其次为冀→津的路径，仅 2002 年河北与北京之间互动相对均衡，京→冀路径流量位居第二。2002 年冀→京路径流量达 9078.18×10⁴tce，相当于京→冀、冀→津的 1.2 倍和 1.5 倍，而津→京的流量最小，仅为冀→京的 15%。到了 2007 年，冀→京、冀→津的路径流量仍较高，并且相比 2002 年大幅度提升，分别增加为 2002 年的 1.5 倍和 2.0 倍，其次为津→冀、京→冀的路径，分别相当于冀→京路径流量的 33%和 24%。2010 年冀→京路径流量依旧保持最高，相比 2007 年增加了 34%，排在第二位的冀→津路径流量虽相比 2007 年有所下降（降为 2007 年的 91%），但仍远高于处在第三位的津→冀路径流量（此路径流量仅为冀→京的 20%），最小的为京→津、京→冀路径，流量均小于 1700×10⁴ tce（图 8-16）。

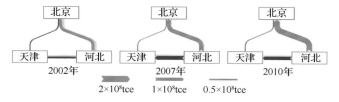

图 8-17　三地间路径的隐含能代谢量

图 8-18 显示了京津冀 13 个城市之间路径的综合流量，2002 年京→津路径的综合代谢流量最高，达到 $2.4×10^7$tce，其次为唐山→石家庄的路径，相当于京→津路径的 89%，另外唐山、石家庄的输出路径流量也较高。到了 2007 年，城市间路径流量增加了 2 个数量级，流量最高的路径为石家庄→唐山，其代谢流量为 $5.3×10^9$tce，其次为唐山→石家庄的路径，与其反向路径的流量相差不大（相当于石家庄→唐山路径流量的 98%）。2010 年城市间路径的综合流量持续增加，其中石家庄→唐山的路径流量仍最大，流量增加到 2007 年的 2.4 倍。

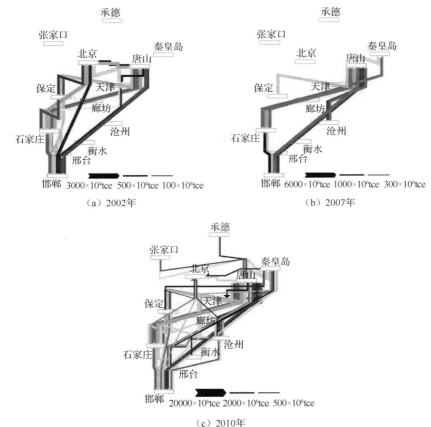

图 8-18　13 城市间路径的隐含能代谢量

图中 2002 年路径流量>$1.0×10^8$ tce，2007 年、2010 年路径流量>$3.0×10^9$ tce

图 8-19 展示了 2002 年、2007 年三地 5 个产业间隐含能的传递量。2002 年传递量超过 $1.0×10^7$tce 的路径集中在北京、河北的内部，以及北京与河北的建筑业之间；到 2007 年与河北工业相关的路径流量均较大，同时河北与天津的工业之间联系增强，而与北京工业关联的路径流量明显下降。说明河北工业是京津冀城市

群发展的关键部门，对周边产业的隐含能供给大幅增加，这也使得北京和天津对河北的依赖程度增强，河北成为城市群主要能源提供者。传递量介于 1.0×10^6tce 与 1.0×10^7tce 之间的路径分布在两个时间点也发生了较大变动。2002 年集中于与北京工业相关联的路径上，北京工业将隐含能传递给建筑业、交通运输业、服务业等本地下游产业及河北工业，成为能源主要提供者；到了 2007 年，河北内部路径、跨区域路径明显增多，而北京工业的相关路径大幅减少。

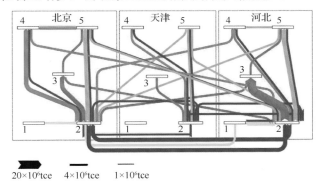

20×10⁶tce　4×10⁶tce　1×10⁶tce

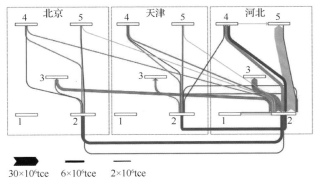

30×10⁶tce　6×10⁶tce　2×10⁶tce

图 8-19　2002 年、2007 年京津冀三地产业间隐含能传递路径

图中路径流量为 1.0×10^6tce 以上，1 为农业，2 为工业，3 为建筑业，4 为交通运输业，5 为其他服务业

将 5 个产业划分为三个层阶，第一层为农业和工业，第二层为建筑业，第三层为交通运输业和其他服务业。2002 年三地位于第一层的工业均是主要提供者。北京工业不仅供应本地处于高层的产业部门，同时也供给天津、河北的工业及更高层的产业，例如提供给天津的交通运输业、河北的交通运输业和其他服务业。到了 2007 年，北京工业发出的隐含能流量明显减少，主要支持本地的使用，也少量供应其他地区，如河北工业。2002 年河北工业发出的隐含能不仅满足本地需求，同时也传递至北京交通运输业和其他服务业，到了 2007 年河北工业的隐含能传递

量仍相对较大，对北京和天津的消费部门贡献明显。2002 年北京和河北的建筑业参与度较高，它们不仅接收本地工业提供的隐含能，同时从其他区域的工业获得隐含能，并传递给各自下游的其他服务业，到了 2007 年，建筑业传出量较小，以接收隐含能为主。

2002 年，交通运输业和其他服务业接收跨区域的隐含能供给，发送的隐含能也仅局限于两者之间，北京这两个产业主要依靠本地部门，同时也从河北调进隐含能，天津的其他服务业需要北京和河北的工业同时供给，而河北交通运输业也主要依靠本地部门，少量依靠北京工业的供给。到了 2007 年，交通运输业和其他服务业发出的隐含能进一步减少，北京和天津均主要依靠河北的工业供给，而河北则主要依靠本地部门，少量从天津工业调入。

8.3.2　关系分析

1. 三地关系分析

京津冀三地（3-节点模型）共形成 3 对生态关系（图 8-20），以掠夺/控制关系为主，仅在 2007 年天津和北京出现了竞争关系，说明北京和天津均向河北索取能源，从而形成竞争。河北与北京、天津的生态关系类型相对稳定，表现为北京掠夺河北、天津掠夺河北，说明河北处于能源提供者的角色。2002 年天津和北京表现为天津掠夺北京的能源，而到了 2010 年两者角色互换，天津成为北京的能源提供者，说明到了 2010 年北京依赖于其他两个省份的能源供应。掠夺/控制、竞争关系的出现，说明京津冀并未形成一体化发展中的分工协作，协同发展还面临着诸多挑战。

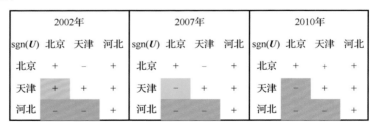

图 8-20　2002 年、2007 年和 2010 年京津冀三地间生态关系分布

2. 13 城市关系分析

13 城市（13-节点模型）共形成 78 对生态关系，同 3-节点代谢网络模型一样，并未出现共生关系（图 8-21）。生态关系结构以掠夺/控制关系占主导（2002 年），转变为以竞争为主（2007 年），最后掠夺/控制关系再次占据高地的变化趋势（2010

年）。2002 年掠夺/控制关系占比达 87%，其中北京掠夺 9 个城市的能源，天津掠夺 10 个城市，而衡水表现为被其他 9 个城市掠夺能源。到了 2007 年，掠夺关系大幅下降，仅剩衡水掠夺秦皇岛的能源，控制关系为 31 对，占 40%，主要集中于北京和天津，它们掠夺河北 11 个城市，而秦皇岛受到其余 12 个城市的掠夺。这一时期，竞争关系占据主导地位（46 对），占比为 59%，多集中于河北 11 城市之间。2010 年衡水仍掠夺秦皇岛，同时控制关系数量再次增加到 47 对，占比达到 60%，重新占据主导地位，同样表现为北京和天津掠夺河北 11 个城市的能源，而秦皇岛和衡水受到所有城市的掠夺。

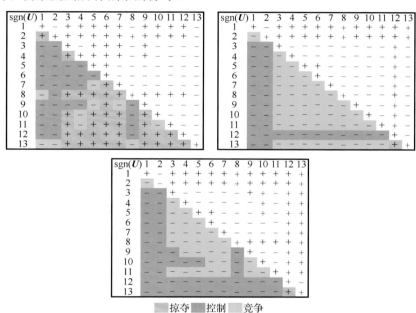

图 8-21　2002 年、2007 年和 2010 年京津冀 13 城市间生态关系分布

1 北京，2 天津，3 唐山，4 石家庄，5 沧州，6 邯郸，7 保定，8 廊坊，9 邢台，
10 张家口，11 承德，12 秦皇岛，13 衡水

3. 产业关系分析

三地间生态关系分布是由产业间协调与冲突导致的（图 8-22）。2002 年，北京与天津之间虽仍以掠夺/控制关系为主（占 52%），但也出现了 44% 的竞争关系，以及 1 对共生关系，说明两个城市的产业间既相互利用资源，也存在着竞争资源的现象。到了 2007 年，掠夺/控制关系占比增多（68%），且掠夺和控制关系数量相当，说明这两个城市相互依赖。2002 年北京与河北之间以竞争关系为主（60%），其次为掠夺/控制关系（36%），同样存在 1 对共生关系，但到了 2007 年，主导关

系类型变为掠夺/控制（52%），并且其中 85%为北京掠夺河北能源，说明北京需要从河北输入大量能源，以满足自身需求。2002 年天津与河北之间掠夺/控制占 68%，其中河北掠夺天津趋势明显（40%），其次为竞争关系（24%），共生关系有 2 对。到了 2007 年，掠夺/控制关系仍占 60%，其中 87%为天津掠夺河北能源，竞争关系占比略有上升（40%），说明这两个地区在能源利用方面关系趋于紧张。

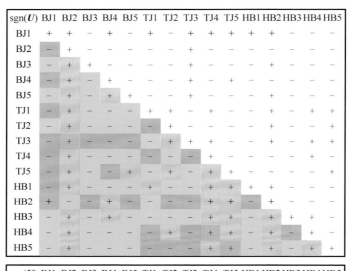

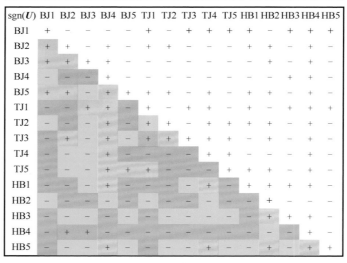

掠夺   控制   竞争   共生

图 8-22 2002 年、2007 年京津冀三地 5 产业间生态关系分布

BJ 北京，TJ 天津，HB 河北；下标数字 1 农业，2 工业，3 建筑业，4 交通运输业，5 其他服务业

由图 8-22 看出，京津冀产业间以掠夺/控制关系占主导，且有增加趋势，占比由 54% 增加到 67%，竞争关系数量占比则下降 12%，说明城市群部门之间损益差别明显。另外，共生关系由 4 对降为 3 对，且集中于河北交通运输业。2002 年竞争关系主要集中于北京建筑业、其他服务业和交通运输业，天津农业和工业，以及河北省农业和建筑业，涉及一半的代谢主体，竞争关系占比也不低于 50%，应以调和这些部门的竞争和矛盾作为城市群发展的重点。尤其是北京建筑业，在形成的 14 对关系中竞争为 11 对，占比达 78.6%，这种紧张的资源利用行为不利于该部门长期可持续发展。到了 2007 年，部门间竞争关系数量明显下降，但河北其他服务业的竞争关系数量却增加，占比达 57.1%，同样的占比也出现在北京和河北的建筑业，说明建筑业与其他产业间存在着资源竞争。其他部门的竞争关系占比均小于 43%，说明北京其他服务业、河北农业的资源竞争效应有所缓解。

2002 年掠夺/控制关系分布整体较分散，相对集中的是北京工业（占该部门所有关系的 85.7%）、河北工业（78.6%）和天津其他服务业（71.4%），北京工业处于掠夺地位，河北工业的掠夺和被掠夺关系数量基本持平，而天津其他服务业仍以掠夺资源为主。与天津建筑业、交通运输业相关的掠夺关系也超过 50%，其中交通运输业 89% 掠夺其他地区能源，尤其与河北 5 个产业之间形成 4 对掠夺关系，天津其他服务业则主要受到河北产业的掠夺。天津建筑业的掠夺和被掠夺关系数量各占一半，几乎全部与北京、河北产业及天津交通运输业相关。在 2007 年，掠夺/控制关系数量增加，并且与 2002 年呈现较大差异。北京交通运输业、天津农业各自形成的掠夺关系数量最多，占比增长明显，均由 50% 增加到 86%，但北京交通运输业更多受到其他部门的掠夺，而天津农业则更多地掠夺其他部门能源。北京工业形成的掠夺关系数量呈下降趋势，主要转为竞争关系。另外，北京农业、河北交通运输业的掠夺关系数量也较为明显，占比均为 78.6%，其中北京农业以掠夺为主，河北交通运输业以被其他部门掠夺能源为主。

8.3.3　讨论与结论

1. 研究方式创新性及成果对比分析

传统隐含能分析大多基于投入产出方法，引入部门能源消耗系数，采用里昂惕夫逆矩阵，计算最终消费支出、资本形成总额、出口等方面的隐含能消耗量，但较少考虑由于中间产品多级流转产生的间接能源流动，如 Li 等（2014）核算了中国 30 个省（区、市）人均隐含能消耗量，但并未细化到隐含能流动过程。S. Chen 和 B. Chen（2015）虽引入生态网络分析方法，采用循环指数、上升势分析等手段对网络特征开展研究，但仍对过程关注较少。生态网络分析方法可以全面考虑中间过程所带来的间接能耗，核算产业间由于多次路径流转所产生的能源消耗

（Zhang et al.，2014），从而更加准确地模拟部门间由于中间产品传递所产生的关联性特征。

通过整合投入产出分析和生态网络分析方法，从京津冀城市群的角度分析省份间、城市间及产业间能源传递量与传递方向，可以明确地区及产业在能源代谢过程中所处的位置，为产业转移及节能措施制定提供决策依据与发展方向（Zhang et al.，2015）。

2. 研究结果的政策建议

自 1978 年推行区域合作，京津冀区域一体化规划开始受到重视，特别在 2014 年中国再次发布"京津冀蓝皮书"，为一体化发展提出目标。结合本研究结果可以发现京津冀城市群间产业转移在 2007 年前已经开始大规模发展。在京津冀一体化的背景下，众多企业提倡"总部在北京，生产到河北"的策略。例如，北京凌云建材化工有限公司将生产基地搬到河北邯郸，而总部和研发部门仍然留在北京；首钢集团将生产功能区迁往河北唐山，而总部留在北京。这种措施均能够导致北京能源消耗量的下降，有数据显示北京市 2007 年能耗按照可比价格计算，比 2006 年下降 5.36%。这主要由于 2007 年北京将原有工业企业向河北转移，将能源生产地转换到河北，此时主要向河北提供技术等软实力。这一过程可能会导致北京通过技术、信息等过程间接传递给天津和河北能源，区域间各种物质、能量与信息传递所表现的隐含能传递将更加均衡。

从研究结果来看，一体化发展过程也存在问题，某种程度上体现出区域内部相互掠夺而非协作。北京作为首都，其核心地位使区域出现了不均等的机会。将工业企业转移到河北的过程中，其相应的环境影响也会随之转移，尤其是一些重污染型企业，因此，河北同样需要从节能角度有选择性地引入企业，以更大程度提升河北产业发展质量。同时，本研究发现 2007 年河北生产部门消耗了大量能源，因此需从源头上控制生产者企业能源消耗量，从调整部门能源利用结构入手，以优质、清洁能源替代原有化石能源；消费者企业可以改变生产工艺，减少生产过程中物质、能源损失，提高效率；深挖区域还原者的功能，加强物质循环转换、能量梯级利用，实现城市群再生能力提升。总之，城市群内部节点要分工协作，结合自身特色，在区域中发挥各自的生态角色，避免由于结构化趋同所带来的资源短缺、污染严重、互补性差等问题影响到区域生态系统的健康发展。

3. 多尺度对比分析的重要性

采用 3-节点代谢网络模型和 13-节点代谢网络模型分析京津冀能源代谢过程，结果发现不同尺度的结果、规律有相同和相异之处。3-节点代谢网络模型的能源消耗呈先增后减趋势，而在 13-节点代谢网络模型中能耗呈先减后增变化，同时

3-节点代谢网络模型中冀→京的路径流量最大，而 13-节点代谢网络模型中唐山为其他 12 个城市提供了最多的能源。生态关系方面，虽两个模型以掠夺/控制关系为主，但相对于 3-节点代谢网络模型，13-节点代谢网络模型的竞争关系占比更大。通过流量和关系的对比分析，验证了多尺度模型研究的重要性，可根据数据采集精度和研究深度的不同选择合适的研究尺度，以服务于不同的研究目的。

13-节点代谢网络模型是对 3-节点代谢网络模型的改进，3-节点代谢网络模型中，冀→京流量最大，2002 年、2007 年约占网络总流量的 30%，2010 年更接近50%；而在 13-节点代谢网络模型中，冀→京的路径流量占比下降，2002 年为 13%左右，2007 年、2010 年则下降到 5%左右，但该路径仍是网络的最大流量路径。流量下降的原因可能是网络规模的扩大（节点数增多）导致了网络一些路径的优势下降。此外，13-节点代谢网络模型可以进一步确定冀→京流量的主要贡献者为唐山、石家庄和邯郸，占冀→京流量的 47%。3-节点代谢网络模型以掠夺/控制关系为主，占全部关系的 67%以上，同样 13-节点代谢网络模型的掠夺/控制关系在2002 年、2010 年仍占主导，占比也在 62%以上。3-节点代谢网络模型中北京和天津掠夺河北能源，而 13-节点代谢网络模型中北京和天津从河北大多数城市获得能源。掠夺/控制关系占比稍有下降的原因可能是 13-节点代谢网络模型中，河北 11个城市之间出现了多对竞争关系，如 2002 年北京与廊坊、衡水存在竞争，而天津也与衡水为竞争关系（Zhang et al., 2015）。多尺度模型的结果对比分析，可以发现一些相同或相异的规律。一致性规律反映了多尺度研究的整体性特征。

两个精度模型的结果也存在一定的差异。3-节点代谢网络模型中，京→津的路径流量最小，约为网络流量的 19%，而在 13-节点代谢网络模型中，京→津路径贡献明显增大，特别在 2002 年，京→津路径流量最高，2007 年和 2010 年，京→津路径流量约为最小值的 2.5 倍。另外，北京与天津的生态关系类型在两个模型中也存在差异，2010 年 3-节点代谢网络模型中北京掠夺天津能源，但在 13-节点代谢网络模型中北京与天津是竞争关系，因为北京和天津均掠夺河北 11 城市的能源。

参 考 文 献

李加林, 张忍顺, 2003. 宁波市生态经济系统的能值分析研究. 地理与地理信息科学, 19(2): 73-76.

隋春花, 蓝盛芳, 2006. 广州与上海城市生态系统能值的分析比较. 城市环境与城市生态, 19(4): 1-3.

Ablerti M, 2008. Urban Ecology: An International Perspective on the Interaction Between Humans and Nature. Boston, MA: Springer.

Borrett S R, Patten B C, 2003. Structure of pathways in ecological networks: Relationships between length and number. Ecological Modelling, 170(2-3): 173-184.

Burns T P, 1989. Lindeman's contradiction and the trophic structure of ecosystems. Ecology, 70(5): 1355-1362.

Chen S, Chen B, 2015. Urban energy consumption: Different insights from energy flow analysis, input-output analysis and ecological network analysis. Applied Energy, 138(1): 99-107.

Fath B D, 2007. Network mutualism: Positive community-level relations in ecosystems. Ecological Modelling, 208(1): 56-67.

Fath B D, Borrett S R, 2006. A MATLAB function for network environ analysis. Environmental Modelling & Software, 21(3): 375-405.

Hao Y, Zhang M H, Zhang Y, et al., 2018. Multi-scale analysis of the energy metabolic processes in the Beijing-Tianjin-Hebei (Jing-Jin-Ji) urban agglomeration. Ecological Modelling, 369(3): 66-76.

Huang S L, Lee C L, Chen C W, 2006. Socioeconomic metabolism in Taiwan: Emergy synthesis versus material analysis. Resources, Conservation and Recycling, 48(2): 166-196.

Jiang M M, Zhou J B, Chen B, et al., 2008. Emergy-based ecological account for the Chinese economy in 2004. Communications in Nonlinear Science and Numerical Simulation, 13(10): 2337-2356.

Lan S F, Odum H T, 1994. Emergy evaluation of the environment and economy of Hong Kong. Journal of Environmental Science, 6(4): 432-439.

Lei K P, Wang Z S, Ton S S, 2008. Holistic emergy analysis of Macao. Ecological Engineering, 32(1): 30-43.

Li Z, Pan L, Fu F, et al., 2014. China's regional disparities in energy consumption: An input-output analysis. Energy, 78(12): 426-438.

Ulgiati S, Brown M T, 1998. Monitoring patterns of sustainability in natural and man-made ecosystems. Ecological Modelling, 108(1-3): 23-26.

Ulgiati S, Odum H T, Bastianoni S, 1994. Emergy use, environmental loading and sustainability: An emergy analysis of Italy. Ecological Modelling, 73(3-4): 215-268.

Zhang Y, Li S S, Fath B D, et al., 2011. Analysis of an urban energy metabolic system: Comparison of simple and complex model results. Ecological Modelling, 22(1): 14-19.

Zhang Y, Yang Z F, Fath B D, et al., 2010. Ecological network analysis of an urban energy metabolic system: Model development, and a case study of four Chinese cities. Ecological Modelling, 221(16): 1865-1879.

Zhang Y, Yang Z F, Yu X Y, 2009. Ecological network and emergy analysis of urban metabolic systems: Model development, and a case study of four Chinese cities. Ecological Modelling, 220(11): 1431-1442.

Zhang Y, Zhang J Y, Yang Z F, et al., 2012. Analysis of the distribution and evolution of energy supply and demand centers of gravity in China. Energy Policy, 49(10): 695-706.

Zhang Y, Zheng H M, Fath B D, et al., 2014. Ecological network analysis of an urban metabolic system based on input-output tables: Model development and case study for Beijing. Science of the Total Environment, 468(1): 642-653.

Zhang Y, Zheng H M, Yang Z F, et al., 2015. Multi-regional input-output model and ecological network analysis for regional embodied energy accounting in China. Energy Policy, 86(11): 651-663.

Zhang Y, Zheng H M, Yang Z F, et al., 2016. Urban energy flow processes in the Beijing-Tianjin-Hebei (Jing-Jin-Ji) urban agglomeration: Combining multi-regional input-output tables with ecological network analysis. Journal of Cleaner Production, 114(3): 243-256.

第9章　碳代谢过程分析

9.1　北京碳代谢主体识别

C40 城市气候领导联盟和碳披露项目共同的研究报告指出，城市由于能源、食物或矿物质等资源，贡献了全球 70%的碳排放（Satterthwaite, 2008），而城市绿地植被仅能抵消这些碳排放的 8%（Escobedo et al., 2010），同时，城市的发展也在很大程度上缩减了可吸收 CO_2 的绿地面积（Nowak et al., 2013），进而产生了严重的资源环境问题。这系列问题的产生是由于城市碳代谢过程的紊乱，从代谢视角剖析城市碳流转过程可为城市减排、增汇措施制定提供基础数据。

集成垂向-水平向碳代谢过程，构建 18-节点碳代谢网络模型，采用物质流分析方法和经验系数法核算城市碳排放/吸收量、流转量（9 大类物质），分析碳代谢吞吐量的动态变化及其结构特征，评估城市碳失衡和外部依赖性状况（城市碳代谢过程紊乱程度如何？），并进一步识别影响碳代谢状况变化的关键主体（Li et al., 2018; Zhang et al., 2015）（城市碳代谢关键主体如何识别），可为减排责任部门的确定、减排措施的落实提供支持，也为城市生态环境恢复和修复方向的确定提供指引（图 9-1）。

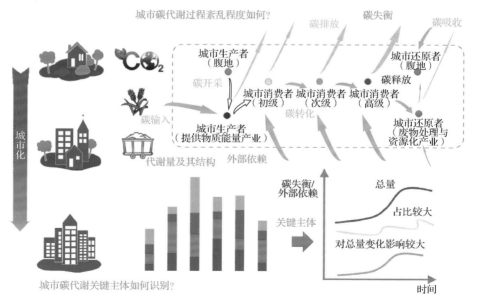

图 9-1　城市碳代谢关键主体识别的分析框架

数据主要来源于北京统计年鉴、中国能源统计年鉴、中国农村统计年鉴、中国环境统计年鉴、中国塑料工业年鉴等统计资料。收集的数据大多为城市均质性总量数据，无法跟代谢过程主体、路径相匹配，因此，需要根据物质归属关系，辅以实际调研、资料收集等手段确定分配原则，以尽可能还原物质流动过程。同时，本节主要关注消耗性含碳物质，并未考虑碳存量（塑料和钢铁制品、城市基础设施中的建筑材料、蓄积耐用品等），这些碳存量的累积会对碳流动过程产生一定影响，未来可以结合相关数据，深入分析碳流量-存量之间相互作用关系，为优化调控措施的选择提供决策依据。

9.1.1 北京碳代谢总量及其结构变化

1995～2015 年北京碳代谢吞吐量（输入、输出量）总体呈增长趋势（图 9-2），输入量 21 年增长了 62.4%，而碳输出量增长趋势更为明显，达 2 倍多，输入与输出均呈现增—减—增的阶段性变化，1995～2006 年分别以 49.0%、73.8%的增幅增长，到 2006～2014 年分别以 24.6%、45.2%降幅下降，到了 2014～2015 年再次增幅为 44.5%、2.4 倍。

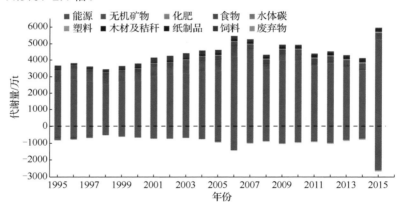

图 9-2 北京碳输入、输出总量及其结构分布

正值代表输入物质的碳量，负值代表输出物质的碳量

历年占比均为 70%以上的能源拉动了输入量与输出量的变化，研究期分别增长了 95.4%和近 3.0 倍，并与总量呈现出同步的变化趋势。输入总量的增长也来自食物的拉动，它初始占比虽小（0.5%），但由于增幅较大（增长 18.8 倍），末期贡献了 6%的占比。塑料、纸制品、水体碳、木材及秸秆、化肥等物质输入量也以一定的增幅（最大 7.5 倍，最小 1.0 倍）拉动总体增加，合计末期贡献了 4%的占比。同时，初期占比分别为 20%和 5%的矿物质和饲料的输入量分别以 90.6%和 56.3%的降幅呈现出减少趋势，减缓了碳输入量的增长。输出中塑料、纸制品均以 10

倍以上的增幅变化，水体碳以 1.1 倍增幅平稳增长，食品以 8.9 倍增幅波动变化，但由于初期占比仅为 0.06%，对碳输出总量的影响甚微。同样占比很小的废弃物（1%左右），增幅也不明显（28.7%），对总体几乎没有影响。还有个别输出物质如矿物质呈减少趋势，它的初始占比较大（20.5%），研究期以 96.7%的降幅变化，在末期仅占 0.2%，抵消了部分碳输出量的增长。而占比（平均为 0.05%）和降幅（23.3%）均很小的秸秆，对输出变化趋势的影响极小。

9.1.2　碳失衡指数贡献主体识别

从图 9-3 中可以看出，碳失衡指数与碳排放量的变化趋势基本一致，这是由于碳吸收量变化并不明显（平稳中略微降低）。2011 年以后，碳失衡指数与碳排放量呈现出不同步的变化趋势，碳失衡指数呈增加趋势，这是由于在碳排放量降低的过程中，碳吸收量降低更为明显。总体上，碳排放量增幅 7.7%，而碳吸收量降幅 38.1%，导致北京碳失衡指数增长了 0.741 倍。失衡程度明显加剧，是由关键主体的流量变化导致的。

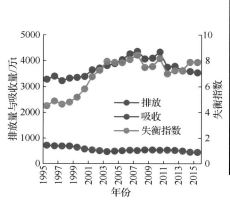

碳排放	关键主体	碳吸收	关键主体
贡献大	加工制造业、电热生产与供应业、交通运输业、其他三产、城镇生活、农村生活、农业	贡献大	林地、农业
变化趋势	增长	变化趋势	降低
一级	交通运输业、电热生产与供应业、城镇生活、其他三产、加工制造业、农业、农村生活	一级	农业
三级	零售餐饮业、废弃物处理处置部门、采掘业	二级	林地

（a）碳失衡指数变化　　　　　　（b）识别的关键主体

图 9-3　北京碳失衡指数变化趋势和关键主体识别

由图 9-4 可以看出，所有代谢主体均存在输入到大气的路径，而接收大气输出路径的主体则不到 1/4，包括农业、林地、草地和水域。依据图 9-3 识别的关键主体，可以看出加工制造业、电热生产与供应业、交通运输业、其他三产、城镇生活、农村生活和农业的碳排放量相对较大，对碳失衡指数变化的贡献也较大，而采掘业、零售餐饮业（批发零售业和住宿餐饮业）和废弃物处理处置部门的碳排放份额虽小（初期合计占2%），但增长较大（分别增长 9 倍和 3 倍，末期合计占 9%），采掘业 2007 年前相对稳定，但到 2011 年增长了 6.5 倍，这三个主体对碳失衡指数变化的贡献较大。

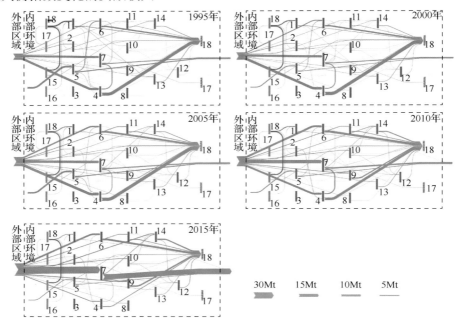

图 9-4　北京碳代谢过程

路径粗细代表流量的大小：1 农业，2 畜牧业，3 渔业，4 加工制造业，5 采掘业，6 电热生产与供应业，
7 能源转换业，8 建筑业，9 交通运输业，10 批发零售和住宿餐饮业，11 其他三产，12 废弃物处理处置部门，
13 农村生活，14 城镇生活，15 林地，16 草地，17 水域，18 大气

　　加工制造业、农村生活和农业总体有降低趋势。其中初期占比 42%的加工制造业在 2006 年以前仅有小幅波动，相对稳定，之后明显下降，并在 2011 年被电热生产与供应业反超，到 2015 年仅为 2006 年的 1/5（占比也降到 9%）；农村生活在 2005 年之前变化比较平稳，到 2006 年相对上一年增长 1.6 倍，随后开始降低，到 2015 年降低到 2006 年的 67%，但其份额在研究期变化比较平稳，在 4%～6%波动；初期占比与农村生活接近的农业（7%）不断降低，到 2015 年降到初期的 30%（占比也降到 2%）。电热生产与供应业、交通运输业、其他三产和城镇生活均呈增长趋势，电热生产与供应业初期以 19%占比仅次于加工制造业，在 2011年后跃居第一，到 2015 年增长到初期的 1.4 倍（占比约为 25%）；虽然交通运输业和城镇生活初期占比不到 10%，但分别以 6.7 倍和 1.4 倍的增幅增长，到 2015年占比达到 18%和 16%；其他三产增长倍数是电热生产的 2 倍，但由于初期占比仅为 4%，到 2015 年占比仍不足 10%。

　　农业初期碳吸收量最大（占比 49%），但是随着农田面积连年萎缩，碳吸收量逐年降低，并于 1999 年被林地反超，到 2003 年降到初期的 35%（占 26%），但随后开始增长，到 2008 年增长到 2003 年的 1.5 倍（占比 35%），之后又开始降低，到 2015 年降到 2008 年的近一半（占 22%）。另一个碳吸收量比较大的主体（林地）变化不大，降幅不到 4%，但由于农田碳吸收量降低，林地占比从 42% 升高到 65%。

9.1.3 外部依赖性贡献主体识别

从图 9-5 中可以看出，外部依赖性指数在波动中以近 3 倍增幅增长，这是由外部区域、内部环境输入量的共同影响导致的。1995～2004 年，外部依赖性指数与内部环境输入量呈现相反的波动变化趋势，但外部依赖性指标波动幅度相对明显，到 2000 年内部环境输入量降低了一半，而外部区域净输入量却以 48.1% 的增幅明显增长，导致外部依赖性指数增长了 0.6 倍；2004～2010 年，外部依赖性指数与外部环境净输入量呈现出一致趋势，在波动中分别增长 1.9 倍和 22.9%，但外部依赖性指数波动更加剧烈，这是由内部环境输入量 56.8% 的降幅导致的；2010～2015 年，由于内部环境输入量在此阶段相对稳定，外部依赖性指数与外部环境净输入量呈现出同步的下降趋势，分别降低 14.1% 和 20.7%。

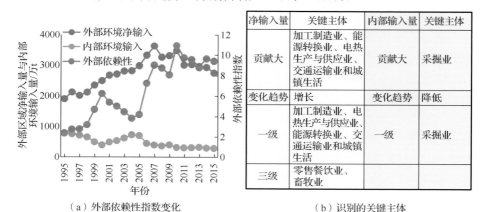

（a）外部依赖性指数变化　　　　　　（b）识别的关键主体

图 9-5　北京外部依赖性指数变化趋势及关键主体识别

除废弃物处理处置部门、草地和大气外，剩下的代谢主体（83%）均与外部区域有碳交换，但利用内部环境含碳物质的主体仅有采掘业。依据图 9-5 识别的关键主体可以看出，加工制造业、电热生产与供应业、能源转换业、交通运输业和城镇生活的净输入量较大，同时对外部依赖性指数变化的贡献也较大。零售餐饮业和畜牧业虽初期净输入份额较小（共占 11%），但这两个主体均有较大变化，对外部依赖性指数变化的贡献也较为突出。

初期净输入量占比达一半的加工制造业在 2007 年之前比较平稳，仅有小幅波动，2007 年以后开始出现大幅降低，并在 2010 年被能源转换业和电热生产与供应业反超，到 2015 年降到不足 2007 年的 1/4（末期占比也降到 11%），主要是输入份额最大的能源和矿物质等不可更新资源明显降低导致（初期分别占 52% 和 46%），到末期输入量仅为初期的 24% 和 6%（末期占比分别为 48% 和 8%），而初期占比很小的造纸原料和食品制造原料等可更新资源（不到 2%），由于逐年增长，到末期输入量增加到初期的 8 倍，份额也上升到 44%。能源转换业的净输入量份额（占 28%）初期仅次于加工制造业，在 2010 年之前不断增长，到 2010 年增长到初期的 1.6 倍，并超过加工制造业和电热生产与供应业，随后以 19% 的降幅下降，并被电热生产与供应业反超，但到 2015 年占比仍为 25%，石油制品（占比 63%）和煤炭制品（占比 37%）的初期变化对其影响较大，石油制品不断增长（增长 96%），而煤炭制品不断下降（下降 97%），到 2015 年两者占比分别为 94% 和 0.63%。能源转换业中约 40% 的输入经简单包装后又输出到外部区域，21 年间变化相对平稳，仅 2015 年出现激增，增长到上一年的 5 倍，其占比也增长到 76%。还有占比约为 50% 的碳被输送到加工制造业、交通运输业、城镇生活和电热生产与供应业，仅在 2007～2013 年有增长—下降的波动变化，2010 年达最大值，相对于 2007 增加了 70%，剩下约 3% 的碳主要来自生产过程的排放。

　　电热生产与供应业的净输入量虽然初期仅占 9%，但以近 3 倍的增幅增长，到 2015 年占 24%。交通运输业和城镇生活的净输入量初期占比均为 3%～4%，但由于增幅分别为 4.7 和 1.4 倍，到 2015 年均约为电热生产与供应业占比的一半。交通运输业增长主要受占比 89% 左右的汽油、柴油和煤油等石油二次能源增长（5 倍增幅）的影响，而城镇生活的输入量增长主要来自食物 11 倍与塑料 9 倍的增长，以及占比一半以上的能源（48% 增幅）的贡献。从图 9-4 中可以看出，除电热生产与供热业外，采掘业也贡献给外部区域 20% 以上的碳量，采掘业输出量中约 63% 的碳输出到外部区域，在波动中总体降低了 48%，输出到电热生产与供应业、能源转换业、加工制造业等部门的碳（约占 32%）也在波动中降低 72%，而其余少量的碳（4%）由采掘业生产排放掉。相对于输出到外部区域的碳量，外部区域输入到采掘业的量相对较少，碳主要来自内部环境，波动中降低了 64%，70% 以上的能源输入量变化（总体降低 55%）对其影响较大，内部环境输入量的减少也来自无机矿物（占比 30% 以下）83% 的降幅。

9.1.4　讨论与结论

1. 相关成果对比分析

　　北京碳失衡指数最高达 8.4，最低为 4.5，这个值是世界碳失衡指数（1.8，Le Quéré, et al., 2009）的 2 倍以上，相当于中国的 1.2～1.7 倍（2.7～3.6，Piao et al.,

2009），说明城市是碳减排的主战场。将北京与杭州、迈阿密进行对比分析，可以发现北京碳失衡指数的平均值（6.5）高于杭州（5.4, Zhao et al., 2010）、迈阿密（6.0, Escobedo et al., 2010），结果差异的可能原因是核算项目的不同，杭州与迈阿密仅考虑了森林的碳吸收，而本节在此基础上增加了其他林地、耕地、草地和湿地，并且考虑了能源、工业过程和废弃物处置碳排放，以及生物呼吸、牲畜反刍和湿地 CH_4 释放等碳排放。另外，杭州仅考虑了工业能源碳排放，迈阿密也仅包含了能源和废弃物处置的碳排放。按照杭州和迈阿密的核算范围修正本节研究结果，分别为 7.8～17 和 15.4～29.8，可以看到北京碳失衡指数的最小值相当于杭州的 1.4 倍，相当于迈阿密的 2.6 倍以上。相比杭州和迈阿密，北京平均温度较低、干旱少雨，供暖能耗的强度较大，植被碳吸收能力较弱，导致碳失衡程度较大；同时，北京与杭州相比，经济发展较快，进而导致碳排放量较大，但与较发达的迈阿密相比，能源效率相对较低，经济发展的碳排放代价较高。但是，北京以第三产业为主的后工业化特征也部分缓解了碳失衡程度，与韩国 3 个城市（45.5～200, Jo, 2002）、芝加哥（333.3, McGraw et al., 2010）和沈阳（384.6, Liu and Li, 2012）相比，碳失衡指数要低得多，这是由于芝加哥是美国工业中心且以重工业为主，沈阳也是中国重工业基地，两者的重工业能耗较高，韩国 3 个城市各类产业发展所需的能源也大多来自燃煤电厂，碳排放量较大。

2. 研究结果的原因分析

对比外部依赖性和碳失衡两个指数，识别关键主体，保留同级别中相同的关键主体，差异主体降级处理，共识别出 I～V 级调控主体（表 9-1）。I 级为交通运输业、电热生产与供应业、城镇生活和加工制造业，是造成碳失衡和外部依赖性的共同关键主体，这类主体不仅碳排放量和外部净输入量大，而且对碳失衡和外部依赖性指数变化的影响也较大。交通运输业碳排放基数大且增长迅猛，近一半来自私家车碳排放，虽然政府出台限行、限号等一系列控制措施，但成效却并不明显，未来需要鼓励纯电动、燃料电池汽车发展，并运用牌照额度和路权等措施，着力推动存量燃油汽车置换为新能源汽车。II、III 级调控主体为其他三产、能源转换业、农业（吸收和排放）、农村生活、采掘业和林地，这两个级别中均出现了农田（农业）、林地等碳吸收主体。农田面积缩减和单位面积农产品产量降低（21 年降低了 1/4），导致农田碳吸收能力下降明显，这主要是因为北京发展休闲观光农业弱化了产量提升，未来需在农田面积少且不断降低的现实情况下，发展立体农业、提升产量，进而提升农田碳吸收量。目前，北京有 62% 的森林处于亚健康状态，通过加强林地改造、抚育，可提升林地增汇潜力，使 90% 以上的森林达到健康状态，森林平均储碳能力可提高 1 倍以上。量小而变化比较大的Ⅳ、V 级调控主体分别为零售餐饮业、废弃物处理处置部门、采掘业和畜牧业，是未来碳失衡和外部依赖性等问题加剧的潜在关键主体。

表 9-1　调控主体级别

关键主体	碳失衡	外部依赖性	调控级别	调控主体
一级	交通运输业、电热生产与供应业、城镇生活、其他三产、加工制造业、农业（吸收和排放）、农村生活	加工制造业、电热生产与供应业、能源转换业、交通运输业、城镇生活、采掘业	Ⅰ级	交通运输业、电热生产与供应业、城镇生活、加工制造业
			Ⅱ级	其他三产、能源转换业、农业（吸收和排放）、农村生活、采掘业
二级	林地（吸收）	—	Ⅲ级	林地（吸收）
三级	零售餐饮业、废弃物处理处置部门、采掘业	零售餐饮业、畜牧业	Ⅳ级	零售餐饮业
			Ⅴ级	废弃物处理处置部门、采掘业、畜牧业

在人口、GDP、人均 GDP 和建成区面积持续增长的情况下（最低增长 73.5%），北京碳排放和净输入均出现先增（37%）后降（18%）的变化（图 9-6），说明城市碳代谢效率不断提高。这与北京产业结构、能源结构转型有关，工业（由加工制造业、采掘业、电热生产与供应业、能源转换业组成）比重由 35%下降到 16%，而三产（除了交通运输业、零售餐饮业以外的三产）比重由 32%上升到 63%；同时煤炭在工业、其他三产的消费占比均由 55%下降到 10%，而轻碳能源天然气占比则由不到 0.3%升高到 20%。研究期间，碳失衡指数波动增长了 74%，而外部依赖性指数波动增长了近 3 倍，支撑了 14 倍 GDP、7.8 倍人均 GDP 的大幅增长（图 9-6）；人口、建成区面积增长幅度低于外部依赖性指数，人口增长幅度（73.5%）与碳失衡指数相同，而建成区面积增长相当于碳失衡指数的 2.6 倍。从相关性来看，外部依赖性与人口、GDP 和人均 GDP 均高度相关（r=0.88 左右），与建成区面积也较为相关（r=0.76 左右），说明人口增长、经济发展和生活水平提高是促使外部依赖性加剧的主要因素；碳失衡与人口、GDP 和人均 GDP 较为相关（r=0.57～0.64），与建成区面积高度相关（r=0.91），说明建成区扩张是促使碳失衡加剧的主要因素。

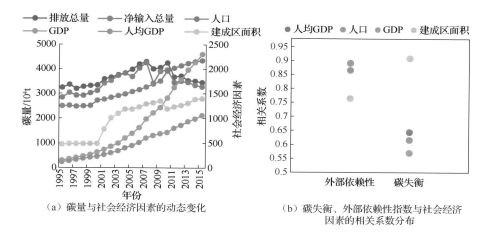

图 9-6　碳代谢指数与社会经济因素相关性分析

人口单位为万人，GDP 单位为十亿元，人均 GDP 单位为百元/人，建成区面积单位为 km²

9.2　京津冀碳代谢空间梯度分析

2013 年的 IPCC 报告指出，全球城市碳排放总量已达全球二氧化碳排放量的 78%，而其中约有 1/3 来自土地利用变化。土地作为承载碳代谢过程的重要载体，土地覆盖形式由一种类型转变为另一种类型往往伴随着大量的碳交换（Xia et al.，2018），同时人类活动导致的土地利用方式变化也会影响碳排放。在能源碳减排潜力及效果有限的情况下，通过土地利用调整和空间调控实现碳减排显得尤为必要。学者与管理者开始尝试探索通过空间管控模式促进城市的低碳发展（Tian et al.，2010）。中国 2017 年二氧化碳排放量占全球的 28%，成为最大的碳排放国，其中京津冀城市群贡献了全国 1/5 以上份额，并且存在着耕地显著减少和城乡工矿居民用地明显增加的变化趋势（中科院之声，2017）。因此，分析碳排放/吸收变化背后的土地转移诱因就显得尤为重要（Chuai et al.，2015）。而其空间梯度分布格局的研究，可以为在何处、以何种方式遏制这种不良改变提供科学依据。

碳代谢主体吞吐能力（排放/吸收）的不同，在空间维度上会形成交错分布的格局（碳代谢空间梯度如何变化？），据此可以分析代谢主体的贡献率及其空间结构分布。依据代谢主体间土地利用转移，也会形成转移的格局（土地利用/覆盖变化如何影响碳代谢空间梯度分布？），据此分析正向（碳吸收转移）、负向（碳排放转移）转移规模、空间方位（Zhang et al.，2018b），可为通过土地利用空间调整实现碳减排的工作提供科学依据（图 9-7）。

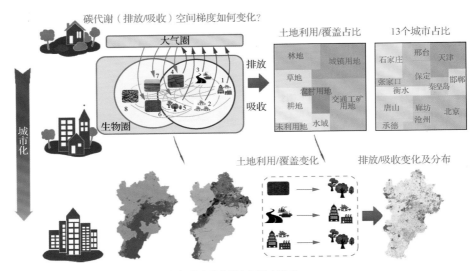

碳代谢（排放/吸收）空间梯度如何变化？

土地利用/覆盖占比

13个城市占比

土地利用/覆盖变化

排放/吸收变化及分布

土地利用/覆盖变化如何影响碳代谢空间梯度分布？

图 9-7   京津冀碳代谢空间梯度分析框架

京津冀数据包括 4 期（1：10 万）土地利用矢量数据（2000 年、2005 年、2010 年和 2015 年），通过 Landsat TM 影像解译，误差不超过 30m，各类土地利用类型判别综合精度均达 75%以上（徐新良等，2012；刘纪远等，2009）。以 5 年为时间间隔，采用经验系数法核算京津冀碳排放量和碳吸收量，模拟其空间分布，集成自然间断点分级法、中位数法、等分法进行分级，并根据 4 期图的最大值和最小值进行适度调整，共划分 I、II、III、IV、V、VI 共六个等级（I 级碳排放/吸收量最高，VI 级最低）， I、III 和 V 之间约相差 1 个数量级。碳排放/吸收量核算相关的社会经济属性数据主要来自中国粮食年鉴、中国能源统计年鉴、北京统计年鉴、天津统计年鉴、河北经济统计年鉴及河北各市统计年鉴（Zhang et al.，2018b）。

9.2.1   碳代谢吞吐量核算及其空间分布

1. 碳排放/吸收量

2000～2015 年（5 年为时间间隔）碳排放量先增后减，在 2010 年达到峰值，碳吸收量稳中有升。2000～2010 年碳排放量呈增加趋势，2010 年约为 2000 年的 2.1 倍；2010～2015 年排放速率下降了 6.2%，但 2015 年碳排放量仍为 2000 年的近 2 倍，总体呈增加趋势（图 9-8）。

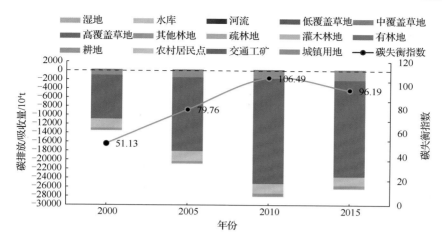

图 9-8　2000～2015 年京津冀碳排放/吸收量及碳失衡指数

　　碳排放量增加很大程度上是交通工矿用地（占 73%以上）和城镇用地（7%左右）造成的，交通工矿是城市群碳排放的最大贡献者和增长的主要拉动者，2010 年相对于 2000 年增加了 138%，是碳排放量增幅的 1.3 倍；城镇用地占比为 7%左右，2000～2010 年增长了 70.6%，相当于碳排放量增长的 65%。而农村居民点和耕地由于占比大多小于 10%，且 2000～2010 年增长率分别为 4%和 30%，因此这些土地利用类型变化对碳排放量增长的拉动作用不大。2010～2015 年碳排放量下降同样来自交通工矿用地的贡献（降低了 8.0%），而城镇用地的碳排放量却呈现相反趋势（增加了 21.1%），导致 2010～2015 年碳排放量下降并不明显。而碳吸收量在 2000～2015 年间增加幅度仅为 3.8%，这主要来源于占比约为 55%的有林地的强劲拉动（增长了 9.8%），而占比仅次于有林地的高覆盖草地（占比 11%左右）碳吸收量却呈下降趋势（下降了 0.6%），导致碳吸收量增加并不明显。河流和水库的碳吸收量虽然分别增加了 24%和 49.3%，但其占比偏低（小于 4%），对碳吸收量增加的影响不大。

　　研究期间内，碳失衡指数先增大（增长了 1.1 倍）后减小（减小了 9.7%）（图 9-8），2010 年达到最大，碳失衡指数约为 2000 年的 2 倍，此时碳吸收量仅为碳排放量的 0.9%，2015 年该指数略有下降，相当于 2000 年的 1.9 倍，碳吸收量为碳排放量的 1.0%，总体仍呈增大趋势。2000～2010 年碳失衡指数增大主要是由于碳排放量增长了 1.1 倍，而碳吸收量基本持平；2010～2015 年碳失衡指数有所减小则受到碳排放量下降（下降了 6.2%）和碳吸收量增长（增长了 3.9%）的共同作用。但由于 2010～2015 年碳排放量下降较慢（年均减小率 1%），无法扭转 2000～2010 年碳排放量增长（年均增加率 10.8%）所带来的失衡状况。

　　从城市贡献结构而言，京津唐都市圈和石家庄对碳排放量变化的贡献较多

（图9-9）。唐山碳排放量较高且呈上升趋势，到2015年达到最大值（占比为23.1%），增加了3.0倍；而天津、石家庄的贡献率基本维持在19%和9%左右，但波动幅度较小，对碳排放量增长的拉动作用不大；北京碳排放量逐渐降低，约减少了59.5%（从18.7%减小到7.6%）。各城市对碳吸收量的贡献率则恰恰相反，承德最高，贡献了城市群1/3以上（约38%）的碳吸收，张家口和北京的贡献率也相对较大且呈逐年增加趋势，分别增加了8.1%和6.4%，2015年为历年最高，贡献率分别为17.4%和15.2%。衡水、廊坊和沧州的碳排放量和碳吸收量贡献均较小，碳排放占比不足6%，碳吸收占比不足0.8%，且波动较小。除此之外，保定的碳吸收贡献率（不足8%）以及秦皇岛、承德的碳排放贡献率（不足4%）均较低。

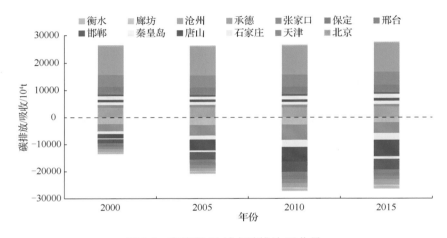

图9-9   京津冀13城市碳排放/吸收量

2. 碳代谢吞吐量的空间分布

2000～2015年京津冀城市群的碳排放和碳吸收的梯度变化呈现交错分布的格局（图9-10）。碳排放呈北部、西部低，中部、南部和东南部高的格局。城市群Ⅰ级碳排放主要在渤海湾沿岸环形分布（面积仅占0.6%，而碳排放量约占26%），在西北方向有一些零星的分布（研究期间面积增加了35%，碳排放量增加了20%）。随着时间的推移，环状区域中渤海湾南岸沧州地区面积逐渐萎缩（面积缩小了27%，减少了10%的Ⅰ级碳排放），虽然到2010年渤海湾北岸面积向内陆有所拓展（面积扩张了42%，碳排放量增加了1.3倍），但到2015年环状格局已经消失。随之出现的是北京主城区周边（面积占比0.1%）和唐山中部（面积占比0.2%）两个增长极（碳排放占比分别为13%和2%），并围绕这两个增长极向周边扩张，但北京主城区面积增大较为明显，增大了4倍，碳排放却减少了2/3，表明建设用地碳排放密度有所减少，而唐山中部地区面积仅增加了12%，但碳排放量约增加了 20%, 逐渐形成顶点不均衡、内部零星分布（碳排放占 14% 左右）的京津唐三角带（面积占 1.2%, 碳排放占比为 51%, 相对于 2000 年约增加了 34%）。

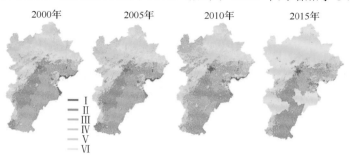

图 9-10　碳排放的空间梯度分布

颜色梯度由深到浅表明碳排放等级由 I 逐渐变为 VI

Ⅱ级碳排放主要分布在太行山以东及京津冀西北部地区，面积约占 5%, 碳排放占 30% 左右，随着时间的推移，中南部和中部不断消亡（面积缩减了 40%, 但碳排放量却增加了 1.3 倍），形成了南部邯郸、中西部保定、津唐地区 3 个主要片区（面积占比为 2.3%, 碳排放量占比为 33%）。发生明显变化的是北京主城区在Ⅱ级贡献中的退出（转为 I 级），以及渤海湾南岸Ⅱ级区的出现（由 I 级转化而来），但渤海湾南岸面积不断减少并且破碎化程度明显。南部邯郸则由西部（Ⅱ级密集区）不断东移，最终遍布整个邯郸（Ⅱ级分布面积增加了 43%, 碳排放量增加了 1.6 倍）。

Ⅲ级碳排放与Ⅱ级交错分布，但Ⅲ级沿太行山东麓呈南北向条带状分布明显（面积占 12%, 碳排放量占比为 6%），北部零星分布且萎缩趋势明显（面积减少了 0.4%, 碳排放量却增加了 1.4 倍）。但随着时间的推移，条带状南北两端萎缩，中部向东拓展（面积占 17.8%, 碳排放量占 5.5%）。到 2015 年东部拓展受阻，转而与 2005 形成的南部Ⅱ级区（邯郸中东部）不断融合，再次形成南北向条带状分布（面积占 18.1%, 碳排放量占 14%）。当然，条状格局的再次出现，也得益于南部Ⅱ区的北部拓展，覆盖多个南部城市（面积增大了 1.6%, 碳排放量增加了 1.4 倍）。

Ⅳ级主要分布在京津冀东南部，呈条状分布（面积占 26%, 碳排放量占 4.5%）。南部邯郸和邢台（面积占 8.3%, 碳排放量占 1.2%）、中西部保定（面积占 0.1%, 碳排放量占 0.3%）周边等级升为Ⅲ级，Ⅲ级与Ⅳ级此消彼长的趋势明显，导致条状面积萎缩了 83.5%, 但碳排放量却增加了 6.7 倍，并向西部不断拓展，形成了围绕保定的东、南、西北三个集中区域（面积占 22.9%, 碳排放量占 6.3%），到 2015 年仅剩一处津唐集中分布区（面积占 9.6%、碳排放量却占 7.7%）。Ⅴ级主要分布在京津冀北部（面积占 13%, 碳排放量占 1%）。到 2015 年西北部张家口由于降为Ⅵ级，退出了对Ⅴ级的贡献，但碳排放量却增加了 1 倍，随着西部边界不断东移，最后仅剩唐山周边一处集中区（相对于 2000 年面积减少了 91%，碳排放量减少了 20%）。VI 级碳排放仍主要分布在北部，以及西部地区和渤海湾沿岸，面积共占到 43%，碳排放量占比却仅为 0.8%，历年变化不大。仅在 2015 年中部出现了 2 处遍布石家庄和沧州的 VI 级分布，面积占比为 67%，碳排放量占比为 2.2%，相对于 2010 年，碳排放量增加了 28 倍。

碳吸收呈现出北部、西部高，东部、南部低的态势（图 9-11）。北部以 I 级为主，其中镶嵌着 II 和 III 级。 I 级碳吸收成片分布在城市群北部的张家口和承德，面积占 19%，碳吸收量占 61%；到了 2015 年，西部边界不断东移， I 级碳吸收面积缩小了 70%（张家口 I 级分布几乎全部消失）且破碎化明显，碳吸收量占比仅为 5.8%（图 9-11）。

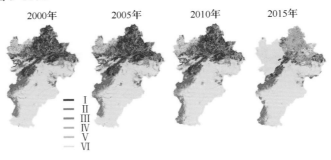

图 9-11　碳吸收的空间梯度分布

颜色梯度由深到浅表明碳吸收等级由 I 逐渐变为 VI

II 级碳吸收主要呈北部连片（面积占 4.8%，碳吸收量占 0.1%）和西部条带状（面积占 5.7%，碳吸收量占 0.2%）分布，且北部破碎化明显而西部相对聚集；随着时间的推移，北部逐渐萎缩（面积减少了 48%，碳吸收量减少了 29%），西部条带南扩趋势明显增强，但由于中西部石家庄附近碳吸收等级降为 III，导致条带状中部断裂，面积基本保持不变（面积占比维持在 5.5% 左右），整体面积仍占到 8.7%，碳吸收量占 25%。III 级碳吸收最初主要分布在中东部京津唐地区（面积仅占 0.1%，碳吸收量占 3.4%），之后逐渐拓展到北部和西部（面积占比 3%，碳吸收量占 5.3%），到 2015 年北部基本消亡（北部面积减少了 97%，碳吸收量却增加了 23%），西部也有明显减少（西部面积减少了 7.8%，碳吸收量减少了 5.1%）。IV 级和 V 级碳吸收在中部零星分布（面积分别占 0.5% 和 0.2%，碳吸收量占 1.4% 和 0.1%），到 2010 年向北部零星拓展（面积分别占 1.1% 和 0.4%，碳吸收量占 2.1% 和 0.4%），这主要由北部 VI 级斑块转化而来，而到了 2015 年东北部这两个级别斑块明显增加（面积分别增加了 7 倍和 16 倍，碳吸收量减少了 23.6% 和 8.1%），集聚效应明显，这来源于 I 级斑块消亡对它的贡献，面积占比和碳吸收量均有所增加（面积占比 5.7% 和 5.6%，碳吸收量占 6.6% 和 1.5%）。VI 级碳吸收斑块分布面积大、范围广（面积占到 61%，碳吸收量仅占 0.6%），主要在东部和南部成片分布，北部破碎化较为严重，呈零星分布，研究期内空间方位变动不大，但碳吸收量增加了 3 倍，到 2015 年碳吸收量达到整个区域的 2.5%。

9.2.2 土地利用/覆盖变化对梯度分布的影响

1. 代谢主体的正/负向转移量

研究期内土地利用变化（三期变化）产生的负向转移量，90%来自向交通工矿用地的土地转移，研究期内增加了 1.3 倍，是负向转移量增加的主要拉动者。向城镇用地和农村居民点的转移占比不到 6%，其中向城镇用地转移产生的负向转移量增加了 28%，对负向转移增加有一定作用，而向农村居民点转移产生的负向转移量约减少了九成，但由于其占比较小，未能扭转负向转移量增加的趋势（图 9-12）。在向交通工矿用地的转移中，来自社会经济代谢主体的贡献在研究期内均占主导（占到 60%以上），并呈现增长趋势，后期转移量相对于前期增加了 88%。研究前期与后期均为耕地向交通工矿用地（C→T），而中期为交通工矿用地自身碳排放密度（T→T）变化导致的负向转移，贡献均在一半左右，这两种转换方式在前期（T→T，占 35%）和中期（C→T，占 15%）贡献均较大，并呈现交错主导，但到后期 T→T 由负向转移变为正向转移。农村居民点到交通工矿用地（R→T）的负向转移量在中期的贡献明显增强（相对于前期增加了 24 倍，占比达 11%），但后期 R→T 的负向转移并不明显，占比仅为 4.5%；此外，城镇用地到交通工矿用地（U→T）的负向转移增长较为明显（增加了近 500 倍），在后期占比也达到 3%。向交通工矿用地转移的自然代谢主体以草地为主（G→T，占自然代谢主体的 60%以上），在后两期有着明显的贡献且增幅达 3 倍，后期占比达 13%。

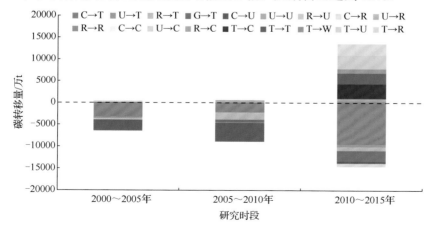

图 9-12 2000～2015 年各代谢主体正负向转移量

C 为耕地，T 为交通工矿用地，U 为城镇用地，R 为农村居民点，G 为草地，W 为水域

正向转移在前两期贡献一直很少，且变动不大，主要以交通工矿用地到城镇用地（T→U）的贡献为主，但后期正向转移量急剧增加，增加了 21 倍，主要体现为交通工矿用地的转出（92%），其中交通工矿用地（T→T）自身碳排放密度降低也贡献了 12%；而农村居民点自身碳排放密度（R→R）由前期负向转移的少量贡献，发展到后两期的正向转移贡献，但仅后期占比相对明显（2.4%），同期农村居民点到耕地（R→C）的正向转移量也贡献了 2%。由交通工矿用地向社会经济代谢主体的转移约占 60%，T→U（16.5%）与 T→C（17.3%）、T→R（13.2%）、T→T（13%）的贡献相差并不明显，而交通工矿用地向自然代谢主体的转移中，以水域最明显，占比为 4.8%。

从各城市对正向、负向转移贡献情况来看，天津、唐山、北京、石家庄、邯郸贡献了负向转移的 76% 以上，但贡献量的变化规律呈现出明显的不同（图 9-13）。三期中天津和唐山一直是贡献较大的两个城市，但两者占比由前期的 46%，减少到后期的 36%，负向转移量也减少了 20%。后期占比的减少，主要是由于北京（5%）、石家庄（11%）、邯郸（17%）贡献量的增加。石家庄在三期一直呈现增加趋势（增幅 2.5 倍），邯郸的负向转移量先减（73%）后增（1.9 倍），而北京与邯郸的负向转移量变化规律则相反，北京先增（增加了 3 倍）后减（减少了 64%）。除北京外，负向转移贡献较大的城市同样也是正向转移贡献最多的城市，合计贡献了正向转移的 65% 以上。正向转移总体呈现先减（减少了 17.8%）后增（增加了 3.3 倍）的趋势。天津和邯郸呈现出同步变化，天津以前期 44% 的占比成为影响正向转移变化的主要城市，而邯郸在后期占比达 15%，也对正向转移量的增加起到一定作用。唐山和石家庄的正向转移呈现增加趋势（约增加了 55 倍和 81%），在研究前期并不明显（占比分别为 1% 和 4%），但到研究后期占正向转移量的 16% 和 10%，是除天津外的次级拉动者。多样的转移方式、较大的转移规模、较高的转移频率显著影响着正向、负向转移量，也在很大程度上改变了碳代谢吞吐量的分布格局。

2. 碳转移的空间分布

京津冀城市群负向转移量逐渐增加，在空间上却呈现出从分散到聚集再到分散的格局，负向转移土地面积先减少了 91%，同时转移量略有增加（10%），后期两者均增加，但转移土地面积的增速明显高于转移量（分别增加了 18.7 倍和 26%）（图 9-14）。研究前期负向转移主要集中在京津冀城市群的东北部、中东部（面积占比为 5.5%），承德和沧州负向转移面积占该期负向转移土地面积的比例分别为

64%和 12.6%，负向转移量占比合计却不到 1.6%。绝大多数的负向转移量分布在北京主城区周边（12%）和天津地区（29%）破碎化严重的土地上，面积占该期负向转移土地面积的 4.3%和 13.8%。这种格局在研究中期被打破，负向转移面积急剧减少了 91%，同时仅零星分布在京津唐和石家庄地区。研究后期负向转移变得越加明显（负向转移面积占比为 9.5%，相对于中期面积增加了 19 倍），破碎化的负向转移斑块遍布整个京津冀地区，成片分布的斑块以京津唐地区和张家口南部尤为密集，负向转移面积占该期负向转移土地总面积的 51%，承载了负向转移量的 37%。

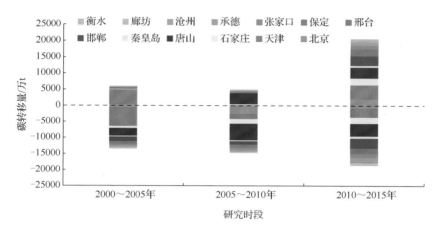

图 9-13　京津冀三期 13 城市的负向/正向碳转移量

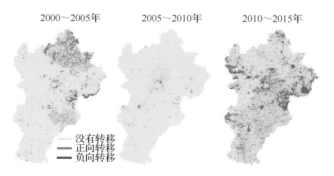

图 9-14　京津冀土地利用/覆盖变化导致的负向转移、正向转移空间分布

绿色为正向转移，深红色为负向转移

正向转移量呈现先减后增的变化趋势，在空间上呈现出不断聚集的格局。其与转移土地面积呈现同减同增变化，减小幅度相当（均为 50%左右），而土地转移面积增加明显高于正向转移量（分别增长了 20 倍和 3.2 倍）。研究前期的正向转移主要集中在京津唐地区，其中唐山正向转移面积占该期正向转移土地面积的 67.6%，正向转移量占比却仅为 5.4%，而京津地区面积占比不足 20%，正向转移量却超过 80%；随后向中部和南部推移，主要集中于北京和石家庄主城区周边（正向转移面积占该期正向转移土地面积的 87%，正向转移量占 67%）；而到了研究后期，正向转移变得非常明显（正向转移土地面积占比为 6.9%），破碎化斑块几乎遍布整个城市群，成片分布的斑块主要集中于京津唐地区和张家口、石家庄地区（这些地区正向转移面积占该期正向转移土地面积的 68.8%，正向转移量占 72%）。

9.2.3　讨论与结论

1. 空间梯度相关成果的对比分析

碳代谢研究多集中于碳排放、碳吸收的核算，对碳排放/吸收的空间分异特征考虑较少，不能有效服务于城市空间调整与监管（Xia et al., 2016）。分析城市碳代谢吞吐量的空间梯度变化，可以识别碳源和碳汇的聚集区域，为有效的土地管理和空间调整提供依据（Zhang et al., 2014）。因此进行碳代谢核算及空间分布的研究，并在此基础上分析土地转移方式的变化对碳代谢格局的影响，可以为管理者制定科学有效的碳减排政策提供依据。

基于土地利用方式的碳排放/碳吸收核算会呈现出明显的空间分异格局。有学者从宏观格局分析了碳排放/吸收的空间方位，如：Nowak 和 Crane（2002）指出美国中北、东北、中南和东南部城市的森林碳吸收量较多，这与该地区林地覆盖较多而人类社会经济活动规模较少有关；Tao 等（2015）指出常州市天宁区碳排放最高，而武进区和新北区最少，这与各区的经济发展状况有关，天宁区为市中心，社会经济活动频繁，而新北区和武进区靠近郊区，碳排放相对较少。同样在本章也发现了相似的规律，碳排放量呈北部、西部低，中部、南部和东南部高的格局，这主要是由于京津冀中部、东部和南部城市多为平原和建设用地，社会经济活动较为复杂，因而碳排放较多，而西部与北部较高的碳吸收量则与较大面积的林地和草地分布有关。

还有学者采用 GIS 技术分析碳排放/吸收量的梯级变化，以空间方式显示环境效应（Harrison and Haklay, 2002）。Hutyra 等（2011）研究指出西雅图与市中心不同距离的缓冲带碳吸收和碳排放存在着梯度差异，距市中心越远碳排放越少，而Tao 等（2015）在研究常州的碳梯度变化时，指出从市区到郊区碳排放密度和碳存量会逐渐增加。在此基础上，有学者根据碳排放/吸收量绘制等值线图，分析空间连续梯度变化特性，如 Zhang 等（2016）指出北京市碳排放呈单中心梯级递减、碳吸收呈多中心梯级递减规律，Chrysoulakis 等（2013）指出赫尔辛基的碳吸收量在空间上呈现多中心梯级递减趋势。在本章也发现相似的规律，如碳排放在渤海湾沿岸和京津唐等地区呈多中心梯级递减，碳吸收则沿北部和西部地区呈现多中心梯级递减。

2. 土地利用变化对碳吞吐量影响的相关成果对比分析

土地利用方式的转变也会影响区域碳排放/吸收的变化。国外学术界早在 1977 年便开始了土地利用/覆盖变化（land-use and land-cover change，LUCC）与陆地生态系统碳循环的关系研究，得出土地利用方式的变化是导致大气 CO_2 含量增加的重要结论（Bolin, 1977）。Houghton（2003）认为"还林还草"活动可以有效增加碳吸收，而森林的"碳失汇"过程（Dixon et al., 1994）以及草地和森林转化为农田（Houghton and Goodale, 2004）等过程也间接增加了碳排放。欧洲从 20 世纪 80 年代开始，多种用地类型向林地的转变，使其由碳源转变为碳汇（Kauppi et al., 1992）；美国 1850～2000 年退耕还林，农田面积减少，大多数农田转化为森林，是 1920 年前后由碳源转变为碳汇的主要原因（Houghton et al., 2000）。而中国 80 年代开始大量人工林的栽种以及其他土地利用/覆盖类型向农田的转化，也导致了碳排放增加（Houghton, 2003）。在城市尺度，Svirejeva-Hopkins 和 Schellnhuber（2008）指出亚太地区部分城市表现为碳源，主要是由于森林向城市用地的转移，而其他区域正在或将由碳源转变为碳汇，这是由于城市用地在一定程度上得到了抑制。土地利用变化导致的碳排放总是与建设用地（包括交通工矿用地、城镇用地和农村居民点）的扩张紧密相关（Dhakal, 2009）。Chuai 等（2015）的研究指出，1985～2010 年江苏沿海地区土地利用转换的主要类型为耕地转向建设用地，导致碳排放增加最为明显；而交通工矿用地向城镇、农村和耕地等其他建设用地的转移会导致一定程度的碳排放减少。本章也呈现相似的规律，耕地向交通工矿用地的转移和交通工矿用地自身碳排放密度变化导致的碳排放最多，且两者交错占主导地位。此外，Chuai 等（2015）的研究还指出，草地向建设用地转移同样不可忽视（约 7%），这与本章的结果不谋而合，尤其是 2015 年京津冀地区 G→T、G→U、G→R 的转移贡献了 15% 的负向转移。

当前碳代谢过程分析仅关注碳排放、碳吸收，未来如果能够结合土地利用转换方式、路径、数量，可以细化碳代谢转移过程。这需要基于当前每种土地利用类型存量的变化、存量去向，将存量转换成流量，进而细致梳理承载在土地流转过程上的碳转移量。此外，碳代谢核算中，不同时期同一土地利用类型采用相同的经验系数，并未考虑这些代谢主体碳吸收、碳排放能力的变化情况，如林地、草地等自然代谢主体，会在10～20年的时间周期中呈现出郁闭度［森林中乔木树冠在阳光直射下在地面的总投影面积（冠幅）与此林地（林分）总面积的比，以反映林分的密度］、覆盖度（叶、茎、枝等植被在地面的垂直投影面积占统计区总面积的百分比）等方面特征的变化，这会影响到其排放和吸收能力，未来如果能够结合实际调研，明晰不同时期的变化，将会修正核算结果，使其更为客观。

9.3　北京碳代谢空间网络分析

　　城市碳排放中约有1/3来自土地利用变化（IPCC，2006），而碳吸收也与自然环境的土地覆盖状况紧密相关。除城市陆地系统与大气圈的输入（碳吸收）与输出（碳排放）外，社会经济与自然环境子系统之间、自然环境子系统内部的碳转移过程也与土地利用/覆盖变化直接相关。北京城市空间分异显著，其土地利用/覆盖变化尤为剧烈，由此导致的碳转移过程更为频繁与复杂。1990～2008年，北京城区的无序扩张导致792.7m^2的耕地转化为建设用地，该转化量相当于1990年耕地面积的20%，同时，这期间有28%的林地转化为建设用地（缪丽娟等，2011）。这种不合理的土地利用转化过程导致了北京日益突出的空间发展矛盾。这需要依据城市代谢思想，从土地利用/覆盖变化出发，分析碳转化过程，发掘不同代谢主体之间的相互作用关系。

　　依托土地利用转移矩阵，以土地所承载的碳代谢能力变化为依据，核算代谢主体的存量变化及主体间的交换（土地利用/覆盖变化会导致碳存量、碳排放/吸收如何改变？），构建18-节点碳代谢空间网络模型，模拟代谢主体输入/输出量及相互作用关系的空间分布格局（碳代谢吞吐量及关系的空间格局如何变化？），以识别不同代谢主体的贡献差异，定位城市发生不利变化的空间方位，为空间调整提供指引（图9-15）。

　　利用北京五个时期（1990年、1995年、2000年、2005年及2010年）的土地利用数据，结合经验系数法，计算各类代谢主体的碳排放/吸收量，再结合土地利用转移矩阵（4期），将垂向的碳排放/吸收变化量映射到水平向，转化为不同代谢主体间的碳转移量，并采用网络流量分析方法，计算网络综合流量，识别不同代谢主体吞吐量（输入、输出）的贡献差异，模拟其空间梯度变化和生态关系格局分布（Xia et al.，2017b，2016），以期为城市空间调控提供依据。

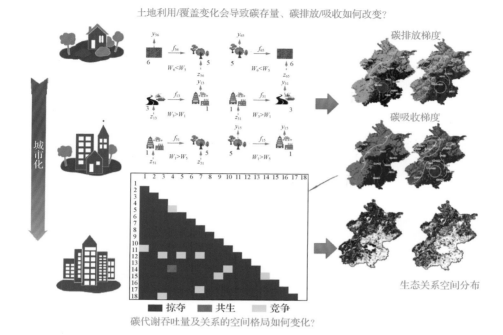

图 9-15 城市碳代谢空间网络特征的分析框架

9.3.1 综合流量及其空间格局

碳代谢空间网络的综合流量总量处于降低趋势，年均变化速率为 7.5%。2000年前的两个时段的综合流量相对较大，分别为 $4131.50×10^6$kg/a 和 $3678.47×10^6$ kg/a。2000 年后网络综合流量较小，分别为流量最大时段（1990～1995 年）的 26.9% 和 21.2%。采用 GIS 技术对综合流量进行空间表达后，可以获得北京碳代谢吞吐量（输出和输入量）的空间格局。1990～2010 年，北京综合输入和输出流量具有相似的梯度分布，总体呈现由东南平原向西北山区梯级递减的格局，即东南平原区域集中了较大的输出量和输入量，而西北山区则相对较少，其中东南平原高碳输出平均约为西北山区的 16 倍，而高碳输入平均约为西北山区的 12 倍（Xia et al.，2016）。

1. 综合碳输出的梯度变化

研究期内，综合碳输出格局在 2005 年发生了较大的变化。2005 年前，东南平原外围区域成为城市碳输出的高度聚集区域，其输出流量大于 $1000×10^6$kg/a，并由东南平原外围到东南平原中心以及西北山区双向递减。同时，东南平原中心形成了仅次于东南平原外围的次级高输出区域，其输出流量大于 $230×10^6$kg/a，小于东南平原外围输出量，并在空间上形成了东南平原中心向西北山区递减的格局。2005～2010 年东南平原外围的输出量降低至 1000×10^6 kg/a 以下，与东南平原中心共同形成了城市的高碳输出聚集区域，并呈现出由东南到西北的递减格局（图 9-16）。

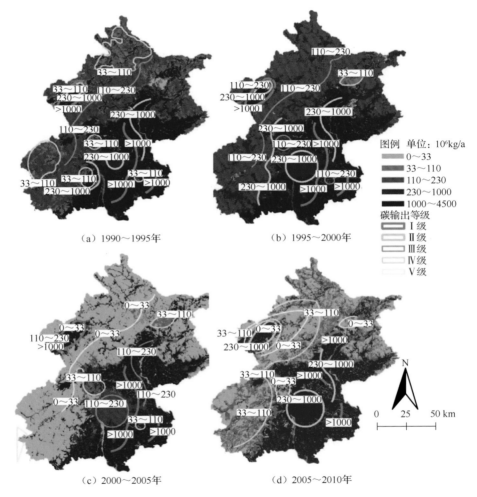

（a）1990～1995年　　　　　　（b）1995～2000年

（c）2000～2005年　　　　　　（d）2005～2010年

图 9-16　综合碳输出的空间梯度变化

图中以线条和数字标明不同梯度等级的走向

研究期间，高输出区域面积呈现萎缩趋势。2000 年前，高碳输出区遍布整个东南平原（图 9-16），包括东南平原外围的 Ⅰ 级碳输出区（1000～4500×10^6kg/a）以及东南平原中心的 Ⅱ 级碳输出区（230～1000×10^6kg/a），该时段内，西北山区输出量也较大，在 1990～1995 年、1995～2000 年这两个时段表现为Ⅲ级碳输出区（110～230×10⁶kg/a）。低碳输出区（0～110×10⁶kg/a）的空间分布面积较少，集中在西北山区北部，以及西部局域松散的带状分布。2000 年后，碳输出量总体衰减。2000～2005 年，东南平原外围仍为高碳输出区，但其破碎程度明显增加，其内部出现均匀分布的零散斑块，这些破碎的斑块和东南平原中心区一起，由 2000 年前的Ⅱ级碳输出区转为Ⅲ级碳输出区。该时段内，西北山区也受东南平原的影响，其碳输出量由Ⅲ级转变为Ⅴ级（0～33×10⁶kg/a）。2005～2010 年，城市碳输出量在不同区域呈现相异的变化。该时段，东南平原外围的碳输出量进一步衰减，由Ⅰ级降低为Ⅱ级碳输出区，仅在中心区域外围分布有面积较小的Ⅰ级碳输出区。该时段整个东南平原基本被Ⅱ级碳输出区占据。与此相对应的是，西北山地区的输出量较 2000～2005 年有所增加，部分区域由上一时段的Ⅴ级碳输出区转为Ⅳ级碳输出区，西北平原形成Ⅳ级和Ⅴ级交错分布的格局。

2. 综合碳输入的梯度变化

综合碳输入的空间格局变化出现于 2000 年前后。输入量于 2000 年出现了城市范围内的衰减，东南平原和西北山区之间的输入差异不断减小，但与输出量不同的是，输入差距的变化幅度呈阶段性波动。1990～1995 年和 2000～2005 年，东南平原和西北山区之间的差异较大，分别约为 20 倍和 13 倍，1995～2000 年和 2005～2010 年差异缩小，分别约为 7 倍和 4 倍。1990～1995 年输入量由东南平原向西北山区递减。东南平原分布大量高碳输入区，主要为Ⅰ级碳输入区（1400～5000×10⁶kg/a），同时较小面积的Ⅲ级碳输出区（235～760×10⁶kg/a）零散分布于靠近东南平原中心的区域，该时段，西北山区的输入量也同样较大，Ⅳ级碳输入区（76～235×10⁶kg/a）为山区的景观基底，并在西北山区的北部以及东部有少量的Ⅴ级碳输入区分布（0～76×10⁶kg/a）。1995～2000 年时段，城市碳输入量略有降低，其中东南平原降低幅度较大（图 9-17）。该时段内，仅东南平原外围局部区域保留了一定的Ⅰ级碳输入区，外围其他区域和东南平原中心则由Ⅰ级碳输入区分别降至Ⅲ级和Ⅱ级碳输入区（760～1400×10⁶kg/a），西北山区的变化较少，仅北部与南部带状斑块由Ⅳ级碳输入区转变为Ⅴ级（0～76×10⁶kg/a），同时北部和东部的斑块由Ⅴ级碳输入区转变为Ⅳ级。此时，碳输入量由东南平原外围的北部向西北山区以及东南平原中心双向递减，同时又由东南平原中心向西北山区以及东南平原外围双向递减。

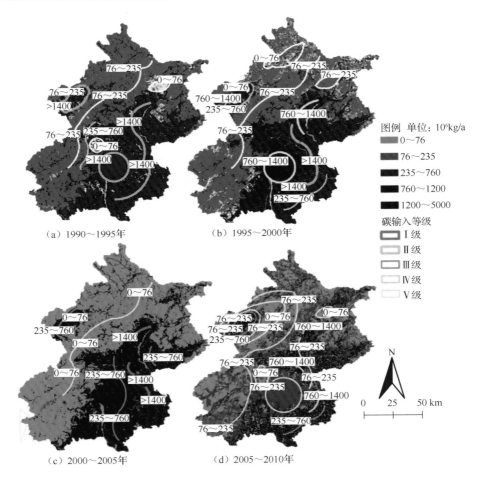

（a）1990～1995年　　　　　（b）1995～2000年

（c）2000～2005年　　　　　（d）2005～2010年

图 9-17　综合碳输入空间梯度变化

图中以线条和数字标明不同梯度等级的走向

　　2000 年后，城市输入量有较大衰减，该时段内东南平原外围北部的 I 级碳输入区成为空间汇聚中心，而外围其他区域以及东南平原中心则全部降低至 III 级碳输入区，同时西北山区则全部降低为 V 级碳输入区。此时，碳输入量向西北山区和外围递减。2005～2010 年，东南平原区域的输入量持续降低，而西北平原的输入量则略有上升，导致该时段内，两个区域间差异再次减小，为研究期内差异最小的时段。该时段内东南平原外围北部的局部区域仍为该时段的单中心空间汇聚区域，但由 I 级碳输入区转变为 II 级，而东南平原中心以及外围的部分区由 III 级碳输入区降低为 IV 级，仅部分 III 级碳输入区零散分布于东南平原外围。与东南平原相反，西北山区的北部和南部区域的碳输入量增加，即由 V 级升高至 IV 级，西北山区仍以 V 级碳输入区为主。

9.3.2　生态关系及其空间格局

1. 网络生态关系占比

18-节点网络中代谢主体之间的关系分布如图 9-18 所示。社会经济代谢主体主要形成掠夺关系，共生关系则分布于自然代谢主体与耕地之间，但存在着向低代谢密度的社会经济代谢主体偏移的趋势，而竞争关系则逐渐向自然代谢主体、耕地偏移（Xia et al., 2018）。

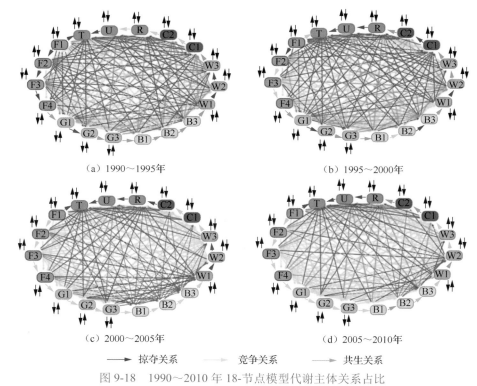

(a) 1990~1995年　　　(b) 1995~2000年

(c) 2000~2005年　　　(d) 2005~2010年

——→ 掠夺关系　　——→ 竞争关系　　——→ 共生关系

图 9-18　1990~2010 年 18-节点模型代谢主体关系占比

B1 为沙地；B2 为裸地；B3 为裸岩石地；F1 为有林地；F2 为灌木林地；F3 为疏林地；F4 为其他林地；G1 为高覆盖草地；G2 为中覆盖草地；G3 为低覆盖草地；W1 为河流；W2 为水库；W3 为湿地；U 为城镇用地；R 为农村居民点；T 为交通工矿用地；C1 为水田；C2 为旱地；红线代表掠夺关系，黄线代表竞争关系，绿线代表共生关系

研究期内的四个时段中，掠夺关系数量不断减少，同时与社会经济代谢主体相关的掠夺关系占比却不断增加，由 39.2%增长到 66.7%。竞争关系的变化趋势与掠夺关系相反，竞争关系数量不断增加，主要是与自然代谢主体、耕地相关的竞争关系不断增加，占竞争关系的比例由 75%增加到 98%。共生关系数量缓慢增长，但自然代谢主体与低代谢密度的社会经济代谢主体之间的共生关系占比增加明显，由 22.5%增加到 98%。

2. 碳代谢主体间关系的空间分布

研究期间，生态关系的空间分布范围不断缩减，并向东南平原聚集，其中西北山地区域形成掠夺、共生和竞争关系交互分布的格局，并在 2000 年后分布面积锐减，而在东南平原区域则以掠夺关系为主，并于 2005 年后形成部分共生关系（图 9-19）。研究期间，西北山区和东南平原形成了两极分化的格局。2000 年前西北山区和东南平原分布较广泛的为掠夺关系，且关系数量在两个区域中分布比例均约 50%，西北山区西北方向形成了连续性较强、面积较大的掠夺关系，同时在西北山区西南以及东北方向出现了面积较大但相对分散的掠夺关系。2000 年后，生态关系主要分布在东南平原，约有 90% 的掠夺关系围绕东南平原中心分布，体现了城市扩张过程中社会经济代谢主体对其他主体的掠夺。

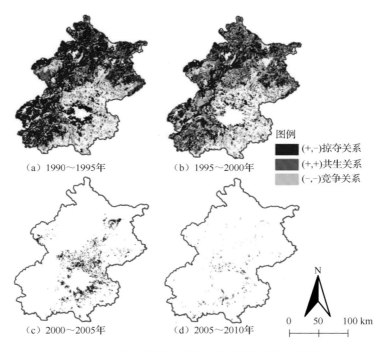

（a）1990～1995年   （b）1995～2000年

图例
- (+,−)掠夺关系
- (+,+)共生关系
- (−,−)竞争关系

（c）2000～2005年   （d）2005～2010年

N

0   50   100 km

图 9-19   18-节点模型中代谢主体间种关系的空间分布

共生与竞争关系的分布范围相对较小，但处于不断增加趋势。共生关系由遍布整个城市逐渐向东南平原汇聚，其稳定的共生关系多发生在自然代谢主体与具有低代谢密度的社会经济代谢主体之间。研究初期，耕地与农村居民点、城镇用地等具有较低碳代谢密度的社会经济代谢主体形成了较稳定的共生关系，到了研究后期，随着城市生命体不断成熟，共生关系日益稳定，农村居民点与湿地、沙地形成了相对稳定的共生关系（2000～2005 年除外），其中前者主要位于东南平原外围，后者主要位于西北山区西北角的建成区周围。

　　在城市发展初期，竞争关系主要位于西北山地、东南平原外围地区，于 1995年后形成均匀分布格局，分布面积相对较大，位于Ⅲ级碳输入/输出区。研究后期，竞争关系的主要贡献主体为自然代谢主体和耕地，且耕地仍为竞争关系中碳输入/输出量的主要贡献者，草地为竞争关系的次级贡献者，与草地有关的竞争关系数量占 38.9%。

9.3.3　讨论与结论

1. 流量梯度相关成果的对比分析

　　城市空间规划和结构调整日益受到重视，城市代谢流量吞吐量的空间可视化研究成为必然（Harrison and Haklay, 2002）。以往针对垂向碳收支的空间格局研究指出空间梯度变化特性显著，如 Zhang 等（2014）研究指出北京碳代谢呈现由东南到西北的空间梯级变化，碳排放呈现向城市单中心聚集的格局，而碳吸收则向外围的多中心聚集。其他城市的研究成果也指出梯度分布格局的存在，如芬兰首都赫尔辛基的碳排放空间格局同样呈现中心聚集的格局，赫尔辛基由于存在多个中心，梯级变化方向也会随着中心的变化而不同（Chrysoulakis et al., 2013）。碳吸收多点聚集的格局也出现在英国中型城市莱斯特（Davies et al., 2011）。本章中，输出/输入量也呈现出相似的由中心到外围的分布变化特性，且存在单中心、多中心的汇聚格局，研究结果具有一定的相似性。城市发展与塑形时期，北京Ⅰ级碳输出斑块集中分布于交通工矿用地，城市稳步发展时期则囊括了交通工矿和城镇用地，高碳吸收区则集中于西北山地的大面积有林地，而加拿大多伦多城市的碳排放格局研究也表明，高碳排放区集中分布交通道路和主要住宅区，高碳吸收区则集中于城市大面积的绿地（Christen et al., 2011）。结合 Zhang 等（2014）的研究成果可以看出，当城市输出/输入流量出现多中心时，往往是城市扩张的缓慢期，碳输出增长也相对减缓，因此北京空间结构应当倾向于多元化、组团化发展格局。

2. 生态关系研究成果对比分析

　　代谢主体间关系的空间分布有助于辅助决策者定位空间管控单元。本章发现掠夺/控制关系分布深刻反映了城市扩张、拓展的问题，形成掠夺/控制关系的对象为自然代谢主体和耕地，相对于自然代谢主体，耕地与社会经济代谢主体之间形成的掠夺/控制关系，体现了 48%的土地面积和碳的转移量，这与其他学者的研究是一致的。如刘纪远等（2009）对中国城市扩张的研究成果指出，耕地牺牲可占 40%以上，而 Liu 等（2010）在北京网络分析的研究成果中也指出农田是被控制的主要代谢主体。本研究中，掠夺/控制关系的另一个特征表现为阶段性逆转，如交通工矿用地在 1990~1995 年掠夺耕地，而在接下来的 1995~2000 年时段则被耕地掠夺，由此可见，两个互动主体间地位会发生逆转。张妍和杨志峰（2009）在开展中国多城市代谢网络分析中，也证明了掠夺与控制存在角色互换的可能性。

当前，碳代谢空间网络的研究仍然存在不足，在其空间定位时，多指向某一类土地，而非具体的空间地块，进而影响到空间管控的效果。未来应提高空间模型的精度，将城市剖析为具体的、拥有明确空间方位的地块，以实现研究结果对地块管理的支持，服务于问题的空间定位与定量调整（Xia et al., 2017a）。

9.4 中美贸易碳代谢路径分析

美国和中国的碳排放量位居全球前两位（合计排放份额达到 45%）（IEA, 2015）。同时，两国对全球贸易的影响力更加凸显，两国进出口贸易额在 2013 年约占全球贸易总量的 1/3，对其他国家形成了较强的辐射作用，其中中美双边贸易额占到了中美贸易的 1/4（WTO, 2017），反映了两国紧密的关联性。贸易带来的 CO_2 排放已经占到全球碳排放总量的 26%（Arce et al., 2016），这部分碳排放长期以来被气候谈判和国家减排目标制定所忽视，已经成了阻碍全球碳减排成效的因素之一。

美国和中国贸易活动对全球碳排放格局及减排目标制定有着较大影响。本研究基于涵盖 189 个国家以及 26 个产业部门的 Eora，采用国家间产业上游和下游关联的方法框架，在全球尺度下核算中美两国进出口贸易 CO_2 转移总量，解析贸易总量中初级产品和最终产品的结构特征（国家间贸易碳转移量及其结构如何变化？）。在此基础上，深入到中美国家内部，识别影响两国贸易的关键产业，追踪比较同它们关联的国外上游或下游产业的相似与差异，并分析其背后的不同经济发展模式动因（跨境产业之间存在怎样的关联性？）。在考虑贸易国家经济发展和技术水平差异的前提下，基于现有《巴黎协定》发布的美中两国减排贡献，提出纳入贸易碳转移量的减排目标及其政策实施路线（碳减排责任如何重新调整与分配？）（图 9-20）（Zhang et al., 2019, 2018a）。

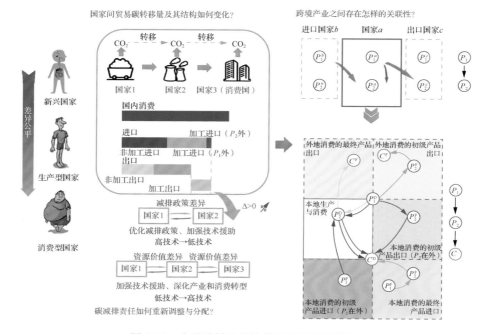

图 9-20　中美碳转移量核算及路径分析框架

P_1 为初级产品生产部门，P_2 为最终产品生产部门

9.4.1　中美贸易碳转移量及其结构分布

1993～2013 年美国进口碳转移量呈先增后减的变化趋势，其中初级产品出口（N_1）和最终产品出口（N_2）份额历年均各占一半。进口量经 2.2 倍增长后于 2003 年达到 2.45Gt（10^9t）的峰值，N1 贡献了 56%增量；2013 年回落至 2003 年的 70%（1.72Gt），其中 N_1 和 N_2 各贡献一半的减少量。1993 年美国进口碳转移量与出口基本持平，但随后前者增大到后者的 2 倍以上，2003 年更高达 2.9 倍。初级产品出口（M_1）和非加工出口（M_2）增减相抵使出口量基本维持在 0.75Gt 左右，两者比例为 2∶1。出口碳转移量仅在 1998 年出现 0.59Gt 的低谷值，M_1 和 M_2 各提供 50%的减少量。

中国出口碳转移量与美国进口量处于同一量级（2013 年达 2Gt 以上），经 3 倍增长在 2008 年达到 2.40Gt，M_1 贡献了 60%增量，随后 5 年增速明显放缓（约增长 10%），M_1 和 M_2 增量各占一半。M_1 和 M_2 由于与总量增幅较为接近，份额分别稳定在 58%和 42%。1993 年中国进口量仅为出口量 1/8，但经 8.8 倍增长后达到出口量的 1/4（0.71Gt），N_1 以超过 75%的份额贡献了 78%的增量（图 9-21）。

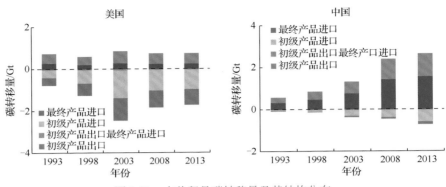

图 9-21　中美贸易碳转移量及其结构分布

　　与中美进出口碳转移关联的主要国家和地区共 23 个，中美进口与出口关联国家的空间分布较为一致。美国关联数量仅为中国的 70%，相对集中，但美国关联国家在北美、东亚和西欧均有分布，而中国关联国家主要集中在亚洲，此外欧洲、美洲有零星分布。中国和美国有 7 个相同的出口国家（加拿大、德国、法国、英国、日本、韩国、新加坡），分布在美洲、欧洲、亚洲，合计均占出口份额的 30% 以上。其中韩国、日本、德国也是两国主要进口国家（图 9-22）。

　　由于地缘格局，美洲对美国进出口碳转移贡献较为突出。其中，加拿大占美国进出口碳转移份额均为 10%，墨西哥分别占 6% 和 8% 左右，圭亚那接收美国的碳转移量也增长了 50%，2013 年份额达 5%。此外，亚洲对美国贡献也较大，中国→美国碳转移量历年最大，经 3.8 倍增长在 2013 年占美国进口量 34%，印度→美国份额虽初期为 3%，但增幅最大（3.5 倍），而美国→日本份额虽减少一半，但 2013 年仍占美国出口量的 8%，美国→韩国份额虽仅为 3%，同样增幅明显（1.5 倍）。欧洲对美国贡献份额在 3%~5%，包括德国对美国进出口贡献，以及美国→英国碳转移。

　　与中国进出口关联的美洲、欧洲的国家数量不多，但碳转移量却居前列。中国→美国碳转移份额稳定在 22%，位居首位，美国→中国份额虽有下降，但末期份额仍为 8%。欧洲国家合计占中国进出口份额均在 15% 左右，其中，俄罗斯→中国与美国→中国转移份额相当（份额 9%），德国也占中国进出口份额的 4%~5%。亚洲是中国贸易主战场，日本、韩国、印度均扮演重要角色。中日间碳转移量均呈现不同程度增长，但中国→日本转移份额大幅下降至 10%，而日本→中国份额则稳定在 9% 左右。相比之下，印度→中国碳转移增长明显（23 倍），2013 年份额为 6%，韩国→中国 17.3 倍的增幅虽略低，但基数大，2013 年份额上升至首位（13%），而中国→韩国份额却仅保持在 4% 左右。中国出口碳转移中，中国香港份额也在 10% 以上，而中国香港接收到中国内地的转移份额则稳定在 1%~2%。

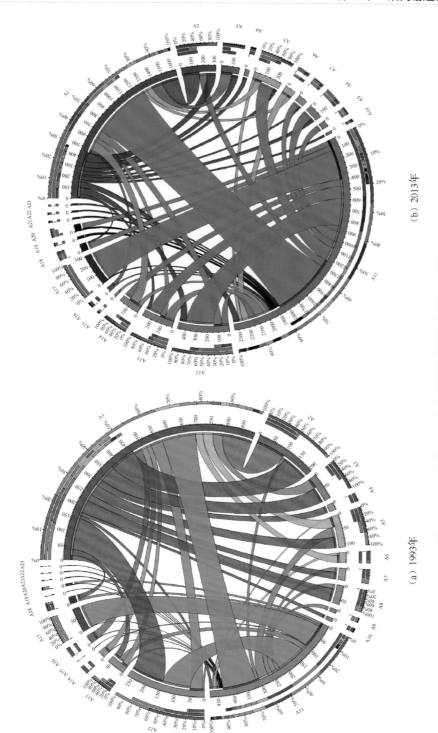

(a) 1993年　　　　(b) 2013年

图 9-22　1993 年和 2013 年中美贸易碳转移关联的主要国家和地区

A1 美国；A2 加拿大；A3 墨西哥；A4 圭亚那；A5 德国；A6 俄罗斯；A7 法国；A8 英国；A9 意大利；A10 巴西；A11 中国；A12 日本；A13 韩国；A14 印度；A15 新加坡；A16 中国台湾；A17 中国香港；A18 印度尼西亚；A19 马来西亚；A20 泰国；A21 哈萨克斯坦；A22 沙特；A23 南非；图中流量单位为 Mt

9.4.2 中美初级产品进口产业关联分析

贡献进口 N、出口 M 的转移量均拆解为产业关联路径（$P_1 \rightarrow P_2$），其中 P 表征产业链的上下游部门（Meng et al., 2018）。中美初级产品进口关联路径分析主要识别国外 P_1 角色和国内 P_2 角色的产业。参与中美初级产品进口的 P_1 和 P_2 角色产业的共性较多。国外 P_1 角色均包括电力天然气水、原油化工非金属矿物、运输，基本贡献了一半以上的份额，体现中美作为全球超大经济体，其发展依赖于全球物流、能流的支持，同样，国外电气机械对中美运输装备贡献也较为明显。中美国内 P_2 角色产业在产业链上下游均有分布，包括建筑、运输装备、电气机械、中间财政和教育健康，另外美国原油化工非金属矿物和公共行政、中国食品饮料也表现突出。

美国服务业的 P_2 角色表现突出，其中公共行政碳转移量在 2013 年份额达到 25%（增幅为 3.4 倍），而教育健康和中间财政则分别稳定在 11% 和 7% 左右。美国运输装备和电气机械等制造业份额合计稳定在 20%，原油化工非金属矿物占比在 6%～9%，而美国建筑部门份额约 9%。相反，中国建筑部门的 P_2 角色份额在研究期内最大，且保持在 1/3 以上，其次为制造业（合计约占 30%），其中，电气机械和运输装备分别稳定在 15% 和 10% 左右，食品饮料行业位于 4%～6%。2013 年中国教育健康份额仅为美国七成（8%），而两国中间财政份额较为接近（5%），但中国这两个服务部门增幅较大（分别为 17 倍和 14 倍），需关注其未来发展潜力（图 9-23）。

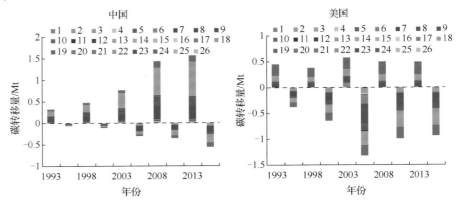

图 9-23　中美贸易碳转移量的产业贡献结构

1 农业，2 渔业，3 采掘业，4 食品饮料，5 纺织和服装，6 林业和造纸，7 原油化工非金属矿物，8 金属制造业，9 电气机械，10 运输装备，11 其他制造业，12 回收，13 电力天然气水，14 建筑，15 护理和维修，16 批发贸易，17 零售贸易，18 旅馆，19 运输，20 邮政和电信，21 中间财政，22 公共行政，23 教育健康，24 家庭服务，25 其他服务业，26 二次进出口

1. 美国国外 P_1 角色产业分析

美国服务业关联的国外 P_1 角色产业均为电力天然气水、原油化工非金属矿物和运输部门，其中中国 P_1 角色产业有一致的分布，只是份额有所差异。美国中间财政和教育健康的国外 P_1 角色产业类型及贡献份额较为相似，其中电力天然气水均占到 1/3 以上，而中国 P_1 角色的电力天然气水份额更大（2013 年约占一半）。美国公共行政上游的国外 P_1 角色运输部门为主（份额在 40% 以上），而中国的 P_1 角色电力天然气水贡献最大（2013 年占据 46%），超过运输（2013 年 16%），体现了中国能源对美国服务业的支持和贡献（图 9-24）。

美国运输装备和电气机械关联的国外 P_1 角色产业仍以电力天然气水、原油化工非金属矿物和运输部门为主（份额在 58%～70%），同时国外电气机械贡献也在10% 左右。国外采掘业对美国原油化工非金属矿物和建筑等 P_2 角色产业的贡献也较为明显，其中美国原油化工非金属矿物中国外 P_1 角色采掘业贡献份额最高，达35%，而对美国建筑的贡献集中于 8%～14%，体现了国外建筑材料、物流、能流产业对美国各类基础设施建设的支持。美国制造业和建筑部门中来自中国 P_1 角色产业与全球总体分布有所不同，中国运输和采掘业不再突出，但电力天然气水和原油化工非金属矿物表现突出，合计份额超过 60%，同时中国电气机械也占据10%～15% 的份额。

美国初级产品进口中 P_1 和 P_2 角色产业类型相同的有原油化工非金属矿物、电气机械，其中中国原油化工非金属矿物、电气机械传递份额分别约占美国相同部门的 30% 和 15%，体现了美国对国外，特别是中国开展原材料深加工及设备升级改造等活动（图 9-24）。

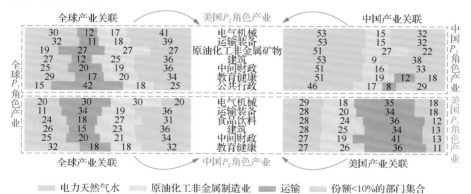

图 9-24　初级产品进口产业关联路径（国外 P_1 和国内 P_2 角色）

图中数字为所占份额/%

2. 中国国外 P_1 角色产业分析

中国关联的国外 P_1 角色电力天然气水份额较为稳定（约占 30%），国外原油化工非金属矿物和运输分别为 20%～30% 和 15%～20%。但是，国外运输对中国电气机械和运输装备的贡献有所差异，份额分别为最高的 30% 和最低的 10%，运输份额偏低的原因是中国运输装备中约 18% 的份额为国外电气机械贡献，超过了美国此类产业链贡献份额（10%），体现了该部门对国外信息化技术和设备的需求较高。

贡献中国的美国 P_1 角色产业与全球 P_1 角色产业类型一致，但份额有所不同。美国最大 P_1 角色产业是运输，均贡献中国关键部门 30% 以上的份额，说明了美国对中国物流的贡献相比于其他国家更为突出。而美国电力天然气水和原油化工非金属矿物对中国的贡献则基本上稳定在 1/4 左右，美国电气机械→中国运输装备路径的份额较小（低于 10%）。同时，中国初级产品进口中并未出现 P_1 和 P_2 角色产业类型相同的情况，说明原料深加工及产品升级改造的现象并不明显。

9.4.3   中美初级产品出口产业关联分析

参与中美初级产品出口的 P_1 角色产业完全一致，均为运输、电力天然气水、电气机械和原油化工非金属矿物；P_2 角色产业类型分布也基本相似，但覆盖广泛。国外 P_2 角色均包括电气机械、教育健康、建筑，三者合计份额在 30%～50%，国外中间财政也关联了中美大部分关键产业；另外，国外食品饮料、国外公共行政和运输装备则分别与美国、中国大部分关键产业关联，而国外纺织业与中国运输、电力天然气水、原油化工非金属矿物均有关联，国外原油化工非金属矿物、运输仅与美国 1～2 个关键产业关联。

中国电力天然气水以 5.9 倍增幅，在 2013 年占据了中国初级产品出口量的 51%，而原油化工非金属矿物、电气机械和运输则低于初级产品出口量增幅（增幅分别为 2.8 倍、4.1 倍、2.6 倍），份额分别保持在 19%～23%、8%～10%、6%～7%。美国关键部门初级产品出口量变化幅度较小，运输、电力天然气水和原油化工非金属矿物经 10%～15% 增长后，份额为 1/2、1/4 和 1/6，而电气机械则下降了 20%，份额占 3%（图 9-25）。

1. 中国国外 P_2 角色产业分析

中国关联的国外 P_2 角色产业中，电气机械和建筑份额基本在 10% 以上，2013 年国外电气机械份额在中国所有 P_1 角色产业中均最大（13% 以上），特别是电气机械→电气机械份额高达 30%；国外建筑历年份额也均高于 10%，原油化工非金属矿物→建筑份额最大（高于 14%），而运输-建筑份额最低（11%）。中国关联的

美国 P_2 角色产业与全球 P_2 角色产业类型有一定差异，但电气机械和建筑同样突出，但美国 P_2 角色电气机械份额大多在 7%～9%，仅电气机械→电气机械份额达到 13%，建筑份额也大多在 11%，仅运输→建筑稳定在 8%。此外，运输→运输、运输→公共行政、电力天然气水→运输装备、电气机械→运输装备份额也在 10% 左右，但运输→运输产业链份额呈减少趋势。美国其他 P_2 角色产业在中国关键部门中所占份额大多为 6%～8%。美国运输装备 P_2 角色在中国关键部门初级产品出口中表现突出，并且份额稳定在 14%～18%，同时中国运输→美国公共行政份额也高达 1/3，而美国原油化工非金属矿物、运输的 P_2 角色并不突出（图 9-25）。

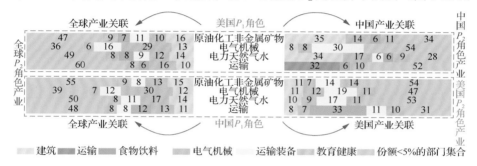

图 9-25　初级产品出口产业关联路径（国内 P_1 和国外 P_2 角色）

图中数字为所占份额/%

2. 美国国外 P_2 角色产业分析

美国关联的国外 P_2 角色产业中，建筑所占份额均保持在 10% 以上，特别在美国原油化工非金属矿物中其份额最大（稳定在 15%）；而国外运输装备接收美国电气机械、电力天然气水份额分别稳定在 10% 和 16%。美国关联的中国 P_2 角色产业中，电气机械份额大多较高，最大份额是占美国电力天然气水的 17%，但在美国电气机械中份额却仅为 5%～8%，电气机械→运输装备份额最大，约占 30%；份额超 10% 的关联路径还有电力天然气水→建筑、原油化工非金属矿物→建筑，份额均达到 1/3，原油化工非金属矿物→教育健康份额也稳定在 15%。中国其他 P_2 角色产业与全球 P_2 角色产业类型有一定差异，在美国关键部门中所占份额均普遍稳定在 5%～8%。

中美的运输、电气机械和原油化工非金属矿物均流入了国外同一产业类型，电气机械→电气机械份额在 1/3 左右，但美国运输→运输、原油化工非金属矿物→原油化工非金属矿物份额（分别约为 17% 和 11%）均高于中国（9% 和 7%），体现了中美这三个行业对国外同类行业的技术支持。

9.4.4　基于贸易的碳减排指标调整建议

基于初级产品进口、初级产品出品的研究结果，修正 2015 年《巴黎协定》的中美碳减排目标。美国的自主减排目标（即国家自主贡献，Intended Nationally Determined Contributions，INDC）是 2025 年较 2005 年排放量下降 26%，根据全球供应链数据库 Eora 2013 年 CO_2 排放量，这一任务还有 17% 未完成，再结合本章进口 N 与出口 M 差值，需要再增加 7% 的减排任务。这是由于美国两者的差值相当于 2005 年排放量的 14%，基于责任共担原则，美国需承担 50%，因此，确定碳减排目标为 26% 与 7% 的和（33%）（表 9-2）。

表 9-2　碳减排指标的重新分配

国家	减排调整指标	关联国家（地区）分配份额				
		中国	美国	印度	加拿大	俄罗斯
美国	7%	68.22%		11.04%	5.52%	3.50%
中国	−9%		21.89%	2.18%	3.14%	−1.09%

国家	减排调整指标	关联国家（地区）分配份额			
		日本	德国	韩国	法国
美国	7%	1.00%	0.98%	0.03%	−1.58%
中国	−9%	9.05%	6.02%	3.03%	3.34%

国家	减排调整指标	关联国家（地区）分配份额				
		英国	新加坡	巴西	墨西哥	圭亚那
美国	7%	−2.48%	−2.88%	−1.85%	5.74%	−5.89%
中国	−9%	4.27%	3.04%			

国家	减排调整指标	关联国家（地区）分配份额			
		意大利	泰国	马来西亚	印度尼西亚
美国	7%				
中国	−9%	3.20%	2.36%	1.30%	0.98%

国家	减排调整指标	关联国家（地区）分配份额		
		沙特	南非	哈萨克斯坦
美国	7%			
中国	−9%	0.29%	0.11%	−0.52%

依据不同国家和地区占美国净进口碳转移量的份额，结合 14 个关联国家的技术水平、经济水平的差异，分配 7% 的叠加指标，提出全球碳减排目标调整方案及举措。美国净进口来源有 10 个区域，因此需要承担这些区域的排放责任，其中，

中国需转移给美国的碳排放份额最大，占 68%，印度次之（11%），其余 8 个国家和地区份额均低于 6%。美国与这些国家和地区相比，碳排放强度大多偏低而人均 GDP 大多偏高（图 9-26），因此美国为了进一步削减本国排放责任应该优先向这些国家和地区提供低碳技术支持，特别是人均 GDP 较低的中国和俄罗斯，协助它们提升生产技术水平，降低单位产值碳排放量，可以有效减少美国进口碳转移量。美国净出口去向国有 4 个，圭亚那需接收美国碳转移量，其份额最大（−5.89%），而新加坡（−2.88%）、英国（−2.48%）和巴西（−1.85%）不到圭亚那份额的一半，这体现了美国虽然整体属于净进口国家，但仍然需要通过自身生产技术水平提升，减少向这些地区出口的碳转移量。

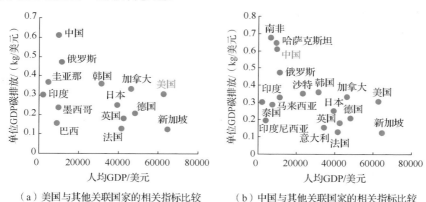

（a）美国与其他关联国家的相关指标比较　　（b）中国与其他关联国家的相关指标比较

图 9-26　美国与中国关联国家和地区的人均 GDP 与碳排放强度分布图

　　基于 IPCC 提出的共同而有区别责任原则，中国提交的 INDC 不涉及明确的实际减排任务，但强调在 2030 年达到峰值，且碳排放强度降低到 2005 年 60%。根据 Eora 数据，2013 年中国碳排放强度已较 2005 年下降约 56%，指标任务接近完成。但从中国进出口（M 与 N）的差值来看，中国有 9% 的减排责任需要其他国家来承担。依据与美国同样的分配原则，将减排指标分配给 19 个国家和地区。中国净出口去向国家和地区有 17 个，因此，需要这些区域承担中国的排放责任，其中美国需接收中国碳排放份额为 21.89%，日本份额在 10% 左右，其余国家份额均在 7% 以下。其中，印度、印度尼西亚和泰国人均 GDP 较中国偏低，但碳排放强度却高于中国，因此，中国应提高自身产业技术水平，以进一步削减中国出口碳转移量。而剩下 14 个国家和地区的碳排放强度低、人均 GDP 高，特别是其中占 1/5 份额的美国，应加强对中国的技术援助和支持，以提高中国生产技术水平。俄罗斯（−1.09%）和哈萨克斯坦（−0.52%）为中国净进口来源国，均具有碳排放强度低、人均 GDP 高的特征，说明中国加强进口可有效防止全球碳泄漏（图 9-26）。

9.4.5　讨论与结论

1. 研究视角的重要性

Davis 和 Caldeira（2010）、Kanemoto 等（2014）指出，为满足本国或者他国最终消费引起的 CO_2 转移量已成为全球碳排放研究的重要组成部分，国家贸易碳转移研究日益受到关注，支持国家碳减排目标调整的重要意义突显（Peters and Hertwich, 2008）。Peters 等（2011）和 Mi 等（2017）等也指出跨境碳转移路径研究是对国家间碳减排责任转移的重要手段，Meng 等（2018）构建了产业上下游碳转移分析框架，提出了产业上下游关联路径传递的方法体系，这为跨国碳转移的产业路径分析提供了可能，但需要相关的案例研究加以丰富与完善。本章将跨国碳转移上下游分析框架应用到了美国和中国贸易碳转移研究中，在全球视角下分析了中美两国进出口总量及其结构特征，识别了初级产品进出口产业关联路径的属性差异，并结合支持中美贸易的国家特征，提出了针对性的减排措施。

本章提出的碳减排调整目标是基于国家层面的，未来可以结合进出口碳转移的产业贡献结构分析结果，将国家目标落实到产业部门；此外，也可以借助产业关联路径分析结果，开展针对具体产业的碳减排举措研究，通过区分 P_1-P_2 角色指向同类产业路径、P_1-P_2 角色指向异类产业路径，来明确资金、技术、物质等方面的行动路线。本章开展的国家进出口碳转移分析是基于消费总量的，未来可以结合 Eora26 数据库的消费结构数据（如政府消费、家庭消费、固定资产形成），进一步识别哪种消费活动驱动了较大的碳转移量；同时，现有关键产业识别基于 Eora 的 26 产业类型开展，未来可以结合 Eora26 数据库 4700 多种细化的产业活动清单（如农业活动中的农产品运输、农业机械能耗、秸秆焚烧等），进一步识别哪种产业活动驱动了较大的碳转移量。

2. 相关成果的对比分析

中美进出口碳转移量的产业贡献研究已有部分成果，但研究结果存在着一定的差异，如 Xu 等（2011）、Lin 和 Sun（2010）分别基于 2005 年和 2008 年中国 16 和 45 部门投入产出表，核算了关键部门的出口贡献，得到了基本一致的结果，指出机械制造业（分别为 47.3%和 42.0%）占有绝对的优势，而化工产品和电力天然气水合并的占比以及纺织的占比均在 10%左右。而本书的结果显示，中国 2008 年初级产品出口转移量中贡献较大产业为电力天然气水（45%）和原油化工非金属矿物（21%），这与 Xu 等（2011）、Lin 和 Sun（2010）的结果有相同之处，均指出电力天然气水的突出贡献，但也存在差异，其可能的原因是采用单一国家或世界投入产出分析方法处理出口的技术水平时有差异，分别采用均一和精细处理。

中美双边研究中，Du 等（2011）和 Guo 等（2010）基于两国 2005 年和 2007 年的 42 产业投入产出数据分析中美双边传递路径时，发现机械制造占中国出口量的份额均在 40%左右；而在本书中，中国出口到美国的关键产业是电力天然气水（50%）和运输（28%），其可能的原因是投入产出表中产业类型划分有差异，对某类产业的过细或过粗分类，导致结果存在偏差，如 Du 等（2011）和 Guo 等（2010）的数据源包括机械制造、海运、陆运和空运等部门，而本书数据源将机械制造细分为电气机械和运输装备，同时将海运、陆运和空运合并为运输部门。此外，Arce 等（2016）研究了中国 2007 年出口关联的主要国家及其份额，指出美国占 24.3%、日本占 9.2%、德国占 5.3%、英国占 4.1%，这与本书识别的国家结果是一致的（美国 23.9%、日本 10.8%、德国 5.5%、英国 4.0%），份额差异可能是由于分别采用了全球贸易分析数据库（Global Trade Analysis Project，GTAP）和 Eora 的数据源（表 9-3）。

表 9-3　产业贡献的研究成果对比分析

	年份	数据库/产业数	EM	TE	FB	PCNM	EGW	TWA	来源
中国出口	2005	SRIO（16）		47.3%		10.4%	0.2%	9.7%	（Lin and Sun，2010）
	2008	SRIO（45）	23.0%	19.0%		14.0%		12.0%	（Xu et al.，2011）
	2008	MRIO（26）	19.0%	2.0%	2.0%	15.0%	27.0%	11.3%	本书
中国→美国（中国出口到美国）	2007	SRIO（42）	25.5%	20.4%		9.6%		20.4%	（Du et al.，2011）
	2005	SRIO（42）	37.2%	1.7%		28.5%		16.7%	（Guo et al.，2010）
	2008	MRIO（26）	10.2%	1.3%	0.6%	19.8%	44.2%	8.0%	本书

注：EM 电气机械，TE 运输装备，FB 食品饮料，PCNM 原油化工非金属矿物，EGW 电力天然气水，TWA 纺织和服装

本书在识别国家基础上，定位到中美两国进出口关键产业，并分析了中美跨国的产业关联路径。结果表明，初级产品进口方面，中、美 P_2 角色产业主要与国外运输、电力天然气水等 P_1 角色产业关联，作为 P_2 角色的美国制造业相对中国同类行业来说，承接了更多的同一行业产品深加工和设备升级改造活动；初级产品出口方面，中美 P_1 角色产业主要与国外建筑和电气机械等 P_2 角色产业关联，除电力天然气水外，作为 P_1 角色的中美原油化工非金属矿物、电气机械等制造业和运输均与国外同类产业关联，体现了中美产业对国外同类部门物质、技术等方面的支持。

参 考 文 献

刘纪远, 张增祥, 徐新良, 等, 2009. 21 世纪初中国土地利用变化的空间格局与驱动力分析. 地理学报, 64(12): 1411-1420.

缪丽娟, 崔雪峰, 栾一博, 等, 2011. 北京上海近 20a 城市化过程中土地利用变化异同点探析. 气象科学, 31(4): 398-404.

徐新良, 刘纪远, 庄大方, 2012. 国家尺度土地利用/覆盖变化遥感监测方法. 安徽农业科学, 40(4): 2365-2369.

张妍, 杨志峰, 2009. 一种分析城市代谢系统互动关系的方法. 环境科学学报, 29(1): 217-224.

中科院之声, 2017. 天眼看京津冀、雄安新区近三十年土地利用状况及变化. (2017-7-17) [2018-1-2]. https://www.toutiao.com/i6443525806906933773/.

Arce G, López L A, Guan D, 2016. Carbon emissions embodied in international trade: The post-China era. Applied Energy, 184(12): 1063-1072.

Bolin B, 1977. Changes of land biota and their importance for the carbon cycle. Science, 196(4290): 613-615.

Christen A, Coops N C, Crawford B R, et al., 2011. Validation of modeled carbon-dioxide emissions from an urban neighborhood with direct eddy-covariance measurements. Atmospheric Environment, 45(33): 6057-6069.

Chrysoulakis N, Lopes M, San José R, et al., 2013. Sustainable urban metabolism as a link between bio-physical sciences and urban planning: The BRIDGE project. Landscape and Urban Planning, 112(2): 100-117.

Chuai X, Huang X, Wang W, et al., 2015. Land use, total carbon emissions change and low carbon land management in coastal Jiangsu, China. Journal of Cleaner Production, 103(17): 77-86.

Davies Z G, Edmondson J L, Heinemeyer A, et al., 2011. Mapping an urban ecosystem service: Quantifying above-ground carbon storage at a citywide scale. Journal of Applied Ecology, 48(5): 1125-1134.

Davis S J, Caldeira K, 2010. Consumption-based accounting of CO_2 emissions. Proceedings of the National Academy of Sciences of the United States of America, 107(12): 5687-5692.

Dhakal S, 2009. Urban energy use and carbon emissions from cities in China and policy implications. Energy Policy, 37(11): 4208-4219.

Dixon R K, Brown S, Houghton R A, et al., 1994. Carbon pools and flux of global forest ecosystems. Science, 263(5144): 185-190.

Du H, Guo J, Mao G, et al., 2011. CO_2 emissions embodied in China-US trade: Input-output analysis based on the emergy/dollar ratio. Energy Policy, 39(10): 5980-5987.

Escobedo F, Varela S, Min Z, et al., 2010. Analyzing the efficacy of subtropical urban forests in offsetting carbon emissions from cities. Environmental Science & Policy, 13(5): 362-372.

Guo J, Zou L L, Wei Y M, 2010. Impact of inter-sectoral trade on national and global CO_2 emissions: An empirical analysis of China and US. Energy Policy, 38(3): 1389-1397.

Harrison C, Haklay M, 2002. The potential of public participation geographic information systems in UK environmental planning: Appraisals by active publics. Journal of Environmental Planning and Management, 45(6): 841-863.

Houghton R A, 2003. Revised estimates of the annual net flux of carbon to the atmosphere from changes in land use and land management 1850-2000. Tellus Series B-chemical & Physical Meteorology, 55(2): 378-390.

Houghton R A, Goodale C L, 2004. Effects of land-use change on the carbon balance of terrestrial ecosystems//DeFries R S, Asner G P, Houghton R A. Ecosystems and Land Use Change. Washington: American Geophysical Union: 85-98.

Houghton R A, Hackler J L, Lawrence K T, 2000. Changes in terrestrial carbon storage in the United States. 2: The role of fire and fire management. Global Ecology and Biogeography, 9(2): 145-170.

Hutyra L R, Yoon B, Alberti M, 2011. Terrestrial carbon stocks across a gradient of urbanization: A study of the Seattle, WA region. Global Change Biology, 17(2): 783-797.

IEA, 2015. CO_2 emission from fuel combustion. (2015-11-20)[2016-1-12]. http://www.iea.org/statistics/.

IPCC, 2006. Guidelines for national greenhouse gas inventories. (2006-4-12)[2015-1-1]. https://www.ipcc-nggip.iges.or.jp/public/2006gl/index.html.

Jo H K, 2002. Impacts of urban green space on of carbon emissions for middle Korea. Journal of Environmental Management, 64(2): 115-126.

Kanemoto K, Moran D, Lenzen M, et al., 2014. International trade undermines national emission reduction targets: New evidence from air pollution. Global Environmental Change, 24(1): 52-59.

Kauppi P E, Mielikainen K, Kuusela K, 1992. Biomass and carbon budget of European forests, 1971 to 1990. Science, 256(5053): 70-74.

Le Quéré C, Raupach M R, Canadell J G, 2009. Trends in the sources and sinks of carbon dioxide. Nature Geoscience, 2(12): 831-836.

Li J, Zhang Y, Liu N Y, et al., 2018. Flow analysis of the carbon metabolic processes in Beijing using carbon imbalance and external dependence indices. Journal of Cleaner Production, 201(21): 295-307.

Lin B, Sun C, 2010. Evaluating carbon dioxide emissions in international trade of China. Energy Policy, 38(1): 613-621.

Liu C F, Li X M, 2012. Carbon storage and sequestration by urban forests in Shenyang, China. Urban Forestry & Urban Greening, 11(2): 121-128.

Liu G, Yang Z, Chen B, 2010. Extended exergy-based urban ecosystem network analysis: A case study of Beijing, China. Procedia Environmental Sciences, 2(1): 243-251.

McGraw J, Haas P, Young L, et al., 2010. Greenhouse gas emissions in Chicago: Emissions inventories and reduction strategies for Chicago and its metropolitan region. Journal of Great Lakes Research, 36(S2): 106-114.

Meng B, Peters G, Wang Z, et al., 2018. Tracing CO_2 emissions in global value chains. Energy Economics, 73(5): 24-42.

Mi Z, Wei Y, Wang B, et al., 2017. Socioeconomic impact assessment of China's CO_2 emissions peak prior to 2030. Journal of Cleaner Production, 142(2): 2227-2236.

Nowak D J, Greenfield E J, Hoehn R E, et al., 2013. Carbon storage and sequestration by trees in urban and community areas of the United States. Environmental Pollution, 78(6): 229-236.

Nowak D J, Crane D E, 2002. Carbon storage and sequestration by urban trees in the USA. Environmental Pollution, 116(3): 381-389.

Peters G P, Hertwich E G, 2008. CO_2 embodied in international trade with implications for global climate policy. Environmental Science & Technology, 42(5): 1401-1407.

Peters G P, Minx J C, Weber C L, et al., 2011. Growth in emission transfers via international trade from 1990 to 2008. Proceedings of the National Academy of Sciences of the United States of America, 108(21): 8903-8908.

Piao S L, Fang J Y, Ciais P, et al., 2009. The carbon balance of terrestrial ecosystemsin China. Nature, 458(7241): 1009-1013.

Satterthwaite D, 2008. Cities' contribution to global warming: Notes on the allocation of greenhouse gas emissions. Environment and Urbanization, 20(2): 539-549.

Svirejeva-Hopkins A, Schellnhuber J, 2008. Urban expansion and its contribution to the regional carbon emissions: Using the model based on the population density distribution. Ecological Modelling, 216(2): 208-216.

Tao Y, Li F, Wang R, et al., 2015. Effects of land use and cover change on terrestrial carbon stocks in urbanized areas: A study from Changzhou, China. Journal of Cleaner Production, 103(17): 651-657.

Tian G J, Wu J G, Yang Z F, 2010. Spatial pattern of urban function in the Beijing metropolitan region. Habitat International, 34(2): 249-255.

WTO, 2017. World Trade Report 2017. (2017-8-10)[2018-11-12]. https://www.wto.org/english/res_e/publications_e/wtr17_e.htm.

Xia L L, Fath B D, Scharler U M, et al., 2016. Spatial variation in the ecological relationships among the components of Beijing's carbon metabolic system. Science of the Total Environment, 544(3): 103-113.

Xia L L, Liu Y, Wang X J, et al., 2018. Spatial analysis of the ecological relationships of urban carbon metabolism based on an 18 nodes network model. Journal of Cleaner Production, 170(1): 61-69.

Xia L L, Zhang Y, Sun X X, et al., 2017a. Analyzing the spatial pattern of carbon metabolism and its response to change of urban form. Ecological Modelling, 355(13): 105-115.

Xia L L, Zhang Y, Wu Q, et al., 2017b. Analysis of the ecological relationships of urban carbon metabolism based on the eight nodes spatial network model. Journal of Cleaner Production, 140(1): 1644-1651.

Xu M, Li R, Crittenden J C, et al., 2011. CO_2 emissions embodied in China's exports from 2002 to 2008: A structural decomposition analysis. Energy Policy, 39(11): 7381-7388.

Zhang Y, Li J, Fath B D, et al., 2015. Analysis of urban carbon metabolic processes and a description of sectoral characteristics: A case study of Beijing. Ecological Modelling, 316(7651): 144-154.

Zhang Y, Li Y G, Klaus H, et al., 2019. Analysis of CO_2 transfer processes involved in global trade based on ecological network analysis. Applied Energy, 233-234(1): 576-583.

Zhang Y, Li Y G, Liu G Y, et al., 2018a. CO_2 metabolic flow analysis in global trade based on ecological network analysis. Journal of Cleaner Production, 170(1): 34-41.

Zhang Y, Wu Q, Zhao X Y, et al., 2018b. Study of carbon metabolic processes and their spatial distribution in the Beijing-Tianjin-Hebei urban agglomeration. Science of the Total Environment, 645(23): 1630-1642.

Zhang Y, Xia L L, Fath B D, et al., 2016. Development of a spatially explicit network model of urban metabolism and analysis of the distribution of ecological relationships: Case study of Beijing, China. Journal of Cleaner Production, 112(2): 4304-4317.

Zhang Y, Xia L L, Xiang W N, 2014. Analyzing spatial patterns of urban carbon metabolism: A case study in Beijing, China. Landscape and Urban Planning, 130(5): 184-200.

Zhao M, Kong Z H, Escobedo F J, et al., 2010. Impacts of urban forests on offsettingcarbon emissions from industrial energy use in Hangzhou, China. Journal of Environmental Management, 91(4): 807-813.

第 10 章 城市氮代谢过程分析

10.1 北京氮代谢过程核算及影响因素识别

从 19 世纪 90 年代到 20 世纪 90 年代的 100 年间，全球人为活化氮的产生速率增长了约 9 倍,而天然陆地生态系统固氮量却减少了 11%（由 100Tg/a 减少到 89Tg/a），人类活动显著影响着全球的氮循环过程（Galloway and Cowling, 2002）。同时，高氮消耗带来了一系列生态环境问题，如：近 60 年间全球 NO_x 排放量增长了 2 倍多，进一步影响人类健康和区域可持续发展。为了有效控制氮污染，必须从源头上减少氮消耗，而关联资源消耗与污染排放的代谢视角就成为氮研究的重要方式（Zhang et al., 2020）。

城市作为氮消耗和氮排放的集中地，成为全球氮研究热点区域（Gu et al., 2009; Duh et al., 2008; Kaye et al., 2006）。采用经验系数法核算 1995～2015 年北京活化氮的输入总量和人为活化氮消耗量，分析氮消耗的结构变化特征（城市人为活化氮的消耗特征怎样？），再考虑人口、人均 GDP、经济结构等因素识别其对氮消耗变化的影响（城市人为活化氮消耗的影响因素有哪些？），可为氮减排政策的制定提供理论依据（Zhang et al., 2017），也为其他城市氮核算及问题诊断提供借鉴与参考（图 10-1）。

10.1.1 活化氮输入总量及其结构特征

1. 活化氮输入总量分析

1995～2015 年的 20 年间，北京活化氮输入总量呈波动增长趋势，约增长 1.2 倍，并在 2001 年和 2010 年出现波峰。1995～2000 年增长较缓慢，年均增长率约为 0.6%，2000～2010 年增长幅度（20%）有所提高，特别是 2000～2001 年增长幅度达 40%，使活化氮输入总量在 2001 年出现次峰值。2010 年达到最高点，为 641.2Gg，约增长至 1995 年的 1.2 倍，随后开始缓慢减少，2015 年减少至 2010 年的 94.4%（图 10-2）。食物和能源氮消耗在活化氮输入中占较大比重，分别在波动中增长约 2.6 倍和 1.7 倍，而化肥施用氮却逐渐减少。具体来看，2000 年前化肥施用带来的活化氮输入量最大，但 1995～2000 年呈缓慢增长后又逐年减少，2001 年化肥施用氮开始小于能源氮消耗，并在 2000～2015 年以年均 4%的降幅持续下降，到 2015 年约减少到 1995 年的一半。能源消费量的增长趋势与活化氮输入总量的增长趋势基本一致，在 2000 年后能源消费带来的活化氮输入量最大，2000～

2015 年在波动中约增长 1.8 倍。输入总量增长的另一个来源是食物消费，虽食物消费对活化氮输入总量的影响不及能源消耗和化肥施用，但其增长趋势明显，约增长 2.6 倍。此外，饲料消耗也不容忽视，呈先增后减趋势，并在 2003 年达到最大，约增长至 1995 年的 2 倍，随后开始减少，到 2015 年约减少至 2003 年的一半，经过中间年份的波动，几乎又恢复至 1995 年的饲料消耗水平。而化学产品消费、生物固氮、大气沉降等其他活化氮来源均较小，且无明显变化（图 10-2）。

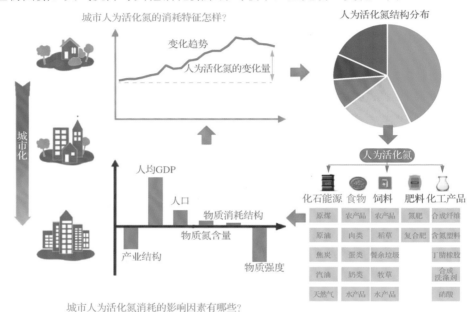

图 10-1　城市氮代谢核算及其影响因素识别的分析框架

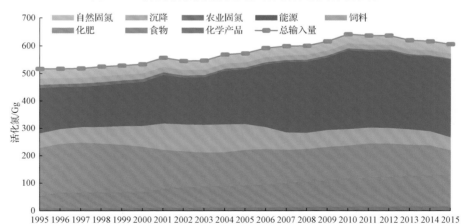

图 10-2　活化氮输入总量及其结构分布

活化氮输入总量中，人为源活化氮比例在 88%以上，远大于自然源活化氮，同时由于自然源活化氮不断减少，人为源活化氮占比从 1995 年的 88.9%增长至 2015 年的 91.5%。人为源活化氮中外部输入量比例则从 62.3%增长至 75.9%，增长约 1.4 倍，反映出北京越来越依赖外部区域的物质输入（图 10-3）。

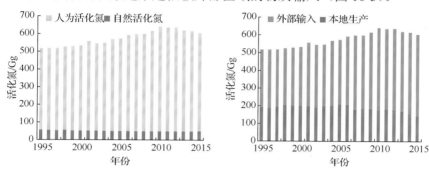

图 10-3　活化氮输入总量及其来源构成

2. 总量的结构特征分析

食物、能源消费作为北京活化氮输入总量增长的主要来源，其消费结构变化对活化氮输入量有着明显影响。由图 10-4 可知，1995～2015 年北京食物消费量增长近 1.9 倍，但食物氮输入量却增长 2.6 倍，说明居民膳食结构发生了改变。研究期间，谷物蔬菜类消耗量远大于肉蛋奶产品，但谷物蔬菜类消耗量的比重却从 1995 年 84.7%下降到 2015 年的 76.0%，其中蔬菜占比除 1995 年略低于谷类外，其余年份均最大，在 32%～36%，其次是谷类，虽比重从 1995 年的 36.1%减少到 2015 年的 23.0%，但由于谷物含氮量较高，对农产品含氮量的变化影响较大。猪肉、牛奶消耗量分别增长 2.1 倍和 3.4 倍，并且在肉蛋奶类产品中所占比例较大，而消费量较少的禽肉和水产品增长更为明显，分别增长 5.3 倍和 4.2 倍。由此可见，谷物蔬菜类消耗量逐渐减少，而含氮量较高的肉蛋奶类产品消耗量逐渐增大，这种膳食结构必然导致北京食物氮消耗量增长速度大于食物消耗总量。

从各部门能源消费及氮氧化物排放贡献来看，工业能源消耗量呈波动下降趋势，2015 年约下降至 1995 年的 27%（图 10-5），而居民生活和交通运输业能源消耗量均呈波动增长趋势，分别约增长 2.1 倍和 9.9 倍。交通运输业的能源消耗量增长最为显著，同时由于交通运输业各类能源燃烧的氮氧化物排放系数均大于或等于其他部门，因此交通运输业能源消费对氮氧化物的排放量贡献最大。1995～2001 年，能源消耗较大的 3 个部门依次为工业、居民生活、交通运输业，其中工业能源消耗量比居民生活、交通运输业大 1 个数量级，居民生活消耗量在此期间没有明显的变化，维持在 $2.8×10^6$tce 左右，而交通运输业则以年均 30.4%的增幅不断增长；2001~2005 年，交通运输业能源消耗量经过快速增长，与居民生活消耗量相当，而此期间工业以年均 5.3%的降幅逐年减少；2005~2008 年能耗较大的排序依次为工业、交通运输业、居民生活，交通运输业能源消耗量以年均 21.8%的增长率赶超居民生活消费（10.8%），而工业经小幅增长后在 2007 年迅速回落；2008~2011 年，能源消费量排序依次为交通运输业、工业、居民生活，交通运输业能源消耗量以 6.6%的增长率持续增长且超过了工业；而最后一个时间段 2011~2015年，排序变成交通运输业、居民生活、工业，工业能源消耗量以年均 11.9%的降幅继续下降，而交通运输业年均增幅减缓至 4.4%。其他部门的能源消耗量较少，其中畜牧业、种植业、渔业和林业的能耗相对较小，均低于 3.2×10^5tce，此外，服务业在 1995~2007 年出现明显的增长趋势，以年均约 80.1%的增长率增长了约10.6 倍，随后又以 4.1%的年均下降率逐年减少。

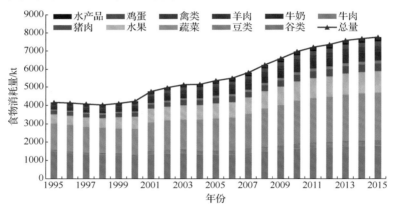

图 10-4　食物消耗量的动态变化及其结构分布

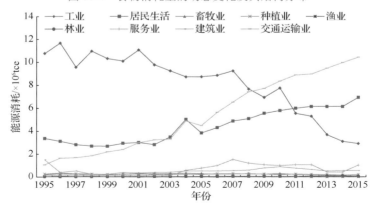

图 10-5　部门能源消耗量的动态变化

由图 10-6 可以看出，除服务业、建筑业和交通运输业外，煤在其余 6 个部门的能耗占比均在 30% 以上，但其他能源类型的部门消耗差异很大。工业主要消耗煤和焦炭，其中煤消耗占比在 36%～58% 波动变化，而焦炭比例减小幅度较大，从 44.9% 减小到 0.1%。居民生活除消耗大量煤外，汽油消耗量占比逐年增长，从 5.5% 增长到 65.3%，并从 2006 年开始逐渐代替煤，成为居民生活消费的最主要能源类型。汽油氮氧化物排放系数高达 16.7kg·N/t，因此，居民生活化石燃料消耗产生的氮氧化物量较大。而对于能源消耗量增幅最大的交通运输业，煤油是其最主要的消耗类型，占比从 58.2% 增长至 76.0%，而煤油燃烧的氮氧化物排放系数最大，高达 27.4kg·N/t，导致交通运输业的氮氧化物排放量增长最为显著。另外，交通运输业的柴油消耗量增长也较为明显，约增长 7.0 倍。对于农林牧渔业等能源消耗量较少的部门，能源类型多集中于煤和柴油。

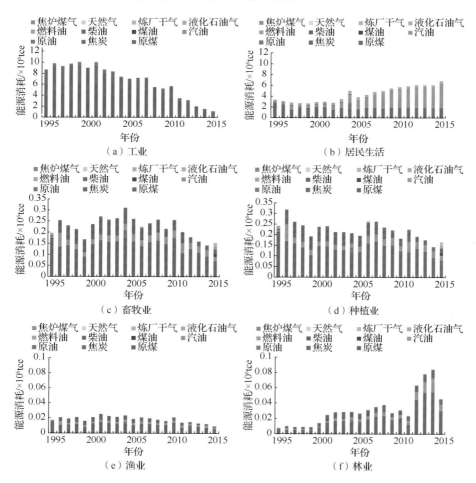

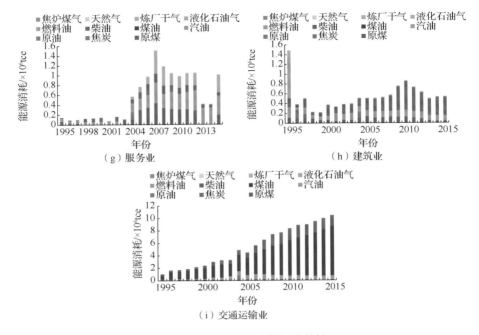

图 10-6　部门能源消耗组成结构

10.1.2　人为活化氮消耗的影响因素分析

1. 人为活化氮消耗分析

选取人为活化氮指标表征人为活动引发的氮消耗状况和氮汇程度，并分阶段解析 1995～2015 年北京人为活化氮消耗总量及其结构特征的变化，以服务于氮调控与管理。由图 10-7 所示，1995～2015 年北京人为活化氮消耗量呈现出三个变化阶段，经过两期增长后下降，包括缓增期（1995～2000 年）、加速期（2000～2010 年）和下降期（2010～2015 年）。这与占比较大（≥33%）的能源氮变化显著相关，研究初期能源氮与化肥氮占比相当（38%左右），而后期能源氮占比高达 51%。人为活化氮增长还来自食物氮的贡献，由初期的占比 9.7%增长至 20.7%。后期人为活化氮的下降主要来自能源氮和化肥氮的下降，其中化肥氮在研究期间持续下降，研究后期占比（20%左右）与食物氮相当。饲料氮在加速期增长约 1 倍，而后又降至与研究初期相当的水平；而化学产品氮在研究期变化不大，占比在 2%～3% 浮动。

纵观人为活化氮变化趋势，与活化氮输入总量基本一致，也在 2010 年达峰值，在 2001 年达到一个次峰值。2001 年人为活化氮消耗量显著增加，主要是由食物氮（占比 13.9%）、饲料氮（占比 19.6%）及能源氮（占比 35.8%）消耗量的增加共同拉动。人口的持续增长带来了大量的食物需求，2000 年北京市人口突增［2000年北京市人口增长率（8.5%）远高于前四年的平均水平（0.9%）］，加之居民收入水平的持续提高，肉类等高氮食品的消耗量大幅提升，北京市畜禽出栏总数 2001年达到峰值，该年增长率（33.2%）是前 5 年平均水平（14.6%）的 2 倍多（图 10-8），这些原因导致食物氮消耗量在 2001 年骤增，该年增长率（20.0%）是前 5 年平均水平（7.2%）的近 3 倍（图 10-9）。畜禽养殖量的增加也导致了饲料输入量显著增长（2001 年仅氨化饲料消耗量就较 2000 年增长了 27%），进一步导致了饲料氮消耗量的增加。此外，人口的增长致使北京市居民生活能源氮消耗量的增加，加之"十五"（2001～2005 年）初期，为达 GDP 增长 9%的规划目标，北京市工业、交通运输业能源氮消耗量在 2001 年皆显著增加，这两个产业能源氮消耗量在 2001年的增长率（11.5%）是前五年的平均增长率（3.4%）的 3.4 倍，导致能源氮消耗量迅速提升。2001 年北京人为活化氮消耗量在各种因素的共同影响下小幅达峰。

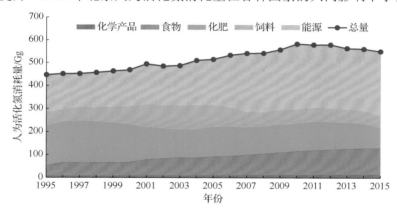

图 10-7　北京市人为活化氮消耗量总量结构图

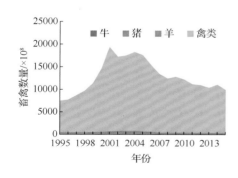

图 10-8　北京畜禽出栏数

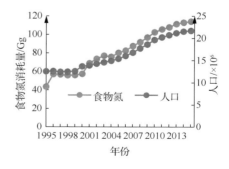

图 10-9　北京食物氮消耗和人口变化

　　2002 年由于北京市产业结构调整成效显著，第二产业占比下降，达到"十一五"期间的最低值（28.9%），工业能源氮消耗量减少，能源氮消耗总量也随之下降（图 10-10）。加之畜禽出栏数降低（图 10-8），导致供养畜禽的饲料氮消耗量在 2002 年下降显著（图 10-7），北京市总氮消耗量到 2002 年呈小幅下降。

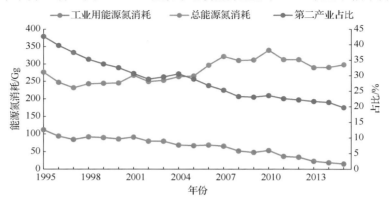

图 10-10   北京能源氮消耗结构及第二产业占比变化

2002～2010 年，北京市人为活化氮消耗量增速加快，年均增长率（2.6%）明显高于缓增时期（年均增长率为 1.0%）。2010 年，北京市人为活化氮消耗量达到最高峰。这与该阶段能源氮（占比≥35%）的增长显著相关（图 10-7）。"十一五"及"十二五"期间，随着城市交通建设加快，交通运输对能源的需求进一步加大，2010 年北京市交通能源氮消耗量较 2001 年增长了 221%。同时，居民生活能源氮也随着北京市人口的持续增长（2010 年北京市人口较 2001 年增长了 41.6%）而进一步增加，2010 年居民生活能源氮消耗量较 2001 年增长了 56%，导致北京市能源氮消耗量在该阶段持续、大量增长。此外，人口的增长也导致了食物氮消耗量的增加，2010 年北京市食物氮消耗量比 2001 年增长了 48.5%，对人为活化氮消耗量的增长具有重要贡献（图 10-11）。

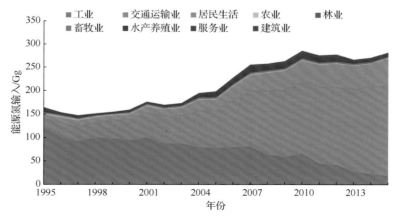

图 10-11   北京部门能源氮消耗结构

2011 年人为活化氮消耗量进入下降期，至 2015 年共减少了 33.6Gg。这主要是由于占比最大的能源氮（占比≥47.0%）变化趋势由上升转为下降（下降期减少了 3.7Gg），同时饲料氮和化学肥料氮消耗量也进一步下降（下降期分别减少了 12.5Gg 和 30.7Gg）（图 10-7）。2011～2015 是北京市"十二五"的规划时期，由于规划目标提出要进一步调整产业结构，减少第一产业和第二产业比例，增加第三产业占比使其达到 78% 以上，这就使得第一产业和第二产业生产所需的化肥、饲料氮及工业能源氮消耗大量减少（2015 年较 2010 年消耗量分别减少了 24.4%、51.7% 及 70.8%），很大程度上抑制了北京人为活化氮的消耗。

2. 影响因素贡献率分析

北京作为国际大都市，人口规模过大会导致社会经济活动高度集中，因此人均 GDP、人口数量是需要考虑的重要因素。另外，北京正处于依靠技术创新实现产业转型与升级的关键期，产业结构变化也是重要因素。高强度的社会经济发展、产业的深度转型均需要关注资源消耗的压力与影响，因此物质减量化成为紧迫任务，物质强度作为重要因素需要被考虑；同时，由于多样的城市产业、复杂的膳食结构以及不同的消费水平，还需要充分考虑物质消耗结构对城市人为活化氮消耗的影响。因此，分解模型中考虑了物质含氮量、物质消耗强度、物质消耗结构、产业结构、人均 GDP 及人口规模等 6 个因素。采用 LMDI 法构建因素分解模型，解析不同影响因素对北京人为活化氮消耗量的贡献比率及作用方向，试图找出拉动或抑制北京市人为活化氮消耗的主导因素，为确定氮消耗的关键环节，探求不同城市发展阶段氮消耗特征的共性和差异，提出控制氮消耗的政策建议和行动路径提供科学支持。

从规模、强度和结构效应来看，规模效应促进人为活化氮消耗量的增长，且其作用程度呈现先增加后减小的变化趋势（贡献率在活化氮缓增期为 5.46%，加速期为 12.12%，下降期为 8.42%），说明人口数量的增长对北京市人为活化氮消耗的影响不容忽视。而强度效应对活化氮消耗的作用方向在研究期间发生了改变，由缓增期的拉动作用（贡献率为 19.96%）逐渐减小至下降期的抑制作用（贡献率为 -4.3%）（表 10-1）。这主要是由于负向因素（物质消耗强度）的抑制程度持续增加（由缓增期的 -21.56% 增加至下降期的 -36.64%），而正向因素（人均 GDP）的拉动作用逐渐减弱（由缓增期的 41.52% 减小至下降期的 32.34%）。结构效应始终抑制北京市人为活化氮消耗的增长，且其抑制程度随时间不断减小。这是由于产业结构因素对活化氮消耗的抑制作用（贡献率绝对值>15.0%）远大于物质含氮量和物质消耗结构的拉动作用（贡献率之和<7.5%），且前者的抑制程度随时间明显减弱，而后两者的拉动程度随时间不断增加（图 10-12）。

表 10-1　不同效应对人为活化氮变化的贡献率

效应	因素	拉动（正值）/抑制（负值）		
		1995~2000 年	2000~2010 年	2010~2015 年
结构	物质含氮量、物质消耗结构和产业结构	−22.36	−14.17	−8.08
强度	物质消耗强度、人均 GDP	19.96	9.49	−4.30
规模	人口	5.46	12.12	8.42

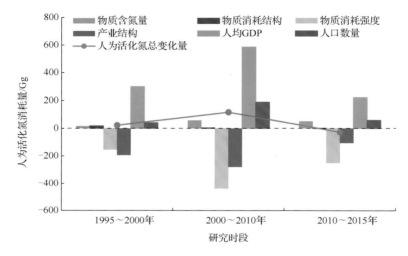

图 10-12　人为活化氮消耗的影响因素贡献值

　　6 个影响因素中，仅有物质消耗强度、产业结构因素呈现出抑制作用，其余 4 个因素均呈现出明显的促进作用。物质消耗强度和产业结构因素在缓增期的抑制作用相当，均占到总体贡献的 20% 以上，但物质消耗强度因素的抑制作用不断增强，而产业结构因素的作用不断减弱，在下降期不到物质消耗强度抑制作用的一半（图 10-12）。人均 GDP 是北京市人为活化氮消耗量增长背后的主要驱动力，缓增期贡献程度（41.52%）接近于物质消耗强度和产业结构因素产生的贡献率之和（48.47%），虽之后贡献率下降，但下降期仍接近总体贡献的 1/3（表 10-2）。人口规模也是拉动北京市人为活化氮增长的主要因素之一，作用程度在研究期间呈波动性变化，贡献率成倍增加后又降至峰值时期的约 70%。拉动作用贡献率的增加还来自物质含氮量，其在缓增期与物质消耗结构相当，均在 2% 左右，下降期贡献率增长了 3.4 倍，但总体贡献仍不足 10%，相反，物质消耗结构的拉动作用则呈现明显的下降趋势，降幅达 2 个数量级，综合来看，两者对人为活化氮消耗的拉动作用均不明显，未来优化产业结构和物质消耗结构、降低人口规模、提高氮使用效率可作为调控重点。

表 10-2　不同影响因素对人为活化氮变化的贡献量和贡献率

	人口数量		人均 GDP		产业结构		物质消耗强度		物质消耗结构		物质含氮量	
	贡献量/Gg	贡献率/%	贡献量/Gg	贡献率/%	贡献量/Gg	贡献率/%	贡献量/Gg	贡献率/%	贡献量/Gg	贡献率/%	贡献量/Gg	贡献率/%
1995~2000 年	39.29	5.46	298.63	41.52	-193.54	-26.91	-155.10	-21.56	17.35	2.41	15.41	2.14
2000~2010 年	187.81	12.12	584.53	37.74	-279.22	-18.03	-437.58	-28.25	3.14	0.20	56.67	3.66
2010~2015 年	57.52	8.42	220.86	32.34	-104.92	-15.36	-250.28	-36.64	-0.16	-0.02	49.57	7.26
1995~2015 年	284.63	9.64	1104.03	37.41	-577.68	-19.57	-842.960	-28.56	20.33	0.69	121.66	4.12

　　人口规模因素拉动贡献与各时期北京市人口数量年均增长率的变化趋势相同（人口年均增长率在活化氮缓增期为 1.8%，加速期为 4.4%，下降期为 2.1%），可见人口数量变化显著影响着人为活化氮的消耗。北京"十三五"规划中提出了城六区年均疏解常住人口 40 万的行动方案，设定 2300 万人口上限（截至 2020 年），并于 2016 年 8 月发布积分落户政策，从就业、居住、年龄等方面严格限制在京人口落户。并且 2017 年 4 月，中共中央、国务院决定在河北省设立雄安新区，疏解北京非首都功能，以达到人口分流的目的。新政策实施对北京市人口数量的控制效果必然会导致人口规模因素的拉动作用有所减小。

　　强度效应的拉动作用主要源于人均 GDP，这不仅与人口变化有关，同时受到 GDP 的影响，但 GDP 增速的变化幅度明显大于人口，综合作用下两者的比值随时间不断减小（年均增长率在氮消耗缓增期为 11.5%，加速期为 10.4%，下降期为 5.7%）。拉动作用的逐渐减小得益于"十三五"规划时期，我国经济发展进入"新常态"，经济增长放缓，着眼于调整经济结构，更注重经济发展的质量。而物质消耗强度因素（即单位 GDP 的物质消耗量）抑制作用的增强主要是因为物质利用效率的提高。1995~2015 年，北京市万元地区生产总值能耗呈现持续下降，由 1995 年的 2.3tce 减少至 2015 年的 0.3tce），同时 2017 年北京市出台了有关发展信息技术产业、集成电路产业、新能源智能汽车产业等系列文件，旨在推动科技创新、提高物质利用效率，物质消耗强度因素的抑制作用仍将持续增加。

　　结构效应的抑制作用主要来自产业结构调整。随着北京市第一、二产业占比减小，农牧业发展所需的化学肥料氮和饲料氮随之减少（研究期间分别减少了 48.9% 和 9.9%），工业生产所需的能源氮及其产出的化学产品氮也呈现出减少的趋势（图 10-7）。但随着服务业的发展（第三产业占比由 1995 年的 52.5% 增长到 2015 年的 79.7%），如旅游业、餐饮业和交通运输业等行业发展同样会带来大量的人为活化氮消耗（如食物氮、交通能源氮等，研究期间分别增长了 1.6 倍和 8.1

倍（图 10-7 和图 10-10），导致产业结构因素对北京市人为活化氮消耗的抑制程度逐年减小，贡献率由缓增期的 26.9%，减小到下降期的 14.6%（图 10-11）。物质含氮量的拉动贡献率在研究期间始终较小（<10%），这可能与饲料、能源、化学产品和化学肥料的物质组成变化有关。如居民生活水平提高，北京市居民膳食结构发生了较大的变化，肉蛋奶类高氮食物消耗占比由 1995 年的 15.5%增长到 2015 年的 41.5%，食物的含氮量逐年升高，拉动作用也随之增大（贡献率在缓增期为 2.14%，加速期为 3.66%，下降期增长至 7.26%）（图 10-11）。物质消耗结构因素的拉动作用始终最小（贡献率<3%，加速期及下降期甚至不足 1%），表明物质消耗结构的改变对北京市人为氮消耗的增长影响不大。

10.1.3 讨论与结论

1. 北京活化氮消耗的研究结果及相关成果对比

Vitousek 等（1997）指出人类所构建的显著区别于自然生态系统的特殊系统，已经严重影响到全球氮循环过程。人类活动的氮输入积累和输出估算是最重要的一步（Keeney, 1979），而人类活动的集中区——城市，由于物质和能量需求量大，成为主要的氮汇地（Kaye et al., 2006）。Baker 等（2001）也提出，详细的氮收支核算是分析农业-城市生态系统氮循环过程的基础。输入导致累积和排放，人为活化氮指标可以从消费源头表征氮问题，而人均人为活化氮消耗指标则可以用来对比分析不同城市的氮消耗特征。

由表 10-3 可知，北京人均人为活化氮消耗均约在 34kg/（人·年），仅美国菲尼克斯为 29.60kg/（人·年），比北京同期（1996 年）约低 17%，这是由于菲尼克斯人口数量为北京的 1/5，食物、化肥、能源消耗分别接近于北京的 1/6、1/7 和 1/5，人为活化氮消耗量仅为北京的近 1/6，导致其人均活化氮偏低。除菲尼克斯外，上海的人均人为活化氮也较低，仅为 32.04kg/（人·年），略低于中国平均水平 [2005 年 32.12kg/（人·年）]，这是由于相对中国、北京、杭州和菲尼克斯来说，上海氮核算未关注化学肥料氮消耗。中国城市人均人为活化氮消耗稍高于全球平均水平 [1990 年为 29.32kg/（人·年）]，但远高于亚洲 [19.92kg/（人·年）]，这是由于城市作为人口与经济活动密集区，其食物、能源氮消耗高度集中。巴西的人均人为活化氮消耗在 1995 年 [30.86kg/（人·年）] 与北京市相差不大，但 2002 年 [53.71kg/（人·年）] 远高于北京市和中国平均水平，这是由于巴西有着得天独厚的地理和气候条件，虽然人口数量仅相当于中国 2005 年的 1/7，但农产品氮消耗的增长明显（占到总体氮消耗的 94%），相当于中国的近 2 倍。

表 10-3　不同区域人均人为活化氮消耗量对比

区域	年份	人均人为活化氮/ [kg/ (人·年)]	来源
全球	1990	29.32	Galloway et al., 2004
	2005	28.77	Cui et al., 2013
亚洲	1995	19.92	Galloway and Cowling, 2002
巴西	1995	30.86	Filoso et al., 2006
	2002	53.71	
中国	2005	32.12	Galloway et al., 2004
菲尼克斯	1996	29.60	Baker et al., 2001
杭州	2004	34.02	Gu et al., 2009
上海	2004	32.04	Gu et al., 2012
北京	1996	35.82	本书
	2004	34.16	

由于数据的限制，假设处理了化学产品消耗、畜禽、水产品养殖饲料以及宠物饲料等方面的外部区域输入量数据；并采用插值法估算了部分缺失数据，如结合北京市人口数量比例估算了化学物质氮消耗数据。另外，由于地下水活化氮来源和去向存在不确定性，并未将其纳入城市的氮代谢过程，也由于数据不可得缺失了人工回收氮的核算项目。本节研究范围仅界定为北京市行政边界，忽略了水体、大气与周围环境的交互作用，也会给结果带来很大的不确定性。如果未来能够通过调研获取实际氮消耗数据，可进一步提高研究结果的精度。

2. 北京氮代谢结构特征的研究结果及相关成果对比

Galloway（1998）指出由于人类对食物和能源的需求导致了全球陆地生态系统的活性氮供应量增加了一倍。食物和能源作为导致人为活化氮输入增长的两个重要方面受到关注（于洋等，2012; Galloway et al., 2004）。由表 10-4 的对比数据可知，北京 1996 年食物氮的消耗水平相当于同期菲尼克斯的 1.2 倍，这是由于食物氮核算方法存在差异，菲尼克斯是基于不同年龄段蛋白质的需求量核算，而北京则基于不同类型食物消耗量及其含氮系数计算，因此，菲尼克斯并未考虑居民膳食结构的差异，而以平均蛋白质含氮量来处理；北京饲料氮相当于菲尼克斯的 3 倍多，这主要是由于菲尼克斯仅有产出乳制品的牲畜饲料氮消耗，而北京则包括了产出肉蛋奶的所有畜禽饲料氮。杭州 2004 年食物氮相当于同期北京的 7/10，这是由于杭州仅考虑了农产品的生物固氮部分，而北京则包括了农产品及肉蛋奶等所有食物氮消耗；杭州饲料氮约是北京的 1.5 倍，这是由于杭州牲畜存栏量相当于北京的 2.6 倍，但北京又额外考虑了禽鱼类饲料氮量，使两者的差距缩小，同时人口数量的巨大差异（杭州人口仅相当于北京的 7/10）也会导致两者的差距变小。厦门、上海、多伦多和巴黎的人均食物氮消耗相对于北京均高出 1.0 kg/（人·年）以上，这主要与居民膳食结构有关，2006 年巴黎鱼肉蛋奶类（高氮食物）含氮占比是同期北京的 1.59 倍（Billen et al., 2012），同时多伦多基于蛋白质消耗量计算了人均食物氮消耗，其结果偏高的原因也反映了高氮食物消耗的饮食结构。北京市人均食物氮相当于厦门的 78.1%，同样是饮食结构的影响，厦门肉蛋奶类等高氮食品的消耗量占比（38.6%）远高于北京（19.5%），而上海该值偏高的原因，在于其包含了部分饲料氮。

表 10-4　世界城市食物/饲料氮、化石燃料氮的人均氮消耗量比较

城市	年份	城市化率/%	食物/饲料氮/ [kg/（人·年）]	化石燃料氮/ [kg/（人·年）]	来源
巴黎	2006	—	8.07/—	—	Billen et al., 2012
菲尼克斯	1996	77.0	3.67/1.30	13.46	Baker et al., 2001
多伦多	2001	—	6.40/—	—	Forkes, 2007
	2004	—	6.35/—	—	
上海	2004	81.16	8.33①	13.78	Gu et al., 2012
杭州	2004	43.40	3.55/10.0	5.03	Gu et al., 2009
厦门	2008	68.28	7.21/—	16.41	Huang et al., 2016
北京	1996	76.06	4.53/4.30	12.20	本书
	2004	79.53	5.08/6.86	13.06	
	2006	84.33	5.16/5.05	14.25	
	2008	84.90	5.18/3.37	14.58	

注：① 为食物/饲料氮的合计

大多城市人均化石能源氮消耗均在 10～15 kg/（人·年），2004 年仅杭州的人均能源氮消耗为同期北京的 38.5%，而上海略高于北京，是北京的 1.1 倍。这与各城市能源消耗结构显著相关，2004 年北京含氮高的油类消耗量占总能源消耗量的 7.0%，是杭州（3.9%）的近 2 倍，同时杭州含氮低的原煤消耗量却占比巨大（89.1%），导致杭州市人均能源氮消耗量远低于北京。北京油类占比虽仅为上海的 17%，但对于同样含氮量较高的焦炭，北京占比最大（32.2%），是上海（24.4%）的 1.3 倍，导致两者人均化石能源消耗差距并不明显。而 2008 年厦门人均化石能源氮消耗量处于高位［16.41kg/（人·年）］，但化石能源氮却仅为同期北京的 1/6，这主要与城市人口数量紧密相关，因为厦门 2008 年人口数量仅为同期北京的 1/7。

由图 10-13 可以看出，随着北京城市化率的增加（75.6%～86.5%），人均食物氮、人均化石能源氮消耗量并未呈现明显的增长或减少趋势，仅在 76%、80%左右的城市化率范围内人均食物氮消耗量发生了明显跃升，人均化石能源消耗量则在城市化率 80%～86%范围内增长明显，在 84.5%城市化率时达到峰值。而在城市化水平相近的情况下，北京人均食物氮消耗、人均化石燃料氮消耗均低于厦门和上海。其中北京人均食物氮量分别相当于厦门的 48%和上海的 61%，而人均化

石能源氮消耗略高些，分别相当于厦门的 80% 和上海的 95%。同国外城市相比，北京食物氮是菲尼克斯的 1.2 倍，化石能源氮消耗量则不及菲尼克斯（约为 90%）（图 10-13）。上海、厦门等消费型城市可以借鉴北京城市化率与人均氮消耗的变化规律，调整居民膳食结构和能源消耗结构。依据 Gu 等（2009）开展的杭州研究结果，可以发现随着城市化率增长，人均氮消耗均有所增长，但不同城市化水平下增长幅度有着明显的差异。如杭州城市化率增长 1 个百分点（由 1980 年 25.0% 增加到 2004 年 43.4%），人均食物氮和人均化石能源消耗均约增长 0.06kg/（人·年），而北京在城市化率 80% 以上时，城市化率增长 1 个百分点，人均食物氮消耗增长量是杭州的 1/5［0.012kg/（人·年）］，人均化石能源消耗增长量则比杭州少 50%［0.03kg/（人·年）］。

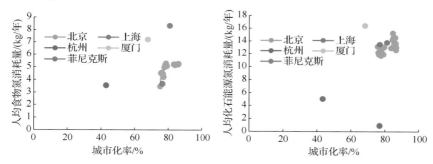

图 10-13　人均食物氮、化石燃料氮的消耗量与城市化率拟合分析

左图为人均食物氮消耗与城市化率的拟合分析，右图为人均能源氮消耗与城市化率的拟合分析

3. 北京氮代谢影响因素的研究结果及成果对比

Liu 等（2014）指出驱动人为活化氮消耗的影响因素分析是减少和控制氮消耗的重要手段。基于 LMDI 法将影响分为规模、结构、强度等效应。一些学者的研究成果表明规模效应多拉动氮消耗/排放的增长（庞军等，2013；李长嘉等，2012），其中经济规模因素是影响人为活化氮消耗/排放的主要因素，且贡献较大（贡献率通常>40%）（Jia et al., 2017；王丽琼，2017；Ding et al., 2017），这由人工系统的经济发展需求决定。本节研究结果也得出类似的结论，规模效应始终拉动北京市人为活化氮消耗的增长（贡献率在 5%～15%）。这是由于我们选取的是人口规模因素，经济规模更多地隐含在人均 GDP 因素上，该因素同样是拉动北京人为活化氮消耗增长的主要因素（研究期间贡献率>32%）。此外，大多研究指出技术效应（Ding et al., 2017；庞军等，2013；李长嘉等，2012）和强度效应（Jia et al., 2017；王丽琼，2017）多抑制氮消耗/排放增长，而本节中物质消耗强度因素也呈现明显的抑制作用，贡献率在 20% 以上。前人研究成果中结构效应的作用方向通常具有

阶段性（Ding et al., 2017; 王丽琼, 2017），以抑制氮消耗/排放居多，而本节结构效应始终抑制北京人为活化氮消耗的增长，这主要得益于北京产业结构调整、高耗氮产业占比不断减小的举措。

北京市政府已意识到人口因素对氮消耗的显著拉动作用，实施了提高在北京落户门槛等系列控制举措，近 5 年人口增长态势有所放缓，研究结果也表明 2011 年开始人口因素对人为氮消耗量增长的拉动态势有所减弱，但由于北京作为中国首都，人口数量很难在短时间内减少，因此未来几十年该因素仍会拉动北京氮消耗的增长，但拉动幅度会逐渐减小。此外，近些年北京落实循环经济举措、发展高精端产业的尝试也取得了较好的环境成效，技术水平和物质利用效率提升明显，人均 GDP 因素对北京氮消耗的拉动作用有减弱趋势。

当前构建的因素分解模型考虑了各方面的因素，但如果能够收集到更为详细的数据，可以更多地展示产业结构（细化三产结构，突出城市行业特点）、物质消耗结构（细化五类含氮物质，突出每个类别的结构特征），以及生产与消费的细化（突显人口与 GDP 的规模效应）、城乡差异（突显人口结构）等方面的影响，以此建立一个更为精细的、具有普适性的模型，对比不同城市发展特征的差异性，可为城市生态发展规律的探求提供重要支持。

10.2　北京氮代谢网络分析

氮核算研究或关注与环境的输入输出，或集中于城市内部的主要流转过程，很少从全过程出发，以代谢的视角剖析氮流动过程。Wolman（1965）提出的城市代谢思想为氮代谢过程的研究提供了良好的框架。自 21 世纪初以来，越来越多的研究者开始集中于城市营养元素的代谢研究，尤其是氮、磷的城市代谢过程（Faerge et al., 2001）。但这些研究大多把自然环境作为城市社会经济子系统的供养，并没有把两者放在同等重要的位置，从网络视角分析参与氮代谢各主体之间的相互作用关系。

以网络为研究视角，解析北京氮代谢过程，识别氮引入、流转、排出的代谢主体。并采用网络流量、效用分析方法，模拟网络节点间综合流量及效用分布，深入刻画网络内部通过频繁交换而形成的流转关系与间接效应（Zhang et al., 2016a, 2016b），识别网络的控制与瓶颈节点（城市氮代谢网络的关键主体是谁？）；借鉴食物链、营养级理论定量模拟城市氮代谢过程的层阶结构，判断其健康稳定状态（城市氮代谢网络的健康状况如何？层阶结构与金字塔形有怎样的偏差？），识别影响状态的关键代谢主体（Zhang et al., 2018），为确定重要氮减排部门、提高氮利用效率以及维持氮代谢持续稳定提供理论支持（图 10-14）。

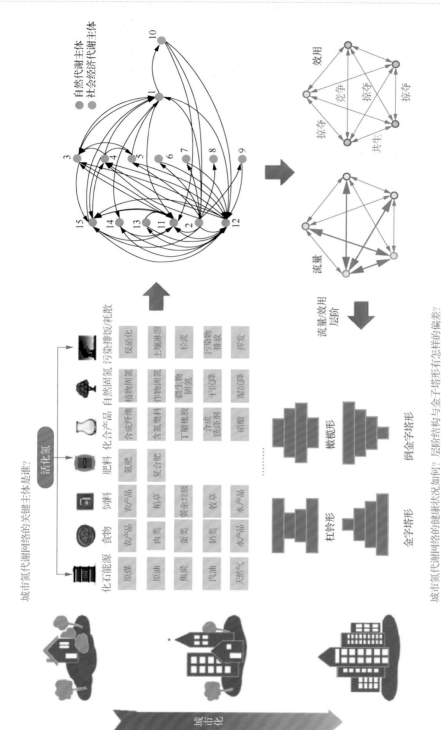

图 10-14　城市氮代谢网络特征的分析框架

10.2.1   氮代谢网络流量分析

1. 氮代谢直接流量分析

图 10-15 显示了网络节点间直接路径（路径长度为 1）的流量。图中绿、黄、蓝、粉和黑 5 种颜色的路径表示活化氮的不同流量范围，分别为>90Gg、60～90Gg、30～60Gg、10～30Gg 和 0～10Gg，图中并未显示外部区域输入量及自我反馈流量。1995～2015 年，北京直接流量网络的非均质化特征明显，最大和最小直接流量相差 7 个数量级之多，直接流量网络中仅有 1/5（大于 30Gg）的路径流量相对较大。直接流量在 0～10Gg（黑线）的路径数量最多，占网络总体路径数量的 65% 左右（33 条左右）；直接流量在 10～30Gg（粉线）的路径数量约 10 条，占比为 20%左右。直接流量较大的路径数量分布较少，均在 2～6 条范围内。研究初期，网络直接流量较大的路径集中于网络的右上方，包括由节点 2（工业）、节点 12（大气）和节点 15（耕地）为顶点构成的钝角三角形，以及节点 15（耕地）到节点 4（种植业）的路径。随着时间推移，由节点 2（工业）到节点 9（交通运输业），再从节点 9（交通运输业）到节点 12（大气）的锐角三角形也逐渐凸现（图 10-15）。直接流量大于 30Gg 的节点和路径（研究期间，30Gg 的直接流量约占到网络输入总量的 10%）视为重要节点和路径。节点 2（工业）输出路径数量最多，且输出量最大，其中最大的接收方是节点 12（大气），但此路径流量呈下降趋势，2015 年仅为 1995 年的 17%，同时节点 2（工业）输出量占总输出量比例也从 40.6%下降到 6.6%，反映了北京工业氮氧化物排放逐渐减少。

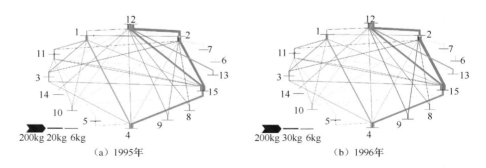

(a) 1995年   (b) 1996年

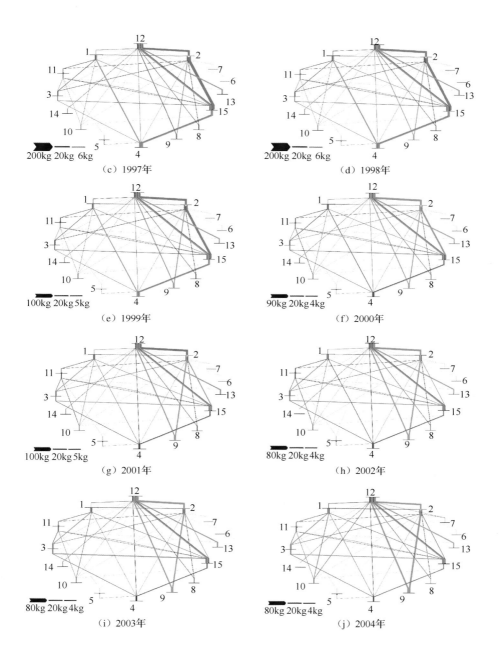

（c）1997年

（d）1998年

（e）1999年

（f）2000年

（g）2001年

（h）2002年

（i）2003年

（j）2004年

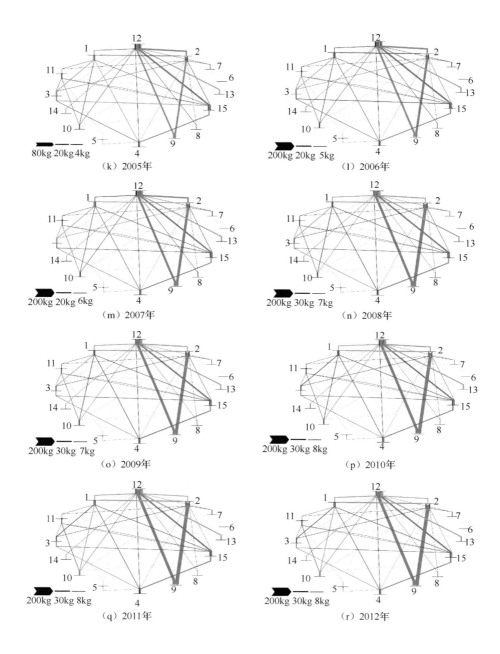

（k）2005年

（l）2006年

（m）2007年

（n）2008年

（o）2009年

（p）2010年

（q）2011年

（r）2012年

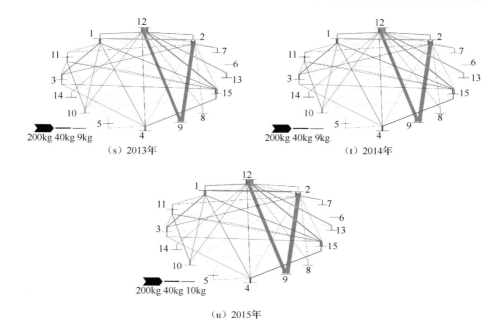

图 10-15　网络节点间直接流量分布

1 居民生活，2 工业，3 畜牧业，4 种植业，5 渔业，6，林业，7 服务业，8 建筑业，9 交通运输业，
10 污水处理厂，11 地表水，12 大气，13 林地，14 草地，15 耕地

不仅节点 12（大气）接收来自节点 2（工业）能源燃烧产生的氮氧化物，节点 15（耕地）化肥挥发和有机肥料反硝化作用的排放也不容忽视，但同样在 21 年间呈减少趋势，节点 12（大气）接收量占所有节点接收总量的比例也由 67.3% 下降到 23.0%；节点 12（大气）除了较大的接收量外，输出量也较大，主要表现为节点 13（林地）通过固氮作用和沉降从节点 12（大气）获得的氮素，但 21 年间变化基本稳定在 45Gg 左右，约占节点 12（大气）总输出量的 75% 左右。

除此之外，还有一些节点间直接流量开始较小，但随着时间推移流量逐渐大于 30Gg，比如节点 2（工业）到节点 1（居民生活）的化学产品的直接流量在 1995～2006 年均小于 30Gg，但从 2007 年开始直接流量大于 30Gg，21 年间增长 5.9 倍，同时节点 1（居民生活）的废弃物排放量也随之增大，其输出到节点 10（污水处理厂）和节点 12（大气）的氮素量年均增幅也分别达 10.2% 和 9.6%，超过 30Gg 的时间点分别为 2008 年和 2011 年。节点 9（交通运输业）的能源消耗增长显著，从 1997 年开始超过 30Gg，随之该年输出到大气的氮氧化物也开始超过 30Gg，其从节点 2（工业）获得的能源和输出到节点 12（大气）的氮氧化物均增长了 5.4 倍。

2. 氮代谢综合流量分析

如图 10-16 所示，综合流量网络中节点间交换更为频繁，由 51 条直接路径增加至 159 条综合传递路径，同时路径流量均有所增加。大多数路径的综合流量仍然集中在 0～10Gg，约占总交换路径数量的 74%，路径数量明显增多，约为直接流量路径数量的 3 倍。综合流量在 10～30Gg 的路径数量在 19～24 条波动，相当于直接流量路径数量的 2 倍，占比位于 6.3%～15.1%。综合流量网络中最大传递量与最小传递量之间相差 6 个数量级，非均质化特征依然显著。

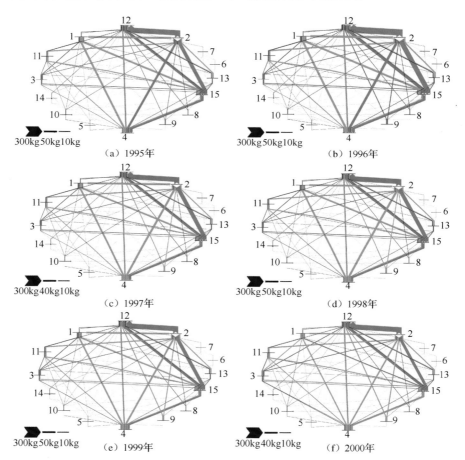

（a）1995年　　（b）1996年　　（c）1997年　　（d）1998年　　（e）1999年　　（f）2000年

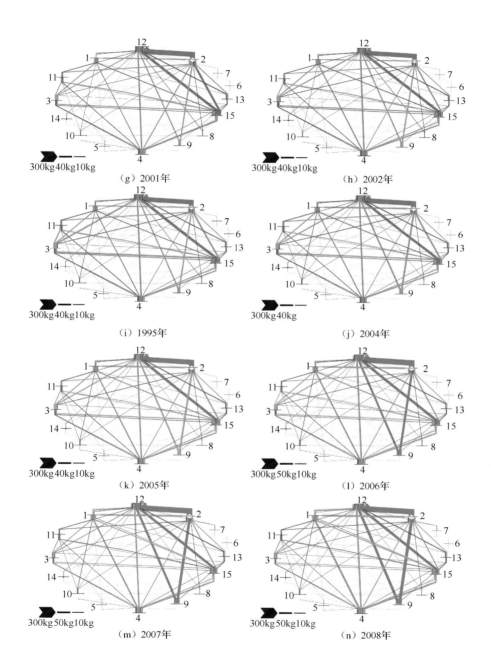

（g）2001年

（h）2002年

（i）1995年

（j）2004年

（k）2005年

（l）2006年

（m）2007年

（n）2008年

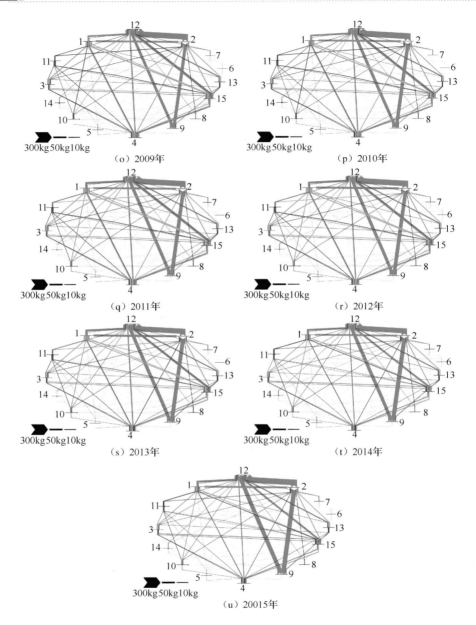

图 10-16　网络节点间综合流量分布

1 居民生活，2 工业，3 畜牧业，4 种植业，5 渔业，6，林业，7 服务业，8 建筑业，9 交通运输业，
10 污水处理厂，11 地表水，12 大气，13 林地，14 草地，15 耕地

综合流量始终在 30Gg 以上的路径均与节点 12（大气）有关，其输入输出流量之和占网络所有路径流量之和的比例均在 8% 以上。主要供给节点 2（工业），约占节点 12（大气）输出量的 30%，但变化并不明显，这与直接流量呈下降趋势有所不同。除此之外，节点 15（耕地）对节点 12（大气）的贡献也较大，但呈波动下降趋势，2015 年约减少到 1995 的 66%，占大气输入量比例也由 16.8% 下降到 7.1%，与直接流量变化趋势相同；节点 12（大气）输入、输出量均较大，主要输出到节点 13（林地），约占大气输出量的 15%，且各年份综合流量与直接流量相差较小，年际变化并不明显。以上围绕节点 12（大气）的综合流量较大的路径在直接流量中同样表现突出，一直大于 30Gg。

此外，节点 1（居民生活）的综合流量在各年份中也较为显著，主要是节点 2（工业）和节点 4（种植业）的贡献，其中节点 2（工业）到节点 1（居民生活）的综合流量历年约占节点 1（居民生活）输入量的 16%，此路径的直接流量增幅较大，但综合流量变化却较为平缓。节点 4（种植业）到节点 1（居民生活）的综合流量波动频繁，1995～1998 年维持在 71Gg 左右，到 1998～2003 年，出现大幅度减少（减少了 1/2），而在 2003～2008 年又增至 2003 年的 2 倍，虽然变化趋势与直接流量相同，但变化幅度却低于直接流量。节点 2（工业）是氮素的主要供应方，其输出路径数量和输出量均最大，同时该节点输入输出流量之和占网络所有路径流量的 32% 左右。

除了节点 12（大气）、节点 1（居民生活）和节点 2（工业）表现突出，节点 3（畜牧业）也具有较大的输入量，主要来自节点 4（种植业）和节点 15（耕地）的贡献，其中节点 4（种植业）输入的综合流量在节点 3（畜牧业）输入量中占比维持在 22% 左右，但中间年份的流量却呈波动变化。而节点 15（耕地）对节点 3（畜牧业）输入的综合流量仅为节点间相互作用产生的间接流量。

综合流量网络中变化较明显的路径也值得关注，有的由较小路径变为流量 30Gg 以上的重要路径，增速较明显的节点有污水处理厂和交通运输业，围绕这两个节点的输入和输出路径流量之和年均增幅分别为 8.6% 和 11.3%，其中节点 1（居民生活）到节点 10（污水处理厂）的综合流量增长约 5.9 倍，节点 2（工业）到节点 9（交通运输业）、节点 9（交通运输业）到节点 12（大气）的综合流量分别增长 5.6 倍和 5.1 倍，这三条路径的综合流量大小均接近于直接流量。还有一些流量开始大于 30Gg，随后又降低至 30Gg 以下，表现较明显的是节点 2（工业）输出到节点 3（畜牧业）、节点 4（种植业）和节点 11（地表水）的综合流量，这几条路径的综合流量均降低至 1995 年的 37% 左右，同时其直接流量历年均小于 30Gg，这些节点的间接效应使其综合流量在某些年份凸现出来。

10.2.2　氮代谢生态关系分析

1. 代谢主体关系

依据综合效用符号矩阵可以计算共生指数，进而分析其背后的生态关系类型分布。图 10-17 显示 1995～2015 年共生指数呈现出两次增长与下降的波动变化，变化范围在 0.7～0.9，反映北京氮代谢过程以负向关系为主导。1995～1997 年 M 值先轻微增长（年均复合增长率为 0.9%），接着以 3.5% 的年均降幅持续下降（1997～2001 年），2001～2004 年 M 值又以同样的年均变化率回升至 1997 年水平，而到了 2004～2009 年 M 值再次下降。研究期内，M 值在 0.8 左右波动变化。

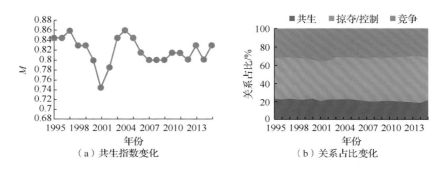

（a）共生指数变化　　　　　　（b）关系占比变化

图 10-17　氮代谢网络的共生指数 M 和关系占比变化分析

M 值的波动变化主要由 225 对生态关系决定。图 10-18 显示北京氮代谢主体间关系占比排序为：掠夺/控制>竞争>共生。掠夺/控制关系占比历年最大，为 42% 以上，2013 年、2014 年更高达 50% 以上，基本占据一半的份额。竞争关系占比在 29%～36%，而共生关系占比最低，最大值仅为 24%，相当于掠夺/控制关系占比的一半。共生关系是保障城市生命体健康的重要因素，但是当前城市氮代谢系统的共生关系略显不足。总体来看，掠夺/控制关系数量有所增加，而竞争与共生关系则呈下降趋势，表明北京氮代谢过程的矛盾与冲突愈加明显，因此需要进一步关注节点的生态关系分布。

虽网络 M 值集中分布于 0.7～0.9，均小于 1，但网络节点的 M 值却相差较大。对于自然主体或以自然主体为主要生产原料的节点，其 M 值在部分年份大于 1。节点 11（地表水）、节点 12（大气）和节点 13（林地）等自然节点研究期间均大于 1，节点 3（畜牧业）M 值也在 17 个年份大于 1，而节点 4（种植业）和节点 5（渔业）仅在个别年份大于 1。可依据节点间生态关系类型，进一步解释节点 M 值的显著差异。图 10-18 显示了 21 年 105 对关系的稳定分布状态（至少有 15 个时间点的关系对是一致的）。

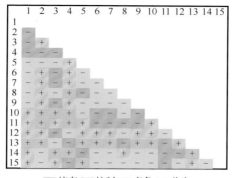

图 10-18　北京氮代谢主体间稳定的生态关系分布

1 居民生活，2 工业，3 畜牧业，4 种植业，5 渔业，6，林业，7 服务业，8 建筑业，9 交通运输业，
10 污水处理厂，11 地表水，12 大气，13 林地，14 草地，15 耕地

M 值大于 1 的节点大多掠夺其他节点，并对共生关系有一定贡献；而 M 值小于 1 的节点大多被其他节点掠夺，同时对竞争关系也有部分贡献。与节点 3（畜牧业）、节点 11（地表水）和节点 12（大气）相关的主要关系类型为掠夺（占所有关系的比例均大于 40%），同时节点 3（畜牧业）、节点 11（地表水）的共生关系占比也达到 14%。节点 3（畜牧业）从节点 2（工业）和节点 4（种植业）获取工业饲料和农产品饲料；节点 11（地表水）主要接收了来自节点 13（林地）、14（草地）和 15（耕地）的径流；而节点 12（大气）主要接纳来自节点 6（林业）、节点 7（服务业）、节点 8（建筑业）和节点 9（交通运输业）的化石燃料燃烧产生的含氮废气以及来自污水处理厂反硝化作用产生的含氮气体。而围绕节点 13（林地）的共生关系占比高达 57%，同时掠夺关系也贡献 7%，主要来自与节点 6（林业）、节点 7（服务业）、节点 8（建筑业）、节点 9（交通运输业）的共生关系，它们消耗能源向大气中排放含氮气体，再经林地固氮作用，形成经由大气节点传递链条，氮消耗-氮排放-氮固定再利用的良性循环路径，表现为双赢的共生关系。

节点 2（工业）、节点 4（种植业）和节点 10（污水处理厂）主要充当被掠夺者，控制关系占比均大于 35%，同时节点 2（工业）和节点 10（污水处理厂）的竞争关系占比也达 20% 以上，节点 4（种植业）竞争关系则贡献了 7%，导致这些节点的 M 值较低。节点 2（工业）和节点 4（种植业）为城市的居民和动物供应食物及能源；节点 10（污水处理厂）具有处理氨氮废弃物的能力，并参与城市氮的再循环过程，也多充当被掠夺者角色。同样，节点 5（渔业）、节点 6（林业）、节点 7（服务业）、节点 8（建筑业）、节点 9（交通运输业）、节点 14（草地）和节点 15（耕地）的竞争关系占比大于 40%，同时控制关系也均大于 14%。这是由于节点 6（林业）、节点 7（服务业）、节点 8（建筑业）和节点 9（交通运输业）

均为能源消耗部门，它们同时接收节点 2 供应的能源氮，形成竞争关系。类似的，节点 5（渔业）与节点 1（居民生活）、节点 2（工业）、节点 3（畜牧业）、节点 6（林业）、节点 7（服务业）和节点 9（交通运输业）的竞争关系主要体现为对节点 4（种植业）产品的使用。此外，节点 14（草地）和节点 15（耕地）与节点 6（林业）、节点 7（服务业）、节点 8（建筑业）和节点 9（交通运输业）之间不存在直接联系，而是经过节点 2（工业）、节点 12（大气）、节点 14（草地）和节点 15（耕地）产生竞争关系。

2. 代谢主体效用

在关系类型分析的基础上，整合节点间相互作用产生的正负效用，可获得协同指数，以反映网络和节点的收益大小。21 年间北京氮代谢网络的协同指数均大于 0，在 7～11 波动变化，说明网络获得正收益。1995～1999 年，网络收益下降了 29.5%，接着在 2003～2010 年收益有所回升，S 值几乎与 1995 年持平（>10），但到了 2010～2015 年收益又由 10.43 逐渐下降到 7.98。网络 S 值的变化是由各节点 S 值及其结构组成综合作用的结果。研究期间，各节点并非均呈现正收益，效用值在-2.56～+2.04 变化。节点 1（居民生活）、节点 2（工业）、节点 3（畜牧业）、节点 4（种植业）、节点 5（渔业）、节点 8（建筑业）、节点 14（草地）和节点 15（耕地）的 S 值有所下降，其中，节点 8（建筑业）的正负收益共同下降导致其降幅最大，2015 年 S 值仅为 1995 年的 20%，而节点 5（渔业）的正负收益基本相当，但负收益略占优势导致其 S 值有所下降。节点 1（居民生活）、节点 2（工业）、节点 3（畜牧业）、节点 4（种植业）、节点 14（草地）和节点 15（耕地）在负收益值增大的影响下 S 值有所减少。而其余节点的 S 值呈现增加趋势，其中节点 6（林业）、节点 7（服务业）、节点 9（交通运输业）、节点 10（污水处理厂）和节点 11（地表水）的 S 值的增加是由于正收益增加而负收益减少，而节点 12（大气）和节点 13（林地）的 S 值增加是由于正负收益均有增加，但正收益增加明显。

节点间收益流的转移变化显著影响节点 S 值的大小。研究期间，北京氮代谢网络中负收益路径数量增多（由 105 条增加到 117 条），但流量较大的路径由多节点参与转向集中于少数节点；正收益路径数量相应减少，路径流量由均质性分布转为向个别节点聚集的格局。另外，收益绝对值较大（$|u|>0.5$）的路径（重要路径）数量变化不大，占比在 3%～5%波动。除 1995 年具有负收益的重要路径数量（节点 7）大于正收益（节点 1）外，其余年份均以正收益的重要路径为主（合计占比为 55%～67%）。重要路径的正负收益数值均呈增长趋势，其中正收益增长较大，2015 年相当于 1995 年的 6 倍，而负收益相对较慢，2015 年仅为 1995 年的 1.1 倍。但是，1995 年负收益的重要路径数值之和是正收益的 8.2 倍，而在其余年份两者比较接近（图 10-19）。

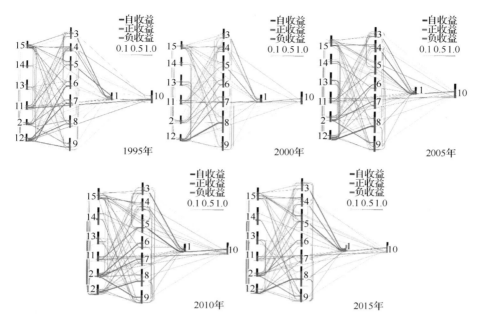

图 10-19　节点间收益流量图

1 居民生活，2 工业，3 畜牧业，4 种植业，5 渔业，6，林业，7 服务业，8 建筑业，9 交通运输业，
10 污水处理厂，11 地表水，12 大气，13 林地，14 草地，15 耕地

围绕节点 5（渔业）、节点 6（林业）、节点 7（服务业）、节点 8（建筑业）、节点 9（交通运输业）和节点 10（污水处理厂）的重要路径较多，其中节点 8（建筑业）和节点 5（渔业）的 S 值呈减少趋势，而其余节点的 S 值则不断增加。节点 8（建筑业）主要接收节点 9（交通运输业）和节点 12（大气）的负收益流，研究期间分别增加了 0.676 和 0.729，合计占节点 8（建筑业）接收总负收益的 65% 以上；节点 8（建筑业）并无较大的正收益流汇入，导致正收益减少了 0.426。此外，节点 8（建筑业）自收益值虽有所增加但 2015 年较 1995 年仅增长了 1.9%，对节点 S 值影响不大。节点 5（渔业）则主要接收节点 1（居民生活）持续增加的负收益流（占节点 5 接收负收益流的 45% 左右），负收益绝对值整体增大了 0.580；主要接收节点 15（耕地）的正收益流（占其接收正收益流之和的 38% 以上），汇入的正收益值整体增加了 0.543，再考虑节点自收益以 3.7% 降幅减少，可导致节点 5（渔业）的 S 值减小。节点 10（污水处理厂）主要接收节点 1（居民生活）的正收益流（占其接收正收益流的 60% 以上）和节点 11（地表水）的负收益流（占其接收负收益流的 45% 左右），而节点 6、节点 7、节点 9 均主要接收节点 2（工业）的正收益流（均占各自接收正收益流的 70% 以上）和节点 12（大气）的负收益流（均占各自接收负收益流的 59% 以上）。这些节点汇入了较大的正收益流，导

致节点接收的正收益增加而负收益减小，再加上自收益在研究期间减幅均<5%，导致 S 值有所增加，其中节点 10 的负收益的值减小最多（0.664），导致其 S 值在所有节点中增加最多（0.89）。

10.2.3　流量-效用层阶结构

1. 流量层阶结构

1995～2015 年北京氮代谢网络的流量层阶结构保持倒金字塔形，即上层权重较大，下层权重小（图 10-20）。随着时间的推移，各层阶的权重发生了变化，导致研究初期（1995～2003 年）呈现顶层宽而底部窄的倒金字塔结构，2003 年底层与顶层权重相差最大，约相差 0.386，层阶 1 与层阶 2 的权重均不断减少，而且两者的差距逐渐缩短，1995 年相差 0.038，到 2004 年相差仅 0.002；随后在 2004～2011 年，下层层阶有所恢复，层阶 1 和层阶 2 的权重围绕 0.1 上下浮动，基本相差不大；而 2011 年以后，层阶 1 权重开始增加，而层阶 2 权重开始减小，杠铃形结构特征初显，但并未改变倒金字塔的形态。

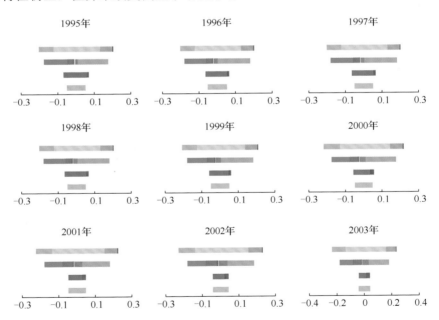

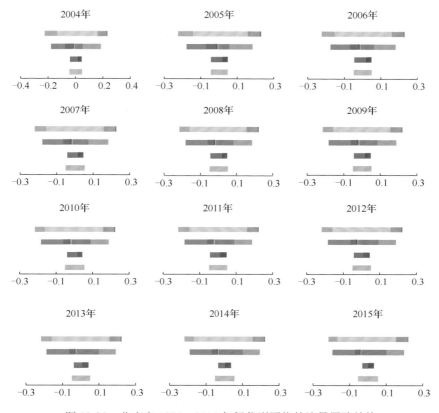

图 10-20　北京市 1995～2015 年氮代谢网络的流量层阶结构

从底部往上顺序，层阶 1 为节点 2；层阶 2 从左到右分别为节点 4、节点 10；层阶 3 分别为节点 1、节点 3、节点 5、节点 6、节点 7、节点 8、节点 9、节点 15；层阶 4 分别为节点 11、节点 12、节点 13、节点 14；色块长度代表各节点的权重 W。1 居民生活，2 工业，3 畜牧业，4 种植业，5 渔业，6，林业，7 服务业，8 建筑业，9 交通运输业，10 污水处理厂，11 地表水，12 大气，13 林地，14 草地，15 耕地

　　层阶 3 和层阶 4 的权重始终大于层阶 1 和层阶 2。层阶 3 权重呈现缓慢增长趋势，占比从 1995 年的 0.352 增长到 2015 年的 0.392，主要由氮消耗部门构成；而层阶 4 在 1995～2003 年，呈显著增长趋势，占比由 0.407 增长至 0.471，随后又下降，到 2008～2015 年保持在 0.43 左右，该层主要由各自然代谢主体构成。层阶 2 在 1995～2003 年正好与层阶 4 变化趋势相反，占比从 0.139 下降到 0.083，导致 2003 年顶部与底部层阶权重相差最大，随后保持 0.09 占比直到 2011 年，之后权重不断减少，2015 年权重仅为 0.064；而层阶 1 的权重在研究期间无明显变化，基本保持在 0.110 左右。层阶 1 和层阶 2 均属于氮供应端，层阶 3 属于消费端，层阶 4 是消费后的氮排放端，由图 10-20 可知，供应端权重较稳定，氮消耗

端权重呈现增长趋势，说明相当部分的氮消耗量依赖外部供应，同时越来越多的含氮污染物被排放到自然主体中。

各层阶权重变化是由内部节点权重的变化决定的。层阶 2 权重减少主要来自节点 4（种植业）的贡献，虽然节点 10（污水处理厂）权重逐渐增长，但节点 4 下降幅度（减少了 9.7%）大于节点 10 的增长幅度（减少了 2.1%）；层阶 3 权重的增长主要来源于比重较大的节点 9（交通运输业）贡献，其权重由 1995 年的 0.013 增长到 2015 年的 0.138，可见北京交通压力剧增，但同时节点 15（耕地）的权重呈显著下降趋势，导致该层增长缓慢。节点 15 的权重下降是由于北京本地农产品生产量逐渐减少，这与层阶 2 中节点 4（种植业）的权重呈同步变化。层阶 4 在 1995～2003 年的增长主要来源于比重较大的节点 11（地表水）、节点 12（大气）和节点 13（林地），而随后的下降是由节点 11 影响所致。

2. 效用层阶结构

除流量层阶外，依据网络效用矩阵，可计算节点的氮收益，进而构建效用层阶。以 5 年为时间间隔，在 1995～2015 年选取 5 个时间点分析北京氮代谢网络的效用层阶结构变化。由图 10-21 可知，研究期内北京效用层阶结构呈现不同的形态，由金字塔形向不规则杠铃形转变，这是由层阶 4 权重增长、层阶 3 权重降低和层阶 2 权重骤减共同导致的。1995～2015 年层阶 1（生产者）的权重始终最大，呈现出先增后减再增的波动变化，总体变化不大（0.56±0.08）；而层阶 2（初级消费者）与层阶 1 呈现出完全相反的变化趋势，总体上呈现出减少趋势，权重由 0.258 减少至 0.086，2015 年权重骤减至 2010 年的近 1/4。此外，层阶 3（高级消费者）只包含居民生活节点，权重相对稳定，整体在 0.09±0.013 之间波动，反映北京居民生活部门的活化氮消耗变化不大；而层阶 4（分解者）也只包含污水处理厂节点，权重持续增长了 2.4 倍（2015 年占比达到 17.7%），表明其分解处理氨氮的能力稳步提升（图 10-21）。

各层阶中节点的正负收益的变化显著影响着层阶结构。层阶 1（生产者）中权重贡献最大的部门是节点 11（地表水）、节点 12（大气）和节点 13（林地），收益占比分别为层阶 1 正收益的 26%、17% 和 30% 以上，研究期间这三个节点的收益始终为正且持续增加，即使节点 14（草地）在 2010 年、2015 年出现负收益，但因其负收益很小（$S<1$），所以对该层阶权重的影响较小，该层阶的正收益合计达 6 以上。层阶 2 的权重变化与节点负收益大小、出现负收益的节点数量紧密相关，虽然节点 6（林业）、节点 7（服务业）、节点 9（交通运输业）在研究期间始终保持正收益，占比分别为层阶 2 正收益的 14%、7% 和 14% 以上，但因出现负收益的节点逐年增多且负收益较大，层阶 2 的权重不断减小。1995 年层阶 2（初级消费者）中仅有节点 3（畜牧业）呈现较小的负收益（-0.05），至 2000 年虽节点

3 恢复正收益，但节点 8（建筑业）出现了较大的负收益（−1.28），导致层阶 2 权重显著下降（降低了 6.4%）。2005 年节点 8 仍保持负收益，但数值减小至 0.84，同时节点 5（渔业）也开始出现较少的负收益（−0.26），因此层阶 2 权重小幅度回升（升高 0.045）。2010 年层阶 2 的权重达到最大值（0.3），这是因为节点 5 和节点 8 的负收益进一步减小（S_5=−0.33，S_8=−0.25），而该层节点 6（林业）、节点 7（服务业）、节点 9（交通运输业）的正收益增加，导致了层阶 2 权重的提升。2015 年，由于出现了大量的负收益节点（畜牧业、种植业、渔业、建筑业），层阶 2 的权重骤降至最低水平（0.086）。

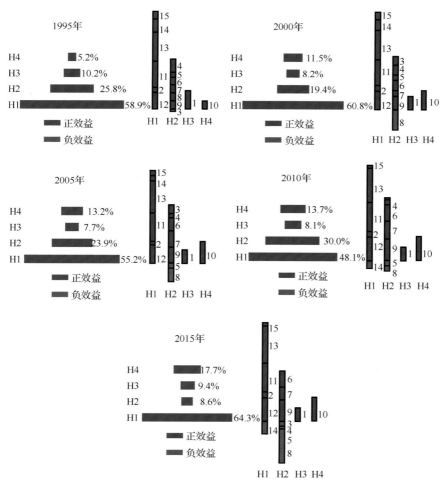

图 10-21　系统净收益层阶图

1 居民生活，2 工业，3 畜牧业，4 种植业，5 渔业，6 林业，7 服务业，8 建筑业，9 交通运输业，10 污水处理厂，11 地表水，12 大气，13 林地，14 草地，15 耕地依据生态层阶的结果，可以发现层阶 2 的变化显著影响层阶结构的形态。而层阶 2 中分布着农林牧渔产业，包括节点 3（畜牧业）、节点 4（种植业）、节点 5（渔业）和节点 8（建筑业），其 S 值的变化需要重点关注。研究期间，节点 8（建筑业）呈现长期且较大的负收益，这主要源于节点 12（大气）通过竞争关系给它的负收益流（>50%），该关系是由两节点共同掠夺节点 2（工业）产生的，反映了建筑业对工业能源的消耗，以及大气对工业氮废气的接纳；同时其他节点也通过掠夺关系 [节点 5（渔业）、节点 14（草地）] 和竞争关系 [节点 1（居民生活）、节点 3（畜牧业）、节点 7（服务业）、节点 9（交通运输业）、节点 15（耕地）] 传递给节点 8（建筑业）一定数量的负收益流（加和>40%），共同影响节点 8 的 S 值大小。因此，为改善节点 8（建筑业）的负收益状况，首先应提高含氮废弃物处理技术、使用清洁能源，以减少大气节点的竞争关系；其次减少渔业和耕地经由大气等自然组分对建筑业活化氮的间接掠夺。节点 3（畜牧业）和节点 4（种植业）的低收益主要来源于节点 1（居民生活）提供的较大负收益流（在节点所得负收益中占比大于 45%）。这反映了北京市较高的食物氮需求，该现象源于北京高度聚集的常住人口和巨大客流量。为改善该情况，建议北京市政府控制北京人口增长，限制进京游客数量，在周边省份建立高新区以疏散主城区人口，以促进北京市氮代谢网络的良性运行。此外，节点 5（渔业）多年呈现负收益主要是由于节点 1（居民生活）通过竞争关系提供的负收益流较大，这与两节点同时掠夺节点 4（种植业）的农产品以提供人类食物和鱼类饲料有关，同时节点 1 和节点 5 还同时被节点 11（地表水）和节点 12（大气）掠夺，一定程度上加重了两节点间的竞争关系，节点 5 大部分年份呈现负收益，建议优化种植结构，减少污染排放，发展循环经济模式，大力推进庭院式生态农业示范区工程建设。

10.2.4　讨论与结论

1. 网络分析的意义

以往的学者多核算氮投入、支出，明确氮素的来源、去向及环境效应，服务于人类活动对氮循环影响的研究（Cui et al., 2013; Gu et al., 2012, 2009; Galloway et al., 2004），但此类研究无法明晰多级传递、转换产生的间接效应（城市节点间通过多条路径产生的间接流量），而生态网络方法可以有效整合城市自然与社会经济组分，全景核算网络频繁交换形成的直接、间接流量，从而深入刻画网络节点间的关联性及间接效应。

在城市代谢框架下，追踪北京氮代谢流动过程，可以形象描绘城市从环境获取氮素，经人类生产、生活消费后，将氮污染物排放到环境的过程；在构建城市氮代谢网络模型的基础上，采用生态网络的流量分析、效用分析方法，模拟网络节点间综合流量及效用分布，可以深刻揭示网络节点的地位和作用，量化网络节点的关联性及优劣势特征，不失为一种有效的研究视角和研究方式。

从"网络"视角明晰城市氮转移过程、转移量、净收益，可为科学调控城市氮代谢过程的流量、结构以及缓解活化氮消耗带来的环境影响提供科学支持。然而，模型的改进仍有空间，可以依赖更多的高质量数据，精细划分模型节点和构建逻辑模型，未来需将模型应用于更多的城市，以检验其有效性，并通过城市间的比较为城市发展提供新见解。

2. 代谢关系分布规律的对比分析

生态网络分析方法是研究功能关系的有效手段，自然生态系统的研究成果指出共生关系在自然界是普遍的（Fath and Patten, 1999）。从表 10-5 收集整理的相关成果来看，社会经济系统的共生关系占比均<25%。有学者研究白洋淀流域虚拟水代谢网络（Mao and Yang, 2012）、黑河流域虚拟水代谢网络（Fang and Chen, 2015）时，发现共生关系比例在 20%左右，在有社会经济代谢主体参与的网络中占比相对偏高，这可能与研究对象为流域、水要素等紧密相关。也有学者分析了中国社会代谢（14.3%）、北京能源代谢（16.7%）、北京物质代谢（14.3%）的网络，得到的共生关系占比相对偏小，这可能与研究对象的社会经济属性紧密相关，但高度组织化的人工有机体组分间仍可形成一定的共生占比。中国 30 个省份（数据不含西藏、香港、澳门和台湾）虚拟能源代谢研究中所得到的共生关系占比仅为 4%（Zhang et al., 2015b），结果显著偏低的原因是网络节点间是被分割的行政区，并不是关联强的产业部门，类有机体特征并不明显，共生占比相对偏小。本书中，北京氮代谢网络的共生关系占比超过了 20%，数值相对较高，主要是由于对自然和社会经济主体的细化，增加了地表水、林地、草地、耕地与渔业、林业、交通运输业、建筑业之间的共生关系，以及自然组分之间的共生关系（如林地与草地）。

表 10-5　不同代谢网络研究结果的对比

案例	n	n_1	n_2	共生占比/%	掠夺、控制占比/%	竞争占比/%	来源
中国社会物质代谢	6	1	5	14.30	76.20	9.50	Zhang et al., 2012
黑河流域虚拟水代谢	6	0	6	19.00	67.70	13.30	Fang and Chen, 2015
京津冀与 27 省份虚拟能源代谢	5	0	5	4.00	53.00	44.00	Zhang et al., 2015b

案例	n	n_1	n_2	共生占比/%	掠夺、控制占比/%	竞争占比/%	来源
北京市物质代谢	7	0	7	14.30	61.90	23.80	Li et al., 2012
北京市能源代谢	4	0	4	16.70	66.60	16.70	Zhang et al., 2010c
白洋淀虚拟水代谢	5	1	4	20.00	70.00	10.00	Mao and Yang, 2012
北京市氮代谢	15	5	10	23.00	46.00	31.00	本书

注：n 为网络节点数量，n_1 为自然节点数量，n_2 为社会经济节点数量

从表 10-5 可以看出，社会经济属性多的网络以掠夺/控制关系占主导：中国社会（76.2%）和白洋淀（70%）两个代谢网络的研究中，掠夺/控制占比相对偏大（皆超过 70%），这可能与模型中均有一个自然节点有关，其中，中国社会代谢网络中与自然节点有关的掠夺/控制关系占所有掠夺/控制关系的 25%，而在白洋淀则为 20%，导致此类关系占比偏大。对于只考虑社会经济组分的研究，掠夺关系在北京能源代谢（66.6%）、物质代谢（61.9%）、黑河流域虚拟水代谢（67.7%）的网络中占比在 50%～70%。而本章中，此种关系类型占比为 46%，不超过 50%，结果偏低是由于共生关系占比偏大，同时因自然与社会经济节点的细分导致竞争关系占比达 31%，自然节点之间（大气、草地、耕地）贡献 2.6%、自然与社会经济节点间（草地、耕地分别与林业、服务业等组分）贡献 12.1%。此外，竞争关系占比最大的是中国 30 个省份（数据不含西藏、香港、澳门和台湾）虚拟能源代谢网络（44%），这同样与研究对象为省份（相互之间争夺资源）紧密相关。而在其他的研究中，竞争关系占比皆在 25% 以下。

3. 代谢效用规律的对比分析

由表 10-6 所示，节点数量增多会显著降低网络的共生指数。节点数目低于 10 的网络 M 值基本大于 1，这与节点个数少，并未显现更多的竞争关系（<25%）有关，同时共生关系占比高于竞争关系。重庆能源代谢系统虽节点数量为 5，低于 10，但 M 值却明显偏小，这主要是由于竞争关系占优势（30%），且无共生关系导致的。节点数目超过 10 的网络 M 值基本小于 1，但节点数量为 12 的鲁北工业园区硫代谢网络的 M 值却大于 1，这是因为鲁北作为一个产业共生体，节点间除了交换产品，更多通过副产品、废弃物交换建立了紧密联系，共生关系比例相对较高，与竞争关系比例持平（皆为 22.2%）。中国 4 个直辖市以及山东省能源代谢网络的 M 值皆小于 1，这是由于节点细化导致节点间竞争关系占比（大于 30%）远高于共生关系（皆小于 15%）。本章研究 M 值也小于 1（0.82），这同样是由于节点的细分使得网络的竞争关系占比被放大（占比达 31%）。而从各研究成果的 S

值大小来看，在 M 值差异较大的情况下，S 值大小皆集中在 6 或 7，而本书研究 S 值也相对比较接近（7～11），说明单纯从正负号来看待共生状况有失偏颇，从正负收益来看，这些社会经济网络的 S 值相差不大。

表 10-6　网络 M 和 S 值对比分析

研究区域		M	S	节点个数	来源
中国社会代谢		1.45	—	7	Zhang et al., 2012
北京物质代谢		1.30	5.64	7	Li et al., 2012
鲁北工业园区硫代谢		1.25	6.67	12	Zhang et al., 2015a
北京工业园区碳代谢		2.06	7	9	Lu et al., 2015
山东省能源代谢		0.63		19	郑诗赏和石磊, 2016
能源代谢（5 节点）	北京	2.2	—	5	Zhang et al., 2010a
	上海	1.78	—	5	
	天津	1.78	—	5	
	重庆	0.92	—	5	
能源代谢（节点 17）	北京	0.74	—	17	Zhang et al., 2010c
	上海	0.7	—	17	
	天津	0.61	—	17	
	重庆	0.29	—	17	
北京市氮代谢系统		0.82	7～11	15	本书

4. 层阶结构的对比分析

代谢网络的层阶结构形态多样，包括类金字塔形、杠铃形、倒金字塔形和橄榄形等，这与城市发展的特征、节点的层阶归属、节点的权重贡献等方面紧密相关。有学者在研究 4 个直辖市 5-节点能源代谢网络时，模拟得到北京、上海、天津的层阶结构呈倒金字塔形或橄榄形，只有重庆呈现出类金字塔形态，这与重庆市煤炭资源丰富，拥有较高的能源生产权重有关（Zhang et al., 2010a）。4 个直辖市 17-节点能源代谢网络的研究结果指出北京仍为橄榄形，而其他城市均呈现出类金字塔形态，这是因为北京作为人口和社会经济活动高度聚集的中国首都，拥有着巨大的能源消耗量，同时能源生产量相对偏低（Zhang et al., 2010c），而其他城市的底层层阶除考虑本地资源外，还增加了能源存储节点。类金字塔形态也出现在北京市物质代谢（Li et al., 2012）、中国社会物质代谢（Zhang et al., 2012）、北京市水代谢（Zhang et al., 2010a）、北京市工业园区碳代谢（Lu et al., 2015）等网络中，这是由于这些研究或将生物和非生物资源产业共同作为生产者，或共同考虑内外环境的支持，或将循环处理产业作为生产者考虑。本书的效用层阶也呈现相似的层阶结构，这是由于在研究中将所有发挥固氮作用的自然节点和工业节点共同作为生产者，所以有着相当大的权重，到了后期出现杠铃形的结构形态，则是由于初级消费者节点（畜牧业、种植业、渔业和建筑业）呈现负收益，导致净收益明显减少。

当然，层阶结构形态的不同也与层阶权重的表征方式有关。有学者利用每个层阶中各节点的直接流量与网络总流量的比值来表征层阶权重的大小，并未突出节点间通过间接作用反映的关联性特征（Lu et al., 2015）。也有学者采用综合流量（直接+间接）指标来表征层阶结构，但基于输入或输出导向所形成的层阶结构存在着明显的差异，难以指导问题的诊断与识别。而引入净收益指标表征层阶结构的方式，可以避免输入、输出导向层阶形态出现矛盾的问题。

参 考 文 献

李长嘉, 雷宏军, 潘成忠, 等, 2012. 中国工业水环境 COD、NH_4^+-N 排放变化影响因素研究. 北京师范大学学报(自然科学版), 48(5): 476-482.

庞军, 石媛昌, 胡涛, 等, 2013. 我国出口贸易隐含污染排放变化的结构分解分析. 中国环境科学, 33(12), 2274-2285.

王丽琼, 2017. 基于 LMDI 中国省域氮氧化物减排与实现路径研究. 环境科学学报, 37(6): 2394-2402.

于洋, 崔胜辉, 赵胜男, 2012. 城市居民食物氮消耗变化及其环境负荷: 以厦门市为例. 生态学报, 32(19): 5953-5961.

郑诗赏, 石磊, 2016. 基于生态网络的山东省能源代谢网络分析. 环境科学前沿, 6(6): 159-170.

Baker L A, Hope D, Xu Y, et al., 2001. Nitrogen balance for the Central Arizona-Phoenix (CAP) ecosystem. Ecosystems, 4(6): 582-602.

Billen G, Barles B, Chatzimpiros P, et al., 2012. Grain, meat and vegetables to feed Paris: Where did and do they come from? Localising Paris food supply areas from the eighteenth to the twenty-first century. Regional Environmental Change, 12(2): 325-335.

Cui S, Shi Y, Groffman P M, et al., 2013. Centennial-scale analysis of the creation and fate of reactive nitrogen in China (1910-2010). Proceedings of the National Academy of Sciences of the United States of America, 110(6): 2052-2057.

Ding L, Liu C, Chen K L, et al., 2017. Atmospheric pollution reduction effect and regional predicament: An empirical analysis based on the Chinese provincial NO_x emissions. Journal of Environmental Management, 196(13): 178-187.

Duh J D, Shandas V, Chang H, et al., 2008. Rates of urbanisation and the resiliency of air and water quality. Science of the Total Environment, 400(1-3): 238-256.

Faerge J, Magid J, de Vries F W T P, 2001. Urban nutrient balance for Bangkok. Ecological Modelling, 139(1): 63-74.

Fang D, Chen B, 2015. Ecological network analysis for a virtual water network: A case study of the Heihe River Basin. Environmental Science & Technology, 49(11): 6722-6730.

Fath B D, Patten B C, 1999. Review of the foundations of network environ analysis. Ecosystems, 2(2): 167-179.

Filoso S, Martinelli L A, Howarth R W, et al., 2006. Human activities changing the nitrogen cycle in Brazil//Martinelli L A, Howarth R W. Nitrogen Cycling in the Americas: Natural and Anthropogenic Influences and Controls. Dordrecht: Springer: 61-89.

Forkes J, 2007. Nitrogen balance for the urban food metabolism of Toronto, Canada. Resources, Conservation and Recycling, 52(1): 74-94.

Galloway J N, 1998. The global nitrogen cycle: Changes and consequences. Environmental Pollution, 102(1): 15-24.

Galloway J N, Cowling E B, 2002. Reactive nitrogen and the world: 200 years of change. AMBIO, 31(2): 64-71.

Galloway J N, Dentener F J, Capone D G, et al., 2004. Nitrogen cycles: Past, present, and future. Biogeochemistry, 70(2): 153-226.

Gu B, Chang J, Ge Y, et al., 2009. Anthropogenic modification of the nitrogen cycling within the Greater Hangzhou area system, China. Ecological Applications, 19(1): 974-988.

Gu B, Dong X, Peng C, et al., 2012. The long-term impact of urbanization on nitrogen patterns and dynamics in Shanghai, China. Environmental Pollution, 171(12): 30-37.

Huang W, Cui S H, Yu Y, et al., 2016. Urban nitrogen metabolism in Xiamen City, China. Melbourne: Proceedings of the 2016 International Nitrogen Initiative Conference.

Jia J S, Jian H Y, Xie D M, et al., 2017. Multi-perspectives' comparisons and mitigating implications for the COD and NH$_3$-N discharges into the wastewater from the industrial sector of China. Water-Sui, 9(3): 1-18.

Kaye J P, Groffman P M, Grimm N B, et al., 2006. A distinct urban biogeochemistry?. Trends in Ecology & Evolution, 21(4): 192-199.

Keeney D R, 1979. A mass balance of nitrogen in Wisconsin. Transactions of the Wisconsin Academy of Sciences, Arts, and Letters, 67(1): 95-102.

Li S S, Zhang Y, Yang Z F, et al., 2012. Ecological relationship analysis of the urban metabolic system of Beijing, China. Environmental Pollution, 170(11): 169-176.

Liu C, Fei J L, Hayashi Y, et al., 2014. Socioeconomic driving factors of nitrogen load from food consumption and preventive measures. AMBIO, 43(5): 625-633.

Lu Y, Chen B, Feng K S, et al., 2015. Ecological network analysis for carbon metabolism of eco-industrial parks: A case study of a typical eco-industrial park in Beijing. Environmental Science & Technology, 49(12): 7254-7264.

Mao X F, Yang Z F, 2012. Ecological network analysis for virtual water trade system: A case study for the Baiyangdian Basin in Northern China. Ecological Informatics, 10(3): 17-24.

Vitousek P M, Aber J D, Howarth R W, 1997. Human alteration of the global nitrogen cycle: Sources and consequences. Ecological Applications, 7(3): 737-750.

Wolman A, 1965. The metabolism of cities. Scientific American, 213(3): 178-190.

Zhang X L, Zhang Y, Fath B D, 2020. Analysis of anthropgenic nitrogen and its influencing factors ing Beijing. Journal of Cleaner Production, 244: 118780.

Zhang Y, Li S S, Fath B D, et al., 2010a. Analysis of an urban energy metabolic system: Comparison of simple and complex model results. Ecological Modelling, 223(1): 14-19.

Zhang Y, Liu H, Li Y T, et al., 2012. Ecological network analysis of China's societal metabolism. Journal of Environmental Management, 93(1): 254-263.

Zhang Y, Lu H J, Fath B D, et al., 2016a. A network flow analysis of the nitrogen metabolism in Beijing, China. Environmental Science & Technology, 50(16): 8558-8567.

Zhang Y, Lu H J, Fath B D, et al., 2016b. Modelling urban nitrogen metabolic processes based on ecological network analysis: A case of study in Beijing, China. Ecological Modelling, 337(19): 29-38.

Zhang Y, Lu H J, Zhang X L, 2017. Analysis of nitrogen metabolism processes and a description of structure characteristics. Ecological Modelling, 357(15): 47-54.

Zhang Y, Yang Z F, Fath B D, 2010b. Ecological network analysis of an urban water metabolic system: Model development, and a case study for Beijing. Science of the Total Environment, 408(20): 4702-4711.

Zhang Y, Yang Z F, Fath B D, et al., 2010c. Ecological network analysis of an urban energy metabolic system: Model development, and a case study of four Chinese cities. Ecological Modelling, 221(16): 1865-1879.

Zhang Y, Zhang X L, Zhao X Y, 2018. Analysis of the ecological relationships and hierarchical structure of Beijing's nitrogen metabolic system. Ecological Indicators, 94(S1): 39-51.

Zhang Y, Zheng H M, Fath B D, 2015a. Ecological network analysis of an industrial symbiosis system: A case study of the Shandong Lubei eco-industrial park. Ecological Modelling, 306(12): 174-184.

Zhang Y, Zheng H M, Yang Z F, et al., 2015b. Multi-regional input-output model and ecological network analysis for regional embodied energy accounting in China. Energy Policy, 86(11): 651-663.

第 11 章　园区代谢过程分析

11.1　园区共生代谢过程分析

1999 年，我国启动了生态产业园区建设的试点工作，2001 年，国家环境保护总局首次正式确认广西贵港生态工业（制糖）园区为我国第一家国家生态工业示范园区。之后，辽宁、江苏、山东、天津、新疆、内蒙古、浙江、广东等省（区、市）分别开展了生态产业园区建设的试点。2011 年，环境保护部、商务部和科学技术部共同发布《关于加强国家生态工业示范园区建设的指导意见》，明确提出在"十二五"期间，着力建设 50 家特色鲜明、成效显著的国家生态工业示范园区。生态产业园区是继经济技术开发区、高新技术开发区之后的中国第三代产业园区，生态产业园着力于园区生态链网建设，最大限度实现资源利用率提高和源头污染物排放减量，因此急需开展园区共生代谢研究，为产业园区的生态转型、生态产业园区的建设实施提供关键技术方法。

以国内外 10 个典型生态产业园区为例，构建产业共生代谢网络模型，基于生态链网分布的几何形状划分网络的形态类型（园区共生代谢网络的形态结构有哪些？），采用网络结构特征模拟方法，分析网络节点间拓扑关系及连通程度，洞察网络内部的细节（园区共生代谢网络的结构特征如何？）。从网络、子网络两个层面，研究产品、副产品和废弃物交换网络的连通性，分析其密度和中心性特征，识别网络/子网络的优势节点、核心-边缘结构分布（Zhang et al., 2013），可揭示由产业共生网络结构所带来的运行问题，为提高共生网络的完备程度提供依据，同时也可丰富和完善产业共生的理论与方法体系（图 11-1）。

选取的 10 个代表性生态产业园区包括 Kalundborg（Denmark; Mihelcic et al., 2014）、Choctaw（Oklahoma, USA; Potts, 1998）、Kitakyushu（Japan; Hayashi, 2014）、Styria（Austria; Schwarz and Steininger, 1997）、广西贵港（Zhu et al., 2007）、山东鲁北（杨琍等，2004）、长沙黄兴（湖南；王瑞贤，2005）、新疆石河子（吴一平等，2004）、上海吴泾（安徽省重化工产业发展专家办公室，2011）和天津泰达（Shi et al., 2010）。基于上述文献可获得构建产业共生代谢网络模型的数据。

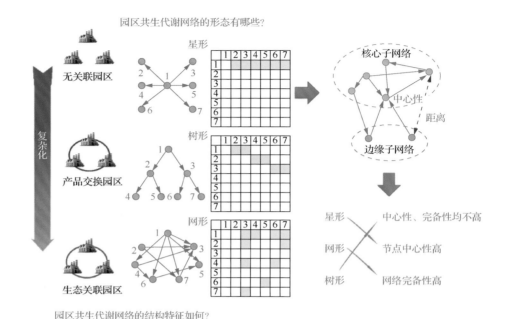

图 11-1   园区共生代谢网络连通性的分析框架

11.1.1   共生代谢网络的形态分析

1. 共生代谢网络模型构建

依据园区成员物质、能量和信息流动数据，构建等权重的共生网络模型（图 11-2）。首先确定企业成员，将从事生产、流通和服务活动的成员作为网络节点。其次是确定成员间产品、副产品、废弃物、能量交换关系，作为网络路径。由于生态产业园区并非孤立于周围环境而存在，其不可避免地与园区外部相联系，如河流、农田、企业、居民区、地方政府和商业组织等，因此研究范围应包括园区地理边界之外的关键成员，以建立相对完整的共生网络模型。其次是确定成员间产品、副产品、废弃物、能量交换关系，作为网络路径。

2. 共生代谢网络形态划分

由图 11-2 可知，10 个网络呈现出多样的形态特征，包括星形、树形、网形和混合形，其中上海吴泾、新疆石河子 2 个共生网络属于星形，网络中以一个节点为中心节点，其他节点均与中心节点相连，形成一个中心节点、多个分节点的拓扑结构。星形拓扑结构相对简单，属于集中控制型，由中心节点控制着物质与能量的流动，优点是从中心节点向外围扩展的速度快，网络易于监控和管理，但也存在着过于依赖中心节点，导致其负担重，容易形成"瓶颈"的问题，同时分支节点间相互关联较低。从园区生命体角度，此类型可以解读为寄生性共生。网络中寄生节点从寄主节点处获取自身生产所需的各种原材料，以此减轻寄主节点的环境污染压力，依靠寄主节点废弃物外包业务获取收益。此类型网络的基本特征是存在明显的寄主节点和寄生节点，寄主节点拥有一定规模的废弃物，在资源使用、生产工艺、流程和产品设计等方面具有十分明显的优势。一般一个寄主节点可以带动多个寄生节点，并能提供稳定的"工业食物"，寄生关系比较稳定。寄主节点收获减少废弃物排放的收益，但价值增值效应并不明显，它只是将寄主节点的物质或价值重新分配，从寄主节点单向流向寄生节点。

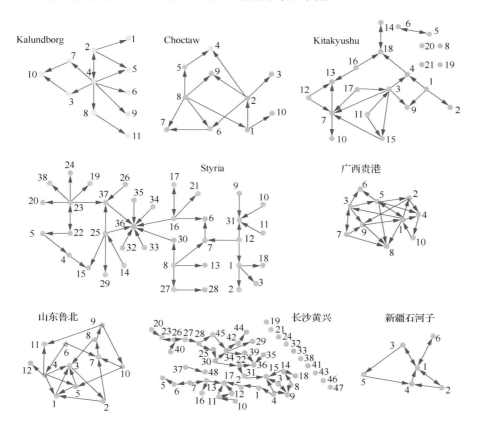

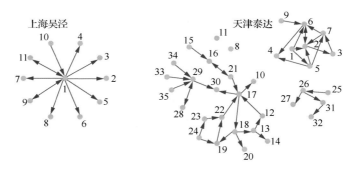

图 11-2　园区共生代谢网络模型

Kalundborg 园区：1 化肥厂，2 炼油厂，3 养鱼场，4 火电厂，5 石膏板厂，6 水泥厂，7 生物制药厂，8 卡伦堡城，9 镍钒回收厂，10 农场，11 土壤修复公司。Choctaw 园区：1 轮胎破碎厂，2 轮胎高温分解厂，3 硬橡胶轮胎制造厂，4 炭黑处理厂，5 墨盒生产/回收厂，6 塑料生产厂，7 塑料制品厂，8 污水处理厂，9 花房，10 碎钢回收厂。Kitakyushu 园区：1 塑料瓶回收厂，2 汽车拆卸厂，3 垃圾办公设备厂，4 家电回收厂，5 PCB 处理设施，6 复合式核心设施，7 建筑垃圾处理场，8 医疗器械厂，9 日光灯厂，10 空罐厂，11 再利用计算机厂，12 娱乐设施机械厂，13 废木和废塑料加工厂，14 食用油加工厂，15 聚苯乙烯泡沫塑料加工厂，16 墨盒厂，17 报废汽车加工厂，18 有机溶剂和废塑料厂，19 废纸厂，20 餐余垃圾处理厂，21 食品再利用加工厂。Styria 园区：1 造纸厂 3，2 纸板厂，3 造纸厂 4，4 碎料收集商，5 废水处理厂，6 采矿公司，7 造纸厂 1，8 废纸收集商，9 纺织厂 1，10 纺织厂 2，11 化工厂，12 磨粉厂，13 造纸厂 6，14 碎金属分销商，15 建材公司 1，16 发电厂 1，17 Voitesberg 市，18 陶瓷厂 2，19 水泥厂 6，20 建材公司 2，21 水泥厂 3，22 Graz 市，23 发电厂 2，24 水泥厂 4，25 炼钢厂，26 废旧轮胎处理厂，27 造纸厂 5，28 塑料厂，29 颜料厂，30 造纸厂 2，31 陶瓷厂 1，32 废油商 3，33 废油商 2，34 废油商 1，35 燃料生产商，36 水泥厂 2，37 水泥厂 1，38 水泥厂 5。广西贵港园区：1 制糖厂，2 酒精厂，3 制浆造纸厂，4 复合肥厂，5 发电厂，6 废水处理工程，7 碱回收厂，8 水泥厂，9 轻钙厂，10 蔗田。山东鲁北园区：1 磷铵厂，2 硫酸厂，3 水泥厂，4 热电厂，5 氯气厂，6 水产养殖，7 溴素厂，8 盐石膏生产，9 原盐生产，10 氯碱厂，11 钾镁盐生产苦卤，12 海域。长沙黄兴园区：1 食品厂，2 纤维素酶厂，3 茶叶厂，4 芦荟深加工厂，5 化妆品厂，6 茶油精炼厂，7 茶油厂，8 柑橘厂，9 饮料厂，10 啤酒厂，11 5-核苷酸提取厂，12 抗病毒药厂，13 茶枯饼加工厂（提取油脂后的残渣处理），14 橘皮深加工厂，15 医药厂，16 日用化工厂，17 饲料厂，18 食品添加剂厂，19 IC 设计，20 IC 制造厂，21 汽车制造厂，22 农业生产，23 IC 集成电路厂，24 液晶显示器厂，25 净水剂厂，26 塑料厂，27 家电厂，28 远大空调，29 五金回收厂，30 废水处理厂，31 稻壳加工厂，32 光纤，33 镍氢电池厂，34 环保设备厂，35 绿色涂料厂，36 绿色建材厂，37 智能金属厂，38 力元新材料厂，39 绿色胶黏剂厂，40 塑料厂，41 抗菌剂厂，42 陶瓷厂，43 阻燃剂生产厂，44 吸声建筑砖厂，45 零件厂，46 纤维厂，47 食品包装厂，48 建材厂。新疆石河子园区：1 种植系统，2 造纸系统，3 养殖系统，4 污水处理系统，5 畜产品加工系统，6 生态旅游。上海吴泾园区：1 上海焦化厂，2 京华化工厂，3 钛白粉公司，4 摩根碳制品公司，5 联成公司，6 双氧水公司，7 吴泾化工公司，8 中星化工公司，9 林德公司，10 氯碱公司，11 卡博特化工公司。天津泰达园区：1 水处理厂，2 工商居民用户，3 污水处理厂，4 建筑公司，5 国华热电公司，6 滨海能源发展公司，7 新水源公司，8 生态园林公司，9 海水淡化厂，10 天津一汽丰田资源循环公司，11 其他丰田企业，12 天津一汽丰田模具公司，13 天津虹冈铸钢有限公司 14 其他汽车模具公司，15 天津艾达自动变速器有限公司，16 天津丰田铝冶炼有限公司，17 天津一汽丰田汽车有限公司，18 天津丰田资源管理公司，19 高丘六和（天津）工业有限公司，20 天津钢管集团，21 天津一汽丰田发动机有限公司，22 丰田汽车零部件生产商，23 CMW 实业公司，24 废钢承包商，25 炼油厂，26 卡博特化工有限公司 27 化工园区，28 Tong Tee 实业公司，29 天津 Tobo 铅回收有限公司，30 天津水泥厂，31 锦湖轮胎有限公司，32 Aoxing 橡胶有限公司，33 天津摩托罗拉有限公司，34 天津汤浅电池有限公司，35 铅酸电池用户

　　Choctaw、Kitakyushu、山东鲁北和广西贵港 4 个共生网络属于网形，节点间地位平衡，联系紧密，网络整体稳定性强，当某条路径发生断裂，还可能通过其他路径传递物质与能量，物质与能量的利用程度较高。该类型网络的分布式结构特点比较突出，共享资源相对容易，缺点是网络的结构比较复杂，较难控制与监管。从园区生命体角度，此类型可以解读为互利共生。网络中两个或两个以上节点通过互利共生、优势互补，组成利益共同体，节点均能在物质与能量交换中获得收益。此类型网络的基本特征是节点间链接相对稳定，形成近似封闭的循环系统，节点没有明显的主动、被动之分，地位平等，共同生存，缺一不可。

　　Kalundborg 和 Styria 这 2 个共生网络属于树形，网络有分支，每个分支又有子分支。与星形相比，此类型属于分级集中控制式网络，优点是节点间扩充相对方便，容易建立新的路径连结，同时叶节点及其相连的路径遭到破坏，不会对网络有致命损害，但也存在着对根节点依赖性过大、要求过高的问题，如果根节点发生故障，网络将不能正常运行。

　　天津泰达和长沙黄兴 2 个共生网络属于混合形组团式结构，其中天津泰达部分节点形成了网状结构，但大部分节点仍属于分级的树形，而长沙黄兴大部分节点构成树形的分级结构，少部分节点相对独立，未与其他节点交换物质与能量。

11.1.2　核心-边缘结构分析

　　利用 UCINET 软件，可分析共生网络的核心-边缘结构特征，首先确定位于核心区、边缘区的网络节点，然后计算核心、边缘子网络内部节点间，以及核心与边缘节点之间的关联数量及其占比（表 11-1）。

表 11-1　核心、边缘节点间关联数量与占比

	Kalundborg						Choctaw				
	路径数量			占比/%			路径数量			占比/%	
	C	P		C	P		C	P		C	P
C	8	5	C	61.54	38.46	C	4	8	C	30.77	61.54
P	0	0	P	0	0	P	0	1	P	0	7.69
	Kitakyushu						长沙黄兴				
	路径数量			占比/%			路径数量			占比/%	
	C	P		C	P		C	P		C	P
C	23	0	C	100	0	C	40	1	C	97.56	2.44
P	0	0	P	0	0	P	0	0	P	0	0
	Styria						广西贵港				
	路径数量			占比/%			路径数量			占比/%	
	C	P		C	P		C	P		C	P
C	42	1	C	95.45	2.27	C	5	11	C	20.83	45.83
P	1	0	P	2.27	0	P	2	6	P	8.33	25.00

续表

	新疆石河子					上海吴泾				
	路径数量		占比/%			路径数量		占比/%		
	C	P		C	P	C	P		C	P
C	0	3	C	0	33.33	C	1	8	C	8.33	66.67
P	3	3	P	33.33	33.34	P	3	0	P	25	0
	山东鲁北					天津泰达				
	路径数量		占比/%			路径数量		占比/%		
	C	P		C	P	C	P		C	P
C	8	3	C	40	15	C	15	0	C	34.88	0
P	3	6	P	15	30	P	0	28	P	0	65.12

注：C 为核心子网络，P 为边缘子网络

核心-边缘结构分析结果表明，长沙黄兴、Styria、Kitakyushu 和 Kalundborg 园区的核心节点占比在 60% 以上，远超过边缘节点数量，其中 Styria 的核心节点占比更高达 90% 以上，而山东鲁北园区核心和边缘节点的数量基本持平。其余 5 个园区的边缘节点占比至少为 65%，数量远高于核心节点。上海吴泾、新疆石河子和 Choctaw 园区路径关联主要集中于核心与边缘节点间，相对应的，山东鲁北、Styria、长沙黄兴、Kitakyushu 和 Kalundborg 园区的核心节点间路径数量较为突出，而边缘节点间交换频繁的园区仅为天津泰达（表 11-2）。

表 11-2　基于核心-边缘结构分析的产业共生网络类型

网络主导类型	具体园区
核心-核心	Kalundborg、长沙黄兴、Kitakyushu、山东鲁北、Styria
核心-边缘	广西贵港、上海吴泾、Choctaw、新疆石河子
边缘-边缘	天津泰达

1. 核心-核心、边缘-边缘关联

Kalundborg、Kitakyushu、长沙黄兴和 Styria 网络的资源交换主要发生在核心节点之间，边缘节点间交换很少，其中 Kalundborg、Kitakyushu 和长沙黄兴边缘节点间没有交换，说明核心节点既是网络产品、副产品和废弃物的提供者，也是消费者（表 11-1）。

山东鲁北网络中 55% 的资源交换来自核心节点，边缘节点间贡献了 45%。同时，55% 的交换由核心节点接收，剩下 45% 提供给边缘节点，表明核心节点比边缘节点获取或提供更多的资源。鲁北园区资源交换主要发生在核心节点之间（40%），而核心与边缘节点间、边缘节点间交换均占 30%，该园区核心与边缘节点间的资源交换比其他园区频繁。

Styria 园区以核心节点间资源交换为主，占 95.45%，资源交换关系中 97.72% 来自核心节点，也有 97.72% 的资源流向了核心节点，且大部分来自核心节点，仅

2.27%由边缘节点贡献,表明该园区核心节点对资源投入与产出负有主要责任,而边缘节点对资源流动贡献不大。

天津泰达是仅有的边缘-边缘关联主导的园区。34.88%的交换来自核心节点,65.12%则由边缘节点贡献(表 11-1)。此外,网络 34.88%的资源交换由核心节点接收,65.12%发送给边缘节点,边缘节点参与了网络的大部分资源交换,说明其既是资源消费者,又是资源生产者。边缘节点间交流最为频繁,达 65.12%,这可能是因为边缘节点数量远多于核心节点,同时也反映出边缘节点建立了积极的交换关系,保障了园区共生网络的形成。

2. 核心-边缘关联

广西贵港、上海吴泾、新疆石河子和 Choctaw 以核心-边缘节点交换为主,其中新疆石河子大部分交换来自边缘节点,而其余 3 园区大部分交换与核心节点有关(表 11-1)。新疆石河子园区中 66.67%的资源交换与边缘节点有关,仅 33.3%发生在核心节点,而且全部由边缘节点提供,说明边缘节点是网络主要的资源提供者。另外,边缘节点间交换为 33.3%,核心节点间无交换,大部分(66.67%)的资源交换发生在核心与边缘节点间。

广西贵港园区中 66.66%(广西贵港矩阵第一行的和)的交换来自核心节点,边缘节点发出的交换占 33.3%(广西贵港矩阵第二行的和)。此外,70.83%的交换流向边缘节点,其中 1/3 以上来自边缘节点的贡献。剩下 29.16%的交换流向核心节点,其中近 1/3 由边缘节点贡献,说明边缘节点主要以核心节点的副产品、废弃物为原料。边缘节点间资源交换占比仅为 25%,低于核心-边缘节点交换(54.16%),核心节点间交换占比最小(20.83%),因此核心与边缘节点间资源交换是其共生关系的主要形式。

上海吴泾园区中 75.0%的交换来自核心节点,剩下 25.0%由边缘节点贡献。另外,核心节点接收到 33.3%的资源交换,66.67%由边缘节点获得。网络中核心-边缘节点资源交换高达 91.67%,而核心节点间仅占 8.3%,因此网络以核心-边缘节点交换为主,核心节点的副产品、废弃物被边缘节点用作原料,以支持其生产。边缘节点间无交换,所有边缘节点接收的资源均来自核心节点,说明边缘节点处于园区产业链末端,是副产物、废弃物的最终归宿。

Choctaw 园区中与核心节点相关的资源交换占 92.31%,其中核心节点间资源交换占 30.77%,相当于核心-边缘节点交换的一半,边缘节点间交换仅占 7.69%。

11.1.3　连通性分析

1. 网络连通性分析

表 11-3 显示了 10 个共生网络的密度,从高到低排序为新疆石河子、广西贵

港、山东鲁北、Choctaw、Kalundborg、上海吴泾、Kitakyushu、天津泰达、Styria
和长沙黄兴。有研究表明，复杂网络中资源交换并非所有节点均参与，社会经济
网络密度一般不高于 0.5（刘军，2004; Mayhew and Levinger, 1976），而 10 个网络
密度均较低（≤0.3），说明园区成员间资源交换相对较少，加强网络共生关系的
潜力仍很大。

表 11-3   网络密度及路径数量

园区	密度 D	路径数
新疆石河子	0.300	9
广西贵港	0.267	23
山东鲁北	0.152	20
Choctaw	0.145	13
Kalundborg	0.118	13
上海吴泾	0.109	12
Kitakyushu	0.055	23
天津泰达	0.036	43
Styria	0.031	43
长沙黄兴	0.018	41

通过 10 个网络密度的对比分析可知，新疆石河子网络密度最高（0.3），说明
网络节点间关联路径较多，网络完备程度较大。长沙黄兴网络密度最低（0.018），
而 Styria 略高些（0.031），说明这两个园区成员间联系较少，网络相对松散，这
可能是由于网络的规模较大（分别为 48 个、38 个节点），大规模网络中每个节点
仅可能与少数节点发生关联。

网络中心性指标也可侧面反映网络密度，表征网络连通性特征。新疆石河子
和广西贵港 2 个网络的密度最高，可能是由于网络部分节点的中心度较高。新疆
石河子网络优势节点出度与入度均较高，而广西贵港网络的优势节点或高入度，
或高出度。相反，长沙黄兴和 Styria 这 2 个网络节点的中心度较低，同时其密度
也不高，反映节点间关联较少。

对比国内外生态产业园区密度指标，可以发现中国园区有着相对较高的完备
度，这与其发展特点紧密相关，中国生态产业园区多为企业联合体，围绕一个或
几个大规模企业，形成核心企业与附属组织构成的产业共生网络。作为一个经济
实体，园区成员间联系相对紧密（如新疆石河子、广西贵港园区），因此网络的完
备程度较高。相比之下，国外生态产业园区企业在组织形式上相对独立，其共生
关系多通过契约、协议和合同等方式，由企业自主、自发建立。这种模式与中国
联合体（核心-边缘关联）不同，能较快建立共生关系。但 Styria 网络由于节点过
多，且没有居于中心地位的节点，园区成员间相对松散、交互较少，导致网络的
密度和完备程度较低。

2. 子网络连通性分析

依据节点子网络的归属，以及不同子网络中路径数量的分布，可以分析导致园区网络完备程度高或低的原因（表 11-4）。新疆石河子共生网络连通性最高，这主要来自核心与边缘节点间频繁的互动，而广西贵港共生网络高连通性则来自核心节点间、核心与边缘节点间的共同贡献。相对来说，长沙黄兴和 Styria 共生网络的连通性最低，这与边缘节点间互动较少有关。

表 11-4　子网络的连通程度分析

	Kalundborg			Choctaw	
	核心	边缘		核心	边缘
核心	0.190	0.179	核心	0.333	0.333
边缘	0	0	边缘	0	0.033
	Styria			广西贵港	
	核心	边缘		核心	边缘
核心	0.033	0.014	核心	0.833	0.524
边缘	0.014	0	边缘	0.095	0.143
	新疆石河子			上海吴泾	
	核心	边缘		核心	边缘
核心	0	0.600	核心	0.500	0.444
边缘	0.600	0.150	边缘	0.167	0
	Kitakyushu			长沙黄兴	
	核心	边缘		核心	边缘
核心	0.075	0	核心	0.030	0.002
边缘	0	0	边缘	0	0
	山东鲁北			天津泰达	
	核心	边缘		核心	边缘
核心	0.400	0.086	核心	0.268	0
边缘	0.086	0.143	边缘	0	0.400

注：矩阵中列表示发送者，行表示接收者

依据子网络的连通程度，可以将园区划分核心-核心主导、核心-边缘主导和边缘-边缘主导 3 种类型（表 11-5）。核心-核心主导的网络结构相对紧凑，核心节点间交流频繁，这在共生网络形成方面具有优势，也降低了网络连接断裂的风险概率。从核心-核心节点的连通程度来看，广西贵港最高（0.833），其次是上海吴泾、山东鲁北、Choctaw、Kalundborg、Kitakyushu、Styria 和长沙黄兴。上海吴泾和山东鲁北的核心-核心节点的连通性也较高，虽核心节点较少，但交流频繁。Styria 和长沙黄兴的连通程度较低，与其核心节点数量较多，且关联较少有关。虽然这两个园区以核心-核心为主导，但 3 种类型的连通程度均低于其他园区。因此，这类园区应在短期内建立核心-核心、核心-边缘间关系，增强边缘-边缘间联系，以促使网络长期稳定发展。

表 11-5　园区共生代谢网络的主导类型

主导类型	园区
核心-核心	广西贵港、上海吴泾、山东鲁北、Choctaw、Kalundborg、Kitakyushu、Styria、长沙黄兴
核心-边缘	新疆石河子
边缘-边缘	天津泰达

以核心-边缘关系为主导的网络仅有新疆石河子园区，边缘节点对核心节点依赖性较强。如果核心节点发生变化，如工艺调整、材料或规模变化、管理环境改变等，均会影响核心节点与下游节点关系的稳定性。天津泰达以边缘-边缘为主导，节点间地位相对平等，边缘节点间互动频繁，核心节点对网络发展的推动作用不大，但边缘节点的活力发挥并不充分。

11.1.4　讨论与结论

1. 研究方式的重要性

通过集成密度指标与核心-边缘结构分析方法，可有效开展子网络内部、子网络之间（核心-核心、核心-边缘、边缘-边缘）的连通性分析，并模拟网络、子网络等不同尺度的结构属性特征，实现以统一量度进行多个不同特征生态产业园区的比较研究，为共生网络的结构调整提供了可行途径。创新之处在于用统一的方法测度了起源、组成和结构不同的生态产业园区，也说明了网络视角及相应分析方法开展园区研究的有效性和重要性。

本节在网络模型构建、指标选取方面仍有一些问题需要进一步研究和讨论，如模糊处理了信息流和人际关系，并未详细描述和特征化处理这些交换。未来研究中，有必要寻求一种更为实用、可靠的手段来量化这些因素。当前，本节仅采用了一些基本的网络特征指标进行初步分析，而结构属性、节点特征、网络关系等方面仍需深入探讨与分析，特别是针对星形、树形或网形等不同形态网络开展结构特征分析，归纳总结相应的规律和差异，将有助于产生共生网络问题的诊断及优化调控。

2. 研究结果及相应建议

在 10 个共生网络中选取长沙黄兴、新疆石河子和天津泰达 3 个典型园区，针对其存在的问题，提出提升网络连通性、消除网络低效的措施与途径。对于连通性较低的长沙黄兴园区，应注重智能金属厂与力元新材料厂、其他利用其副产品的企业对接（创建核心与边缘节点的连接）。如果金属厂的废金属、副产品被金属回收厂（创建核心节点间关联）、建材厂（创建核心与边缘节点间关联）利用，再辅以交换机制，必然能增大网络密度和资源利用效率，从而提高园区运行的可持续性。

对于网络密度较高的新疆石河子园区，应着力加强边缘节点间的交换，以减少其对核心节点的依赖，使网络稳定性增强。通过扩大处理后废水的使用范围，大大提高水资源利用效率，如将处理后的水交付给养殖系统作为牲畜设施冲洗用水，传递到畜产品加工系统作为景观用水，传递给造纸系统作为低品质工业用水等。

对于以边缘-边缘为主导的天津泰达园区，提升核心节点地位，增加核心节点间、核心与边缘节点间联系是十分必要的，这样可以使得网络结构更为紧凑。如热电厂可以将其蒸气提供给海水淡化厂（构建核心节点间关系），底灰、废渣可以提供给建筑公司（构建核心节点间关系）。同时，增强泰达园区（如水处理厂、新水源公司）公众参观人数，让公众和其他企业了解它们的生产过程，对接相互需求，可以更好地提升核心与边缘节点间的联系。

11.2　园区硫代谢过程分析

我国生态产业园建设蓬勃发展，鲁北生态产业园凭借其建立早（2003 年）、发展良好、产出效益高等特点，成为具有国际影响力的产业园区。鲁北园区位于黄河三角洲，濒临渤海，近靠黄骅港，隶属于山东鲁北企业集团总公司，是典型的联合企业型园区。该园区作为我国重要的无机化工和盐化工企业基地，拥有目前世界上最大的磷铵、硫酸、水泥联产企业，是联合国环境规划署确定的中国生态工业的典型。园区建有 3 条生态产业链，包括磷铵-硫酸-水泥、海水"一水多用"和盐碱电联产，实现了物质和能量的高度循环利用，资源利用率达 95.6%，清洁能源利用率达 85.9%。物质与能量的流动过程也承载着硫元素的代谢过程，如磷石膏循环利用制水泥、盐石膏和二氧化硫等传递过程等（杨琍等，2004）。因此，追踪硫代谢过程是摸清园区网络共生状况、识别园区关键企业和过程的重要基础。

以鲁北园区为例，剖析其重要的代谢元素——硫的传递转化过程，追踪承载于产品、副产品和废弃物之上的硫元素的生态产业链条，构建园区硫代谢网络模型。采用网络分析方法，从不考虑流量（结构形态）和考虑流量（功能关系）两个角度开展研究，包括分析硫代谢节点、网络的中心性和关联性等结构特征，模拟网络生态关系、流量分析和层阶结构等功能特征（Zhang et al., 2015b），以识别关键的节点和路径（Zhang et al., 2015a）（园区硫代谢的关键主体如何确定？）。对比结构与功能特征分析结果，识别网络节点、路径的重要作用（园区网络的结构和功能特征有哪些异同？）。基于园区"循环再利用""共生"特点，突破以往多针对结构属性或功能关系的某个侧面开展研究的局限，定量综合模拟园区硫代谢网络的结构与功能特征，并将两者相互结合、相互验证，探讨鲁北园区硫元素传递过程的优势及不足之处，以找出现有网络的改进方向，为其可持续发展提供可行性建议（图 11-3）。

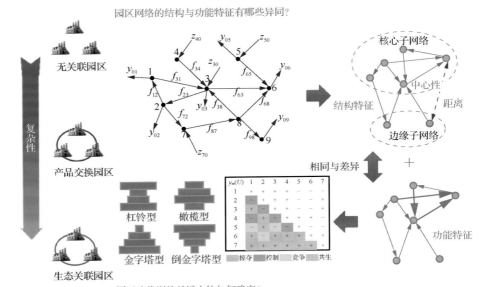

图 11-3　园区硫代谢过程的分析框架

数据主要来源于已经出版的文献资料（陈定江，2003；冯久田，2003a；2003b），以及山东鲁北集团网站[①]及资料。

11.2.1　硫代谢网络模型构建

参与鲁北生态产业园运作的主要有 11 家企业，包括水产养殖厂、溴素厂、盐石膏生产厂、原盐生产厂、氯碱厂、钾镁盐生产厂、磷铵厂、硫酸厂、水泥厂、合成氨厂和热电厂。这些企业间存在着产品、副产品和废弃物的交换，形成了紧密联系的共生链网。将园区中参与硫代谢的企业成员以及硫元素交换关系抽离出来，确定参与硫代谢过程的 8 个企业（水产养殖厂、原盐生产厂和氯碱厂不参与硫代谢过程）。另外，为了更准确地细化硫元素代谢过程，将水泥厂分为水泥熟料烧制和水泥产品生产 2 个环节（陈定江，2003）。鲁北产业共生链网中，仅有节点 2（硫酸厂）与节点 1（磷铵厂）之间传递的是硫酸产品，其余路径均是与硫元素相关的副产品或废弃物（如磷石膏和锅炉废渣）的交换。9 个代谢主体共形成 3 个代谢链条，海水"一水多用"生态产业链、盐碱电联产生态产业链、磷铵-硫酸-水泥生态产业链及其衍生链（图 11-4）。

[①] http://www.lubeichem.com/.

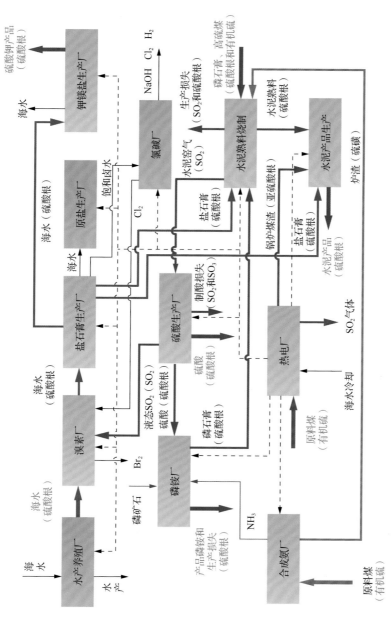

图 11-4　鲁北生态产业园区硫元素代谢过程

实线为物质传递链条，虚线为能量传递链条；蓝色矩形框企业为不参与硫代谢过程的企业，灰色矩形框企业为参与硫代谢过程的企业；4 种颜色的线条分别代表 4 条代谢链条；粗线条代表与环境间硫元素的输入或输出

1. 海水"一水多用"生态产业链

海水经过蒸发变为含有硫酸根的初级卤水，由溴素厂输入代谢过程，经溴素厂再次蒸发，转变为中级卤水输送到盐石膏生产厂。其中一部分硫元素隐含在海水中，经过再次蒸发继续输送到钾镁盐生产厂，最终以硫酸根的形式存在于钾镁盐产品中；而另一部分硫元素经过盐石膏生产厂加工，以硫酸根的形式储存在盐石膏产品中，作为水泥熟料烧制环节和水泥产品生产环节的输入。

2. 磷铵-硫酸-水泥生态产业链

将外购的磷石膏和高硫煤输送到水泥熟料烧制环节，输出有 3 个分支，一部分在生产过程中损失，一部分隐含于水泥熟料成品中，还有一部分转化为水泥窑气补充至硫酸厂。接收水泥窑气的硫酸厂又形成了 4 个输出分支，一部分在制酸过程中损失，一部分生产出液态 SO_2，供溴素厂酸法制 Br_2，剩下 2 个分支是形成硫酸产品，其中大部分传递至磷铵厂与磷矿反应，仅有少部分硫酸产品产出。到达磷铵厂的硫元素一部分在生产过程中损失，一部分存在于磷铵产品及磷石膏副产品中。而磷石膏作为一种"资源"，正是水泥熟料烧制环节所需的原材料。通过这一交换，硫元素在该产业链中形成循环链网。最终，硫元素在水泥熟料烧制环节形成熟料产品，供给水泥产品生产使用。

依托于磷铵-硫酸-水泥生态产业链也形成了一个硫代谢链条，原料煤作为合成氨厂的主要燃料，其中夹带的硫元素最终会转化至炉渣废弃物中，但这些炉渣可以变为有用的"资源"，再次作为水泥熟料烧制的混合材料。

3. 盐碱电联产生态产业链

热电厂作为园区的主要热源和能源企业，其原料煤中含有有机硫，经过石灰脱硫法产出的锅炉煤渣可作为水泥产品生产的辅料。另外，经过脱硫后隐含于原料煤中的硫元素不可避免地转化为 SO_2 直接排入大气。

采用网络分析方法，将鲁北生态产业园区抽象为网络，构建硫代谢网络模型（图 11-5）。模型节点为鲁北园区范围内参与硫交换的企业，依据企业成员间硫交换关系确定网络模型路径，如企业 i 到企业 j 的路径用 f_{ji} 表示。园区内未参与硫代谢过程的企业成员与网络节点的路径视为网络的输入/输出，园区外企业成员与网络节点的路径同样视为网络输入/输出，用 z_{i0} 表示环境对节点 i 的输入，y_{0i} 表示节点 i 向环境的输出。

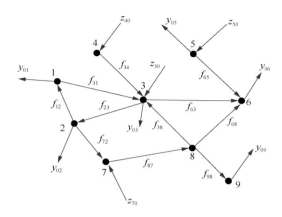

图 11-5 鲁北生态产业园区硫代谢网络模型

1 磷铵厂，2 硫酸生产厂，3 水泥熟料烧制，4 合成氨厂，5 热电厂，6 水泥产品生产，
7 溴素厂，8 盐石膏生产厂，9 钾镁盐生产厂

11.2.2 结构特征分析

1. 中心性分析

网络节点 3（水泥熟料烧制）的点度中心度（31.250%）、中介中心度（50.000%）、接近中心度（72.727%）均最大，说明该节点在网络中处于核心地位，网络内与硫元素相关的资源大多由这一节点控制，并且它与周围节点间交换的距离最短，是园区硫代谢过程的重要中介（表 11-6）。节点 8（盐石膏生产厂）的点度中心度（25.000%）也相对较高，为节点 3（水泥熟料烧制）的 80%，而节点 2（硫酸生产厂）和节点 6（水泥产品生产）的略低些，点度中心度均为 18.750%。节点 1（磷铵厂）和节点 7（溴素厂）点度中心度为 12.500%，而节点 4（合成氨厂）、节点 5（热电厂）和节点 9（钾镁盐生产厂）的点度中心度最低，相当于节点 1（磷铵厂）的一半，仅为节点 3（水泥熟料烧制）的 1/5，这三个节点仅与网络中一个成员存在硫交换，节点间互动并不频繁。在中介中心度方面，节点 8（盐石膏生产厂）和节点 6（水泥产品生产）也表现突出，分别达到 35.714% 和 25.000%，节点 2（硫酸生产厂）和节点 7（溴素厂）相对较低，而节点 1（磷铵厂）、节点 4（合成氨厂）、节点 5（热电厂）和节点 9（钾镁盐生产厂）在控制资源方面的能力为 0。与其他两个中心度指标不同，所有节点的接近中心度数值均大于 40%，而且 56% 节点的接近中心度集中于 40%～50%，说明网络成员间相互可到达的程度相差不大（表 11-6）。

表 11-6　山东鲁北硫代谢网络的中心性分析

节点	点度中心度/%	中介中心度/%	接近中心度/%
1	12.500	0	50.000
2	18.750	7.143	53.333
3	31.250	50.000	72.727
4	6.250	0	44.444
5	6.250	0	40.000
6	18.750	25.000	61.538
7	12.500	3.571	50.000
8	25.000	35.714	66.667
9	6.250	0	42.105

注：1 磷铵厂，2 硫酸生产厂，3 水泥熟料烧制，4 合成氨厂，5 热电厂，6 水泥产品生产，7 溴素厂，8 盐石膏生产厂，9 钾镁盐生产厂

2. 密度、核心边缘分析

节点 1（磷铵厂）、节点 2（硫酸生产厂）、节点 3（水泥熟料烧制）、节点 6（水泥产品生产）和节点 8（盐石膏生产厂）位于核心区；而节点 4（合成氨厂）、节点 5（热电厂）、节点 7（溴素厂）和节点 9（钾镁盐生产厂）位于边缘区。表 11-7 中列出了核心区与边缘区节点之间交换关系的占比。其中，一半以上发生在核心区节点之间（54.6%），其次是核心区-边缘区节点之间（27.3%），为核心区节点间关系的一半，边缘区-核心区节点之间交换关系较少，而边缘区内部节点间交换为 0。总体来说由核心区节点发出的连接占 82%，核心区节点接收的连接占 73%，而边缘区节点接收与发出的连接均不高，接收的路径（27%）略高于发出的（18%）。

园区整体密度为 0.139，其贡献主要来自核心区-核心区（0.300）节点之间的连接。位于核心区的 5 个节点间存在 6 条路径，分别是 f_{12}、f_{23}、f_{31}、f_{38}、f_{68}、f_{63}，导致该子网络密度为园区整体密度的 2 倍。同时，这 5 个节点中除了节点 8（盐石膏生产厂）外，其余所有节点均位于磷铵-硫酸-水泥生产链，说明该链条的企业对园区硫代谢过程具有较强的控制作用。由于核心区-边缘区及边缘区-核心区节点间作用仅体现在交换方向不同，因此将两者合并分析。两者密度的平均值（0.125）与园区整体密度相近，涉及 f_{34}、f_{65}、f_{72}、f_{87}、f_{98} 等路径，与节点 8（盐石膏生产厂）之间存在联系的边缘区节点最多，同时，这些核心区与边缘区节点间交换关系也会缓解园区过分依赖核心节点的状况。因为高度依赖核心节点的网络结构不稳定，不利于园区硫元素的传递和循环利用（表 11-7）。

表 11-7 核心、边缘节点间交换关系占比及密度

	路径占比			密度	
	核心	边缘		核心	边缘
核心	54.55	27.27	核心	0.30	0.15
边缘	18.18	0	边缘	0.10	0

3. 平均距离

网络的平均距离为 2.553,说明任意两个节点间需要两个以上的其他节点才能发生联系。表 11-8 列出了网络任意两个节点间发生联系的路径长度,其中两个节点间想要产生联系最长需要经过 5 个路径,如节点 1 到节点 9、节点 4 到节点 9,说明在这 2 对节点之间的硫元素传递需要流经多个企业,被多级、逐级利用。其中节点 1 到节点 9 的路径为 1→3→2→7→8→9,传递的物质有磷石膏、水泥窑气、液态 SO_2 及海水,连接磷铵-硫酸-水泥生产、海水"一水多用"两条主要的产业链。另外,节点 4 到节点 9 的路径为 4→3→2→7→8→9,承载硫元素的物质包括炉渣、水泥窑气、液态 SO_2 及海水,其成员涉及园区内三条产业链,由盐碱电联产链的起点合成氨厂外购的原料煤引入硫元素,通过水泥硫酸生产环节到达海水"一水多用"系统。流经 3 个节点的硫传递路径有节点 7 到节点 1、节点 1 到节点 8、节点 4 到节点 8、节点 3 到节点 9,而且这些路径同样需要经过 3→2、7→8 的传递,说明水泥窑气、海水传递路径是网络节点间硫传递的关键环节,其衔接三条主要产业链,是整个网络硫循环利用的保障。

表 11-8 任意两个节点间发生联系的路径长度

	1	2	3	4	5	6	7	8	9
1	0	1	2	3	0	0	4	3	0
2	2	0	1	2	0	0	3	2	0
3	1	2	0	1	0	0	2	1	0
4	0	0	0	0	0	0	0	0	0
5	0	0	0	0	0	0	0	0	0
6	2	3	1	2	1	0	2	1	0
7	3	1	2	3	0	0	0	3	0
8	4	2	3	4	0	0	1	0	0
9	5	3	4	5	0	0	2	1	0

注:1 磷铵厂,2 硫酸生产厂,3 水泥熟料烧制,4 合成氨厂,5 热电厂,6 水泥产品生产,7 溴素厂,8 盐石膏生产厂,9 钾镁盐生产厂

大部分节点通过直接联系或 1 个成员传递形成联系,但是仍有大约一半(34 对)的节点间不会发生联系。存在直接传递路径的部分节点,可以为下游企业提供原材料保证生产,也可以通过下游企业的转化继续向下传递,实现硫元素的循

环利用，如 1→3、3→2、2→1，使硫元素在 3 个节点间实现循环。然而，节点 6（水泥生产）和节点 7（溴素厂）没有输出到网络其他节点的路径，说明硫元素到达这些节点时，或转化为产品，或在生产过程中损失。

11.2.3 功能特征分析

1. 流量分析

基于网络节点在硫代谢网络中的作用，将企业划分为不同的生态角色，其中基位种是将硫元素引入网络的节点，中位种是网络内部传递硫元素的节点，而顶位种是产出硫元素的节点。根据节点间直接流量强度和间接流量强度大小，可以分析这些生态角色间的流量分布。

（1）流量分布。

直接流量比较大地集中于节点 3（水泥熟料烧制）、节点 2（硫酸生产厂）、节点 1（磷铵厂）之间，以及节点 7（溴素厂）、节点 8（盐石膏生产厂）、节点 9（钾镁盐生产厂）之间，均在 $1.0 \times 10^5 \sim 1.5 \times 10^5$ t（图 11-6）。节点 4（合成氨厂）→节点 3（水泥熟料烧制）、节点 2（硫酸生产厂）→节点 7（溴素厂）之间传递的硫元素较少，与最大流量相差 2 个数量级，为 1.0×10^3 左右。从引入、产出硫元素来看，引入硫元素最大的节点 7（溴素厂）约是最小的节点 4（合成氨厂）的180 倍，节点 7 成为最主要的基位种；而节点 9（钾镁盐生产厂）是硫产品输出最多的顶位种，产出的硫元素约是最小节点 1（磷铵厂）的 10 倍。直接流量较大的节点均分布于磷铵-硫酸-水泥联产和海水"一水多用"这两条生态链条上，说明这两个链条内企业间硫元素的直接传递是保证园区硫元素循环效率提升的关键环节。

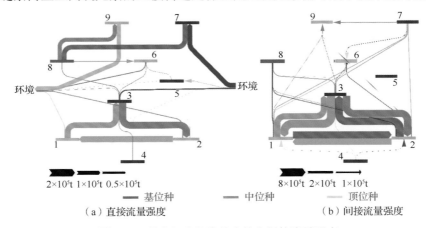

（a）直接流量强度　　　　　　（b）间接流量强度

图 11-6　节点间硫传递的直接和间接流量强度

1 磷铵厂，2 硫酸生产厂，3 水泥熟料烧制，4 合成氨厂，5 热电厂，6 水泥产品生产，7 溴素厂，8 盐石膏生产厂，9 钾镁盐生产厂

间接流量的传递使得网络节点间交换更为频繁,节点间原来仅存在 11 条直接路径,考虑间接传递后,增至 54 条传递路径(图 11-6)。间接流量较大地集中在节点 3(水泥熟料烧制)、节点 1(磷铵厂)和节点 2(硫酸生产厂)之间,均在 $5.8 \times 10^5 \sim 7.7 \times 10^5 t$,虽然数量级上没有变化,但间接流量相当于直接流量的 4 倍多。这 3 个节点在直接流量传递上也表现突出,说明这 3 个企业不仅直接交换硫元素,同时通过环状的循环结构链网间接传递硫元素,使得三者之间硫元素传递量最大。这 3 个企业均位于磷铵-硫酸-水泥生态链条上,说明该链条企业不仅直接传递大量硫元素,同时企业间通过间接关系承载了大量硫元素传递。间接流量少的集中于节点 4(合成氨厂),包括向节点 6(水泥产品生产)、节点 7(溴素厂)、节点 8(盐石膏生产厂)和节点 9(钾镁盐生产厂)发出的路径,流量均小于 100t,另外,节点 5(热电厂)、节点 6(水泥产品生产)发出的间接流量也小于 1t。

(2)直接与间接流量对比分析。

围绕节点 8 的路径以直接流量为主,包括节点 7(溴素厂)→节点 8(盐石膏生产厂),节点 8(盐石膏生产厂)→节点 6(水泥产品生产),节点 8(盐石膏生产厂)→节点 9(钾镁盐生产厂)等,其余节点间路径的间接流量明显高于直接流量,如节点 1(磷铵厂)、节点 2(硫酸生产厂)和节点 3(水泥熟料烧制)发出的路径(图 11-6、图 11-7)。节点 5(热电厂)→节点 6(水泥产品生产)的路径仅有直接流量,表明节点 5 位于网络的末端,其硫传递受制于节点 6,无法与其他节点建立关联。另外,不存在直接流量的节点,通过节点间循环作用,形成了较大的间接流量,如节点 1(磷铵厂)→节点 2(硫酸生产厂)、节点 2(硫酸生产厂)→节点 3(水泥熟料烧制)、节点 3(水泥熟料烧制)→节点 1(磷铵厂)等。从间接与直接流量大小来看,间接流量的主导作用非常明显(图 11-6)。综合流量较大的节点 1、节点 2、节点 3,间接流量与直接流量比值均超过 10,节点 6 该比值也达 4,说明这 4 个节点从其他节点处间接吸纳了较多硫元素。节点 9(钾镁盐生产厂)直接与间接吸纳硫元素基本持平,间接吸纳略高一些。节点 7(溴素厂)、节点 8(盐石膏生产厂)直接吸纳的硫元素约为间接的 5 倍,说明这两个企业生产以硫元素原料投入为主;而节点 4(合成氨厂)、节点 5(热电厂)仅直接吸纳硫元素,但接收量仅为 650t 和 5183t。基位种和顶位种以间接流量为主导,而中位种的直接流量相对较高。

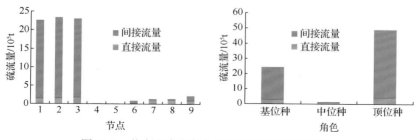

图 11-7　节点和生态角色的直接流量和间接流量

2. 生态关系

网络节点间共形成 36 对生态关系，其中掠夺/控制关系占主导（20 对），占比达 56%，共生、竞争关系各有 8 对，占比为 22%（图 11-8）。

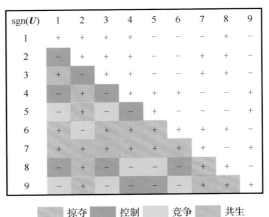

图 11-8　鲁北产业园区综合效用矩阵及生态关系分布

1 磷铵厂，2 硫酸生产厂，3 水泥熟料烧制，4 合成氨厂，5 热电厂，6 水泥产品生产，
7 溴素厂，8 盐石膏生产厂，9 钾镁盐生产厂

（1）共生与竞争关系。

与节点 7（溴素厂）相关的共生关系数量最多，分别与节点 2（硫酸生产厂）、节点 3（水泥熟料烧制）、节点 6（水泥产品生产）和节点 9（钾镁盐生产厂）之间形成互利共生关系。其中溴素厂仅与硫酸生产厂存在直接联系，溴素厂与钾镁盐生产厂同处于海水"一水多用"产业链，经由盐石膏生产厂传递发生关系；水泥熟料烧制和溴素厂之间依靠硫酸生产厂传递形成互惠互利关系；溴素厂与水泥产品生产需要水泥熟料烧制贡献的硫元素形成共生关系。剩下 4 对共生关系中，有 2 对与节点 2（硫酸生产厂）有关，硫酸厂与节点 4（合成氨厂）、节点 8（盐石膏生产厂）之间分别通过水泥熟料烧制、溴素厂传递形成共生联系。

节点 9（钾镁盐生产厂）的竞争关系数量最多，分别是节点 1（磷铵厂）、节点 3（水泥熟料炼制）和节点 6（水泥产品生产）。钾镁盐生产厂与这 3 个企业间均不存在直接联系，以水泥熟料烧制为例，中间经过硫酸厂、溴素厂和盐石膏生产厂，与钾镁盐生产厂之间形成竞争。虽然网络中硫元素以不同形态存在，但经间接传递后，节点间在硫元素利用过程中存在相互竞争。节点 5（热电厂）分别与节点 1（磷铵厂）、节点 3（水泥熟料炼制）和节点 8（盐石膏生产厂）形成竞争关系，说明热电厂在接收或传递硫元素过程中受到的阻碍较多。另外，节点 2（硫酸生产厂）与节点 6（水泥产品生产）之间由于同时接收水泥熟料烧制传递的硫，形成竞争关系。

（2）掠夺/控制关系。

所有节点均存在掠夺/控制关系，其主导地位也说明鲁北成员间"捕食"活动较多。节点 6（水泥产品生产）掠夺节点 1、节点 3、节点 5 的资源。水泥熟料烧制从磷铵厂处获取副产品磷石膏，用于水泥熟料的凝聚，产生的水泥熟料是水泥产品生产的主要原料，水泥产品生产掠夺磷铵厂、水泥熟料烧制的硫元素。水泥产品生产直接从热电厂处获取锅炉废渣作为生产过程的混合材，体现对热电厂硫元素的掠夺作用。节点 7（溴素厂）同样掠夺节点 1、节点 4、节点 5 的硫元素资源，溴素厂与磷铵厂之间通过水泥熟料烧制和硫酸厂两个企业的传递作用形成联系，主要通过间接传递硫元素形成掠夺关系。节点 1（磷铵厂）掠夺节点 2、节点 4、节点 8 的硫资源，磷铵厂直接接收硫酸厂的硫酸产品，并通过间接联系与另外 2 个企业形成掠夺关系。而节点 8（盐石膏生产厂）被节点 1、节点 3、节点 6 掠夺，盐石膏生产厂将含有硫酸根的物质直接传给水泥熟料烧制和水泥产品生产厂。

园区 M 值为 1.25（大于 1），说明网络整体呈现共生状态，其中正关系数量占主导，收益的部门占多数，受损的部门相对较少。S 值为 6.67，说明网络最终收益为正值，节点间正向流量大于负向流量，再次证明网络的共生状态。其中节点 6（水泥产品生产）的收益最大（1.39），其次为节点 9（钾镁盐生产厂，1.34）。只有节点 4（合成氨厂）和节点 5（热电厂）的收益小于 0.10，且节点 5 收益为负值（-0.12）。

3. 层阶分析

（1）层阶位置。

园区网络资源传递不同于自然生态系统，自然生态系统的生产者被位于消费者层阶的初级、次级以及顶级物种进食，接着物种死后被分解者分解再次进入系统。但是在产业园区中，处于上一层的企业仍能将生产或运行过程中产生的产品或副产品传递至下一层的企业回用，或者位于同层企业间可以相互利用副产品及废弃物。因此，园区层阶划分、节点的层阶位置主要依据企业间形成的生态关系确定。由(su_{83}, su_{38})=(-, +)、(su_{81}, su_{18})=(-, +)、(su_{89}, su_{98})=(-, +)、(su_{86}, su_{68})=(-, +)关系对可知，节点 8(盐石膏生产厂)被节点 1(磷铵厂)、节点 3(水泥熟料烧制)、节点 6(水泥产品生产)及节点 9(钾镁盐生产厂)掠夺，这些节点均应位于节点 8 上层。由(su_{23}, su_{32})=(+,-)、(su_{52}, su_{25})=(+,-)、(su_{19}, su_{91})=(-,-)可知，节点 2 位于节点 3 上层，节点 5 位于节点 2 上层，节点 1 位于节点 5 上层，节点 9 和节点 1 位于同一层。综上，说明节点 2、节点 3、节点 8 均处于较低层阶，而节点 1、节点 9 处于较高层阶。而(su_{61}, su_{16})=(+,-),(su_{63}, su_{36})=(+,-)、(su_{65}, su_{56})=(+,-)说明，节点 6 位于节点 1、节点 3、节点 5 的上层，处于较高层阶。由(su_{49}, su_{94})=(+,-)，(su_{74}, su_{47})=(+,-)

可知，节点 4 位于节点 9 上层，节点 7 位于节点 4 上层，说明节点 7 处于较高层阶。由(su_{74}, su_{47})=(+,−)、(su_{74}, su_{47})=(+,−)、(su_{75}, su_{57})=(+,−)说明，节点 4、节点 5 比节点 6、节点 7 低一级层阶（图 11-9）。

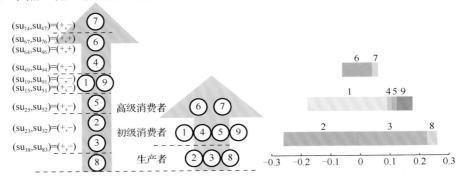

图 11-9 基于生态关系的层阶分级及生态层阶结构

1 磷铵厂，2 硫酸生产厂，3 水泥熟料烧制，4 合成氨厂，5 热电厂，6 水泥产品生产，7 溴素厂，
8 盐石膏生产厂，9 钾镁盐生产厂；2、3、8 为生产者，1、4、5、9 为初级消费者，
6、7 为高级消费者；条块长度表示节点接收综合流量强度的大小

借鉴营养级理论，园区节点可划分为生产者、初级消费者和高级消费者三种角色。节点 6、节点 7 归为高级消费者，因为这 2 个节点形成的掠夺关系最多，处于最高层阶。其次为节点 2、节点 3、节点 8，主要受其他节点掠夺，属于资源提供者和生产者，处于底部层阶。位于中间层阶的节点 4、节点 1、节点 9、节点 5，形成的关系较为复杂，既获取资源，也提供资源（图 11-9）。

（2）层阶结构。

依据节点接收硫元素的量，可以判断网络层阶结构，由图 11-9 可知，鲁北园区网络层阶结构呈现出规则的金字塔形，生产者层阶份额较大。位于生产者层阶的节点 2（硫酸生产厂）、节点 3（水泥熟料烧制）和节点 8（盐石膏生产厂）作为整个网络资源的主要提供者，将从外界以及网络其他节点吸纳的硫元素传递至下游担任消费者角色的企业。其中节点 3（水泥熟料烧制）权重最大（23.7%），其将水泥熟料和副产品水泥窑气传递至下游企业作为原料，一方面保证下游企业正常运转，另一方面可以减少副产品处理费用。节点 2（硫酸生产厂）权重略低于节点 3（占 20.3%），其向下游企业传递了硫酸产品和液态二氧化硫副产品。

初级消费者层阶中，节点 1（磷铵厂）的占比最大（20.6%），为下游高级消费者提供的硫元素最多。虽然磷铵厂仅与水泥熟料烧制形成直接联系，但是节点 1、节点 2、节点 3 间的环状关系提高了磷铵厂硫元素的贡献权重。另外，节点 4（合成氨厂）和节点 5（热电厂）提供的硫元素量偏低，仅为 2%和 8%，说明这两个企业吸收的硫元素量也很小，为下游企业贡献的硫元素量很小，因此在硫代谢过程中并未体现关键作用。高级消费者层阶中，节点 7（溴素厂）提供的硫元素较大，为 20.1%，其将含有硫酸根的海水传递至同样位于海水"一水多用"链条的盐石膏生产厂，与生产者层阶建立了循环关系。节点 6（水泥产品生产）提供的硫元素少，同时大部分隐含于水泥产品中外销，并未在网络中循环利用。

11.2.4 讨论与结论

1. 节点特征的相关成果对比分析

基于中心性、核心-边缘、密度和距离等结构指标，能够识别节点在网络中的位置。Ashton（2008）指出节点中心性指标可用于网络节点的集中趋势测度，而 Doménech 和 Davies（2011）进一步指出中心性、核心-边缘分析方法在确定网络关键位置、交流频率方面的重要作用。本章结合中心性指标、核心-边缘分析结果，发现节点 3（水泥熟料烧制）和节点 8（盐石膏生产厂）在网络中处于关键位置，是影响资源利用、调动网络节点间互动的重要节点，与此相对应，节点 4（合成氨厂）和节点 5（热电厂）则在网络中处于边缘位置。

由流量分析可知，节点 1（磷铵厂）、节点 2（硫酸生产厂）和节点 3（水泥熟料烧制）在网络中处于十分关键地位，硫代谢量也集中于这 3 个节点，这与结构特征分析有相同，也有差异。不管是否考虑流量，节点 3（水泥熟料烧制）均居于非常关键的位置，该企业不仅与其他成员之间交流频繁，同时在硫元素交换量上也表现突出，作为基位种对硫元素既有引入也有吸纳作用。而节点 1（磷铵厂）和节点 2（硫酸生产厂）的中心性特征并不明显，但由于其流量较大，因此也跃居关键位置。结构与功能特征分析的一致性，还表现在节点 4（合成氨厂）和节点 5（热电厂）这两个节点上，其相关流量较小且位于边缘区，处于弱势地位，但这两个节点作为引入硫元素的基位种，是控制硫元素进入网络的关键"阀门"，是园区硫代谢过程的源头和重要基础，因此其关键作用不容忽视。

相似或相异结果的出现，可能是由于结构特征分析中所有路径均被看作具有相等权重，节点间是否存在路径被当作判断节点位置和作用的唯一方式，而加入了节点间硫元素的传递量，可以更为深入刻画节点对硫元素的传递转移能力。

2. 路径特征的相关成果对比分析

园区硫代谢网络中指出核心区路径交流更为频繁，本章也指出核心-核心子网络路径分布较为集中，交流最为频繁（Zhang et al., 2013）。考虑节点间流量后，也会发现节点 2（硫酸生产厂）→节点 1（磷铵厂）、节点 3（水泥熟料烧制）→节点 2（硫酸生产厂）、节点 1（磷铵厂）→节点 3（水泥熟料烧制）这 3 条路径的直接和间接流量均较大，形成的循环回路是影响园区硫元素传递的关键路径。这与陈定江（2003）的研究结果相一致，他指出磷铵厂、硫酸生产厂和水泥熟料烧制之间的直接联系是园区硫元素循环的主要贡献者。

网络中大多数路径的长度与直接流量间具有线性关系，即路径长度越大，承载的直接流量也越大（图 11-10）。这是由于社会经济系统不同于自然生态系统，位于下游的企业不仅能够接收来自上游企业提供的元素，同时也能从环境中摄取所需要的元素，将这些元素纳入循环链网中，流量并未逐级损耗递减，反而不断增加。路径长度为 4、5 的传递链条均需经过 3→2、7→8 这两条路径，两条路径所承载的直接流量也较大（分别为 167700t 和 116183t），说明其在网络中具有"桥梁"作用，在结构上位于联系多个企业的关键位置。然而，在图 11-10 中仍有部分节点偏离线性关系，如 2 个路径长度的节点 4（合成氨厂）→节点 6（水泥产品生产）的炉渣传递、1 个路径长度的节点 2（硫酸生产厂）→节点 7（溴素厂）的液态 SO_2 传递，具有路径长度短、传递流量少的特点，是整个园区硫代谢过程的瓶颈。未来园区规模扩大情况下，提升这些传递途径的硫元素量是园区硫代谢过程的重点。

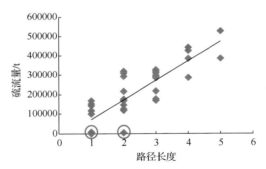

图 11-10　节点间路径长度与直接流量的相关性

3. 关系分析的相关成果对比分析

鲁北园区硫代谢网络处于共生状态，但节点间共生关系的占比并不高，掠夺/控制关系才是主导类型。生态产业园区作为共生系统，掠夺关系对资源的多级循环和重复利用十分有益，这类似于 Liwarska-Bizukojc 等（2009）提出的强制性共生，一个企业的副产品成为另一个企业原料，双方均能获益，一个企业获取了廉价原材料，另一方节约废弃物处理处置费用，促进了企业间代谢耦合。另外，一方提供一方接收的关系可以在一定程度上促进网络内企业扩大生产规模，在增加外销产品产量的同时，虽产生了更多的废弃物，但只要下游有能够回收利用的企业，就不会对环境产生额外的影响。

现实系统中多种关系类型会共同存在，Liwarska-Bizukojc 等（2009）认为尽管管理者不期望成员间出现负效应（掠夺、控制或竞争）关系，但这在自由市场经济中是无法避免的，同时市场化的经济社会也需要企业间公平竞争（Liwarska-Bizukojc et al., 2009），而且这些关系对网络稳定、共生是十分必要的。Zhang 等（2012）也指出竞争关系在一定程度上对社会经济发展有益，借鉴社会经济发展规律，一定程度的竞争可以推动企业技术进步，改善企业内部组织结构，提高生态效率。有效竞争（非过度竞争或竞争不足）有利于企业间增强沟通、联系，建立新的共生关系，或是改善设备或工艺手段，提升副产品或废弃物的产出质量。当然，若要园区长期稳定发展，其管理者仍旧希望企业间形成的积极关系占主导，这样能够更大程度地促进企业间耦合效应，带来更大的经济和环境收益（Liwarska-Bizukojc et al., 2009）。

4. 园区发展建议

鲁北园区应重视提升边缘企业之间的联系，以减少对核心企业的依赖，并降低由核心企业改变所带来的风险。边缘企业可以为园区发展提供不可预见的机会，在园区未来规划和废弃物处理方面将扮演重要角色，提供科技创新理念与技术（Granovetter, 1973）。

鲁北园区的节点 3（水泥熟料烧制）是网络的关键节点，其他节点对其依赖性过强，一旦烧制生产工艺流程改变，会导致园区硫代谢过程的变动，就会影响到园区的稳定性。因此，可以增加边缘企业之间或边缘企业与关键企业间的联系，提升边缘企业对园区的贡献。近几年，鲁北园区硫酸厂在处理余热过程中应用喷淋减温减压方式，存在能源浪费、蒸汽品质浪费等问题，采用汽轮机带动 1800kW 风机做功可以降低电耗，同时汽轮机进排气的温度和压力差可以替代原有方式，从而直接输出符合外供标准的低温低压蒸汽。通过这一措施不仅提升了硫酸产量，减少了碳排放量，同时节能降耗。产生的高品质蒸汽可以传递给其他企业，多产出的 100t 硫元素（硫酸）外销或补给磷铵厂均产生可观的经济效益。园区也可以从改进热电厂生产工艺入手，回收处理 SO_2 气体，将直接外排放改为循环利用，以硫酸根或亚硫酸根形式传递至硫酸厂等可以再利用的企业，这样不仅可以减少 SO_2 污染，而且可以提升硫元素的循环效率。以上两个措施不仅可以从结构上改善网络硫代谢过程过于依赖节点 3（水泥熟料烧制环节）的现状，也能够提升硫元素的循环利用效率。

参 考 文 献

安徽省重化工产业发展专家办公室，2011. 上海化工园区考察报告. (2011-7-20) [2016-12-4].

https://wenku.baidu.com/view/b0d9887201f69e31433294e4.html.

陈定江, 2003. 工业生态系统分析集成与复杂性研究. 北京: 清华大学.

冯久田, 2003a. 鲁北企业集团发展生态工业链的实践与探索. 中国人口资源与环境, 13(1): 110-112.

冯久田, 2003b. 鲁北生态工业园区案例研究. 中国人口资源与环境, 13(4): 98-102.

刘军, 2004. 社会网络分析导论. 北京: 社会科学文献出版社.

王瑞贤, 2005. 我国长沙黄兴国家生态工业园区规划设计的研究. 长春: 东北师范大学.

吴一平, 段宁, 乔琦, 等, 2004. 全新型生态工业园区的工业共生链网结构研究. 中国人口资源与环境, 14(2): 125-130.

杨琍, 胡山鹰, 梁日忠, 等, 2004. 中国鲁北生态工业模式. 过程工程学报, 4(5): 467-474.

Ashton W S, 2008. Understanding the organization of industrial ecosystems: A social network approach. Journal of Industrial Ecology, 12(1): 34-51.

Doménech T, Davies M, 2011. Structure and morphology of industrial symbiosis networks: The case of Kalundborg. Procedia Social and Behavioral Sciences, 10(1): 79-89.

Hayashi S, 2014. Experiences of Eco-town Management in the City of Kitakyushu. (2014-11-1) [2015-12-3]. https://www.iges.or.jp/en/pub/experiences-eco-town-management-city/en.

Granovetter M S, 1973. The strength of weak ties. American Journal of Economics and Sociology, 78(6): 1360-1380.

Liwarska-Bizukojc E, Bizukojc M, Marcinkowski A, et al., 2009. The conceptual model of an eco-industrial park based upon ecological relationships. Journal of Cleaner Production, 17(8): 732-741.

Mayhew B H, Levinger R, 1976. Size and the density of interaction in human aggregates. American Journal of Sociology, 82(1): 86-110.

Mihelcic J R, Zimmerman J B, Auer M T, 2014. Environmental Engineering: Fundamentals, Sustainability, Design. Hoboken: Wiley.

Potts C A J, 1998. Choctaw eco-industrial park: An ecological approach to industrial land-use planning and design. Landscape and Urban Planning, 42(2-4): 239-257.

Schwarz E J, Steininger K W, 1997. Implementing nature's lesson: The industrial recycling network enhancing regional development. Journal of Cleaner Production, 5(1-2): 47-56.

Shi H, Chertow M, Song Y Y, 2010. Developing country experience with eco-industrial parks: A case study of the Tianjin economic-technological development area in China. Journal of Cleaner Prodution, 18(3): 191-199.

Zhang Y, Liu H, Li Y T, et al., 2012. Ecological network analysis of China's societal metabolism. Journal of Environmental Management, 93(1): 254-263.

Zhang Y, Zheng H M, Chen B, et al., 2013. Social network analysis and network connectedness analysis for industrial symbiotic systems: Model development and case study. Frontiers of Earth Science, 7(2): 169-181.

Zhang Y, Zheng H M, Fath B D, 2015a. Ecological network analysis of an industrial symbiosis system: A case study of the Shandong Lubei eco-industrial park. Ecological Modelling, 306(12): 174-184.

Zhang Y, Zheng H M, Yang Z F, et al., 2015b. Analysis of the industrial metabolic processes for sulfur in the Lubei (Shandong Province, China) eco-industrial park. Journal of Cleaner Production, 96(11): 126-138.

Zhu Q E, Lowe E A, Wei Y, et al., 2007. Industrial symbiosis in China: A case study of the Guitang Group. Journal of Industrial Ecology, 11(1): 31-42.